MONATSBERICHTE

DER DEUTSCHEN AKADEMIE DER WISSENSCHAFTEN ZU BERLIN

MITTEILUNGEN AUS MATHEMATIK, NATURWISSENSCHAFT, MEDIZIN UND TECHNIK

HERAUSGEGEBEN

IM AUFTRAGE DER DEUTSCHEN AKADEMIE

DER WISSENSCHAFTEN ZU BERLIN

VON

G. RIENÄCKER

BAND 13 HEFT 10–12 1971

AKADEMIE-VERLAG · BERLIN

I. Originalarbeiten

Mathematik

Astronomie und Astrophysik

Physik

MONATSBERICHTE

DER DEUTSCHEN AKADEMIE DER WISSENSCHAFTEN ZU BERLIN

MITTEILUNGEN AUS MATHEMATIK, NATURWISSENSCHAFT, MEDIZIN UND TECHNIK

HERAUSGEGEBEN
IM AUFTRAGE DER DEUTSCHEN AKADEMIE
DER WISSENSCHAFTEN ZU BERLIN
VON

G. RIENÄCKER

JAHRES-INHALTSVERZEICHNIS 1971
BAND 13

AKADEMIE-VERLAG · BERLIN

Herausgegeben im Auftrage der Deutschen Akademie der Wissenschaften zu Berlin und verantwortlich für den Inhalt: Prof. Dr. Günther Rienäcker. Redaktion: Dr. Georg Otterbein, 108 Berlin, Otto-Nuschke-Straße 22/23. Fernruf: 20 04 81. Verlag: Akademie-Verlag GmbH, 108 Berlin, Leipziger Straße 3-4, Fernruf: 22 04 41, Telex-Nr. 011 773, Postscheckkonto: Berlin 350 21. Veröffentlicht unter der Lizenz-Nr. 1302 des Presseamtes beim Vorsitzenden des Ministerrates der Deutschen Demokratischen Republik. Gesamtherstellung: IV/2/14 · VEB Druckerei «Gottfried Wilhelm Leibniz», 445 Gräfenhainichen/DDR.
Printed in the German Democratic Republic.

Jahres-Inhaltsverzeichnis des 13. Bandes, 1971

A. Verfasserverzeichnis

B. Sachverzeichnis

Mathematik

Astronomie und Astrophysik

Physik

Technische Wissenschaften

Chemie

Biologie

Geologie und Mineralogie

Veterinärmedizin

Geschichte der Wissenschaften

MONATSBERICHTE
DER DEUTSCHEN AKADEMIE DER WISSENSCHAFTEN
ZU BERLIN

Mitteilungen aus Mathematik, Naturwissenschaft, Medizin und Technik

BAND 13 1971 HEFT 10–12

I. Originalarbeiten

Mathematik

J. NAUMANN

Sektion Mathematik der HUMBOLDT-Universität zu Berlin

Existenzsätze für nichtlineare Eigenwertprobleme

(eingereicht von Herrn Prof. Dr. A. LANGENBACH)

Sei X ein reflexiver BANACH-Raum, X^* sein dualer Raum. (w, u) bezeichne den Wert des Elementes $w \in X^*$ im Punkt $u \in X$, während $\to$ die starke Konvergenz in X bzw. in X^* und $\rightharpoonup$ die schwache Konvergenz in X bzw. in X^* bedeuten.

Wir betrachten in X die Gleichung

(1) $$\lambda A u = B u$$

mit nichtlinearen Operatoren $A, B: X \to X^*$.

Existenzsätze für Eigenvektoren und Eigenwerte des Problems (1) sind z. B. in [1, 3 und 5] enthalten. In der vorliegenden Arbeit werden wir einige Resultate angeben, die eine Weiterführung mit Hilfe der LJUSTERNIK-SCHNIRELMANN-Theorie sowie ihrer in [6] angegebenen Modifikation gestatten. Diese Überlegungen werden gleichzeitig den Ausgangspunkt für ein Studium des Bifurkationsproblems von (1) bilden. Wir behandeln das Eigenwertproblem (1) ohne Konvergenz-Forderungen wie in [4], benötigen aber etwas stärkere Beschränktheits-Voraussetzungen über A. Unsere Resultate verallgemeinern die entsprechenden Sätze aus [3, 5 und 8]. Die Beweise und weitere Ausführungen werden in einer späteren Arbeit erscheinen.

Der Operator A sei stetig von der starken Topologie in X in die schwache Topologie in X^*. Für $0 < R < +\infty$ setzen wir

$$A_R = \left\{ u \mid u \in X, \int_0^1 (A(s u), u)\, ds \leqq R \right\},$$

$$\partial A_R = \left\{ u \mid u \in X, \int_0^1 (A(s u), u)\, ds = R \right\}.$$

Der Operator A genüge den folgenden Bedingungen:

(Ia) $$\int_0^1 (A(su), u)\, ds - \int_0^1 (A(sv), v)\, ds = \int_0^1 (A(v + s(u-v)), u-v)\, ds$$

für alle $u, v \in X$;

(IIa) *A ist semi-monoton: Es existiert ein Operator $T\colon X \times X \to X^*$, so daß $Au = T(u, u)$ für alle $u \in X$ gilt und T den folgenden Bedingungen genügt:*

(i) *$(T(u, z) - T(v, z), u - v) \geqq 0$ für alle $u, v \in X$ bei beliebigem, aber fixiertem $z \in X$,*

(ii) *aus $v_j \rightharpoonup v$ in X folgt $T(u, v_j) \to T(u, v)$ in X^* gleichmäßig für alle u aus einer beliebigen beschränkten Menge in X.*

Außerdem sei $T(\cdot, v)$ hemi-stetig für beliebiges, aber fixiertes $v \in X$;

(IIIa) *Es existieren Konstanten $r = r(R) > 0$ und $k = k(R) > 0$, die nicht von $v \in \partial A_R$ abhängen, so daß $\|Au_1 - Au_2\| \leqq k\, \|u_1 - u_2\|$ für alle $u_1, u_2 \in B(v, r) = \{u \mid \|u - v\| \leqq r\}$ gilt, wobei $v \in \partial A_R$ ist;*

(IVa) *A_R ist beschränkt; ferner ist $\sup\limits_{\partial A_R} \|Au\| < +\infty$;*

(Va) *$|(Au, u)| \geqq \alpha > 0$ für alle $u \in \partial A_R$, wobei $\alpha = \alpha(R)$ nicht von $u \in \partial A_R$ abhängt.*

Der Operator A ist starker Gradient des Funktionals $g(u) = \int_0^1 (A(su), u)\, ds$ im Punkt $u \in X$, wenn A stetig in einer Umgebung von u ist.

Anmerkung 1. Unsere Bedingung (IIIa) bedeutet eine gewisse gleichmäßige LIPSCHITZ-Bedingung in einem Streifen um ∂A_R, die sich aber nicht auf beliebige Punkte aus ∂A_R bezieht. In [5] ist die LIPSCHITZ-Bedingung für A nur auf ∂A_R gefordert, wird im weiteren dann aber im wesentlichen in der von uns hier angegebenen Formulierung benutzt.

Für B seien die folgenden Voraussetzungen erfüllt:

(Ib) $$\int_0^1 (B(su), u)\, ds - \int_0^1 (B(sv), v)\, ds = \int_0^1 (B(v+s(u-v)), u-v)\, ds$$

für alle $u, v \in X$;

(IIb) *B ist verstärkt stetig.*[1]

Offenbar ist B starker Gradient des schwach stetigen Funktionals

$$f(u) = \int_0^1 (B(su), u)\, ds.$$

[1] D. h. B bildet in X schwach konvergente Folgen in Folgen ab, die in X^* stark konvergieren.

Als einen ersten Existenzsatz haben wir den bekannten

Satz 1 ([2]). *A sei stetig in einer Umgebung von* A_R, *semimonoton und genüge der Bedingung* (Ia). *Ferner sei* A_R *beschränkt, während B die Voraussetzungen* (Ib) *und* (IIb) *erfülle. Dann nimmt f auf* A_R *sein Minimum in einem Punkt* $u_1 \in A_R$ *an. Gilt insbesondere* $u_1 \in \partial A_R$, *so existiert ein* $\lambda_1 \in R^1$ *mit* $\lambda_1 A u_1 = B u_1$.

Anmerkung 2. Auf die Potentialität von B kann man verzichten, wenn in geeigneter Weise die Existenz einer Lösung einer gewissen Variationsungleichung für den Operator B gezeigt werden kann. In diesem Zusammenhang kann auch die Bedingung (IIb) abgeschwächt werden.
Um einen weiteren Existenzsatz zu erhalten, benötigen wir zwei Lemmata.
Sei $h \in X$ mit $\|h\| = 1$ beliebig gewählt, aber fixiert. Wir betrachten das Anfangswertproblem

$$\frac{du(t)}{dt} = h - \frac{(Au(t), h)}{(Au(t), u(t))} u(t), \quad u_0 = u(0) \in \partial A_R. \tag{2}$$

Es gilt nun das

Lemma 1. *A sei stetig von der starken Topologie in X in die schwache Topologie in* X^* *und genüge den Bedingungen* (Ia), (IIIa)–(Va). *Dann gilt:*

(i) *Im Intervall* $0 \leqq t \leqq t_0$ *existiert eine eindeutig bestimmte Lösung* $u(t)$ *von* (2) *mit* $u(0) = u_0$. *Dabei hängt* t_0 *weder von h* ($\|h\| = 1$) *noch von der Anfangsbedingung* $u_0 \in \partial A_R$ *ab.*

(ii) *Zu beliebigem* $\varepsilon > 0$ *existiert ein* $0 < \delta = \delta(\varepsilon) \leqq t_0$, *das nicht von* u_0 *und h abhängt, so daß* $\|u(t) - u_0\| \leqq \varepsilon$ *für* $0 \leqq t \leqq \delta$ *gilt.*

(iii) *Es gilt* $u(t) \in \partial A_R$ *für* $0 \leqq t \leqq t_0$.

Für $u \in \partial A_R$ setzen wir

$$Qu = Bu - \frac{(Bu, u)}{(Au, u)} Au.$$

$[V]$ bezeichne eine Klasse kompakter abgeschlossener Teilmengen $V \subset \partial A_R$, die invariant gegenüber einer gewissen Gesamtheit stetiger Deformationen innerhalb ∂A_R ist. An anderer Stelle wird dies exakt definiert. Wir werden dabei den Begriff der Ljusternik-Schnirelmann-Kategorie verwenden und unter der Voraussetzung der Ungeradheit von A und B sowie der Homöomorphie von ∂A_R zur Einheitssphäre in X wird dann die Existenz einer abzählbaren Folge von Eigenvektoren bewiesen. Außerdem wird die in [6] benutzte Methode auf das Problem (1) in engem Zusammenhang mit der Untersuchung der Bifurkation von Lösungen angewandt und es werden die diesbezüglichen Resultate aus [6] verallgemeinert.

Wir betrachten nun das folgende Variationsproblem

$$c = \sup_{[V]} \min_{V} f(u). \tag{3}$$

Offenbar ist die Zahl c endlich. Mit beliebigem $\varepsilon > 0$ wird die Menge

$$W_\varepsilon = \{u \mid u \in X, \mid f(u) - c \mid \leqq \varepsilon\}$$

eingeführt.

Lemma 2. *A sei stetig und genüge* (Ia), (IIIa)–(Va), *B genüge* (Ib) *und* (IIb). *Dann existiert zu beliebigem $\varepsilon > 0$ (wenigstens) ein $u \in W_\varepsilon$ mit $\|Qu\| \leqq \varepsilon$.*

Der folgende Satz liefert unser Hauptresultat der vorliegenden Arbeit.

Satz 2. *Der Operator A sei stetig und genüge den Bedingungen* (Ia)–(Va), *während für B die Bedingungen* (Ib) *und* (IIb) *erfüllt seien. Dann:*

(i) *Es existiert ein $u_0 \in A_R$ mit*

$$f(u_0) = c = \sup_{[V]} \min_{V} f(u).$$

(ii) *Ist $\|Bu_0\| > 0$ für dieses u_0, so existiert ein $\lambda_0 \in R^1$ mit*

$$\lambda_0 A u_0 = B u_0.$$

Durch diesen Satz wird die Existenz eines Eigenvektors und eines Eigenwertes für (1) nachgewiesen, jedoch wird das Variationsproblem (3) nicht in vollem Umfang gelöst. Wir formulieren deshalb eine in [4] angegebene Bedingung.

Der Operator $T(\cdot, \cdot)$ genügt der *Bedingung* (S), wenn für eine beliebige Folge $\{u_j\} \subset X$ aus $u_j \rightharpoonup u$ in X und $(T(u_j, v) - T(u, v), u_j - u) \to 0$ für beliebiges, aber fixiertes $v \in X$ folgt, daß $u_j \to u$ in X gilt.

Korollar. *A und B genügen den Voraussetzungen von Satz 2. Ferner sei für A die Bedingung (S) erfüllt. Dann gelten die Behauptungen von Satz 2 und es ist $u_0 \in \partial A_R$.*

Die hier beim Beweis von Satz 2 benutzte Methode weist einige Unterschiede zur Behandlung in [7] auf.

Sei nun X ein Hilbert-Raum. A und B mögen sämtlichen Voraussetzungen des Korollars für alle $0 < R < +\infty$ genügen. A habe außerdem die Eigenschaft, daß aus $R \to 0$ bzw. $R \to +\infty$ folgt: $\|u\| \to 0$ für alle $u \in \partial A_R$ bzw. $\|u\| \to +\infty$ für alle $u \in \partial A_R$. Somit besitzt (1) unter diesen Voraussetzungen Lösungen mit beliebig kleiner bzw. beliebig großer Norm. Um die Grenzwerte für $R \to 0$ bzw. $R \to +\infty$ der entsprechenden Eigenwerte zu lokalisieren, werden wir über die Operatoren A und B verschiedene Differenzierbarkeitsvoraussetzungen machen und so das Problem der Bifurkation bzw. asymptotischen Bifurkation der Lösungen von (1) behandeln.

Literaturverzeichnis

[1] BERGER, M. S., A Sturm-Liouville theorem for nonlinear partial differential equations. Ann. Scuola Norm. Pisa, Serie 3 *20*, 543–582 (1966).

[2] BROWDER, F. E., Variational methods for nonlinear elliptic eigenvalue problems. Bull. Amer. Math. Soc. *71*, 176–183 (1965).

[3] —, Infinite dimensional manifolds and nonlinear elliptic eigenvalue problems. Ann. of Math. *82*, 459–477 (1965).

[4] —, Nonlinear eigenvalue problems and Galerkin approximation. Bull. Amer. Math. Soc. *74*, 651–656 (1968).

[5] CITLANADZE, E. S., Existenzsätze für Minimax-Punkte in Banach-Räumen und ihre Anwendung (russ.). Arb. Mosk. Math. Ges. *2*, 235–274 (1953).

[6] KRASNOSELSKIJ, M. A., Topologische Methoden in der Theorie nichtlinearer Integralgleichungen (russ.). GITTL, Moskau 1956.

[7] PALAIS, R. S., Lusternik-Schnirelman theory on Banach manifolds. Topology *5*, 115–132 (1966).

[8] VAIJNBERG, M. M., Variationsmethoden zur Untersuchung nichtlinearer Operatoren (russ.). GITTL, Moskau 1956.

Eingegangen: 9. August 1971

J. SZLAŽA

Zentralinstitut für Mathematik und Mechanik der Dt. Akad. Wiss.

Ein asymptotisches Verfahren in der Superaerodynamik

Einleitung

In der Aerodynamik der verdünnten Gase oder, wie man auch noch sagt, der Superaerodynamik werden Probleme untersucht, die die Berücksichtigung der Molekularstruktur des Gases und die Anwendung kinetischer Gleichungen notwendig machen. Zu diesen Problemen gehören die Aufgaben der Umströmung von Flugkörpern in der Stratosphäre, der Bewegung von Gasen in Vakuumgeräten, der Ultraschallschwingungen in Gasen, der Struktur von Stoßwellen und Grenzschichten usw. Im Zusammenhang mit der Entwicklung der Raketentechnik besteht besonders großes Interesse für die Aufgaben der Hyperschallumströmung von Körpern beliebiger Form durch verdünntes Gas.

Ausgehend von dem kinetischen Gleichungssystem von S. W. WALLANDER [1] werden in der vorliegenden Arbeit Wege aufgezeigt, wie man an die analytische Lösung der letztgenannten Probleme herangehen kann. Zu Beginn wird die Verteilungsfunktion der Moleküle als Reihe nach Polynomen, die in beliebigen konischen Gebieten des Geschwindigkeitsraumes orthogonal sind, dargestellt. Für große MACH-Zahlen kann man diese Polynome asymptotisch konstruieren. Ferner wird das System der Integralmomentengleichungen zur Bestimmung der Reihenkoeffizienten $a_m^\pm$ für die Verteilungsfunktion hergeleitet. Mit Hilfe des Iterationsverfahrens werden Formeln für die $a_m^\pm$ in der ersten Näherung angegeben. Über diese Koeffizienten gelangt man schließlich zu allgemeinen Ausdrücken für die Gasparameter.

Es sei erwähnt, daß die Lösung der in der kinetischen Gastheorie auftretenden Gleichungen mit großen mathematischen Schwierigkeiten verbunden ist. Selbst die Lösung der kinetischen Gleichungen auf Rechenautomaten erweist sich als äußerst komplizierte Aufgabe. So müßte man z. B. im Falle des Gleichungssystems von S. W. WALLANDER mehrfache Integrale ausrechnen, wobei man es noch auf den Zwischenetappen mit nichtlinearen Operationen zu tun hat und außerdem die Rechnungen im siebendimensionalen Raum $x_1, x_2, x_3, u_1, u_2, u_3, t$ durchgeführt werden müssen. Es ergibt sich somit die Frage: Mit welchen analytischen Methoden kann man, trotz der Kompliziertheit der Probleme, an die Lösung der oben genannten Aufgaben herangehen? Wie in der vorliegenden Arbeit gezeigt wird, kann man durch eine geeignete Kombination zwischen der Momentenmethode, des Iterationsverfahrens und der Asymptotik zur analytischen Lösung von Hyperschallströmungen in der Superaerodynamik gelangen. Das Wesentliche hierbei ist, daß durch die Verknüpfung der drei genannten Verfahren die Hyperschallprobleme auf die asymptotische Auswertung von mehrfachen Integralen zurückgeführt werden können. Die Schwierigkeit besteht aber darin, daß in Randnähe ungleichmäßige Asymptotik auftritt, die je nach Gestalt des Körpers unterschiedlich analysiert werden muß.

In dieser Richtung sind für das Grundmodell der Strömungsmechanik, der Umströmung einer Platte, schon Untersuchungen durchgeführt worden, die man in den Arbeiten [15–19] finden kann. In der vorliegenden Arbeit wird nun eine Verallgemeinerung auf Hyperschallumströmungen von Körpern beliebiger Form angegeben, indem ein Lösungsalgorithmus aufgezeigt wird, der zu allgemeinen Formeln für die Gasparameter in der ersten Näherung führt.

1. *Die Verteilungsfunktion* $f(\bar{r}, \bar{u})$

Bei der Beschreibung von Strömungen in der Superaerodynamik geht man im allgemeinen von den kinetischen Gleichungen der Gastheorie aus. Die bekannteste kinetische Gleichung zur Bestimmung der Verteilungsfunktion $f(t, \bar{r}, \bar{u})$ der Moleküle ist die BOLTZMANN-Gleichung. In unseren Überlegungen werden wir aber von den WALLANDERschen Gleichungen [1] ausgehen, die im Unterschied zu der BOLTZMANN-Gleichung (diese ist eine Integro-Differentialgleichung) reine Integralgleichungen sind. Für unsere asymptotischen Betrachtungen sind Integralgleichungen besser geeignet und bieten gute Ansatzpunkte für ihre analytische Lösung.

Die Umströmung eines Körpers durch ein verdünntes einatomiges Gas kann man also mit Hilfe des kinetischen Gleichungssystems von S. W. WALLANDER [1] beschreiben. Für den stationären Fall gilt

$$
(1.1) \qquad f(\bar{r},\bar{u}) = \begin{cases} \dfrac{1}{u_n}\,\tilde{\Phi}(\bar{r}_s,\bar{u})\,\Pi(\bar{r},\bar{u},\tau_s) + \displaystyle\int_0^{\tau_s} \Phi(\bar{r}-\tau\bar{u},\bar{u})\,\Pi(\bar{r},\bar{u},\tau)\,d\tau & \bar{u}\in\Omega^+(\bar{r}) \\[2ex] \displaystyle\int_0^{\infty} \Phi(\bar{r}-\tau\bar{u},\bar{u})\,\Pi(\bar{r},\bar{u},\tau)\,d\tau & \bar{u}\in\Omega^-(\bar{r}). \end{cases}
$$

In (1.1) sind

- $\bar{r}$ – der Radiusvektor des Raumpunktes (x, y, z)
- $\bar{r}_s$ – der Radiusvektor des Punktes (x_s, y_s, z_s) auf der Oberfläche $F(\bar{r}_s) = 0$ des umströmten Körpers
- $\bar{u}$ – die Geschwindigkeit der Moleküle
- τ_s – die Zeit der freien Bewegung der Moleküle
- τ_s – die Zeit der freien Bewegung der Moleküle von der Oberfläche des Körpers in den Punkt $\bar{r}$ (die kleinste positive Wurzel der Gleichung $F(\bar{r} - \tau_s\bar{u}) = 0$)
- $f(\bar{r}, \bar{u})$ – die Verteilungsfunktion der Moleküle
- $\Pi(\bar{r},\bar{u},\tau)$ – die Wahrscheinlichkeit der freien Bewegung der Moleküle in den Punkt $\bar{r}$ mit der Geschwindigkeit $\bar{u}$ in der Zeit τ
- $\Phi(\bar{r}, \bar{u}, \tau)$ – innere ,,Erzeugungs''funktion
- $\tilde{\Phi}(\bar{r}, \bar{u}, \tau)$ – Rand-,,Erzeugungs''funktion
- $n(\bar{r}_s)$ – die äußere Normale des Körpers im Punkt $\bar{r}_s$
- $\Omega^+(\bar{r})$ – der Kegel im Geschwindigkeitsraum, der alle Geschwindigkeiten $\bar{u}$ enthält, mit denen die Moleküle in freier Bewegung vom Körper in den Punkt $\bar{r}$ gelangen können
- $\Omega^-(\bar{r})$ – der Rest des Geschwindigkeitsraumes.

Alle Überlegungen, die in der vorliegenden Arbeit angestellt werden, können auf den instationären Fall übertragen werden.

Das Gleichungssystem (1.1) bestimmt die Verteilungsfunktion $f(\bar{r}, \bar{u})$, die eine Funktion von sechs Variablen ist. Es ist bekannt, daß mit Zunahme der Anzahl der Variablen die Schwierigkeiten bei der Lösung der kinetischen Gleichungen anwachsen. Andererseits ist die Mikrobeschreibung mit Hilfe der Verteilungsfunktion für die meisten Probleme zu detailliert. Deshalb ist es von Bedeutung, nach geeigneten Methoden zu suchen, die zur Ermittlung der Gasparameter führen, ohne daß die Verteilungsfunktion im einzelnen berechnet wird. Das effektivste Verfahren dabei ist die sogenannte Momentenmethode. Hierbei wird die Verteilungsfunktion f als Reihe nach orthogonalen Polynomen dargestellt, und mit Hilfe der BOLTZMANN-Gleichung oder (1.1) wird das Gleichungssystem zur Bestimmung der Reihenkoeffizienten hergeleitet. Diese Koeffizienten geben uns dann die Möglichkeit, die Gasparameter zu bestimmen. Die Gestalt der Verteilungsfunktion wird also von Anfang an vorgegeben. Bevor man aber zu der Momentenmethode greift, muß man davon überzeugt sein, daß die benutzte Verteilungsfunktion so gut wie möglich den betrachteten Prozeß widerspiegelt.

Betrachtet man ein verdünntes Gas im unbegrenzten Raum, so ist es vorteilhaft, die Verteilungsfunktion nach Polynomen, die im gesamten Geschwindigkeitsraum orthogonal sind, zu zerlegen [2, 3].

Nimmt man als Gewicht die MAXWELLsche Verteilungsfunktion

$$f_0 = n_0 \left(\frac{h_0}{\pi}\right)^{\frac{3}{2}} \exp\{-h_0(\bar{u} - \bar{U}_0)^2\} \tag{1.2}$$

$\left(h_0 = \frac{m}{2kT_0};\ n_0,\ U_0,\ T_0\right.$ bezeichnen die Dichte, die mittlere Geschwindigkeit und die Temperatur der ungestörten Strömung$\Big)$, so erweisen sich die entsprechenden Polynome als HERMITEsche Polynome, die Tensoren dritter Ordnung vom Rang m sind.

Die Verteilungsfunktion kann man nicht nur als Reihenentwicklung nach HERMITEschen Polynomen darstellen, sondern auch nach beliebigen anderen Funktionen. Die Wahl der einen oder anderen Form für die Verteilungsfunktion hängt vor allem von der Konvergenzgeschwindigkeit der entsprechenden Reihen ab. Für die meisten Probleme der Superaerodynamik erleidet die Verteilungsfunktion in jedem Punkt der Strömung bezüglich der Geschwindigkeit der Moleküle einen Sprung, der durch das unterschiedliche Verhalten der anströmenden und reflektierten Moleküle hervorgerufen wird. In diesem Fall konvergieren die Reihen nach HERMITEschen Polynomen sehr langsam. Diese Überlegung führt dazu, daß Verteilungsfunktionen betrachtet werden müssen, die dem Verhalten der anströmenden und reflektierten Moleküle Rechnung tragen.

Betrachtet man zum Beispiel die COUETTEsche Strömung, dann ist es sinnvoll, die Verteilungsfunktion als Reihe nach Polynomen, die in der einen Hälfte des Geschwindigkeitsraumes orthogonal sind, darzustellen. Das ist dadurch bedingt, daß $f(\bar{r}, \bar{u})$ auf der Ebene $u_n = 0$ einen Sprung erleidet und deshalb für $u_n < 0$ und $u_n > 0$ [4, 5] erklärt werden muß. Die angeführten Darstellungen der Verteilungsfunktion gelten nur für einen sehr begrenzten Kreis von Aufgaben der Superaerodynamik. Im allgemeinen hat man es mit Problemen zu tun, bei denen die Verteilungsfunktion auf einer Kegelfläche einen Sprung besitzt, die den Geschwindigkeitsraum in zwei Unterräume $\Omega^+(\bar{r})$ und $\Omega^-(\bar{r})$ teilt. Das Gleichungssystem für $f(\bar{r}, \bar{u})$ hat dabei die Form (1.1). Da $f(\bar{r}, \bar{u})$ in den Räumen $\Omega^+(\bar{r})$ und $\Omega^-(\bar{r})$ eine unterschiedliche Gestalt annimmt, ist es günstiger, in diesen Räumen die approximierenden

Funktionen zu konstruieren, als im gesamten Geschwindigkeitsraum. Wir zerlegen also $f(\bar{r}, \bar{u})$ nach Polynomen $\Psi_m^{\pm}(\bar{r}, \bar{u})$, die mit dem Gewicht f_0 aus (1.2) in $\Omega^{\pm}(\bar{r})$ orthogonal sind. Im weiteren gehören alle mit „+" bezeichneten Größen zum Geschwindigkeitsraum $\Omega^{+}(\bar{r})$ und die mit „−" bezeichneten zum Raum $\Omega^{-}(\bar{r})$. Eine derartige Betrachtungsweise erlaubt, die Umströmung beliebiger Körper durch verdünntes Gas mathematisch zu modellieren.

Wir befassen uns nun mit der Konstruktion der Polynome $\Psi_m^{\pm}(\bar{r}, \bar{u})$. Wenn wir als Definition die Formel

$$(1.3) \qquad (\alpha, \beta)^{\pm} = \frac{1}{\varepsilon^{\pm}} \iiint_{\Omega^{\pm}} f_0 \, \alpha \, \beta \, d\bar{u}$$

einführen, dann erhalten wir für die Orthonormierung der Polynome $\Psi_m^{\pm}(\bar{r}, \bar{u})$ folgende Bedingungen:

$$(1.4) \qquad (\Psi_i, \Psi_j)^{\pm} = \begin{cases} 0 & \text{für} \quad i \neq j \\ 1 & \text{für} \quad i = j. \end{cases}$$

Sind die Bedingungen (1.4) erfüllt, dann sagt man, daß die Polynome $\Psi_m^{\pm}$ mit dem Gewicht f_0 aus (1.2) in $\Omega^{\pm}$ orthogonal und normiert sind. In (1.3) wird $\varepsilon^{\pm}$ so gewählt, daß $\Psi_0^{\pm} = 1$ ist. Wir nehmen an, daß die Verteilungsfunktion f auf einer beliebigen Kegelfläche im Geschwindigkeitsraum einen Sprung erleidet. Hierbei zerfällt der Geschwindigkeitsraum in zwei Teile: Ω^{+} und Ω^{-}. Bei der Umströmung mehrerer Körper zerfällt auch der Geschwindigkeitsraum in mehrere Teile. Da dies für unsere Überlegungen nicht ausschlaggebend ist, betrachten wir der Einfachheit halber nur die Umströmung eines Körpers.

Es seien

$$(1.5) \qquad 1;\, u_i;\, u_i u_j;\, \cdots;\, u_{i_1} u_{i_2} \cdots u_{i_m} = \{u_{i_1} u_{i_2} \cdots u_{i_m}\}$$

linear unabhängige Tensoren dritter Ordnung vom Rang m, wobei $i_m = 1, 2, 3$; $m = 0, 1, 2, \ldots$ und u_{i_m} die Komponenten des Geschwindigkeitsvektors sind. Aus (1.5) bilden wir die Folge $\{u_{i_1} u_{i_2} \cdots u_{i_m}\}_{i_1 \leq i_2 \leq \cdots \leq i_m}$ die ebenfalls aus linear unabhängigen Elementen besteht. Die ersten Glieder dieser Folge sind

$$(1.6) \qquad 1, u_x, u_y, u_z, u_x^2, u_y^2, u_z^2, u_x u_y, u_x u_z, u_y u_z, u_x^2 u_y,$$
$$u_y^3, u_z^2 u_y, u_x^3, u_x u_y^2, u_x u_z^2, u_x^2 u_z, u_y^2 u_z, u_z^3, u_x u_y u_z, \ldots,$$

wobei x, y, z den Indizes 1, 2, 3 entsprechen. Wir numerieren die Elemente in (1.6) wie folgt

$$(1.7) \qquad \varphi_0, \varphi_1, \varphi_2, \varphi_3, \varphi_4, \ldots$$

und orthonormieren sie nach dem gewöhnlichen Schema [6]. Dabei erhalten wir die Folge $\{\Psi_i\}^{\pm}$ orthonormierter Polynome. Es sind

$$(1.8)\qquad \Psi_m^{\pm} = \frac{\Theta_m^{\pm}}{\|\Theta_m\|^{\pm}}, \quad \Theta_m^{\pm} = \varphi_m - \sum_{k=0}^{m-1} C_{mk}^{\pm} \Psi_k^{\pm}, \quad m = 0, 1, 2, \ldots$$

und

$$(1.9)\qquad C_{mk}^{\pm} = (\varphi_m, \Psi_k)^{\pm}.$$

Da die Grenzen der Gebiete $\Omega^{\pm}$ von $\bar{r}$ abhängen, sind die $C_{mk}^{\pm}$ nach (1.3) Funktionen von $\bar{r}$. Demzufolge sind die erhaltenen Polynome $\Psi_m^{\pm}$ Funktionen von $\bar{r}$ und $\bar{u}$. Es sei angemerkt, daß die in [2–5] betrachteten Polynome nur Funktionen von $\bar{u}$ sind. Aus (1.8) erhält man sukzessiv

$$(1.10)\qquad \Psi_m^{\pm} = \frac{\Theta_m^{\pm}}{\|\Theta_m\|^{\pm}}, \quad \Theta_m^{\pm} = \varphi_m - \sum_{k=0}^{m-1} b_{mk}^{\pm} \varphi_k, \quad m = 0, 1, 2, \ldots,$$

wobei

$$(1.11)\qquad b_{mk}^{\pm} = \frac{C_{mk}^{\pm}}{\|\Theta_k\|^{\pm}} - \sum_{\substack{i=1\\ i>k}}^{m-1} \frac{C_{mi}^{\pm}}{\|\Theta_i\|^{\pm}} b_{ik}^{\pm}$$

ist. Indem wir die Integrale

$$(1.12)\qquad \alpha_{ij}^{\pm} = \iiint_{\Omega^{\pm}} f_0 \varphi_i \varphi_j \, d\bar{u} \quad i, j = 0, 1, 2, \ldots$$

einführen, wobei f_0 und φ_i die Funktionen aus (1.2) und (1.7) sind und $\alpha_{ij}^{\pm} = \alpha_{ji}^{\pm}$ ist, und $\Psi_k^{\pm}$ in (1.9) einsetzen, kann man $C_{mk}^{\pm}$ sukzessiv nach $\alpha_{ij}^{\pm}$ ausdrücken. Wir erhalten

$$(1.13)\qquad C_{mk}^{\pm} = \frac{1}{\varepsilon^{\pm}\|\Theta_k\|^{\pm}} \left\{\alpha_{mk}^{\pm} - \sum_{i=0}^{k-1} \alpha_{mi}^{\pm} b_{ik}^{\pm}\right\}.$$

Nach Einsetzen von (1.13) in (1.11) gelangen wir zu folgenden Ausdrücken für $b_{mk}^{\pm}$

$$(1.14)\qquad b_{mk}^{\pm} = \frac{1}{\varepsilon^{\pm}\|\Theta_k\|^{\pm 2}} \left\{\alpha_{mk}^{\pm} - \sum_{i=0}^{k-1} \alpha_{mi}^{\pm} b_{ki}^{\pm}\right\} - \sum_{\substack{i=1\\ i>k}}^{m-1} \frac{b_{ik}^{\pm}}{\varepsilon^{\pm}\|\Theta_i\|^{\pm 2}} \left\{\alpha_{mi}^{\pm} - \sum_{l=0}^{m-1} \alpha_{ml}^{\pm} b_{il}^{\pm}\right\}.$$

Hieraus ist zu ersehen, daß $b_{mk}^{\pm}$ Funktionen von $\alpha_{ij}^{\pm}$ sind. Sind die $b_{mk}^{\pm}$ bestimmt, so erhält man aus (1.10) auch $\Theta_m^{\pm}$. Zur Konstruktion der Polynome $\Psi_m^{\pm}$ müssen wir noch $\|\Theta_m\|^{\pm}$ ermitteln. Gemäß (1.3), (1.10) und (1.12) ist

$$(1.15)\qquad \|\Theta_m\|^{\pm 2} = \frac{1}{\varepsilon^{\pm}} \iiint_{\Omega^{\pm}} f_0 \left[\varphi_m - \sum_{k=0}^{m-1} b_{mk}^{\pm} \varphi_k\right]^2 d\bar{u} = \frac{1}{\varepsilon^{\pm}} \left\{\alpha_{mm}^{\pm} - 2\sum_{k=0}^{m-1} b_{mk}^{\pm} \alpha_{mk}^{\pm} + \sum_{i,k=0}^{m-1} b_{mi}^{\pm} b_{mk}^{\pm} \alpha_{ik}^{\pm}\right\}.$$

Wie schon oben erwähnt, wird $\varepsilon^{\pm}$ so gewählt, daß $\Psi_0^{\pm} = 1$ ist. Daraus folgt, daß $\varepsilon^{\pm} = \alpha_{00}^{\pm}$ ist. Die Polynome $\Psi_m^{\pm}$ sind vollständig bestimmt, wenn wir die Integrale $\alpha_{ij}^{\pm}$ für $i \geqq j$ nach (1.12) ausrechnen. Die dargelegte Konstruktion der Polynome $\Psi_m^{\pm}$ ist für beliebige Gebiete im Geschwindigkeitsraum anwendbar. In den Gebieten $\Omega^{\pm}$ kann man schließlich die Verteilungsfunktion in folgender Form darstellen:

$$f^{\pm}(\bar{r}, \bar{u}) = f_0(\bar{u}) \sum_{m=0}^{\infty} a_m^{\pm}(\bar{r})\, \Psi_m^{\pm}(\bar{r}, \bar{u}). \tag{1.16}$$

Im nächsten Punkt befassen wir uns mit der Berechnung der Integrale $\alpha_{ij}^{\pm}$.

2. *Die Asymptotik der Integrale $\alpha_{ij}^{\pm}$ für große Machzahlen*

Ein Körper A beliebiger Form befinde sich in der ungestörten Strömung eines einatomigen verdünnten Gases mit der mittleren Geschwindigkeit $\bar{U}_0$. Das Koordinatensystem kann stets so gewählt werden, daß die Richtung des Geschwindigkeitsvektors $\bar{U}_0$ mit der positiven Richtung der Abszissenachse zusammenfällt (Abb. 1).

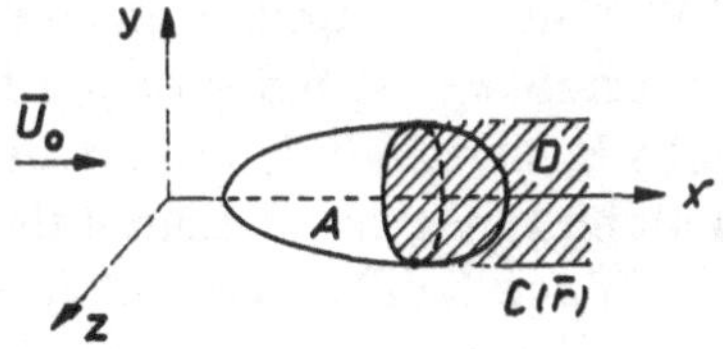

Abb. 1

Die Moleküle betrachten wir als elastische Kugeln und ihre Reflexion vom Körper sei diffus. Die Temperatur des Körpers soll sich nicht von der Temperatur des Gases unterscheiden.

Für die in der Arbeit vorkommenden dimensionslosen Größen nehmen wir folgende Bezugsgrößen an:

$$\bar{u} = U_0 \bar{u}', \quad \bar{r} = \frac{\bar{r}'}{n_0 \sigma}, \quad \tau = \frac{\tau'}{n_0 \sigma U_0}, \quad f = n_0 U_0^{-3} f',$$

$$\tilde{T} = U_0^{-3} \tilde{T}', \quad Q = n_0 \sigma U_0 Q', \quad N = n_0 U_0 N',$$

$$\Phi = n_0^2 \sigma U_0^{-2} \Phi', \quad \tilde{\Phi} = n_0 U_0^{-2} \tilde{\Phi}', \quad T = U_0^{-3} T',$$

wobei die mit Strich versehenen Größen dimensionslos sind. Weiterhin sind σ – der Stoßquerschnitt, $\tilde{T}$ – die Randtransformierte bei diffuser Reflexion, Q – die Stoßfunktion, N – die Anzahl der in der Zeiteinheit auf die Flächeneinheit des Körpers auftreffenden Partikel, T – die innere Transformierte.
Zur besseren Übersicht lassen wir bei den dimensionslosen Größen die Striche fort.

Für die Punkte außerhalb des Schattengebietes D des Körpers kann man die Verteilungsfunktion $f(\bar{r}, \bar{u})$ in der Form (1.16) darstellen. Die Polynome in (1.16) sind aus (1.10) bekannt, falls es gelingt, die Integrale $\alpha_{ij}^{\pm}$ zu lösen.

Das aber hängt von der Form des umströmten Körpers und deshalb von den Gebieten $\Omega^{\pm}(\bar{r})$ im Geschwindigkeitsraum ab (Abb. 2).

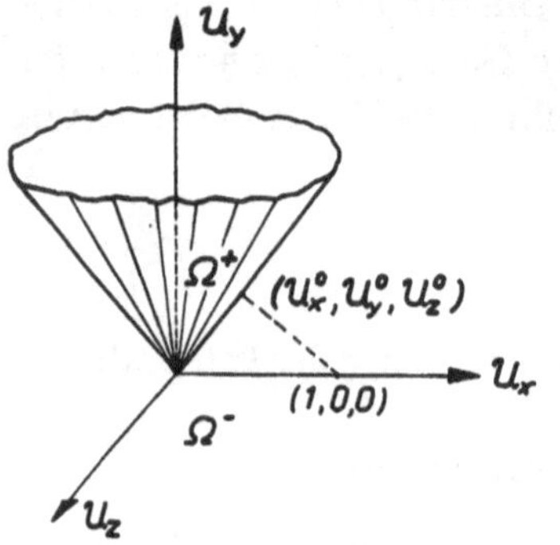

Abb. 2

Betrachten wir den gesamten Geschwindigkeitsraum, die Hälfte oder ein Viertel des Geschwindigkeitsraumes, dann lassen sich die Integrale $\alpha_{ij}^{\pm}$ exakt ausrechnen. Ist die Geometrie des umströmten Körpers so geartet, daß die Abhängigkeit der Gebiete $\Omega^{\pm}$ von $\bar{r}$ sehr kompliziert ist, so können die Integrale nur numerisch berechnet werden. Eine analytische Lösung der Integrale $\alpha_{ij}^{\pm}$ ist jedoch auch für geometrisch komplizierte Körper möglich, falls Hyperschallumströmungen betrachtet werden. Die MAXWELLsche Verteilungsfunktion ist dann δ-förmig, und die $\alpha_{ij}^{\pm}$ können nach dem Parameter M (MACH-Zahl) asymptotisch ausgewertet werden. Diese asymptotischen Betrachtungen geben uns die Möglichkeit, viele Probleme der Superaerodynamik analytisch zu lösen.

Analysieren wir nun etwas näher die Schwierigkeiten, auf die wir bei der asymptotischen Abschätzung der $\alpha_{ij}^{\pm}$ stoßen. Die dimensionslose MAXWELLsche Verteilungsfunktion hat die Gestalt

(2.1) $$f_0(\bar{u}, h) = \left(\frac{h}{\pi}\right)^{\frac{3}{2}} e^{-h(\bar{u}-\bar{U}_0)^2},$$

wobei

(2.2) $$h = \frac{5}{6} M^2, \quad \bar{U}_0 = \{1, 0, 0\}$$

sind. Wegen (1.12) erhalten wir für $\alpha_{ij}^{\pm}$

(2.3) $$\alpha_{ij}^{\pm}(\bar{r}, h) = \iiint\limits_{\Omega^{\pm}(\bar{r})} f_0 \varphi_i \varphi_j \, d\bar{u} = \iiint\limits_{\Omega^{\pm}(\bar{r})} F_{ij} f_0 \, d\bar{u}.$$

Setzt man (2.1) in (2.3) ein, folgt

(2.4) $$\alpha_{ij}^{\pm}(\bar{r}, h) = \left(\frac{h}{\pi}\right)^{\frac{3}{2}} \iiint\limits_{\Omega^{\pm}(\bar{r})} F_{ij}(\bar{u}) \, e^{-h(\bar{u}-\bar{U}_0)^2} \, d\bar{u}.$$

Diese Integrale lassen sich für $h \to \infty$ asymptotsich abschätzen. Die Funktionen F_{ij} sind Potenzfunktionen bezüglich der Komponenten des Geschwindigkeitsvektors $\bar{u}$. Aus (2.4) ist zu ersehen, daß sich das Maximum des Integranden im Punkt (1, 0, 0) des Geschwindigkeitsraumes befindet. Für das Gebiet Ω^- (Abb. 2) ist dieser Punkt ein innerer, für das Gebiet Ω^+ ein äußerer Punkt. Deshalb ist das asymptotische Verhalten von α_{ij}^+ für $h \to \infty$ exponentiell und von α_{ij}^- potentiell [7]. Falls die Maximumstelle des Integranden ein innerer Punkt des Integrationsgebietes ist (für die Integrale α_{ij}^-), lassen sich die Integrale recht einfach auswerten. Um die Asymptotik der α_{ij}^+ zu erhalten, ist es notwendig, das asymptotische Verhalten der Integrale in der Umgebung des Punktes (u_x^0, u_y^0, u_z^0), der von allen Punkten aus Ω^+ den kürzesten Abstand zum Punkt (1, 0, 0) besitzt, zu untersuchen. Der Punkt (u_x^0, u_y^0, u_z^0) ist ein Randpunkt des Gebietes Ω^+. Wenn die Oberfläche des Kegels Ω^+ den Punkt (1, 0, 0) enthält (das ist der Fall, wenn wir die Punkte auf der Oberfläche $C(\bar{r})$ im physikalischen Raum betrachten), dann wird das asymptotische Verhalten von α_{ij}^+ für $h \to \infty$ potentiell. Hieraus ist zu ersehen, daß die Asymptotik für die α_{ij}^+ in der Nähe der Oberfläche $C(\bar{r})$ ungleichmäßig ist. Demzufolge muß man bei der asymptotischen Betrachtung der Integrale $\alpha_{ij}^\pm$ zwei Fälle unterscheiden:

1. Das Maximum des Integranden ist ein innerer Punkt des Integrationsgebietes;
2. Das Maximum des Integranden ist für das Integrationsgebiet ein Randpunkt.

Die Methoden zur asymptotischen Abschätzung von mehrfachen Integralen sowohl im Fall 1, als auch für den Fall 2 bei verschiedenen Randpunkten, wurden hauptsächlich in den Arbeiten von L. C. Hsu [8–10] entwickelt. Tritt bei der Umströmung von Körpern Symmetrie ein, sagen wir für u_z, dann lassen sich die Integrale $\alpha_{ij}^\pm$ nach u_z exakt berechnen, und es bleiben Doppelintegrale (Integration über u_x und u_y) übrig. Das asymptotische Verhalten von Doppelintegralen ist in den Arbeiten von J. Focke [11] und R. Riedel [12, 13] untersucht worden. Hier werden auch Randmaxima verschiedener Art betrachtet.

Bei der Berechnung der $\alpha_{ij}^\pm$ kann man auch auf die Arbeit von Tichonow und Samarskij [14] zurückgreifen. Sie betrachten die Zerlegung von Integralen über δ-förmige Funktionen.

Man kann also sagen, daß es in der mathematischen Literatur eine große Anzahl von Arbeiten verschiedener Autoren gibt, die es uns ermöglichen, die Integrale $\alpha_{ij}^\pm$ für $h \to \infty$ asymptotisch auszuwerten. Deshalb gibt es bei der Berechnung der $\alpha_{ij}^\pm$ in der Hyperschallaerodynamik keine prinzipiellen Schwierigkeiten, und die Polynome $\Psi_m^\pm$ können endgültig auf asymptotischem Wege konstruiert werden. Sind nun diese Polynome bekannt, so können wir mit ihrer Hilfe Formeln für die Makroparameter des Gases, die sich durch die Reihenkoeffizienten $a_m^{\pm}(\bar{r})$ ausdrücken lassen, herleiten. Diesen Problemen wenden wir uns im nächsten Punkt zu.

3. *Die Makroparameter des Gases*

Wir können (1.10) wie folgt umformen:

$$(3.1) \qquad \Psi_m^{\pm} = \sigma_m^{\pm} \varphi_m - \sum_{k=0}^{m-1} \delta_{mk}^{\pm} \varphi_k \qquad m = 0, 1, 2, \ldots$$

Hier sind

$$(3.2) \qquad \sigma_m^{\pm} = \frac{1}{\|\Theta_m\|^{\pm}}, \qquad \delta_{mk}^{\pm} = \sigma_m^{\pm} b_{mk}^{\pm},$$

wobei sich $b_{mk}^{\pm}$ und $\|\Theta_m\|^{\pm}$ nach (1.14) und (1.15) bestimmen lassen. Wenn wir (1.16) in (1.1) einsetzen, entsprechend mit Ψ_m^{+} und Ψ_m^{-} multiplizieren und über Ω^{+} und Ω^{-} integrieren, dann erhalten wir infolge der orthonormierten Polynome $\Psi_m^{\pm}$ ein unendliches System von Integralmomentengleichungen zur Bestimmung der Koeffizienten $a_m^{\pm}$, nämlich

$$(3.3) \qquad a_m^{\pm}(\bar{r}) = \iiint_{\Omega^{\pm}(\bar{r})} \Psi_m^{\pm}(\bar{r}, \bar{u})\, V^{\pm} f^{\pm}\, d\bar{u} \qquad m = 0, 1, 2, \ldots$$

Hier sind $V^{\pm} f^{\pm}$ die rechten Seiten der Gleichungen (1.1). Es sei

$$(3.4) \qquad M_i^{\pm}(\bar{r}) = \iiint_{\Omega^{\pm}} \varphi_i f^{\pm}\, d\bar{u} \qquad i = 0, 1, 2, \ldots$$

Multiplizieren wir nun (1.16) mit (3.1) und integrieren über $\Omega^{\pm}$, dann erhalten wir folgende Ausdrücke

$$(3.5) \qquad M_m^{\pm} = \frac{1}{\sigma_m^{\pm}} \left[a_m^{\pm} + \sum_{k=0}^{m-1} \delta_{mk}^{\pm} M_k^{\pm} \right] \quad m = 0, 1, 2, \ldots$$

Hieraus ist zu ersehen, daß man $M_m^{\pm}$ sukzessiv nach $a_m^{\pm}$ ausdrücken kann. Wir führen noch die Bezeichnung

$$(3.6) \qquad \{B\}^{\pm} = B^{+} + B^{-}$$

ein, wobei B ein Skalar, Vektor oder Tensor sein kann.
Die wichtigsten Makroparameter des Gases n, $\bar{U}$, T, P, $\bar{H}$, d. h. die Dichte, mittlere Geschwindigkeit, Temperatur des Gases, der Spannungstensor und der Wärmestromvektor lassen sich nach folgenden Formeln [1] berechnen:

$$(3.7) \qquad n = \iiint_{-\infty}^{\infty} f\, d\bar{u} = \{n\}^{\pm},$$

wobei

$$n^{+} = \iiint_{\Omega^{+}} f^{+}\, d\bar{u}, \quad n^{-} = \iiint_{\Omega^{-}} f^{-}\, d\bar{u}$$

sind; und analog

(3.8) $$n\bar{U} = \iiint_{-\infty}^{\infty} f\bar{u}\, d\bar{u} = \{n\bar{U}\}^{\pm}$$

(3.9) $$3\,n\,RT = \iiint_{-\infty}^{\infty} f(\bar{u} - \bar{U})^2\, du = \{3\,n\,RT\}^{\pm}$$

(3.10) $$P_{ij} = m \iiint_{-\infty}^{\infty} f(u_i - U_i)\,(u_j - U_j)\, d\bar{u} = \{P_{ij}\}^{\pm}$$

(3.11) $$\bar{H} = \frac{m}{2} \iiint_{-\infty}^{\infty} f(\bar{u} - \bar{U})^2\,(\bar{u} - \bar{U})\, d\bar{u} = \{\bar{H}\}^{\pm},$$

wobei R die Gaskonstante ist und $i, j = 1, 2, 3$ den Indizes x, y, z entsprechen.
Gemäß (1.7), (3.4) und (3.5) können wir (3.7)–(3.11) nach $M_i^{\pm}$ und deshalb auch nach $a_m^{\pm}$ ausdrücken.
Wir erhalten

(3.12) $$n = \{M_0\}^{\pm} = \{a_0\}^{\pm},$$

(3.13) $$n\bar{U} = \{\bar{U}_1\}^{\pm},$$

wobei

$$\{U_{1x}\}^{\pm} = \{M_1\}^{\pm}, \quad \{U_{1y}\}^{\pm} = \{M_2\}^{\pm}, \quad \{U_{1z}\}^{\pm} = \{M_3\}^{\pm}$$

sind. Weiterhin gelten die Formeln

(3.14) $$3\,n\,RT = \{M_4 + M_5 + M_6\}^{\pm} - n\,U^2$$

(3.15) $$P_{ij} = m\,[\{P_{ij}^{(1)}\}^{\pm} - n\,U_i\,U_j], \quad P_{ij} = P_{ji},$$

wobei

$$\{P_{xx}^{(1)}\}^{\pm} = \{M_4\}^{\pm}, \quad \{P_{xy}^{(1)}\}^{\pm} = \{M_7\}^{\pm}, \quad \{P_{xz}^{(1)}\}^{\pm} = \{M_8\}^{\pm}$$
$$\{P_{yy}^{(1)}\}^{\pm} = \{M_5\}^{\pm}, \quad \{P_{yz}^{(1)}\}^{\pm} = \{M_9\}^{\pm}, \quad \{P_{zz}^{(1)}\}^{\pm} = \{M_6\}^{\pm}$$

sind. Schließlich ist

(3.16) $$\bar{H} = \frac{m}{2}\,[\{H_1\}^{\pm} - n\,\bar{U}\,(U^2 + 3\,RT)] - \bar{U}\,P,$$

wobei

$$\{H_{1x}\}^{\pm} = \{M_{13} + M_{14} + M_{15}\}^{\pm}$$
$$\{H_{1y}\}^{\pm} = \{M_{10} + M_{11} + M_{12}\}^{\pm}$$
$$\{H_{1z}\}^{\pm} = \{M_{16} + M_{17} + M_{18}\}^{\pm}$$

sind. Wir drücken nun die Stoßfrequenz $N(\bar{r}_s)$ der Moleküle mit dem Körper (die Anzahl der in der Zeiteinheit auf die Flächeneinheit des Körpers auftreffenden Partikel) sowie den Impuls $\bar{p}(\bar{r}_s)$ und die Energie $E(\bar{r}_s)$, die von den Molekülen dem Körper übertragen werden, nach den Koeffizienten $a_m^\pm$ aus.

Die Stoßfrequenz im Punkte $\bar{r}_s$ des Körpers ist nach [1]

(3.17) $$N(\bar{r}_s) = -\iiint\limits_{u_n<0} f(\bar{r}_s, \bar{u})\, u_n\, d\bar{u},$$

wobei

(3.18) $$u_n = u_x \cos(\widehat{\bar{n}, x}) + u_y \cos(\widehat{\bar{n}, y}) + u_z \cos(\widehat{\bar{n}, z})$$

gilt. Setzen wir (3.18) in (3.17) ein, so erhalten wir wegen (3.4) und (3.5)

(3.19) $$N(\bar{r}_s) = -U_{1n}^-(\bar{r}_s),$$

wobei U_{1n}^- die Normalkomponente des Vektors $\bar{U}_1^-$ aus (3.13) ist.

Der Impuls und die Energie, die von den Molekülen in der Zeiteinheit auf die den Punkt $\bar{r}_s$ enthaltende Flächeneinheit des Körpers übertragen werden, lassen sich nach folgenden Formeln [1] berechnen

$$\bar{p}(\bar{r}_s) = \bar{p}^- - \bar{p}^+$$
$$E(\bar{r}_s) = E^- - E^+,$$

wobei $\bar{p}^-$, E^- der Impuls und die Energie sind, die von den auf den Körper auftreffenden Molekülen mitgeführt werden, $\bar{p}^+$ und E^+ bezeichnen Impuls und Energie, die von den vom Körper reflektierten Molekülen mitgeführt werden. Die letzteren lassen sich mit Hilfe der Funktion $\Phi(\bar{r}_s, \bar{u})$, deren Ausdruck vom Reflexionsschema abhängt, bestimmen [1]. Wir betrachten hier nur die Berechnung von $\bar{p}^-$ und E^-.

Es gilt [1]

(3.20) $$p^-(\bar{r}_s) = -m \iiint\limits_{u_n<0} f(\bar{r}_s, \bar{u})\, u_n\, \bar{u}\, d\bar{u},$$

(3.21) $$E^-(\bar{r}_s) = -\frac{m}{2} \iiint\limits_{u_n<0} f(\bar{r}_s, \bar{u})\, u_n\, u^2\, d\bar{u}.$$

Setzen wir (3.18) in (3.20) und (3.21) ein, dann erhalten wir infolge (3.4) und (3.5)

(3.22) $$p_i^-(\bar{r}_s) = -m\, P_{in}^{(1)-}(\bar{r}_s) \qquad i = x, y, z,$$

(3.23) $$E^-(\bar{r}_s) = -\frac{m}{2} H_{1n}^-(\bar{r}_s),$$

wobei $P_{in}^{(1)-}$ die Normalkomponente des Vektors $\bar{P}_i^{(1)-}$ ist, dessen Komponenten $P_{ix}^{(1)-}$, $P_{iy}^{(1)-}$, $P_{iz}^{(1)-}$ sich gemäß (3.15) bestimmen lassen, und H_{1n} die Normalkomponente des Vektors $\bar{H}_1^-$ ist, dessen Komponenten man nach (3.16) berechnen kann.

Aus den Formeln (3.12)–(3.16), (3.19), (3.22) und (3.23) ist zu ersehen, daß die Makroparameter des Gases dann vollständig bestimmt sind, wenn wir die Ausdrücke für die $\{M_i\}^\pm$ bzw. $a_m^\pm$ gefunden haben. Die Koeffizienten $a_m^\pm$ können aus dem System der Integralmomentengleichungen (3.3) mit Hilfe des Iterationsverfahrens ermittelt werden. Im nächsten Punkt bestimmen wir die $a_m^\pm$ bzw. $\{M_i\}^\pm$ in der ersten Näherung.

4. *Die erste Näherung für* $\{M_i\}^\pm$

Laut (1.1) ist

$$f = \begin{cases} f^+ = V^+ f^+ & \text{für } \bar{u} \in \Omega^+ \\ f^- = V^- f^- & \text{für } \bar{u} \in \Omega^-, \end{cases} \tag{4.1}$$

wobei $V^\pm f^\pm$ die rechten Seiten in (1.1) sind. Für die Funktionen, die in die rechten Seiten von (4.1) eingehen, gelten folgende dimensionslose Ausdrücke [1]:

$$\Phi(\bar{r}_s, \bar{u}) = N(\bar{r}_s)\, \hat{T}(\bar{u}), \tag{4.2}$$

wobei $N(\bar{r}_s)$ sich nach (3.17) berechnen läßt und $\hat{T}$ bei diffuser Reflexion die Gestalt

$$\hat{T} = \frac{2\,h^2}{\pi} u_n\, e^{-hu^2} \tag{4.3}$$

besitzt;

$$\Pi(\bar{r}, \bar{u}, \tau) = \exp\left\{- \int_0^\tau Q(\bar{r} - q\,\bar{u}, \bar{u})\, d\bar{u}\right\}, \tag{4.4}$$

wobei

$$Q = \{Q\}^\pm \tag{4.5}$$

und

$$Q^\pm(\bar{r}, \bar{u}) = \iiint\limits_{\Omega^\pm(\bar{r})} |\bar{u} - \bar{u}_1|\, f^\pm(\bar{r}, \bar{u}_1)\, d\bar{u}_1 \tag{4.6}$$

sind.

Weiter ist

$$\Phi(\bar{r}, \bar{u}) = \Phi^{++}(\bar{r}\,\bar{u}) + 2\,\Phi^{+-}(\bar{r}, \bar{u}) + \Phi^{--}(\bar{r}, \bar{u}), \tag{4.7}$$

wobei

$$\Phi^{\varepsilon\Delta}(\bar{r}, \bar{u}) = \iiint\limits_{\Omega^\varepsilon} \iiint\limits_{\Omega^\Delta} |\bar{u}_1 - \bar{u}_2|\, f^\varepsilon(\bar{r}, \bar{u}_1)\, f^\Delta(\bar{r}, \bar{u}_2)\, T(\bar{u}_1, \bar{u}_2, \bar{u})\, d\bar{u}_1\, d\bar{u}_2 \tag{4.8}$$

und für elastische kugelförmige Moleküle

$$T(\bar{u}_1, \bar{u}_2, \bar{u}) = \frac{1}{\pi |\bar{u}_1 - \bar{u}_2|^2}\, \delta\left\{\left| u - \frac{\bar{u}_1 + \bar{u}_2}{2}\right| - \frac{|\bar{u}_2 - \bar{u}_1|}{2}\right\}$$

sind. ε und Δ stehen an Stelle von „+" oder „−". In (4.7) charakterisiert Φ^{++} die Wechselwirkung der reflektierten Moleküle untereinander, Φ^{+-} die

Wechselwirkung der auf den Körper auftreffenden und reflektierten Partikel und Φ^{--} die Wechselwirkung der auftreffenden Teilchen untereinander. Setzen wir nun gemäß (1.16) die Verteilungsfunktion $f^{\pm}$ in die Formeln (4.2) (4.8) ein, so erhalten wir für $N, Q^{\pm}$ und $\Phi^{\varepsilon\Delta}$:

$$N(\bar{r}_s) = \sum_{m=0}^{\infty} a_m^-(\bar{r}_s)\, \tilde{\beta}_m^-(\bar{r}_s), \tag{4.9}$$

wobei

$$\tilde{\beta}_m^-(\bar{r}_s) = \sigma_m^-(\bar{r}_s)\, \beta_m^- - \sum_{k=0}^{m-1} \delta_{mk}^-(\bar{r}_s)\, \beta_k^- \tag{4.10}$$

und

$$\beta_m^- = -\iiint_{u_n<0} u_n f_0 \varphi_m \, d\bar{u} \qquad m = 0, 1, 2, \ldots \tag{4.11}$$

sind;

$$Q^{\pm}(\bar{r}, \bar{u}) = \sum_{m=0}^{\infty} a_m^{\pm}(\bar{r})\, \tilde{A}_m^{\pm}(\bar{r}, \bar{u}), \tag{4.12}$$

wobei

$$\tilde{A}_m^{\pm}(\bar{r}, \bar{u}) = \sigma_m^{\pm}(\bar{r})\, A_m^{\pm}(\bar{r}, \bar{u}) - \sum_{k=0}^{m-1} \delta_{mk}^{\pm}(\bar{r})\, A_k^{\pm}(\bar{r}, \bar{u}) \tag{4.13}$$

und

$$A_m^{\pm}(\bar{r}, \bar{u}) = \iiint_{\Omega^{\pm}} |\bar{u} - \bar{u}_1|\, \varphi_m(\bar{u}_1)\, f_0(\bar{u}_1)\, d\bar{u}_1 \tag{4.14}$$

sind.
Weiterhin ist

$$\Phi^{\varepsilon\Delta}(\bar{r}, \bar{u}) = \sum_{i,j=0}^{\infty} a_i^{\varepsilon}(\bar{r})\, a_j^{\Delta}(\bar{r})\, \tilde{B}_{ij}^{\varepsilon\Delta}(\bar{r}, \bar{u}), \tag{4.15}$$

wobei

$$\tilde{B}_{ij}^{\varepsilon\Delta} = \sigma_i^{\varepsilon} \sigma_j^{\Delta} B_{ij}^{\varepsilon\Delta} - \sigma_i^{\varepsilon} \sum_{k=0}^{j-1} \delta_{jk}^{\Delta} B_{ik}^{\varepsilon\Delta} - \sigma_j^{\Delta} \sum_{k=0}^{i-1} \delta_{ik}^{\varepsilon} B_{jk}^{\varepsilon\Delta} + \sum_{l=0}^{i-1} \sum_{k=0}^{j-1} \delta_{il}^{\varepsilon} \delta_{jk}^{\Delta} B_{lk}^{\varepsilon\Delta} \tag{4.16}$$

und

$$B_{ij}^{\varepsilon\Delta}(\bar{r}, \bar{u}) = \iiint_{\Omega^{\varepsilon}} \iiint_{\Omega^{\Delta}} \varphi_i(\bar{u}_1)\, \varphi_j(\bar{u}_2)\, |\bar{u}_1 - \bar{u}_2|\, f_0(\bar{u}_1)\, f_0(\bar{u}_2)\, T(\bar{u}_1, \bar{u}_2, \bar{u})\, d\bar{u}_1\, d\bar{u}_2 \tag{4.17}$$

sind.
Wie in 2. und 3. schon gezeigt wurde, lassen sich die $\sigma_m^{\pm}$ und $\delta_{mk}^{\pm}$ in den Formeln (4.10), (4.13) und (4.16) gemäß (3.2), (1.14) und (1.15) durch die Integrale $\alpha_{ij}^{\pm}$ ausdrücken. Weiterhin können die Integrale β_m^-, $A_m^{\pm}$, $B_{ij}^{\varepsilon\Delta}$ aus (4.11), (4.14) und (4.17) für $h \to \infty$ ebenfalls asymptotisch ausgewertet werden, da in den Integranden die MAXWELLsche Verteilungsfunktion f_0

eingeht. Die dreifachen Integrale β_m^- und $A_m^\pm$ lassen sich verhältnismäßig leicht asymptotisch berechnen, während die asymptotische Abschätzung der sechsfachen Integrale $B_{ij}^{\varepsilon\Delta}$ mit einigen Schwierigkeiten verbunden ist, da hier noch die durch T in den Integranden eingehende δ-Funktion eine wichtige Rolle spielt. Durch die δ-Funktion fällt eine Integration in den Integralen $B_{ij}^{\varepsilon\Delta}$ fort. Die weitere Integration über eine fünfdimensionale Hyperfläche führt dann zu einigen Komplikationen, die geometrischer Natur sind und von der Form des umströmten Körpers abhängen. Prinzipiell kann man aber die Integrale β_m^-, $A_m^\pm$, $B_{ij}^{\varepsilon\Delta}$ für $h \to \infty$ asymptotisch auswerten. Es sind nur noch die Koeffizienten $a_m^\pm$ zu bilden. Wenden wir uns deshalb dem Gleichungssystem (3.3) zu. Für dieses System kann man das Iterationsverfahren zur Bestimmung der $a_m^\pm$ nach folgendem Schema durchführen

(4.18) $$a_m^{(n)\pm} = \iiint\limits_{\Omega\pm} \Psi_m^\pm \, V^\pm f_{n-1}^\pm \, d\bar{u} \qquad n = 1, 2, \ldots; \qquad m = 0, 1, 2, \ldots,$$

wobei n die Nummer der Näherung ist.

Als nullte Näherung für die Verteilungsfunktion f betrachten wir die ungestörte Außenströmung, die durch die Maxwellsche Verteilungsfunktion f_0 (2.1) charakterisiert wird. Das bedeutet, daß die Koeffizienten $a_m^\pm$ in der nullten Näherung folgende Gestalt haben

(4.19) $$a_0^{(0)-} = 1 \qquad a_0^{(0)+} = 0 \qquad a_k^{(0)\pm} = 0 \qquad \text{für} \qquad k = 1, 2, 3, \ldots$$

Setzt man nun diese Werte für die $a_m^\pm$ in (4.9)–(4.17) ein, so erhält man für N, Q und Φ in der nullten Näherung

(4.20) $$N^{(0)} = \beta_0^- \qquad Q^{(0)} = A_0^- \qquad \Phi^{(0)} = B_{00}^{--},$$

wobei β_0^-, A_0^- und B_{00}^{--} sich aus (4.11), (4.14) und (4.17) berechnen lassen. $\Phi^{(0)}$ läßt sich auch aus anderen Überlegungen bestimmen. Für die ungestörte Außenströmung gilt infolge des Gleichgewichtes

(4.21) $$\Phi^{(0)} = Q^{(0)-} \cdot f_0 = Q^{(0)} \cdot f_0 = A_0^- f_0.$$

Hieraus ist zu ersehen, daß zur Bestimmung von $N^{(0)}$, $Q^{(0)}$ und $\Phi^{(0)}$ nur die Berechnung der dreifachen Integrale β_0^- und A_0^- notwendig ist. Für große Mach-Zahlen lassen sich diese Integrale asymptotisch abschätzen, für kleine oder gemäßigte M müssen die Integrale numerisch gelöst werden, sofern sie sich nicht exakt ermitteln lassen.

Gemäß (4.18) haben wir für $a_m^\pm$ in der ersten Näherung

(4.22) $$a_m^{(1)\pm} = \iiint\limits_{\Omega\pm} \Psi_m^\pm \, V^\pm f_0^\pm \, d\bar{u}.$$

Setzt man (4.20) und (4.21) unter Berücksichtigung von (4.2) und (4.4) in (4.1) ein, so erhält man für $V^{\pm} f_0^{\pm}$

(4.23) $$V^- f_0^- = f_0 J_1(\bar{r}, \bar{u})$$

(4.24) $$V^+ f_0^+ = f_0^* \Pi(\bar{r}, \bar{u}, \tau_s) + f_0 J_2(\bar{r}, \bar{u}),$$

wobei

(4.25) $$J_k(\bar{r}, \bar{u}) = \int_0^{\tau_k} A_0^-(\bar{r} - \tau \bar{u}, \bar{u}) \exp\left\{- \int_0^{\tau} A_0^-(\bar{r} - q \bar{u}, \bar{u})\, dq\right\} d\tau$$

$$k = 1, 2, \quad \tau_1 = \infty, \quad \tau_2 = \tau_s$$

(4.26) $$f_0^* = \frac{1}{u_n} \beta_0^-(\bar{r}, \bar{u})\, \hat{T}(\bar{u})$$

(4.27) $$\Pi(\bar{r}, \bar{u}, \tau_s) = \exp\left\{- \int_0^{\tau_s} A_0^-(\bar{r} - q \bar{u}, \bar{u})\, dq\right\}$$

sind.

Die Integrale (4.25) lassen sich leicht ausrechnen. Wir erhalten

(4.28) $$J_k(\bar{r}, \bar{u}) = 1 - e^{-z_k(\bar{r}, \bar{u})} \qquad k = 1, 2,$$

wobei $z_1 = \infty$ und $z_2 = \int_0^{\tau_s} A_0^-(\bar{r} - q\bar{u}, \bar{u})\, dq$ sind. Setzt man (4.28) in (4.23) und (4.24) ein, so erhält man

(4.29) $$V^- f_0^- = f_0$$

(4.30) $$V^+ f_0^+ = f_0 + \Pi(\bar{r}, \bar{u}, \tau_s)\, [f_0^* - f_0]$$

und infolge (4.22)

(4.31) $$a_m^{(1)-} = \iiint_{\Omega^-} \Psi_m^- f_0\, d\bar{u} \qquad m = 0, 1, 2, \ldots$$

(4.32) $$a_m^{(1)+} = \hat{a}_m^{(1)+} + \tilde{a}_m^{(1)+},$$

wobei

(4.33) $$\hat{a}_m^{(1)+} = \iiint_{\Omega^+} \Psi_m^+ f_0^*\, \Pi(\bar{r}, \bar{u}, \tau_s)\, d\bar{u}$$

(4.34) $$\tilde{a}_m^{(1)+} = \iiint_{\Omega^+} \Psi_m^+ f_0 [1 - \Pi(\bar{r}, \bar{u}, \tau_s)]\, d\bar{u}$$

sind.

Setzen wir nun (3.1) unter Berücksichtigung von (3.2), (1.14), (1.15) und (1.12) in (4.31)–(4.34) ein, so erhalten wir schließlich für die Koeffizienten $a_m^{(1)\pm}$

(4.35) $$a_0^{(1)-} = \alpha_{00}^-, \quad a_k^{(1)-} = 0 \qquad k = 1, 2, 3, \ldots$$

(4.36) $$a_m^{(1)+} = \hat{a}_m^{(1)+} + \tilde{a}_m^{(1)+} \qquad m = 0, 1, 2, \ldots,$$

wobei $\hat{a}_m^{(1)+}$ sich nach (4.33) bestimmen lassen und

(4.37) $$\tilde{a}_0^{(1)+} = \alpha_{00}^{+} + \chi_0^{+}, \quad \tilde{a}_k^{(1)+} = \chi_k^{+} \qquad k = 1, 2, 3, \ldots$$

sind.

Hier ist

(4.38) $$\chi_m^{+} = -\iiint\limits_{\Omega^+} \Psi_m^{+} f_0\, \Pi(\bar{r}, \bar{u}, \tau_s)\, d\bar{u} \qquad m = 0, 1, 2, \ldots$$

Mit Hilfe dieser Koeffizienten $a_m^{(1)\pm}$ können die Ausdrücke für die Gasparameter in der ersten Näherung gefunden werden. Wie aus 3. zu ersehen ist, lassen sich alle Makroparameter des Gases durch $\{M_i\}^{\pm}$ ausdrücken. Nach Einsetzen von (4.35)–(4.38) in (3.5) unter Berücksichtigung von (3.1), (3.2) und (1.11) erhalten wir für die $\{M_i\}^{\pm}$ in der ersten Näherung

(4.39) $$\{M_i^{(1)}\}^{\pm} = \{\alpha_{i0}\}^{\pm} + \gamma_i^{+} + \eta_i^{+} \qquad i = 0, 1, 2, \ldots,$$

wobei

(4.40) $$\alpha_{i0}^{\pm} = \iiint\limits_{\Omega^+} f_0\, \varphi_i\, d\bar{u}$$

(4.41) $$\gamma_i^{+} = -\iiint\limits_{\Omega^+} \varphi_i f_0\, \Pi(\bar{r}, \bar{u}, \tau_s)\, d\bar{u}$$

(4.42) $$\eta_i^{+} = \iiint\limits_{\Omega^+} \varphi_i f_0^{*}\, \Pi(\bar{r}, \bar{u}, \tau_s)\, d\bar{u}$$

sind und φ_i, f_0, f_0^{*}, $\Pi(\bar{r}, \bar{u}, \tau_s)$ sich nach (1.7), (2.1), (4.26) und (4.27) bestimmen lassen. Die Gasparameter sind also endgültig in der ersten Näherung bestimmt, wenn wir die Integrale (4.40)–(4.42) ausrechnen. Für $h \to \infty$ lassen sich diese Integrale asymptotisch auswerten. Dabei ist zu bemerken, daß in Randnähe ungleichmäßige Asymptotik auftritt. Das ungleichmäßige asymptotische Verhalten der Makroparameter des Gases in Randnähe wird vor allen Dingen bei der Abschätzung der Integrale η_i^{+} aus (4.42) aufgedeckt. Bei Betrachtung der $\{M_i\}^{\pm}$ in der ersten Näherung können schon Aussagen über das asymptotische Verhalten der Gasparameter in der Grenzschicht gemacht werden. Das Verhalten der Gasparameter auf dem Körper, z. B. ihre Abhängigkeit von $\bar{r}_s$, läßt sich mit der ersten Näherung noch nicht darstellen. Hierzu wird die zweite Näherung benötigt.

Zusammenfassend kann man sagen, daß Probleme der Hyperschallaerodynamik der verdünnten Gase durch rationelle Anwendung folgender drei Methoden analytisch gelöst werden können:

1. Momentenmethode, die zur Aufstellung des Systems (3.3) führt
2. Iterationsverfahren nach (4.18)
3. Asymptotik aller auftretenden Integrale nach dem Parameter M.

Der Erfolg hierbei hängt davon ab, wie wir es verstehen, die auftretenden Integrale (4.40)–(4.42) asymptotisch auszuwerten. Das wiederum hängt von der Form des betrachteten Körpers ab.

Interessant und wichtig für die Praxis sind Probleme der Hyperschallumströmung von Körpern endlichen Ausmaßes und der Hyperschallströmungen in Kanälen. Hierbei tritt neben dem Parameter M noch ein zweiter Parameter $Kn = \frac{l}{L}$ (Knudsenzahl) auf, wobei l die mittlere freie Weglänge und L die charakteristische Länge des Körpers sind. An die Lösung dieser Probleme kann man ebenfalls mit dem beschriebenen asymptotischen Verfahren herangehen. Die Untersuchungen werden dabei aber weitaus komplizierter, da neben der Grenzschicht auch Stoßwellen auftreten können und außerdem bei der asymptotischen Auswertung der Integrale zwei Parameter eine Rolle spielen. Hierbei können mehrere Gebiete ungleichmäßiger Asymptotik auftreten, deren Struktur in Abhängigkeit von M und Kn recht kompliziert sein kann.

Literaturverzeichnis

[1] „Аэродинамика разреженных газов“ сб. 1, под ред. С. В. Валландера, изд. ЛГУ, 1963.
[2] Grad, H., Comm. Pure and Appl. Math. 2, Nr. 4 (1949).
[3] „Аэродинамика разреженных газов“ сб. 2, под ред. С. В. Валландера, изд. ЛГУ, 1964.
[4] Gross, E., E. A. Jackson und S. Ziering, Ann. Phys. *1*, 141 (1957).
[5] „Аэродинамика разреженных газов“ сб. 3, под ред. С. В. Валландера, изд. ЛГУ, 1965.
[6] Смирнов, В. И., Курс высшей математики, т. V, М., 1959.
[7] Евграфов, М. А., Асимптотические оценки и целые функции, М., ГИФМЛ, 1962.
[8] Hsu, L. C., A theorem on the asymptotic behavior of a multiple integral. Duke Math. Jour., Vol. 15, N 3, 1948.
[9] Hsu, L. C., Approximations to a class of double integrals of functions of large numbers. Amer. Jour. of Math., Vol. 70, N 4, 1948.
[10] Hsu, L. C., On a kind of asymptotic integrals with integrands having absolute maximum at boundary points. Acta Math. Sinica. Vol. 4, N 3, 1954.
[11] Focke, J., Asymptotische Entwicklungen mittels der Methode der stationären Phase. Berichte über die Verhandlungen der Sächs. Akad. der Wissensch. zu Leipzig. Math.-naturwiss. Klasse, Band 101, Heft 3, Akademieverlag, 1954.
[12] Riedel, R., Asymptotische Darstellungen von Doppelintegralen. Wiss. Z. Univ. Halle, Math.-naturw. Reihe 14 (1965).
[13] Riedel, R., Asymptotische Darstellungen von Doppelintegralen mit nichtstationären Randmaxima. Math. Nachrichten, Bd. 30, N 5/6, 1965.
[14] Тихонов, Самарский, Асимптотическое разложение интегралов от пикообразных функций, Н. Д. В. Ш. физ.-мат. науки, N 1, 1959.
[15] Р. Г. Баранцев, Ю. Шлажа, Вестник ЛГУ, N 19, 1964.
[16] Szlaža, J., ZAMM, Bd. 45, H. 2/3, 1965.
[17] Szlaža, J., Mber. Dt. Akad. Wiss. zu Berlin, Bd. 8, Heft 2, 1966.
[18] Шлажа, Ю. Вестник ЛГУ, N 13, 1967.
[19] Шлажа, Ю. Вестник ЛГУ, N 1, 1968.

Eingegangen: 2. November 1971

R. KLUGE

Zentralinstitut für Mathematik und Mechanik der Dt. Akad. Wiss.

Über eine Klasse abstrakter Differentialgleichungen beliebiger Ordnung im BANACH-Raum

Einleitung

Die Arbeit enthält Aussagen über die Existenz von Lösungen des Anfangswertproblems für abstrakte Differentialgleichungen beliebiger Ordnung in Normalform mit bochnerintegrablen rechten Seiten und numerische Verfahren (Iterations-, Projektions- und Projektions-Iterationsverfahren) zur approximativen Bestimmung dieser Lösungen. Speziell werden damit Anfangswertprobleme für endliche wie unendliche Systeme nichtlinearer gewöhnlicher Differentialgleichungen beliebiger Ordnung mit lebesgueintegrablen rechten Seiten und gemischte Probleme für gewisse Typen partieller Differentialgleichungen mit Zeitableitungen beliebiger Ordnung erfaßt.

Punkt 1 enthält allgemeine Aussagen über Iterationsverfahren in metrischen Räumen, Punkt 2 bzw. Punkt 3 Anwendungen auf Gleichungen erster und beliebiger Ordnung entsprechend.

1. Einige Iterationsverfahren im metrischen Raum

M bezeichne einen metrischen Raum mit der Metrik r und $(M \to M)$ die Menge aller Abbildungen von ganz M in M.

Definition. $T \in (M \to M)$ heißt in $x \in M$ s-lipschitzstetig, $s > 0$, wenn eine Zahl $L(T, x, s) > 0$ derart existiert, daß

$$r(Tu, Tx) \leqq L(T, x, s) \cdot r(u, x) \quad \text{für} \quad u \in M \quad \text{mit} \quad r(u, x) \leqq s.$$

Satz 1. Sei $T \in (M \to M)$, u_0 Fixpunkt von T, T^n für jedes n s-lipschitzstetig in $x_0 \in M$ mit $s \geqq r(u_0, x_0)$ und $L(T^n, x_0, s) \to 0$ für $n \to \infty$. Dann konvergiert das Iterationsverfahren

$$x_n = T^n x_0 \tag{1}$$

gegen u_0. Wenn dabei $s \geqq r(Tx_0, x_0)$ und $\sum_{n=1}^{\infty} L(T^n, x_0, s) < +\infty$, dann gilt

$$r(u_0, x_n) \leqq r(Tx_0, x_0) \sum_{i=n}^{+\infty} L(T^i, x_0, s). \tag{2}$$

Beweis. Für jedes n gilt wegen $T^n u_0 = u_0$

$$r(u_0, x_n) = r(T^n u_0, T^n x_0) \leqq L(T^n, x_0, s) \cdot r(u_0, x_0) \to 0$$
$$\text{für} \quad n \to \infty.$$

Daneben ist für $s \geqq r(Tx_0, x_0)$ und $\sum_{n=1}^{\infty} L(T^n, x_0, s) < +\infty$ und hinreichend große n, m mit $n \geqq m$

$$r(x_n, x_m) \leqq r(T^n x_0, T^{n-1} x_0) + \cdots + r(T^{m+1} x_0, T^m x_0)$$
$$\leqq (L(T^{n-1}, x_0, s) + \cdots + L(T^m, x_0, s))\, r(Tx_0, x_0)$$

und für $n \to \infty$ Relation (2), q. e. d.

Bemerkung. Für strikt kontraktive $T \in (M \to M)$ sind alle Voraussetzungen von Satz 1 erfüllt. Dabei gilt $L(T^n, x_0, s) = L_T^n$ (L_T bezeichnet die Kontraktionskonstante von T) und damit die bekannte Abschätzung (2) mit

$$L(T^i, x_0, s) = (L_T)^i/(1 - L_T).$$

Satz 2. $T_n \equiv B_n B_{n-1} \cdots B_2 B_1$, $B_i \in (M \to M)$ für $i = 1, 2, \ldots$, besitze für jedes $n \geqq n_0$ (n_0 fixiert) einen Fixpunkt u_n. Dabei sei $r(u_n, u_0) \to 0$ für $n \to \infty$, $u_0 \in M$, und T_n in $v_0 \in M$ s_n-lipschitzstetig mit $s_n \geqq r(u_n, v_0)$ und $L(T_n, v_0, s_n) \to 0$ für $n \to \infty$. Dann konvergiert das Iterationsverfahren

$$v_n = B_n v_{n-1}, \qquad n = 1, 2, \ldots,$$

gegen u_0,

Beweis. Es gilt $v_n = T_n v_0$ und damit für $n \geqq n_0$

$$r(u_n, v_n) = r(T_n u_n, T_n v_0) \leqq L(T_n, v_0, s_n)\, r(u_n, v_0)$$
$$\leqq L(T_n, v_0, s_n)\, \{r(u_n, u_0) + r(u_0, v_0)\} \to 0 \quad \text{für} \quad n \to \infty$$

und damit $r(v_n, u_0) \to 0$, q. e. d.

Wir geben nun ein hinreichendes Kriterium für die in Satz 2 gestellte Voraussetzung $r(u_n, u_0) \to 0$ an.

Satz 3. $T \in (M \to M)$ besitze den Fixpunkt u_0. Weiter sei $T_n \in (M \to M)$ für $n \geqq n_0$ mit dem Fixpunkt u_n s_n-lipschitzstetig in u_0 mit

$$s_n \geqq r(u_0, u_n), \quad L(T_n, u_0, s_n) \leqq M_0 < 1 \quad \text{für} \quad n \geqq n_0$$

und $r(T_n u_0, u_0) \to 0$ für $n \to \infty$. Dann konvergiert die Folge (u_n) gegen u_0.

Beweis. Für $n \geqq n_0$ gilt

$$r(u_0, u_n) = r(u_0, T_n u_n) \leqq r(u_0, T_n u_0) + r(T_n u_0, T_n u_n)$$
$$\leqq r(u_0, T_n u_0) + M_0\, r(u_0, u_n)$$

und damit

$$r(u_0, u_n) \leqq r(u_0, T_n u_0)/(1 - M_0) \to 0 \quad \text{für} \quad n \to \infty, \text{ q e. d.}$$

2. Abstrakte Differentialgleichungen erster Ordnung.

Wir wenden nun die Ergebnisse von Punkt 1 auf abstrakte Differentialgleichungen im BANACH-Raum B an. Dazu betrachten wir das Problem:

Gesucht wird eine abstrakte Funktion $x(t)\colon [0, T] \to B$ mit den Eigenschaften: 1. $x \in C(0, T; B)$, 2. f. f. a. $t \in [0, T]$ existiert die Ableitung $x'(t)$ und es gilt

$$x'(t) = f(t, x(t)), \text{ f. f. a. } t, \tag{3}$$

$$x(0) = x_0 \in B, \tag{4}$$

mit $f(t, .) \in (B \to B)$ f. f. a. t bezüglich des LEBESGUEschen Maßes über $[0, T]$.

x heißt Lösung von (3)–(4). Unter den Voraussetzungen

$(\mathrm{V}_1)_p$: Für $x \in C(0, T; B)$ gilt $f(t, x(t)) \in L_p(0, T; B)$, $p \in [1, +\infty)$.

und

(V_2): Mit einer von t unabhängigen Konstanten L gilt $\|f(t, x) - f(t, y)\| \leqq L \|x - y\|$ f. f. a. t und für $x, y \in B$.

besitzt das Problem (3)–(4) genau eine Lösung x mit $x' \in L_p(0, T; B)$ [3]. In [3] wurden weiter Iterations-, Projektions- und Projektions-Iterationsverfahren zur näherungsweisen Lösung von (3)–(4) begründet. Bei den Iterations- und Projektions-Iterationsverfahren mußten dabei in jedem Schritt VOLTERRA-BOCHNER- bzw. VOLTERRA-LEBESGUE-Integraloperatoren in eine feste Potenz $m \geqq 1$ geführt werden.

Wir zeigen hier mit den Ergebnissen von Punkt 1, daß immer $m = 1$ gesetzt werden kann.

Wir betrachten

$$(Tx)(t) \equiv x_0 + \int_0^t f(s, x(s))\, ds.$$

T^n ist wegen (V_2) und $(\mathrm{V}_1)_p$ für jedes n in $C(0, T; B)$ lipschitzstetig mit der Konstanten $L_{T^n} = (LT)^n/n!$ [3]. Es gilt $L_{T^n} \to 0$ für $n \to \infty$ und

$$\sum_{n=1}^{\infty} L_{T^n} = e^{LT} - 1 < +\infty.$$

$\|x\|_C$ bezeichne die Norm von $x \in C(0, T; B)$ und $\|y\|_p$ die Norm von $y \in L_p(0, T; B)$.

Satz 4. Unter den Voraussetzungen $(\mathrm{V}_1)_p$ und (V_2) konvergiert das Iterationsverfahren

$$y_i(t) = (Ty_{i-1})(t), \quad y_0 \in C(0, T; B), \quad i = 1, 2, \ldots, \tag{5}$$

in $C(0, T; B)$ gegen die einzige Lösung x von (3)–(4). Damit gilt für jedes i die Abschätzung

$$\|x - y_i\|_C \leqq \|y_0 - Ty_0\|_C \left(e^{LT} - \sum_{j=0}^{i-1} \frac{(LT)^j}{j!}\right). \tag{6}$$

Weiter konvergiert die Folge der entsprechenden Ableitungen y_i' in

$$L_p(0, T; B)$$

gegen x'. Hier gilt für jedes $i = 1, 2, \ldots$

$$\| x' - y'_i \|_p \leqq LT^{1/p} \cdot \left(e^{LT} - \sum_{j=0}^{i-2} \frac{(LT)^j}{j!} \right) \| y_0 - Ty_0 \|_C .$$

Beweis. Die Aussagen bezüglich (5) folgen aus Satz 1 unter Berücksichtigung der Tatsache, daß die Lösung x von (3)–(4) der einzige Fixpunkt von T ist und $e^{LT} = \sum_{n=0}^{\infty} (LT)^n/n!$ gilt.

Weiter ist $y_i(t) = (Ty_{i-1})(t) = x_0 + \int_0^t f(s, y_{i-1}(s))\, ds$, ergo

$$y_i'(t) = f(t, y_{i-1}(t)).$$

Daraus folgt wegen (6)

$$\begin{aligned} \| x'(t) - y_i'(t) \| &= \| f(t, x(t)) - f(t, y_{i-1}(t)) \| \leqq L \| x - y_{i-1} \|_C \\ &\leqq L \| y_0 - Ty_0 \|_C \left(e^{LT} - \sum_{j=0}^{i-2} (LT)^j/j! \right) \end{aligned}$$

und weiter

$$\begin{aligned} \| x' - y_i' \|_p &= \left(\int_0^T \| x'(t) - y_i'(t) \|^p dt \right)^{1/p} \\ &\leqq LT^{1/p} \left(e^{LT} - \sum_{j=0}^{i-2} (LT)^j/j! \right) \| y_0 - Ty_0 \|_C . \end{aligned}$$

Gleichzeitig ist die Konvergenz $y_i' \to x'$ in $L_p(0, T; B)$ bewiesen, q. e. d.

Bemerkung. Für in t stetige $f(t, x)$ gelten die gleichen Aussagen wie in Satz 4 mit $C(0, T; B)$ für $L_p(0, T; B)$. Die letzte Abschätzung in Satz 4 lautet dann

$$\| x' - y_i' \|_C \leqq L \left(e^{LT} - \sum_{j=0}^{i-2} (LT)^j/j! \right) \| y_0 - Ty_0 \|_C .$$

Wir gehen nun zu den Projektions-Iterationsverfahren über. Dabei sei $B = H$ ein Hilbert-Raum mit dem Skalarprodukt $(.\,,.)$ ($\| \cdot \| = \sqrt{(.\,,.)}$) und dem identischen Operator I, (H_n) eine Folge endlichdimensionaler Unterräume von H und P_n der Orthogonalprojektor von H auf H_n. Speziell kann H_n die lineare Hülle der ersten i_n Elemente der Folge (w_i) aus H sein. Wir setzen voraus: $\| (I - P_n) h \| \to 0$ für $n \to \infty$ und jedes $h \in H$. Speziell ist diese Bedingung durch die Vollständigkeit von (w_i) in H garantiert.

Satz 5. f genüge $(V_1)_2$ und (V_2). Dann konvergiert das Projektions-Iterationsverfahren

$$(7) \qquad y_n = (P_n T)\, y_{n-1}, \quad y_0 \in C(0, T; H),$$

in $C(0, T; H)$ gegen die einzige Lösung x von (3)–(4). Außerdem konvergiert die Folge der Ableitungen y_n' in $L_2(0, T; H)$ gegen x'.

Beweis. Wir setzen $B_i = P_i T$ und $T_n = B_n B_{n-1} \cdots B_1$. Es gilt

$$(B_i y)(t) = P_i x_0 + \int_0^t P_i f(s, y(s))\, ds \quad \text{für} \quad y \in C(0, T; H).$$

Weiter ist für $z \in C(0, T; H)$

$$\begin{aligned} &\| (T_1 y)(t) - (T_1 z)(t) \| \\ &\leqq \int_0^t \| f(s, y(s)) - f(s, z(s)) \|\, ds \leqq L \int_0^t \| y(s) - z(s) \|\, ds \\ &\leqq Lt \| y - z \|_C \end{aligned}$$

und

$$\begin{aligned} &\| (\mathring{T}_2 y)(t) - (T_2 z)(t) \| = \| (B_2 B_1 y)(t) - (B_2 B_1 z)(t) \| \\ &\leqq \| T B_1 y(t) - T B_1 z(t) \| \leqq L \int_0^t \| B_1 y(s) - B_1 z(s) \|\, ds \\ &\leqq L \int_0^t (Ls) \| y - z \|_C\, ds = L^2 \| y - z \|_C \int_0^t s\, ds = (Lt)^2 \| y - z \|_C / 2!. \end{aligned}$$

Durch vollständige Induktion zeigt man

$$\| T_n y - T_n z \|_C \leqq (LT)^n \| y - z \|_C / n!.$$

Nun existiert ein $m \geqq 1$, daß $(LT)^n/n! < 1$ für $n \geqq m$. T_n ist dann ein Kontraktionsoperator mit der Kontraktionskonstanten $a_n = (LT)^n/n! \to 0$ für $n \to \infty$. T_n besitzt für $n \geqq m$ in $C(0, T; H)$ genau einen Fixpunkt u_n. Wir zeigen, daß $\| u_n - x \|_C \to 0$ für $n \to \infty$. Nach Satz 3 ist dafür ausreichend, daß $\| T_n x - x \|_C \to 0$ für $n \to \infty$. Wir finden

$$\begin{aligned} &\| T_2 x(t) - x(t) \| = \| T_2 x(t) - T^2 x(t) \| \\ &= \| P_2 T P_1 T x(t) - T T x(t) \| \\ &\leqq \| P_2 T^2 x - T^2 x \| + \| T^2 x - T P_1 T x \| \\ &\leqq \| P_2 T^2 x - T^2 x \|_C + \int_0^t \| f(s, Tx(s)) - f(s, P_1 T x(s)) \|\, ds \\ &\leqq \| P_2 T^2 x - T^2 x \|_C + Lt \| Tx - P_1 Tx \|_C \end{aligned}$$

und weiter durch vollständige Induktion

$$\| T_n x(t) - x(t) \| \leqq \sum_{i=1}^{n} (Lt)^{n-i} \| T^i x - P_i T^i x \|_C / (n-i)!$$

und damit auch

(8) $$\| T_n x - x\|_C \leqq \sum_{i=1}^{n} (LT)^{n-i} \| x - P_i x\|_C/(n-i)!, \quad n = 1, 2, \ldots$$

Für jedes t gilt $\| x(t) - P_i x(t) \| \to 0$, folglich nach dem Satz von DINI $\| x - P_i x\|_C \to 0$. Aus (8) resultiert dann $\| T_n x - x \|_C \to 0$ für $n \to \infty$. Nach Satz 3 konvergiert damit die Folge der Fixpunkte (u_n) der T_n in $C(0, T; H)$ gegen x. Die Konvergenz des Projektions-Iterationsverfahrens (7) wird jetzt durch Satz 2 garantiert. Zur Konvergenz von y_n' gegen x': Es gilt $y_n = P_n x_0 + \int_0^t P_n f(s, y_{n-1}(s))\, ds$, folglich $y_n' = P_n f(t, y_{n-1}(t))$ und damit

$$\begin{aligned} \| x' - y_n'\| &\leqq \| f(t, x(t)) - P_n f(t, y_{n-1}(t)) \| \\ &\leqq \| f(t, x(t)) - P_n f(t, x(t)) \| + L \| x - y_{n-1} \|_C, \end{aligned}$$

ergo

$$\| x' - y_n'\|_2 \leqq \sqrt{2}\, (\| (I - P_n) f(t, x(t)) \|_2 + L \| x - y_{n-1} \|_C)$$

und schließlich wegen $\| x - y_{n-1} \|_C \to 0$ und (nach dem LEBESGUESchen Satz)

$$\| (I-P_n) f(t, x(t)) \|_2 \to 0 \text{ auch } \| x' - y_n' \|_2 \to 0 \text{ für } n \to \infty, \text{ q.e.d.}$$

Bemerkungen. 1. Die numerische Realisierung von (7) reduziert sich im n-ten Schritt (ohne Berücksichtigung der Bestimmung der Skalarprodukte) auf die Berechnung des Integrals

$$\int_0^t P_n f(s, y_{n-1}(s))\, ds$$

der lebesgueintegrablen Funktion $P_n f(s, y_{n-1}(s))$.
2. Für in t stetige abstrakte Funktionen $f(t, x)$ gelten zu Satz 5 analoge Aussagen mit $C(0, T; H)$ für $L_2(0, T; H)$.
3. Mit dem Nachweis $\| u_n - x \|_C \to 0$ haben wir nebenbei noch einmal die Konvergenz des GALERKIN-Verfahrens für (3)–(4) bewiesen (Satz 6 in [3]).

3. Abstrakte Differentialgleichungen beliebiger Ordnung

$y^{(i)}(t)$ bezeichne die i-te Ableitung in t von $y(t)$: $[0, T] \to B$ (bezüglich der Norm-Konvergenz).
Wir betrachten das Anfangswertproblem für die abstrakte Differentialgleichung n-ter Ordnung: Gesucht ist ein $y(t)$: $[0, T] \to B$ mit

(9) $$y^{(n)}(t) = f(t, y(t), y'(t), \ldots, y^{(n-1)}(t)),$$

(10) $$y(0) = y_0, \quad y'(0) = y_1, \ldots, y^{(n-1)}(0) = y_{n-1}.$$

Für fixiertes t sei dabei, wenn erklärt $f(t, z_0, \ldots, z_{n-1}) \in B$ für

$$z_i \in B,\ i = 0, 1, \ \ldots, n-1.$$

Unter einer Lösung von (9)–(10) verstehen wir eine abstrakte Funktion $y(t): [0, T] \to B$ mit $y^{(i)}(t) \in C(0, T; B)$ für $i = 0, 1, \ldots, n-1$ und der f. f. a. t existierenden Ableitung $y^{(n)}(t)$, die (10) und f. f. a. t (9) erfüllt. (9)–(10) ist äquivalent dem System abstrakter Differentialgleichungen

$$x_0'(t) = x_1(t),\ x_1'(t) = x_2(t),\ \ldots,\ x_{n-2}'(t) = f(t, x_0(t), \ldots, x_{n-1}(t)) \tag{11}$$

mit

$$x_i(0) = y_i,\quad i = 0, 1, \ldots, n-1. \tag{12}$$

Sei B^n das n-fache Produkt von B mit sich selbst, $B^n = B \times \cdots \times B$, mit der Norm

$$|||z|||_n = \left(\sum_{i=0}^{n-1} \|z_i\|^2\right)^{1/2} \quad \text{für} \quad z = (z_0, \ldots, z_{n-1}) \in B^n.$$

B^n ist ein Banach-Raum. Wir setzen

$$g(t, z) = (z_1, \ldots, z_{n-1}, f(t, z)).$$

Es gilt, wenn erklärt, $g(t, z) \in B^n$ für $z \in B^n$ und $t \in [0, T]$. Für (11)–(12) schreiben wir

$$x'(t) = g(t, x(t)), \tag{13}$$

$$x(0) = \bar{y},\quad \bar{y} = (y_0, \ldots, y_{n-1}). \tag{14}$$

Bezüglich f werden folgende Voraussetzungen formuliert:

$(V_1)_p^n$: Für $x \in C(0, T; B^n)$ sei $f(t, x(t)) \in L_p(0, T; B)$.

$(V_2)^n$: Mit von t unabhängiger Konstanten L gilt

$$\|f(t, \bar{z}) - f(t, z)\| \leqq L \sum_{j=0}^{n-1} \|\bar{z}_j - z_j\|$$

für $\bar{z}, z \in B^n$ und f. f. a. t.

Definition. $x(t): [0, T] \to B^n$ heißt Lösung von (13)–(14), wenn

1. $x \in C(0, T; B^n)$, 2. $x(0) = \bar{y}$, 3. f. f. a. $t \in [0, T]$

die Ableitung $x'(t)$ (= der Vektor der Ableitungen der Komponenten von $x(t)$) existiert und 4. f. f. a. t $x(t)$ (13) genügt.

Sei $y(t)$ Lösung von (9)–(10). Dann ist $(y(t), y'(t), \ldots, y^{(n-1)}(t))$ Lösung von (13)–(14). Umgekehrt liefert jede Lösung $(x_0(t), \ldots, x_{n-1}(t))$ von (13)–(14) mit $y(t) = x_0(t)$ über (11)–(12) eine Lösung von (9)–(10).

Satz 6. f genüge $(V_1)_p^n$ und $(V_2)^n$. Dann besitzt (13)–(14) genau eine Lösung $x(t)$ mit $x_i'(t) \in C(0, T; B)$ für $i = 0, \ldots, n-2$ und $x_{n-1}'(t) \in L\ (0, T; B)$.

Beweis. In den Voraussetzungen des Satzes gilt:

1. Für $x \in C(0, T; B^n)$ ist $g(t, x(t)) \in L_p(0, T; B^n)$.

2. $$|||g(t, \bar{z}) - g(t, z)|||_n = (\|\bar{z}_1 - z_1\|^2 + \cdots + \|\bar{z}_{n-1} - z_{n-1}\|^2 + \|f(t, \bar{z}) - f(t, z)\|^2)^{1/2} \leqq (L + 1) \sum_{k=0}^{n-1} \|\bar{z}_k - z_k\| \leqq (L + 1) \sqrt{n}\, |||\bar{z} - z|||_n.$$

Nach Satz 2 [3] besitzt dann (13)–(14) genau eine Lösung mit den in Satz 6 genannten Eigenschaften, q. e. d.

Aus Satz 6 resultiert sofort

Satz 7. In den Voraussetzungen von Satz 6 besitzt (9)–(10) genau eine Lösung y mit $y^{(n)} \in L_p(0, T; B)$.

Bemerkung. Wenn für $x \in C(0, T; B^n)$ gilt $f(t, x(t)) \in C(0, T; B)$, dann ist in Satz 7

$$y^{(n)} \in C(0, T; B).$$

Wir gehen nun zu den numerischen Verfahren für (9)–(10) über. Dazu setzen wir

$$(Tx)(t) \equiv \bar{y} + \int_0^t g(s, x(s))\, ds \quad \text{für} \quad x \in C(0, T; B^n).$$

Satz 8. In den Voraussetzungen von Satz 6 konvergiert das Iterationsverfahren

$$z_i(t) = (Tz_{i-1})(t), \quad z_0 \in C(0, T; B^n),$$

in $C(0, T; B^n)$ gegen die abstrakte Vektorfunktion

$$(y(t), y'(t), \ldots, y^{(n-1)}(t))$$

mit der Lösung $y(t)$ von (9)–(10) und ihren Ableitungen bis einschließlich $(n-1)$-ter Ordnung. Dabei gilt für jedes i die Abschätzung

$$\|(y, y', \ldots, y^{(n-1)}) - z_i\|_{C(0,T;B^n)} \leqq \|z_0 - Tz_0\|_{C(0,T;B^n)} \left(e^{LT} - \sum_{j=0}^{i-1} (LT)^j/j!\right).$$

Weiter konvergiert die Folge der Ableitungen $z'_{i,n-1}(t)$ der n-ten Komponenten von $z_i(t)$ in $L_p(0, T; B)$ gegen $y^{(n)}$. Hier gilt für jedes i

$$\|y^{(n)} - z'_{i,n-1}\|_p \leqq LT^{1/p}\left(e^{LT} - \sum_{j=0}^{i-2} (LT)^j/j!\right) \times \|z_0 - Tz_0\|_{C(0,T;B^n)} \cdot \sqrt{n}.$$

Beweis. Die Aussagen resultieren aus den Sätzen 7 und 4, q. e. d.

Bemerkung. Es gilt eine zu Bemerkung 1 für Satz 4 analoge Aussage bezüglich Satz 8.

Wir setzen nun $B = H$ und verlangen wie in Punkt 2 $\| P_i h - h \| \to 0$ für $i \to \infty$ und $h \in H$. Wir betrachten $(H_i)^n$. Sei $z \in H^n$. Dann ist

$$P_i^n z \equiv (P_i z_0, \ldots, P_i z_{n-1}) \in (H_i)^n.$$

Dabei gilt

$$||| P_i^n z - z |||_n = \left(\sum_{j=0}^{n-1} \| P_i z_j - z_j \|^2 \right)^{1/2} \to 0 \quad \text{für} \quad i \to \infty.$$

P_i^n ist der Orthogonalprojektor von H^n auf $(H_i)^n$. Wirklich: P_i^n ist linear und beschränkt mit der Norm 1

$$\left(||| P_i^n z |||_n = \left(\sum_{j=0}^{n-1} \| P_i z_j \|^2 \right)^{1/2} \leq \left(\sum_{j=0}^{n-1} \| z_j \|^2 \right)^{1/2} = ||| z |||_n \right).$$

Weiter gilt $(P_i^n)^2 = P_i^n$ und

$$\begin{aligned} (P_i^n z, w)_n &= (P_i z_0, w_0) + \cdots + (P_i z_{n-1}, w_{n-1}) \\ &= (z_0, P_i w_0) + \cdots + (z_{n-1}, P_{i-1} w_{n-1}) = (z, P_i^n w)_n \end{aligned}$$

($(.,.)_n$ bezeichnet hier das Skalarprodukt von H^n). Damit ist P_i^n der Orthogonalprojektor von H^n auf H_i^n [1].

Wir betrachten nun das Galerkin-Verfahren für (13)–(14). Die i-te Galerkin-Näherung $x_{(i)}$ suchen wir als Lösung des Anfangswertproblems

(15) $\quad x'(t) = P_i^n g(t, x(t)),$

(16) $\quad x(0) = P_i^n \bar{y}.$

Aus Satz 6 [3] folgt mit Satz 7 wegen $\| P_i^n x - x \|_{C(0,T;H^n)} \to 0$ und

$$\| (P_i^n x)' - x' \|_{L_2(0,T;H^n)} \to 0 \quad \text{für} \quad i \to \infty$$

Satz 9. f genüge $(V_1)_2^n$ und $(V_2)^n$. Dann existiert für jedes i genau eine Lösung $x_{(i)} \in C(0, T; H_i^n)$ von (15)–(16) mit $x'_{(i)} \in L_2(0, T; H_i^n)$.
Dabei konvergiert $x_{(i)}$ in $C(0, T; H^n)$ gegen die abstrakte Vektorfunktion $(y(t), y'(t), \ldots, y^{(n-1)}(t))$ mit der Lösung $y(t)$ von (9)–(10) und ihren Ableitungen bis einschließlich $(n-1)$-ter Ordnung und die Ableitungen der n-ten Komponenten von $x_{(i)}$ in $L_2(0, T; H)$ gegen $y^{(n)}$.

Der nächste Satz gibt Auskunft über ein Projektions-Iterationsverfahren für (9)–(10).

Satz 10. In den Voraussetzungen von Satz 9 konvergiert das Projektions-Iterationsverfahren

$$z_{(i)} = (P_i^n T) z_{(i-1)}, \quad z_{(0)} \in C(0, T; H^n),$$

in $C(0, T; H^n)$ gegen die abstrakte Vektorfunktion $(y(t), y'(t), \ldots, y^{(n-1)}(t))$ mit der Lösung $y(t)$ von (9)–(10). Dabei konvergieren die Ableitungen der n-ten Komponenten der $z_{(i)}$ in $L_2(0, T; H)$ gegen $y^{(n)}$.

Beweis. Die Aussagen resultieren nach dem Beweis von Satz 6 aus Satz 5, q. e. d.

Bemerkungen. 1. Es gelten die zu den Bemerkungen 1 und 2 von Satz 5 analogen Aussagen bezüglich Satz 10.

2. Für $B = R_n$ erfaßt (9)–(10) Anfangswertprobleme für endliche Systeme von gewöhnlichen Differentialgleichungen beliebiger Ordnung, für $B = l_2$ unendliche Systeme solcher Gleichungen und für $B = \mathring{W}_2^l(G)$, $G \subset R_n$, z. B. in der Kontinuumsmechanik auftretende gemischte Rand-Anfangswertprobleme für nichtlineare Differentialgleichungen in partiellen Ableitungen:

$$\frac{\partial^n}{\partial t^n}((-1)^l \Delta^l x(t, w)) + \sum_{|\alpha| \leqq l} (-1)^{|\alpha|} D^\alpha A_\alpha (t, w, x(t, w), \ldots,$$
$$D^\gamma x(t, w), \ldots) = 0;$$
$$\frac{\partial^i}{\partial t^i}((-1)^l \Delta^l x(t, w))|_{t=0} = x_i(w) \in \mathring{W}_2^l(G), \qquad i = 0, \ldots, n-1;$$
$$D^\beta x(t, w)|_{\partial 6} = 0, \quad |\beta| \leqq l - 1.$$

$w \in G \subset R_n$; α, β und γ bezeichnen Multiindizes und D^α die entsprechenden verallgemeinerten partiellen Ableitungen.

3. Die Bochner-Integrabilität der rechten Seiten der Differentialgleichungen (3) und (9) wurde hier im Hinblick auf Anwendungen in der Theorie der optimalen Steuerung mit diesen Differentialgleichungen in den Vordergrund gestellt (vgl. z. B. [4]).

4. Die hier behandelten Probleme (9)–(10) erlauben die Bestimmung der Lösungen in Variation für gemischte Probleme bei nichtlinearen Differentialgleichungen in partiellen Ableitungen mit Zeitableitungen beliebiger Ordnung der Funktion $x(t, w)$, speziell bei parabolischen und hyperbolischen partiellen Differentialgleichungen (vgl. z. B. die Aufgaben in [5]). Auf diese Anwendungen wird an anderer Stelle eingegangen.

Literaturverzeichnis

[1] Achieser, N. I., und I. M. Glasmann, Theorie der linearen Operatoren im Hilbert-Raum. Berlin 1960.
[2] Hille, E., und R. S. Phillips, Functional analysis and semi-groups. Providence 1957.
[3] Kluge, R., Zur Existenz und numerischen Approximation von Lösungen abstrakter Differentialgleichungen erster Ordnung mit Bochner-integrablen rechten Seiten. Math. Nachr. *53*, 263–276, Berlin 1972.
[4] Kluge, R., Näherungsverfahren für ein Problem der optimalen Steuerung mit abstrakten Differentialgleichungen erster Ordnung. Math. Nachr. (erscheint).
[5] Lions, J. L., Quelques méthodes de résolution des problèmes aux limites non linéaires. Dunod, Gauthier-Villars, 1969.

Eingegangen: 5. Dezember 1971

J. FÖRSTE

Zentralinstitut für Mathematik und Mechanik der Dt. Akad. Wiss.

Instationäre Strömung einer inkompressiblen mikropolaren Flüssigkeit

Problemstellung

Mit G bezeichnen wir ein Raumgebiet, das von einer inkompressiblen mikropolaren Flüssigkeit erfüllt ist. Der Strömungszustand wird durch die Geschwindigkeit $\mathfrak{v} = \mathfrak{v}(x, t)$, das Drehfeld $\nu = \nu(x, t)$ und den Druck $p = p(x, t)$ beschrieben, die als Lösung des Anfangs-Randwertproblems

(1) $$(\mu + \varkappa)\, \Delta\mathfrak{v} + \varkappa \operatorname{rot} \nu - \operatorname{grad} p + \mathfrak{f} = \mathfrak{v}_t + (\mathfrak{v} \operatorname{grad})\, \mathfrak{v},$$

(2) $$(\alpha + \beta) \operatorname{grad} \operatorname{div} \nu + \gamma\, \Delta\nu + \varkappa \operatorname{rot} \mathfrak{v} - 2\varkappa\nu + \mathfrak{l} = \nu_t + (\mathfrak{v} \operatorname{grad})\, \nu$$

(3) $$\operatorname{div} \mathfrak{v} = 0$$

(4) $$\mathfrak{v}|_S = 0, \quad \nu|_S = 0, \quad \mathfrak{v}|_{t=0} = \mathfrak{v}_0(x), \quad \nu|_{t=0} = \nu_0(x)$$

im Raum-Zeit-Gebiet $Q_T = G \times [0, T]$ zu bestimmen sind, wobei S die Berandung von G bezeichnet. $\mathfrak{f} = \mathfrak{f}(x, t)$, $\mathfrak{l} = \mathfrak{l}(x, t)$, $\mathfrak{v}_0(x)$ und $\nu_0(x)$ sind gegebene Funktionen, μ, $\varkappa$, α, β, γ gegebene Konstanten (vgl. [1], [2]).
Wir fragen, unter welchen Bedingungen das Anfangs-Randwertproblem Lösungen besitzt und unter welchen Voraussetzungen ein Einzigkeitssatz bewiesen werden kann.

Lösungsbegriff

Wir vervollständigen die Menge $\dot{I}(G)$ der auf G glatten quellenfreien finiten Vektorfelder in der dem Skalarprodukt

$$[\mathfrak{u}, \mathfrak{v}] = \int (\mathfrak{u}_{x_k} \mathfrak{v}_{x_k} + \mathfrak{u}\, \mathfrak{v})\, dx$$

entsprechenden Metrik zum HILBERT-Raum $I_{0,1}(G)$, wobei x_1, x_2, x_3 kartesische Koordinaten sind. Die Menge $\dot{W}_2^1(G)$ der auf G finiten Vektorfelder mit quadratischen integrablen ersten Ableitungen vervollständigen wir mittels des Skalarproduktes

$$\{\mathfrak{u}, \mathfrak{v}\} = (\alpha + \beta) \int \operatorname{div} \mathfrak{u} \operatorname{div} \mathfrak{v}\, dx + \gamma [\mathfrak{u}, \mathfrak{v}]$$

zum HILBERT-Raum $\overset{\circ}{W}{}_2^1(G)$.
Wir sagen $\mathfrak{v} = \mathfrak{v}(x, t)$, $\nu = \nu(x, t)$ sei in Q_T eine Lösung von (1)–(4), wenn die Relationen

(5) $$\int_0^T \int [\mathfrak{v}_t\, \Phi + (\mu + \varkappa)\, \mathfrak{v}_{x_k} \Phi_{x_k} - v_k \mathfrak{v}\, \Phi_{x_k} - \mathfrak{f}\, \Phi - \varkappa \operatorname{rot} \nu\, \Phi]\, dx\, dt = 0,$$

(6) $$\int_0^T \int [\nu_t \Psi + (\alpha + \beta) \operatorname{div} \nu \operatorname{div} \Psi + \gamma \nu_{x_k} \Psi_{x_k} - v_k \nu \Psi_{x_k} - \mathfrak{l} \Psi - \varkappa \operatorname{rot} \mathfrak{v} \Psi + 2 \varkappa \nu \Psi] \, dx \, dt = 0$$

für alle Ψ, die nebst ihren ersten Ableitungen zu $L_2(Q_T)$ gehören und auf S verschwinden und alle Φ, die darüber hinaus in G quellenfrei sind, erfüllt werden und wenn

$$\lim_{t \to 0} \|\mathfrak{v} - \mathfrak{v}_0\| = 0, \quad \lim_{t \to 0} \|\nu - \nu_0\| = 0$$

und $\mathfrak{v} \in I_{0,1}(G)$, $\nu \in \mathring{W}_2^1(G)$ für alle $t \in [0, T]$ ist. Raumintegrale sind stets über das Gebiet G zu erstrecken. $\|\cdots\|$ bedeutet die Norm in $L_2(G)$. Wir setzen voraus $\mathfrak{v}_0 \in I_{0,1}(G)$, $\nu_0 \in \mathring{W}_2^1(G)$.

GALERKINsche Näherungen

$\{\mathfrak{a}_k\}$ sei in $I_{0,1}(G)$ und $\{\mathfrak{b}_k\}$ in $\mathring{W}_2^1(G)$ ein Fundamentalsystem; wir nehmen an, daß $\mathfrak{a}_0 = \mathfrak{v}_0$, $\mathfrak{b}_0 = \nu_0$ ist und beide Fundamentalsysteme in $L_2(G)$ orthonormiert sind.

Wir setzen

$$\mathfrak{v}_n(x, t) = \sum_{k=0}^{n} c_k(t)\, \mathfrak{a}_k(x), \quad \nu_n(x, t) = \sum_{k=0}^{n} d_k(t)\, \mathfrak{b}_k(x)$$

mit zunächst unbekannten auf $[0, T]$ stetig differenzierbaren Koeffizienten $c_k(t)$, $d_k(t)$, die den Bedingungen

$$c_k(0) = \delta_{0k}, \quad d_k(0) = \delta_{0k}$$

genügen. Die Koeffizienten sollen so bestimmt werden, daß die Beziehungen

(7) $$(\mathfrak{v}_{nt} + v_{nk} \mathfrak{v}_{nx_k} - \mathfrak{f} - \varkappa \operatorname{rot} \nu_n, \mathfrak{a}_l) + (\mu + \varkappa)(\mathfrak{v}_{nx_k}, \mathfrak{a}_{lx_k}) = 0,$$

$$(\nu_{nt} + v_{nk} \nu_{nx_k} - \mathfrak{l} - \varkappa \operatorname{rot} \mathfrak{v}_n + 2 \varkappa \nu_n, \mathfrak{b}_l) + (\alpha + \beta)(\operatorname{div} \nu_n, \operatorname{div} \mathfrak{b}_l) + \gamma (\nu_{nx_k}, \mathfrak{b}_{lx_k}) = 0$$

für $l = 1, \ldots, n$ erfüllt werden, wobei $(,)$ das Skalarprodukt in $L_2(G)$ bezeichnet. (7), (8) ist ein System nichtlinearer gewöhnlicher Differentialgleichungen für die Koeffizientenfunktionen.

Wir denken die Gleichungen (7) mit $c_l(t)$ und die Gleichungen (8) mit $d_l(t)$ multipliziert, jeweils von 0 bis n über l summiert und beide Summen addiert; dann erhalten wir

(9) $$(\mathfrak{f}, \mathfrak{v}_n) + (\mathfrak{l}, \nu_n) = \frac{1}{2} \frac{d}{dt} (\|\mathfrak{v}_n\|^2 + \|\nu_n\|^2) + (\mu + \varkappa) \sum_{k=1}^{3} \|\mathfrak{v}_{nx_k}\|^2 + (\alpha + \beta) \|\operatorname{div} \nu_n\|^2 + \gamma \sum_{k=1}^{3} \|\nu_{nx_k}\|^2 + 2 \varkappa \|\nu_n\|^2.$$

Setzt man $R_n^2 = \|\mathfrak{v}_n\|^2 + \|\nu_n\|^2$, so ergibt sich folgende Abschätzung

$$R_n \frac{dR_n}{dt} \leqq \|\mathfrak{f}\| \, \|\mathfrak{v}_n\| + \|\mathfrak{l}\| \, \|\nu_n\| \leqq (\|\mathfrak{f}\| + \|\mathfrak{l}\|) \, R_n$$

und daher

$$R_n \leqq \sqrt{\|\mathfrak{v}_0\|^2 + \|\nu_0\|^2} + \int_0^t (\|\mathfrak{f}\| + \|\mathfrak{l}\|) \, dt. \tag{10}$$

Da wegen der Orthonormiertheit der Systeme $\{\mathfrak{a}_k\}$ und $\{\mathfrak{b}_k\}$ die Relation

$$\|\mathfrak{v}_n\|^2 + \|\nu_n\|^2 = \sum_{k=0}^{n} (c_k^2(t) + d_k^2(t))$$

besteht, ist auf Grund der über $\mathfrak{v}_0$, ν_0 getroffenen Voraussetzung durch (10) die Endlichkeit aller $c_k(t)$ und $d_k(t)$ für endliche t gesichert, falls wir voraussetzen, daß $\int_0^t (\|\mathfrak{f}\| + \|\mathfrak{l}\|) \, dt$ endlich ist. Es kann also jede bei $t = 0$ begonnene Lösung auf das ganze Zeitintervall $[0, T]$ fortgesetzt werden.

Hilfssatz. Differenziert man (7) und (8) nach t und multipliziert danach mit $\frac{dc_l}{dt}$ bzw. $\frac{dd_l}{dt}$, so ergibt sich durch Summation

$$\begin{aligned} \frac{1}{2} \frac{d}{dt} (\|\mathfrak{v}_{nt}\|^2 + \|\nu_{nt}\|^2) &+ (\mu + \varkappa) \sum_{k=1}^{3} \|\mathfrak{v}_{ntx_k}\|^2 + (\alpha + \beta) \|\operatorname{div} \nu_{nt}\|^2 \\ &+ \gamma \sum_{k=1}^{3} \|\nu_{ntx_k}\|^2 + 2\varkappa \|\nu_{nt}\|^2 + \int v_{nkt} \mathfrak{v}_{nx_k} \mathfrak{v}_{nt} \, dx \\ &+ \int v_{nkt} \nu_{nx_k} \nu_{nt} \, dx = (f_t, \mathfrak{v}_{nt}) + (\mathfrak{l}_t, \nu_{nt}). \end{aligned} \tag{11}$$

Wir formulieren folgenden Hilfssatz:
Es seien $\mathfrak{v}$ und ν in G definierte Vektorfelder, so daß die Relationen (3), (4) (9) und (11) erfüllt sind. $\mu + \varkappa$ lasse sich so in zwei positive Summanden A und B zerlegen, daß

$$A - \beta \frac{1}{\sqrt{A}} \sqrt{\sqrt{\|\mathfrak{v}_0\|^2 + \|\nu_0\|^2} \sqrt{\|\mathfrak{v}_t(x, 0)\|^2 + \|\nu_t(x, 0)\|^2}} = \gamma_1 > 0, \tag{12}$$

$$\begin{aligned} 2\sqrt{B\gamma} - \beta \frac{1}{\sqrt{2\sqrt{B\gamma}}} & \sqrt{\sqrt{\|\mathfrak{v}_0\|^2 + \|\nu_0\|^2} \sqrt{\|\mathfrak{v}_t(x, 0)\|^2 + \|\nu_t(x, 0)\|^2}} \\ &= \gamma_2 > 0 \end{aligned} \tag{13}$$

mit

$$\beta = \sqrt{3} \max_{u \in \overset{\circ}{W}{}_2^1(G)} \frac{\left(\int u^4(x) \, dx\right)^{\frac{1}{2}}}{\int (\operatorname{grad} u)^2 \, dx} < \infty$$

ist, falls man $B > \frac{\gamma}{4}$ wählen darf. Ist letzteres nicht der Fall, so ersetze man in (13) $2\sqrt{B}$ durch $\sqrt{\gamma}$. Es sei $\mathfrak{f}$ ein Potentialfeld und $\mathfrak{l}$ verschwinde in G identisch. Die im Beweis definierten Funktionen $\varphi(t)$ und $\tilde{\varphi}(t)$ mögen für $t \geqq 0$ stetig sein. Dann ist

(14) $$\|\mathfrak{v}\|^2 + \|\nu\|^2 \leqq \|\mathfrak{v}_0\|^2 + \|\nu_0\|^2,$$

(15) $$\sum_{k=1}^{3} \|\mathfrak{v}_{x_k}\|^2 \leqq \frac{1}{A} \sqrt{\|\mathfrak{v}_0\|^2 + \|\nu_0\|^2}\, \sqrt{\|\mathfrak{v}_t(x, 0)\|^2 + \|\nu_t(x, 0)\|^2},$$

(16) $$\sum_{k=1}^{3} \|\nu_{x_k}\|^2 \leqq \frac{1}{2\sqrt{B\gamma}} \sqrt{\|\mathfrak{v}_0\|^2 + \|\nu_0\|^2}\, \sqrt{\|\mathfrak{v}_t(x, 0)\|^2 + \|\nu_t(x, 0)\|^2},$$

(17) $$\|\mathfrak{v}_t(x, t)\|^2 + \|\nu_t(x, t)\|^2 + 2\gamma_1 \int_0^t \sum_{k=1}^{3} \|\mathfrak{v}_{tx_k}\|^2 dt$$
$$+ \frac{\gamma_2}{4B}(2\sqrt{B\gamma} - \gamma_2) \int_0^t \sum_{k=1}^{3} \|\nu_{tx_k}\|^2 dt \leqq \|\mathfrak{v}_t(x, 0)\|^2 + \|\nu_t(x, 0)\|^2.$$

Beweis. Die Integrale in (11) lassen sich abschätzen

$$\left| \int v_{kt}\, \mathfrak{v}_{x_k}\, \mathfrak{v}_t\, dx \right| \leqq \beta\, \varphi(t)\, F^2(t),$$

$$\left| \int v_{kt}\, \nu_{x_k}\, \nu_t\, dx \right| \leqq \beta\, \tilde{\varphi}(t)\, \tilde{F}(t)\, F(t),$$

wobei zur Abkürzung

$$\varphi^2(t) = \sum_{k=1}^{3} \|\mathfrak{v}_{x_k}\|^2, \quad \tilde{\varphi}^2(t) = \sum_{k=1}^{3} \|\nu_{x_k}\|^2$$

$$F^2(t) = \sum_{k=1}^{3} \|\mathfrak{v}_{tx_k}\|^2, \quad \tilde{F}^2(t) = \sum_{k=1}^{3} \|\nu_{tx_k}\|^2$$

gesetzt wurde. Dann haben wir nach (11)

(18) $$0 \geqq \frac{1}{2}\frac{d}{dt}(\|\mathfrak{v}_t\|^2 + \|\nu_t\|^2) + (\mu + \varkappa)\, F^2(t) + \gamma\, \tilde{F}^2(t)$$
$$- \beta\, \varphi(t)\, F^2(t) - \beta\, \tilde{\varphi}(t)\, F(t)\, \tilde{F}(t)$$
$$= \frac{1}{2}\frac{d}{dt}(\|\mathfrak{v}_t\|^2 + \|\nu_t\|^2) + (A - \beta\, \varphi(t))\, F^2(t)$$
$$+ \gamma\, \tilde{F}^2(t) - \beta\, \tilde{\varphi}(t)\, F(t)\, \tilde{F}(t) + B\, F^2(t),$$

und aus (9) ergibt sich

(19) $$(\mu + \varkappa)\, \varphi^2(t) + \gamma\, \tilde{\varphi}^2(t) \leqq \|\mathfrak{v}\|\, \|\mathfrak{v}_t\| + \|\nu\|\, \|\nu_t\|$$
$$\leqq \sqrt{\|\mathfrak{v}\|^2 + \|\nu\|^2}\, \sqrt{\|\mathfrak{v}_t\|^2 + \|\nu_t\|^2}$$

und

$$(20)\qquad \frac{d}{dt}(\|\mathfrak{v}\|^2 + \|\nu\|^2) \leqq 0, \quad \|\mathfrak{v}(x,t)\|^2 + \|\nu(x,t)\|^2 \leqq \|\mathfrak{v}_0\|^2 + \|\nu_0\|^2 .$$

Setzen wir (20) in (19) ein, so erhalten wir

$$(21)\qquad \varphi^2(t) \leqq \frac{1}{\mu+\varkappa}\sqrt{\|\mathfrak{v}_0\|^2 + \|\nu_0\|^2}\sqrt{\|\mathfrak{v}_t\|^2 + \|\nu_t\|^2}$$

$$< \frac{1}{A}\sqrt{\|\mathfrak{v}_0\|^2 + \|\nu_0\|^2}\sqrt{\|\mathfrak{v}_t\|^2 + \|\nu_t\|^2}$$

$$(22)\qquad \tilde{\varphi}^2(t) \leqq \frac{1}{\gamma}\sqrt{\|\mathfrak{v}_0\|^2 + \|\nu_0\|^2}\sqrt{\|\mathfrak{v}_t\|^2 + \|\nu_t\|^2}$$

$$< \frac{1}{2\sqrt{B\gamma}}\sqrt{\|\mathfrak{v}_0\|^2 + \|\nu_0\|^2}\sqrt{\|\mathfrak{v}_t\|^2 + \|\nu_t\|^2},$$

falls $B > \frac{\gamma}{4}$ ist.

Für $t = 0$ schließt man aus (21), (22), (11) und (12)

$$(23)\qquad A - \beta\,\varphi(0) \geqq A - \beta\,\frac{1}{\sqrt{A}}\sqrt{\sqrt{\|\mathfrak{v}_0\|^2 + \|\nu_0\|^2}\sqrt{\|\mathfrak{v}_t\|^2 + \|\nu_t\|^2}} = \gamma_1 > 0,$$

$$(24)\qquad 2\sqrt{B\gamma} - \beta\,\tilde{\varphi}(0)$$

$$\geqq 2\sqrt{B\gamma} - \beta\,\frac{1}{\sqrt{2\sqrt{B\gamma}}}\sqrt{\sqrt{\|\mathfrak{v}_0\|^2 + \|\nu_0\|^2}\sqrt{\|\mathfrak{v}_t\|^2 + \|\nu_t\|^2}} = \gamma_2 > 0.$$

Aus Stetigkeitsgründen gibt es eine rechtsseitige Umgebung von $t = 0$, in der die linken Seiten von (23), (24) ebenfalls positiv sind. Für diese t gilt wegen (18)

$$\frac{d}{dt}(\|\mathfrak{v}_t\|^2 + \|\nu_t\|^2) \leqq 0,$$

also

$$\|\mathfrak{v}_t(x,t)\|^2 + \|\nu_t(x,t)\|^2 \leqq \|\mathfrak{v}_t(x,0)\|^2 + \|\nu_t(x,0)\|^2$$

und damit nach (21) bzw. (22)

$$\varphi^2(t) \leqq \frac{1}{\mu+\varkappa}\sqrt{\|\mathfrak{v}_0\|^2 + \|\nu_0\|^2}\sqrt{\|\mathfrak{v}_t(x,0)\|^2 + \|\nu_t(x,0)\|^2}$$

$$< \frac{1}{A}\sqrt{\|\mathfrak{v}_0\|^2 + \|\nu_0\|^2}\sqrt{\|\mathfrak{v}_t(x,0)\|^2 + \|\nu_t(x,0)\|^2}$$

$$\tilde{\varphi}^2(t) \leqq \frac{1}{\gamma}\sqrt{\|\mathfrak{v}_0\|^2 + \|\nu_0\|^2}\sqrt{\|\mathfrak{v}_t(x,0)\|^2 + \|\nu_t(x,0)\|^2}$$

$$< \frac{1}{2\sqrt{B\gamma}}\sqrt{\|\mathfrak{v}_0\|^2 + \|\nu_0\|^2}\sqrt{\|\mathfrak{v}_t(x,0)\|^2 + \|\nu_t(x,0)\|^2}.$$

Man überzeugt sich, daß $A - \beta\,\varphi(t)$ und $2\sqrt{B\,\gamma} - \beta\,\tilde{\varphi}(t)$ für alle t positiv und größer als γ_1 bzw. γ_2 sind. Deshalb folgt aus (18)

$$\frac{1}{2}\,\frac{d}{dt}\,(\|\mathfrak{v}_t\|^2 + \|\nu_t\|^2) + \gamma_1\,F^2(t) + \frac{\gamma_2}{4\,B}\,(4\sqrt{B\,\gamma} - \gamma_2)\,\tilde{F}^2 \leqq 0$$

oder

$$\|\mathfrak{v}_t(x,t)\|^2 + \|\nu_t(x,t)\|^2 + 2\,\gamma_1 \int_0^t F^2(t)\,dt$$

$$+ \frac{\gamma_2}{4\,B}\,(4\sqrt{B\,\gamma} - \gamma_2) \int_0^t \tilde{F}^2(t)\,dt \leqq \|\mathfrak{v}_t(x,0)\|^2 + \|\nu_t(x,0)\|^2,$$

und der Hilfssatz ist vollständig bewiesen.

Existenzsatz

Erfüllen das Gebiet G und die gegebenen Konstanten und Felder alle bisher getroffenen Voraussetzungen, so hat das Anfangs-Randwertproblem (1)–(4) eine Lösung im Sinne unserer Definition. Die GALERKINschen Näherungen besitzen eine Teilfolge, welche einschließlich der ersten Ableitungen in $L_2(Q_T)$ schwach gegen eine Lösung konvergiert.

Auf Grund der a priori Abschätzungen des Hilfssatzes existieren nämlich schwach konvergente Teilfolgen für die GALERKINschen Näherungen. Auf Einzelheiten brauchen wir nicht einzugehen, weil die Schlußweise wie in [3] bzw. [4] erfolgt. Wir bemerken nur, daß die Skalarprodukte [,] und {,} in $\mathring{W}_2^1(G)$ zu äquivalenten Normierungen führen, so daß die im Hilfssatz gegebenen a priori Abschätzungen für das Drehfeld zum Beweise unserer Behauptung völlig ausreichen.

Einzigkeitssatz

Das Anfangs-Randwertproblem (1)–(4) besitzt höchstens eine Lösung, für welche

$$\int \sum_{k=1}^{3} v_k^4(x,t)\,dx \qquad \text{und} \qquad \int \sum_{k=1}^{3} \nu_k^4(x,t)\,dx$$

auf $[0, T]$ gleichmäßig beschränkt sind.

Angenommen $\mathfrak{v}$, ν und $\mathfrak{v}'$, ν' seien zwei Lösungen; wir bilden die Differenzen der Identitäten (5) bzw. (6) und setzen dann

$$\Phi = \mathfrak{v} - \mathfrak{v}' = \mathfrak{u} \qquad \text{bzw.} \qquad \Psi = \nu - \nu' = \sigma \qquad \text{für} \qquad 0 \leqq t < t_1$$

und

$$\Phi = \Psi = 0 \qquad \text{für} \qquad t_1 \leqq t \leqq T.$$

Das ergibt

$$\int_0^{t_1}\int (\mathfrak{u}_t \mathfrak{u} + (\mu + \varkappa)\, \mathfrak{u}_{x_k} \mathfrak{u}_{x_k} - (u_k \mathfrak{v} + v_k' \mathfrak{u})\mathfrak{u}_{x_k}$$

$$- \varkappa \operatorname{rot} \sigma \cdot \mathfrak{u})\, dx\, dt = 0,$$

$$\int_0^{t_1}\int (\sigma_t \sigma + (\alpha + \beta)\, (\operatorname{div} \sigma)^2 + \gamma\, \sigma_{x_k} \sigma_{x_k} - (u_k \nu + v_k' \sigma)\, \sigma_{x_k}$$

$$- \varkappa \operatorname{rot} \mathfrak{u} \cdot \sigma + 2\varkappa \sigma^2)\, dx\, dt = 0.$$

Addition ergibt

$$\frac{1}{2}(\|\mathfrak{u}(x, t_1)\|^2 + \|\sigma(x, t_1)\|^2) + \int_0^{t_1} \sum_{k=1}^{3} (\gamma \|\sigma_{x_k}\|^2 + (\mu + \varkappa)\|\mathfrak{u}_{x_k}\|^2)\, dt \tag{25}$$

$$+ (\alpha + \beta) \int_0^{t_1} \|\operatorname{div} \sigma\|^2\, dt + 2\varkappa \int_0^{t_1} \|\sigma\|^2\, dt - \int_0^{t_1}\int u_k \mathfrak{v}\, \mathfrak{u}_{x_k}\, dx\, dt$$

$$- \int_0^{t_1}\int u_k \nu\, \sigma_{x_k}\, dx\, dt = 0.$$

Nach Voraussetzung ist

$$\int \sum_{k=1}^{3} v_k^4(x, t)\, dx \leqq C^4, \qquad \int \sum_{k=1}^{3} \nu_k^4(x, t)\, dx \leqq D^4$$

mit nur vom Gebiet Q_T abhängigen positiven Konstanten C und D; verwendet man die Abkürzungen

$$\varphi^2(t) = \sum_{k=1}^{3} \|\mathfrak{u}_{x_k}\|^2, \qquad \tilde{\varphi}^2(t) = \sum_{k=1}^{3} \|\sigma_{x_k}\|^2,$$

so ergibt sich mit Hilfe der HÖLDERschen Ungleichung und der Einbettungssätze

$$\left|\int u_k \nu\, \sigma_{x_k}\, dx\right| \leqq \sqrt{3}\, \tilde{\varphi}(t)\, D[\varepsilon\, \varphi(t) + C_\varepsilon \|\mathfrak{u}\|]$$

$$\leqq \sqrt{3}\, D\, \varepsilon\, \varphi(t)\, \tilde{\varphi}(t) + \sqrt{3}\, D\, \varepsilon \tilde{\varphi}^2(t) + \frac{\sqrt{3}\, D\, C_\varepsilon^2}{4\varepsilon} \|\mathfrak{u}\|^2$$

$$\leqq \sqrt{3}\, D\, \varepsilon \left(\varepsilon_1 \varphi^2(t) + \frac{1}{4\varepsilon_1} \tilde{\varphi}^2(t)\right) + \sqrt{3}\, D\, \varepsilon\, \tilde{\varphi}^2(t) + \frac{\sqrt{3}\, D\, C_\varepsilon^2}{4\varepsilon} \|\mathfrak{u}\|^2,$$

$$\left|\int u_k \mathfrak{v}\, \mathfrak{u}_{x_k}\, dx\right| \leqq 2\sqrt{3}\, C\, \varepsilon'\, \varphi^2(t) + \frac{\sqrt{3}\, C\, C_{\varepsilon'}^2}{4\varepsilon'} \|\mathfrak{u}\|^2,$$

wo ε, ε', ε_1 frei wählbare positive Konstanten sind und C_ε bzw. $C_{\varepsilon'}$ von ε bzw. ε' abhängige positive Konstanten sind. Diese Abschätzungen benutzen wir in (25):

$$(26)\qquad \frac{1}{2}(\|\mathfrak{u}\|^2 + \|\sigma\|^2) + (\mu + \varkappa)\int_0^{t_1} \varphi^2(t)\,dt + \gamma \int_0^{t_1} \tilde{\varphi}^2(t)\,dt$$

$$+ (\alpha + \beta)\int_0^{t_1} \|\operatorname{div}\sigma\|^2\,dt + 2\varkappa\int_0^{t_1} \|\sigma\|^2\,dt$$

$$\leqq \int_0^{t_1}\Bigg[\sqrt{3}\,(D\,\varepsilon\,\varepsilon_1 + 2\,C\,\varepsilon')\,\varphi^2(t) + \left(1 + \frac{1}{4\,\varepsilon_1}\right)\sqrt{3}\,D\,\varepsilon\,\tilde{\varphi}^2(t)$$

$$+ \frac{\sqrt{3}}{4}\left(\frac{D\,C_\varepsilon^2}{\varepsilon} + \frac{C\,C_{\varepsilon'}^2}{\varepsilon'}\right)\|\mathfrak{u}\|^2\Bigg]\,dt.$$

Nun verfügen wir über die Konstanten ε, ε' und ε_1, so daß

$$\mu + \varkappa = \sqrt{3}\,(D\,\varepsilon\,\varepsilon_1 + 2\,C\,\varepsilon'),\quad \gamma = \sqrt{3}\,D\,\varepsilon\left(1 + \frac{1}{4\,\varepsilon_1}\right)$$

ist; setzt man noch zur Abkürzung

$$\frac{\sqrt{3}}{4}\left(\frac{D\,C_\varepsilon^2}{\varepsilon} + \frac{C\,C_{\varepsilon'}^2}{\varepsilon'}\right) = C_1,$$

so kann man aus (26) auf

$$\frac{1}{2}(\|\mathfrak{u}\|^2 + \|\sigma\|^2) \leqq C_1\int_0^{t_1} \|\mathfrak{u}\|^2\,dt \leqq C_1\int_0^{t_1} (\|\mathfrak{u}\|^2 + \|\sigma\|^2)\,dt$$

schließen, woraus die Behauptung folgt.

Literaturverzeichnis

[1] ERINGEN, A. C., Theory of micropolar fluids, Journal of Mathematics and Mechanics *16*, 1–18 (1967).

[2] FÖRSTE, J., Instationäre Strömung eines inkompressiblen N-Phasenmediums, Mber. Dt. Akad. Wiss. *12*, 347–357 (1970).

[3] FÖRSTE, J., Zur Existenz stationärer Strömungen bei inkompressiblen mikropolaren Flüssigkeiten, Mber. Dt. Akad. Wiss. zu Berlin *13*, 1–8 (1971).

[4] LADYSHENSKAJA, O. A., Funktionalanalytische Untersuchungen der Navier-Stokesschen Gleichungen, Akademie-Verlag Berlin 1965.

Eingegangen: 21. Dezember 1971

G. DAUTCOURT und K. FRITZE

Zentralinstitut für Astrophysik, Potsdam-Babelsberg, der Dt. Akad. Wiss.

Überlagerung poloidaler magnetischer Multipolfelder in Neutronensternen

Es wird gezeigt, daß in fluider, leitender und nichtviskoser Neutronensternmaterie mit barytroper Zustandsgleichung im allgemeinen keine Überlagerungen poloidaler magnetischer Multipolfelder allein auftreten können; zum Erzielen von Gleichgewichtskonfigurationen sind auch toroidale Feldanteile notwendig.

I. Eine Deutung der Pulsare als rotierende und mit intensiven Magnetfeldern (bis zu 10^{12} GAUSS [1], [2]) ausgestattete Neutronensterne erfordert für jedes konkretere Pulsarmodell die Kenntnis der detaillierten Magnetfeldverteilung innerhalb und in der Umgebung des zentralen Neutronensternes. So wird die Struktur der Magnetosphäre – in der vermutlich die Pulsarstrahlung entsteht – zumindest in der näheren Umgebung des Pulsars durch das in der hochgradig leitenden Neutronensternmaterie eingefrorene Magnetfeld bestimmt [3]. Weiterhin sind wichtige Eigenschaften der Pulsare mit Abweichungen von der Kugelsymmetrie verbunden, z. B. die Emission von Gravitationsstrahlung und mögliche, der Rotationsbewegung überlagerte, Präzessions- und Nutationsbewegungen. Diese Abweichungen werden unter anderem durch die den magnetischen Druck zu einem Gleichgewichtszustand kompensierenden nichtradialen Dichte- und Druckstörungen und damit direkt durch das innere Magnetfeld bedingt, sofern fluide Verhältnisse angenommen werden können.

Die Existenzbedingungen für Magnetfelder in fluider, leitender und nichtviskoser Neutronensternmaterie wurden kürzlich von uns untersucht [4]. Sie ergeben sich aus der hydrostatischen Gleichgewichtsbedingung des Sternaufbaus unter Einschluß der magnetischen Kraftdichte:

$$V_{,i} + p_{,i}/(p + \mu) = F_{ik} j^k/(p + \mu). \tag{1}$$

Hierin ist $V = \ln(-g_{00})^{1/2}$ (g_{00} ist der dem NEWTONschen Potential entsprechende Koeffizient im metrischen Tensor) und

$$j^k = \frac{c}{4\pi} (F^{kl} \sqrt{-g})_{,l}/\sqrt{-g} \tag{2}$$

die elektrische Stromdichte, sowie μ und p Dichte und Gesamtdruck der Neutronensternmaterie. Mit einer generellen barytropen Zustandsgleichung $p = f(\mu)$ folgt aus (1) die Rotationsfreiheit der magnetischen Kraftdichte ($E = p + \mu$):

$$(F_{il} j^l/E)_{,k} - (F_{kl} j^l/E)_{,i} = 0. \tag{3}$$

Neben etwa zusätzlich zu fordernden Symmetriebedingungen stellen die Gleichungen (3) stark einschränkende Bedingungen für Magnetfelder im Innern des Neutronensternes dar. Es sei bemerkt, daß (3) für beliebige zeitunabhängige Abweichungen der Metrik und der Materieverteilung von den entsprechenden Größen eines magnetfeldfreien kugelsymmetrischen Neutronensterns gilt. Da derartige Störungen, wie hier angenommen wird, lediglich durch das Magnetfeld selbst verursacht werden, reicht es aus, für die Metrik und die Materieverteilung in (3) die Werte des ungestörten kugelsymmetrischen Neutronensternes einzusetzen, d. h. insbesondere für die Metrik das kugelsymmetrische Linienelement

(4) $$ds^2 = -e^{\nu} dt^2 + e^{\lambda} dr^2 + r^2(d\Theta^2 + \sin^2\Theta\, d\varphi^2),$$

denn die Benutzung genauerer Werte würde nur Korrekturen höherer Ordnung bewirken.

Da die in (3) eingehenden Ströme selbst von der Feldstärke abhängen, sind die Bedingungen (3) nichtlinear. Einem Dipolfeld als Lösung von (3) kann daher nicht in beliebiger Weise zum Beispiel ein Quadrupolfeld überlagert werden. In [4] wurden die Gleichungen (3) nur für „reine" Multipolfelder betrachtet. Das wesentliche Ergebnis war, daß die Fälle $l = 1$, $m = 0$ (l und m sind die in den Kugelfunktionen $Y_l^m = e^{i\varphi m} P_l^m$ auftretenden Indizes) sowie $l = m \neq 0$ – und nur diese – Lösungen von (3) zuließen. Wir zeigen im folgenden, daß Überlagerungen poloidaler Multipolfelder allein die Gleichungen (3) nicht erfüllen können. Unter bestimmten Bedingungen erlaubt jedoch ein toroidaler Feldanteil die Überlagerung poloidaler Multipolfelder. Physikalisch bedeutet die Existenz von Einschränkungen im Auftreten von Multipolfelder, daß nicht jede „Magnetfeldgeometrie" in ihrer Kraftwirkung auf die Neutronensternmaterie durch eine geeignete Umverteilung des Gasdruckes und der Materiedichte sowie durch ein entsprechendes Gravitationsfeld kompensiert werden kann. Ein solches „nichtangepaßtes" Magnetfeld würde zu Materieströmungen im Stern führen. Da diese Strömungen im allgemeinen nichtstationären Charakter besitzen, ist zu erwarten, daß eine Dissipation zu einer Gleichgewichtssituation erfolgt, in der das Magnetfeld die Bedingungen (3) erfüllt. Die in [4] untersuchten Magnetfeldkonfigurationen sollten in diesem Sinne als stabile Endkonfigurationen verstanden werden.

II. Die kovarianten, mit der Metrik (4) formulierten MAXWELL-Gleichungen sind im Falle poloidaler Felder erfüllt, wenn sich die kovarianten Komponenten des Feldstärkentensors gemäß

(5) $$F_{12} = \frac{1}{\sin\Theta} (e^{-\lambda/2} \psi_3)'$$

(6) $$F_{13} = -\sin\Theta\,(e^{-\lambda/2}\,\psi_2)'$$

(7) $$F_{23} = -\sin\Theta\,(e^{-\lambda/2}\,L^2\,\Psi)$$

durch ein erzeugendes skalares Potential $\Psi(r, \Theta, \varphi)$ darstellen lassen. Für Ψ wird eine Entwicklung nach Kugelfunktionen angenommen:

(8) $$\Psi = \sum_{l,m} e^{\lambda/2}\,S_l^m\,Y_l^m.$$

Für die einzelnen, sich linear überlagernden Multipolkomponenten des Stromes erhält man

(9) $$j^1 = 0$$

(10) $$j^2 = -\frac{c}{4\pi}\,\frac{e^{-(\lambda+\nu)/2}}{r^2\sin\Theta}\,\frac{\partial Y_l^m}{\partial\varphi}\,\Delta_r\,S_l$$

(11) $$j^3 = \frac{c}{4\pi}\,\frac{e^{-(\lambda+\nu)/2}}{r^2\sin\Theta}\,\frac{\partial Y_l^m}{\partial\Theta}\,\Delta_r\,S_l$$

mit dem Radialoperator

(12) $$\Delta_r\,S = \frac{\partial}{\partial r}\left(e^{(\nu-\lambda)/2}\,\frac{\partial S}{\partial r}\right) - \frac{l(l+1)}{r^2}\,S\,e^{(\nu+\lambda)/2}.$$

Die Gleichungen (3) lauten explizit

(13) $$\frac{\partial}{\partial\Theta}\,(F_{12}\,j^2 + F_{13}\,j^3) = E\,(F_{23}\,j^3/E)'$$

(14) $$\frac{\partial}{\partial\varphi}\,(F_{12}\,j^2 + F_{13}\,j^3) = -E\,(F_{23}\,j^2/E)'$$

(15) $$\frac{\partial}{\partial\varphi}\,(F_{23}\,j^3) + \frac{\partial}{\partial\Theta}\,(F_{23}\,j^2) = 0.$$

Gl. (15) läßt sich auch in der Form

(16) $$\sum_{l,l',m,m'} l(l+1)\,S_l^m\Delta_r\,S_{l'}^{m'}\left(\frac{\partial Y_l^m}{\partial\varphi}\,\frac{\partial Y_{l'}^{m'}}{\partial\Theta} - \frac{\partial Y_l^m}{\partial\Theta}\,\frac{\partial Y_{l'}^{m'}}{\partial\varphi}\right) = 0\,.$$

schreiben, wobei sich die Summation über alle zulässigen Werte der Indizes l, m erstreckt. Um die Gleichungen übersichtlicher zu machen, werde eine Überlagerung nur zweier Felder unterschiedlicher, durch (l, m) bzw. (L, M) gekennzeichneter Multipolstruktur angenommen. (16) vereinfacht sich dann zu (keine Summation über die Indizes!)

(17) $$\left(\frac{\partial Y_l^m}{\partial\Theta}\,\frac{\partial Y_L^M}{\partial\varphi} - \frac{\partial Y_l^m}{\partial\varphi}\,\frac{\partial Y_L^M}{\partial\Theta}\right)$$
$$\times\,(L\,[L+1]\,S_L^M\,\Delta_r\,S_l^m - l\,[l+1]\,S_l^m\,\Delta_r\,S_L^M) = 0.$$

Falls nicht – wie z. B. in axialsymmetrischen Feldern –

$$\frac{\partial Y_l^m}{\partial \Theta}\frac{\partial Y_L^M}{\partial \varphi} = \frac{\partial Y_l^m}{\partial \varphi}\frac{\partial Y_L^M}{\partial \Theta} \tag{18a}$$

gilt, so folgt aus (17)

$$L(L+1)\, S_L^M \Delta_r S_l^m - l(l+1)\, S_l^m \Delta_r S_L^M = 0. \tag{18b}$$

Mit (18b) können die rechten Seiten von (13) und (14) jeweils durch die Ableitungen einer Größe nach Θ bzw. φ dargestellt werden. Die einmalige Integration von (13), (14) ergibt mit einer willkürlichen Radialfunktion $G(r)$:

$$F_{12}\, j^2 + F_{13}\, j^3 = E\left(\frac{c\, e^{-(\lambda+\nu)/2}\, H}{8\pi r^2 E}\right)' + G, \tag{19}$$

wobei

$$\begin{aligned} H = {} & l(l+1)\, S_l^m\, (Y_l^m)^2 \Delta_r S_l^m + L(L+1)\, S_L^M\, (Y_L^M)^2 \Delta_r S_L^M \\ & + Y_L^M\, Y_l^m\, (l+1)\, l \cdot S_l^m \Delta_r S_L^M + Y_L^M\, Y_l^m\, (L+1)\, L\, S_L^M \Delta_r S_l^m \end{aligned} \tag{20}$$

gilt. Gl. (19) nimmt unter Benutzung der Abkürzung

$$[P_l^m, P_L^M] = \frac{\partial P_l^m}{\partial \Theta}\frac{\partial P_L^M}{\partial \Theta} - \frac{m M}{\sin^2\Theta} P_l^m P_L^M \tag{21}$$

die Form

$$\begin{aligned} & e^{2im\varphi}\,(A\,[P_l^m, P_l^m] + D P_l^m P_l^m) + e^{i(m+M)\varphi}\,(B\,[P_l^m, P_L^M] + E P_l^m P_L^M) \\ & + e^{2iM\varphi}\,(C\,[P_L^M, P_L^M] + F P_L^M P_L^M) + G = 0 \end{aligned} \tag{22}$$

an, wobei die Koeffizienten A bis G nur von der Radialkoordinate r abhängen. Gleichung (22) wäre identisch erfüllt, falls alle Koeffizienten verschwinden. Dies würde aber im allgemeinen nur für verschwindende Werte von S_l^m, S_L^M möglich sein. Aus (22) dürfen sich somit höchstens zwei Differentialbedingungen für S_l^m und S_L^M ergeben, die zudem noch mit (18b) kompatibel sein müssen. Im durch $m \neq 0$, $M \neq 0$, $m \neq M$ gekennzeichneten allgemeinen Fall (wir setzen $m, M > 0$ voraus) ergeben sich aus (22) neben $G = 0$ die Gleichungen ($A, B, C \neq 0$)

$$\begin{aligned} \left(\frac{\partial P_l^m}{\partial \Theta}\right)^2 &= \left(\frac{m^2}{\sin^2\Theta} - \frac{D}{A}\right)(P_l^m)^2 \\ \frac{\partial P_l^m}{\partial \Theta}\frac{\partial P_L^M}{\partial \Theta} &= \left(\frac{Mm}{\sin^2\Theta} - \frac{E}{B}\right) P_l^m P_L^M \\ \left(\frac{\partial P_L^M}{\partial \Theta}\right)^2 &= \left(\frac{M^2}{\sin^2\Theta} - \frac{F}{C}\right)(P_L^M)^2 . \end{aligned} \tag{23}$$

Man sieht leicht, daß diese Gleichungen genau dann erfüllt sind, wenn die drei Bedingungen

(24) $l = m, \quad l^2 = D/A$

(25) $L = M, \quad L^2 = F/C$

(26) $E/B = lL$

gelten. Die Gleichungen (24) und (25) reduzieren sich dabei auf die in [4] abgeleiteten Bedingungen·

(27) $\Delta_r S_l^m = c_l E r^2 e^{(\lambda+\nu)/2} (S_l^m)^{(l-1)/(l+1)}$

(28) $\Delta_r S_L^M = c_L E r^2 e^{(\lambda+\nu)/2} (S_L^M)^{(L-1)/(L+1)}$

für reine Multipolfelder der Indizes $l = m$ bzw. $L = M$. Hinzu tritt die Bedingung (26), die mit (27) und (28) die Form

(29) $S_l' f_{lL} (S_l, S_L) + S_L' f_{Ll}(S_L, S_l) = 0$

besitzt. Aus (18b) folgt mit (27) und (28) die Relation

(30) $S_l^m = \text{const.} (S_L^M)^p$

mit $p = (l+1)/(L+1)$. Die Gleichungen (29) und (30) sind bis auf den Fall $l = L$ nichtkompatibel. *Unter hinreichend allgemeinen Bedingungen können somit keine Überlagerungen zeitunabhängiger poloidaler Multipolfelder in Neutronensternen existieren.* Dies schließt jedoch nicht aus, daß in Spezialfällen solche Überlagerungen auftreten können; so fällt für $m = M = 0$ die Gleichung (15) fort und (13) und (14) reduziert sich auf eine Gleichung. Ferner kann ein poloidales Feld zusammen mit einem toroidalen auftreten (vgl. [4]).

Die vorstehenden Überlegungen gelten unverändert auch für normale nicht relativistische magnetische Sterne, deren Aufbau mit Hilfe der NEWTONschen Gravitationstheorie beschrieben wird, sofern eine barytrope Instandsgleichung angenommen werden kann.

Literaturverzeichnis

[1] GOLD, T., Nature *218*, 731 (1968).
[2] GOLD, T., Nature *221*, 25 (1969).
[3] ГИНЗБУРГ, В. Л., Успехи физ. наук *103*, 393 (1971).
[4] DAUTCOURT, G., und K. FRITZE, Astron. Nachr. *292*, 211 (1971).

Eingegangen: 4. November 1971

Physik

A. WÜNSCHE

Zentralinstitut für Optik und Spektroskopie der Dt. Akad. Wiss.

GREENsche Tensorfunktionen für elektrische und magnetische optisch einachsige Medien

Zusammenfassung

Es werden die GREENschen Tensorfunktionen zum Ausstrahlungsproblem für optisch einachsige Medien bestimmt, bei denen sowohl der elektrische als auch der magnetische Permeabilitätstensor Anisotropie beschreiben. Dabei werden die FOURIER-Transformierten der GREENschen Tensorfunktionen für beliebige elektrisch und magnetisch anisotrope Medien angegeben, wobei aber die exakte Ausführung des FOURIER-Integrals bisher nur für Medien gelungen ist, bei denen die Dispersionsgleichung Flächen 2. Ordnung beschreibt. Im betrachteten optisch einachsigen Medium stellt die Dispersionsgleichung 2 Rotationsellipsoide um die optische Achse dar, die sich an den Durchstoßungspunkten der optischen Achse berühren und von dort verzweigen (beide Wellenarten sind außerordentlich). Es wird der sehr interessante Spezialfall diskutiert, in welchem die Tensorellipsoide des elektischen und magnetischen Permeabilitätstensor ähnlich zueinander sind. Die vorliegenden Ausführungen stellen Verallgemeinerungen einer früheren Arbeit des Verfassers dar.

1. Einleitung

In der Optik anisotroper Medien gibt es nur sehr wenige Typen von Lösungen der vektoriellen Wellengleichungen, für welche man das elektrische und magnetische Feld exakt in geschlossener analytischer Form darstellen kann. Für homogene unbegrenzte Medien sind dies insbesondere ebene monochromatische Wellen, deren Form man praktisch für beliebig anisotrope Medien unter der Voraussetzung bekannter optischer Materialeigenschaften angeben kann. Für homogene isotrope Medien mit unendlicher Ausdehnung kennt man darüber hinaus seit langem exakt einige weitere Lösungstypen, welche die Ausstrahlung von punktförmigen Quellen (Multipolstrahlung) und von linienförmigen Quellen beschreiben. Die Ausstrahlung (homogener) flächenförmiger Quellen dagegen kann wiederum für beliebig anisotrope Medien als gelöst betrachtet werden, denn dieses Problem ist eng mit dem Problem der Berechnung ebener monochromatischer Wellen gekoppelt. Wir beabsichtigen diesen Zusammenhang in einer späteren kurzen Arbeit aufzuzeigen. Die Problematik der Ausstrahlung durch punktförmige, linienförmige und flächenförmige Quellen kann sehr allgemein und elegant mit entsprechend dreidimensionalen, zweidimensionalen und eindimensionalen dyadischen GREENschen Funktionen

beschrieben werden. Die „zweidimensionalen“ bzw. „eindimensionalen“ GREENschen Tensoren hängen dabei nur von zwei bzw. einer räumlichen kartesischen Koordinate ab. Die zweidimensionalen GREENschen Tensoren ergeben sich aus den dreidimensionalen GREENschen Tensoren durch Integration über die redundante kartesische Koordinate, die eindimensionalen durch Integration über zwei redundante kartesische Koordinaten. Natürlich kann man in jedem Falle auch versuchen die zwei- und eindimensionalen GREENschen Tensoren direkt ohne die dreidimensionalen zu berechnen. Mit denselben GREENschen Tensoren läßt sich einmal das HUYGENS-FRESNELsche Prinzip und andermal das Ausstrahlungsproblem formulieren.
Die eindimensionalen GREENschen Tensoren können nach dem Gesagten als im Prinzip für beliebige unbegrenzte homogene anisotrope Medien bekannt angesehen werden. Die exakte Berechnung zweidimensionaler GREENscher Tensoren sollte für eine Reihe von Spezialfällen der Anisotropie und Lage der Symmetrieelemente des Mediums hinsichtlich der redundanten Koordinate gelingen. Für optisch einachsige Medien konnten sie von uns inzwischen für die beiden Fälle, daß die redundante Koordinate in Richtung der optischen Achse und senkrecht dazu liegt berechnet werden, und wir hoffen, diese Ergebnisse bald veröffentlichen zu können.
Die exakte Berechnung der dreidimensionalen (oder üblichen) GREENschen Tensoren für anisotrope Medien dürfte in denjenigen Fällen gelingen, in denen die Dispersionsgleichung für ebene monochromatische Wellen im Raum der Wellenzahlvektoren in Gleichungen für Flächen zweiter Ordnung zerfällt. Dies ist insbesondere für nichtgyrotrope optisch einachsige Medien bei Vernachlässigung der räumlichen Dispersion der Fall. Mit der in der Arbeit von BUNKIN [1] entwickelten Methode hat LUGOWOI [2, 3] näherungsweise Ausdrücke für die Fernzone mit Ausschluß einer gewissen Umgebung der optischen Achse berechnet und auf Probleme der nichtlinearen Optik angewandt. In unserer Arbeit [4] wurden diese exakt berechnet und in [5] auf das Ausstrahlungsproblem angewendet.
In der vorliegenden Arbeit wollen wir die exakten GREENschen Tensoren optisch einachsiger Medien für den schon in [4] angedeuteten etwas allgemeineren Fall elektrischer und magnetischer Anisotropie berechnen. Hinsichtlich der Ausbreitung ebener monochromatischer Wellen verweisen wir auf die Darstellung von FJODOROW [6], wo auch ältere Arbeiten zitiert sind, die aber mit umständlichen Koordinatenmethoden arbeiten.

2. Charakterisierung des Problems

Es werden nur monochromatische Wellen betrachtet. Die MAXWELLschen Gleichungen in der hinsichtlich der Zeit fouriertransformierten Form

$\left(\boldsymbol{E}(\boldsymbol{x}, t) = \int\limits_{-\infty}^{+\infty} d\omega\, \boldsymbol{E}(\boldsymbol{x}, \omega)\, e^{-i\omega t} \text{ usw.}\right)$ schreiben wir in folgender Weise[1])

$$[\nabla, \boldsymbol{E}(\boldsymbol{x}, \omega)] - i\frac{\omega}{c}\boldsymbol{B}(\boldsymbol{x}, \omega) = \boldsymbol{0}, \quad \nabla\, \boldsymbol{B}(\boldsymbol{x}, \omega) = 0$$

$$(2.1) \qquad [\nabla, \boldsymbol{H}(\boldsymbol{x}, \omega)] + i\frac{\omega}{c}\boldsymbol{D}(\boldsymbol{x}, \omega) = \frac{4\pi}{c}\boldsymbol{j}^{ext}(\boldsymbol{x}, \omega),$$

$$\nabla\, \boldsymbol{D}(\boldsymbol{x}, \omega) = 4\pi\, \varrho^{ext}(\boldsymbol{x}, \omega)$$

und wir betrachten Materialgleichungen von folgender Form

$$(2.2) \qquad D_i(\boldsymbol{x}, \omega) = \varepsilon_{ij}(\omega)\, E_j(\boldsymbol{x}, \omega), \quad B_i(\boldsymbol{x}, \omega) = \mu_{ij}(\omega)\, H_j(\boldsymbol{x}, \omega).$$

Es ist dies noch nicht die allgemeine Form der linearen Materialgleichungen für anisotrope Medien. In die Größen $\boldsymbol{D}$ und $\boldsymbol{H}$ gehen nämlich die gemittelten mikroskopischen Strom- und Ladungsdichten ein. Faßt man durch eine Umdefinition der Größen $\boldsymbol{D}$ und $\boldsymbol{H}$ in die neue Größe $\widehat{\boldsymbol{D}}$ gemäß

$$(2.3) \qquad \widehat{\boldsymbol{D}}(\boldsymbol{x}, \omega) = \boldsymbol{D}(\boldsymbol{x}, \omega) + i\frac{c}{\omega}[\nabla, \boldsymbol{B}(\boldsymbol{x}, \omega) - \boldsymbol{H}(\boldsymbol{x}, \omega)]$$

die gemittelten mikroskopischen Stromdichten in der einzigen neuen Größe $\widehat{\boldsymbol{D}}(\boldsymbol{x}, \omega)$, für welche die allgemeine Materialbeziehung

$$(2.4) \qquad \widehat{D}_i(\boldsymbol{x}, \omega) = \widehat{\varepsilon}_{ij}(-i\nabla, \omega)\, E_j(\boldsymbol{x}, \omega)$$

gilt, zusammen, so ergibt sich aus (2.2, 2.3, 2.4) durch Vergleich

$$(2.5) \qquad \hat{\varepsilon}_{in}(-i\nabla, \omega) = \varepsilon_{in}(\omega) + \frac{c^2}{\omega^2}\varepsilon_{ijk}\nabla_j(\delta_{kl} - \mu_{kl}^{-1}(\omega))\nabla_m \varepsilon_{lmn},$$

d. h , die Materialbeziehungen (2.2) stellen einen Spezialfall dar, bei welchem $\widehat{\boldsymbol{D}}(\boldsymbol{x}, \omega)$ nicht nur vom Feld $\boldsymbol{E}(\boldsymbol{x}, \omega)$ am selben Ort $\boldsymbol{x}$ sondern auch vom Feld in der Umgebung dieses Ortes abhängt (räumliche Dispersion). Bei Materialgleichungen der Form (2.2) hat man somit die Wahl der Behandlung des Problems auf der Grundlage der allgemeineren Materialgleichungen der Form (2.4) mit anschließender Spezialisierung entsprechend (2.5) oder der von vornherein spezielleren Behandlung auf der Grundlage der Materialgleichungen (2.2) und der MAXWELLschen Gleichungen in der Form (2.1). Wir wählen hier den letzteren Weg. Jedoch lassen sich einige Ergebnisse unserer Arbeit [4] durch Erweiterung der Materialbeziehungen in Übereinstimmung mit (2.5) auch auf den hier zu behandelnden Fall übertragen. In den Fällen, in welchen dies möglich ist, machen wir es stillschweigend,

[1]) In $\boldsymbol{j}^{ext}$ und ϱ^{ext} können auch nichtlinear vom elektromagnetischen Feld abhängende Strom- und Ladungsdichten einbezogen sein. ,,ext“ bedeutet external und weist auf zusätzliche in das Medium gebrachte Strom- und Ladungsdichten hin.

um bestimmte Ergebnisse der vorliegenden Arbeit auf anderem Wege zu kontrollieren.

Als elektrisch und magnetisch anisotrope aber nichtgyrotrope optisch einachsige Medien wollen wir solche bezeichnen, deren lineare Permeabilitätstensoren $\varepsilon_{ij}(\omega)$ und $\mu_{ij}(\omega)$ von folgender spezieller Gestalt sind

$$\begin{aligned}
\varepsilon_{ij}(\omega) &= \varepsilon^e(\omega)\, c_i\, c_j + \varepsilon^o(\omega)\,(\delta_{ij} - c_i\, c_j),\\
\varepsilon_{ij}^{-1}(\omega) &= \frac{1}{\varepsilon^e(\omega)}\, c_i\, c_j + \frac{1}{\varepsilon^o(\omega)}\,(\delta_{ij} - c_i\, c_j),\\
\mu_{ij}(\omega) &= \mu^e(\omega)\, c_i\, c_j + \mu^o(\omega)\,(\delta_{ij} - c_i\, c_j),\\
\mu_{ij}^{-1}(\omega) &= \frac{1}{\mu^e(\omega)}\, c_i\, c_j + \frac{1}{\mu^o(\omega)}\,(\delta_{ij} - c_i\, c_j).
\end{aligned} \tag{2.6}$$

Darin bedeutet $\boldsymbol{c}$ einen Einheitsvektor in Richtung der optischen Achse. Soweit uns zweckmäßig und möglich erschien, berechnen wir zunächst allgemeine für beliebige Materialgleichungen der Form (2.2) gültige Formeln, um sie erst dann auf den speziellen Fall (2.6) anzuwenden.

Aus (2.1, 2) folgen die Wellengleichungen

$$\begin{aligned}
\Gamma_{ij}^{(E)}(-i\nabla, \omega)\, E_j(\boldsymbol{x}, \omega) &= i\, 4\pi\, \frac{\omega}{c^2}\, j_i^{ext}(\boldsymbol{x}, \omega),\\
\Gamma_{ij}^{(H)}(-i\nabla, \omega)\, H_j(\boldsymbol{x}, \omega) &= 4\pi\, \frac{1}{c}\, \varepsilon_{ijk}\, \nabla_j\, \varepsilon_{kl}^{-1}(\omega)\, j_l^{ext}(\boldsymbol{x}, \omega),\\
\Gamma_{in}^{(E)}(-i\nabla, \omega) &\equiv \varepsilon_{ijk}\, \nabla_j\, \mu_{kl}^{-1}(\omega)\, \nabla_m\, \varepsilon_{lmn} - \frac{\omega^2}{c^2}\, \varepsilon_{in}(\omega),\\
\Gamma_{in}^{(H)}(-i\nabla, \omega) &\equiv \varepsilon_{ijk}\, \nabla_j\, \varepsilon_{kl}^{-1}(\omega)\, \nabla_m\, \varepsilon_{lmn} - \frac{\omega^2}{c^2}\, \mu_{in}(\omega).
\end{aligned} \tag{2.7}$$

Zu diesen Wellengleichungen definieren wir GREENsche Tensoren $\boldsymbol{G}^{(E)}(\boldsymbol{x}, \omega)$ und $\boldsymbol{G}^{(H)}(\boldsymbol{x}, \omega)$ in folgender Weise[1])

$$\begin{aligned}
\Gamma_{ij}^{(E)}(-i\nabla, \omega)\, G_{jk}^{(E)}(\boldsymbol{x}, \omega) &= 4\pi\, \delta_{ik}\, \delta^3(\boldsymbol{x}),\\
\Gamma_{ij}^{(H)}(-i\nabla, \omega)\, G_{jk}^{(H)}(\boldsymbol{x}, \omega) &= 4\pi\, \delta_{ik}\, \delta^3(\boldsymbol{x}).
\end{aligned} \tag{2.8}$$

Zwecks Eindeutigkeit der Definitionen der GREENschen Tensoren müssen noch Zusatzforderungen (Kausalitätsforderungen oder Ausstrahlungsbedingungen) an diese gestellt werden.

[1]) Man sieht leicht, daß die Definitionen (2.8) mit den in [4] benutzten, aber dort ein wenig anders geschriebenen Definitionen (2.9) übereinstimmen.

Wir stellen die GREENschen Tensoren jetzt als räumliche FOURIER-Integrale folgendermaßen dar

$$G_{jk}^{(E,H)}(\boldsymbol{x}, \omega) = \frac{1}{(2\pi)^3} \int d^3 k\, G_{jk}^{(E,H)}(\boldsymbol{k}, \omega)\, e^{i\boldsymbol{k}\boldsymbol{x}}. \tag{2.9}$$

Die Definitionsgleichungen (2.8) gehen dann in die rein algebraischen Beziehungen

$$\begin{aligned} &\Gamma_{ij}^{(E,H)}(\boldsymbol{k}, \omega)\, G_{jk}^{(E,H)}(\boldsymbol{k}, \omega) = 4\pi\, \delta_{ik}, \\ &\Gamma_{in}^{(E)}(\boldsymbol{k}, \omega) = -\varepsilon_{ijk} k_j\, \mu_{kl}^{-1}(\omega)\, k_m \varepsilon_{lmn} - \frac{\omega^2}{c^2} \varepsilon_{in}(\omega), \\ &\Gamma_{in}^{(H)}(\boldsymbol{k}, \omega) = -\varepsilon_{ijk} k_j \varepsilon_{kl}^{-1}(\omega)\, k_m\, \varepsilon_{lmn} - \frac{\omega^2}{c^2} \mu_{in}(\omega) \end{aligned} \tag{2.10}$$

für die FOURIER-Komponenten über. Diese lassen sich in folgender Weise nach den FOURIER-Komponenten auflösen

$$G_{jk}^{(E,H)}(\boldsymbol{k}, \omega) = 4\pi \frac{\bar{\Gamma}_{jk}^{(E,H)}(\boldsymbol{k}, \omega)}{|\boldsymbol{\Gamma}^{(E,H)}(\boldsymbol{k}, \omega)|}. \tag{2.11}$$

Darin bedeutet $\bar{\boldsymbol{\Gamma}}$[1]) die zu $\boldsymbol{\Gamma}$ komplementäre Matrix und $|\boldsymbol{\Gamma}|$ die Determinante von $\boldsymbol{\Gamma}$. Für die GREENschen Tensoren selbst findet man dann aus (2.9) und (2.11)

$$G_{jk}^{(E,H)}(\boldsymbol{x}, \omega) = \frac{1}{2\pi^2} \bar{\Gamma}_{jk}^{(E,H)}(-i\boldsymbol{\nabla}, \omega) \int d^3 k \frac{e^{i\boldsymbol{k}\boldsymbol{x}}}{|\boldsymbol{\Gamma}^{(E,H)}(\boldsymbol{k}, \omega)|}. \tag{2.12}$$

Dies ist die schon von BUNKIN [1] und später auch noch von anderen Autoren angegebene formale Lösung des Problems der Bestimmung der GREENschen Tensoren für anisotrope Medien. Da jedoch $|\boldsymbol{\Gamma}(\boldsymbol{k}, \omega)|$ Polynome von mindestens 4. Ordnung in $\boldsymbol{k}$ sind, ist die Berechnung des in (2.12) verbliebenen FOURIER-Integrals ein sehr schwieriges Problem.

Mit dem vorliegenden rein algebraischen Problem der Berechnung des Ausdruckes (2.11) ist noch sehr eng das Problem der Bestimmung freier ebener monochromatischer Wellen gekoppelt und es bedeutet nur einen geringen Mehraufwand, um dieses bei dieser Gelegenheit mit zu behandeln. Diese Wellen genügen den Gleichungen

[1]) Die Mathematiker führen gewöhnlich die zu unserem $\bar{\Gamma}_{jk}$ transponierte Matrix unter der Bezeichnung „algebraisches Komplement" zu Γ_{jk} in die lineare Algebra ein. Will man jedoch im Kalkül der Matrizenmultiplikation ohne die Operation der Transposition von Matrizen bleiben, so ist es günstiger, die hier als „komplementär" bezeichnete Matrix definitiv einzuführen. Manche Autoren nennen sie auch „assoziierte Matrix".

$$\Gamma^{(E)}_{ij}(\boldsymbol{k}, \omega)\, E_j(\boldsymbol{k}, \omega) = 0,$$
(2.13)
$$\Gamma^{(H)}_{ij}(\boldsymbol{k}, \omega)\, H_j(\boldsymbol{k}, \omega) = 0.$$

Die Lösbarkeitsbedingung für nichttriviale Lösungen von (2.13), d. h. das Verschwinden der Koeffizientendeterminanten

(2.14) $$|\boldsymbol{\Gamma}^{(E,H)}(\boldsymbol{k}, \omega)| = 0$$

ergibt die Dispersionsgleichung, welche eine zweidimensionale Fläche im dreidimensionalen $\boldsymbol{k}$-Raum darstellt (Dispersionsfläche). Die Nullstellen der Determinanten $|\boldsymbol{\Gamma}^{(E,H)}(\boldsymbol{k}, \omega)|$, die freie ebene monochromatische Wellen beschreiben, ergeben somit nach (2.11) gerade die Pole der FOURIER-transformierten der GREENschen Tensoren. Die Projektionsoperatoren $\boldsymbol{\Pi}^{(E,H)}$ zur Bestimmung von Polarisationsvektoren $\boldsymbol{e}$, $\boldsymbol{h}$ und konjugierten Polarisationsvektoren $\bar{\boldsymbol{e}}$, $\bar{\boldsymbol{h}}$ (oder Rechts- und Linkseigenvektoren von $\boldsymbol{\Gamma}^{(E,H)}$ zum einfachen Eigenwert 0) ergeben sich zu

(2.15) $$\Pi^{(E,H)}_{ij} = \frac{\Gamma^{(E,H)}_{ij}(\boldsymbol{k}, \omega)}{[\boldsymbol{\Gamma}^{(E,H)}(\boldsymbol{k}, \omega)]} = \frac{\bar{\Gamma}^{(E,H)}_{ij}(\boldsymbol{k}, \omega)}{\langle\bar{\boldsymbol{\Gamma}}^{(E,H)}(\boldsymbol{k}, \omega)\rangle}; \quad \begin{matrix} \Pi^{(E)}_{ij} = e_i \bar{e}_j, & \bar{\boldsymbol{e}}\,\boldsymbol{e} = 1, \\ \Pi^{(H)}_{ij} = h_i \bar{h}_j, & \bar{\boldsymbol{h}}\,\boldsymbol{h} = 1. \end{matrix}$$

Darin bedeutet $[\boldsymbol{\Gamma}]$ die 2. Invariante des Operators $\boldsymbol{\Gamma}$ oder

(2.16) $$[\boldsymbol{\Gamma}] \equiv \frac{1}{2}\,(\Gamma_{ii}\Gamma_{jj} - \Gamma_{ij}\Gamma_{ji}).$$

Voraussetzung für (2.15) ist das Nichtverschwinden der Invarianten $[\boldsymbol{\Gamma}^{(E,H)}(\boldsymbol{k}, \omega)]$. Dies ist aber gerade die hinreichende Bedingung für das Nichtvorliegen einer optischen Achse. Weiterhin erkennt man, daß die FOURIER-Komponenten der GREENschen Tensoren nach (2.11) in der infinitesimalen Umgebung der Pole genau den entsprechenden Projektionsoperatoren (2.15) proportional sind.

Für den rein algebraischen Teil der Problematik, d. h. zur expliziten Ausrechnung der Beziehungen (2.11, 2.15), hat man daher insbesondere die beiden Invarianten $|\boldsymbol{\Gamma}^{(E,H)}|$ und $[\boldsymbol{\Gamma}^{(E,H)}]$ der Operatoren $\boldsymbol{\Gamma}^{(E,H)}$ sowie die komplementären Operatoren $\bar{\boldsymbol{\Gamma}}^{(E,H)}$ zu berechnen, was im nächsten Abschnitt geschehen soll.

3. Berechnung der FOURIER-Transformierten der GREENschen Tensoren und der Projektionsoperatoren zur Bestimmung von Polarisationsvektoren

Methoden zur koordinateninvarianten Berechnung der Invarianten von dreidimensionalen Operatoren sowie zur Bestimmung der komplementären Operatoren wurden in [4, 7] beschrieben und wir können uns daher kurz fassen. Außerdem genügt es hier, die entsprechenden Größen für $\boldsymbol{\Gamma}^{(E)}(\boldsymbol{k}, \omega)$ zu berechnen, woraus sich die entsprechenden Größen für $\boldsymbol{\Gamma}^{(H)}(\boldsymbol{k}, \omega)$ durch Vertauschung von $\boldsymbol{\epsilon}(\omega)$ und $\boldsymbol{\mu}(\omega)$ ergeben. Die Operatoren $\boldsymbol{\Gamma}^{(E,H)}(\boldsymbol{k}, \omega)$ bestehen nach (2.10) aus der Summe zweier Teiloperatoren; nennen wir sie $\boldsymbol{A}$ und $\boldsymbol{B}$ Dann gelten folgende allgemeinen Beziehungen

$$
\begin{aligned}
|A + B| &= |A| + \langle \overline{A} B\rangle + \langle A \overline{B}\rangle + |B|, \\
[A + B] &= [A] + \langle A\rangle \langle B\rangle - \langle AB\rangle + [B], \\
\overline{A + B} &= \overline{A} + (\langle A\rangle \langle B\rangle - \langle A B\rangle)\, \mathbf{1} - \langle A\rangle B - \langle B\rangle A \\
&\quad + AB + BA + \overline{B},
\end{aligned} \tag{3.1}
$$

$\langle\ \rangle$ – Spurbildung.

Für die beiden gesuchten Invarianten von $\boldsymbol{\Gamma}^{(E,H)}(\boldsymbol{k}, \omega)$ findet man (die Argumente ω schreiben wir kürzehalber nicht auf, d. h. $\boldsymbol{\epsilon} \equiv \boldsymbol{\epsilon}(\omega)$, $\boldsymbol{\mu} \equiv \boldsymbol{\mu}(\omega)$)

$$
\begin{aligned}
&- \frac{c^2}{\omega^2} |\boldsymbol{\mu}|\, |\boldsymbol{\Gamma}^{(E)}(\boldsymbol{k}, \omega)| = - \frac{c^2}{\omega^2} |\boldsymbol{\epsilon}|\, |\boldsymbol{\Gamma}^{(H)}(\boldsymbol{k}, \omega)| \\
&= (\boldsymbol{k} \boldsymbol{\epsilon} \boldsymbol{k})(\boldsymbol{k} \boldsymbol{\mu} \boldsymbol{k}) + \frac{\omega^2}{2 c^2} k_m k_n \{(\varepsilon_{ij} \mu_{ij} - \langle \boldsymbol{\epsilon}\rangle \langle \boldsymbol{\mu}\rangle)(\varepsilon_{km} \mu_{kn} + \varepsilon_{mk} \mu_{nk}) \\
&\quad + \langle \boldsymbol{\epsilon}\rangle (\varepsilon_{km} \mu^2_{kn} + \varepsilon_{mk} \mu^2_{nk}) + \langle \boldsymbol{\mu}\rangle (\mu_{km} \varepsilon^2_{kn} + \mu_{mk} \varepsilon^2_{nk}) \\
&\quad - (\varepsilon_{ik} \mu_{jk} + \varepsilon_{kj} \mu_{ki})(\varepsilon_{jm} \mu_{in} + \varepsilon_{mi} \mu_{nj})\} + \frac{\omega^4}{c^4} |\boldsymbol{\epsilon}|\, |\boldsymbol{\mu}|,
\end{aligned} \tag{3.2}
$$

$$
\begin{aligned}
|\boldsymbol{\mu}|\, [\boldsymbol{\Gamma}^{(E)}(\boldsymbol{k}, \omega)] &= \boldsymbol{k}^2 (\boldsymbol{k} \boldsymbol{\mu} \boldsymbol{k}) + \frac{\omega^2}{c^2} \{\boldsymbol{k} \boldsymbol{\mu} \boldsymbol{k}\, (\varepsilon_{ij} \mu_{ij} - \langle \boldsymbol{\epsilon}\rangle \langle \boldsymbol{\mu}\rangle) \\
&\quad + \langle \boldsymbol{\epsilon}\rangle\, \boldsymbol{k} \boldsymbol{\mu}^2 \boldsymbol{k} - k_i \mu_{ij} \varepsilon_{kj} \mu_{kl} k_l\} + \frac{\omega^4}{c^4} [\boldsymbol{\epsilon}]\, |\boldsymbol{\mu}|, \\
|\boldsymbol{\epsilon}|\, [\boldsymbol{\Gamma}^{(H)}(\boldsymbol{k}, \omega)] &= \boldsymbol{k}^2 (\boldsymbol{k} \boldsymbol{\epsilon} \boldsymbol{k}) + \frac{\omega^2}{c^2} \{\boldsymbol{k} \boldsymbol{\epsilon} \boldsymbol{k}\, (\mu_{ij} \varepsilon_{ij} - \langle \boldsymbol{\mu}\rangle \langle \boldsymbol{\epsilon}\rangle) \\
&\quad + \langle \boldsymbol{\mu}\rangle\, \boldsymbol{k} \boldsymbol{\epsilon}^2 \boldsymbol{k} - k_i \varepsilon_{ij} \mu_{kj} \varepsilon_{kl} k_l\} + \frac{\omega^4}{c^4} [\boldsymbol{\mu}]\, |\boldsymbol{\epsilon}|.
\end{aligned} \tag{3.3}
$$

Bei der Berechnung der Formeln (3.2) und (3.3) wurde zum Zwecke der Allgemeingültigkeit streng darauf geachtet, daß diese auch für Medien mit nichtsymmetrischen Permeabilitätstensoren $\varepsilon_{ij}(\omega)$ und $\mu_{ij}(\omega)$ (gyrotrope Medien) richtig sind. Dabei geht aber leider die Möglichkeit verloren, in allen Gliedern in den Formeln (3.2, 3.3) im Matrizenkalkül zu bleiben und eine indexlose Schreibweise anzuwenden, ohne dabei die zu $\varepsilon_{ij}(\omega)$ und $\mu_{ij}(\omega)$ transponierten Matrizen zu benutzen. Für Medien mit symmetrischen Tensoren $\varepsilon_{ij}(\omega)$ und $\mu_{ij}(\omega)$ (nichtgyrotrope Medien) ist diese Möglichkeit aber sofort wieder vorhanden[1]). Die Formel (3.2) ließe sich hinsichtlich des Ausdruckes in der geschweiften Klammer noch um die Hälfte kürzer, dafür aber weniger symmetrisch bezüglich der Indizes schreiben.

Die Dispersionsgleichung für ebene monochromatische Wellen ergibt sich, wenn man die rechte Seite der Gleichung (3.2) gleich Null setzt. Für Werte $\boldsymbol{k}$ und ω, welche der Dispersionsgleichung genügen, besteht zwischen den Invarianten $[\boldsymbol{\Gamma}^{(E)}]$ und $[\boldsymbol{\Gamma}^{(H)}]$ eine einfache Beziehung. Man erhält sie leicht, wenn man berücksichtigt, daß die Invarianten von $\boldsymbol{\Gamma}^{(E)}\boldsymbol{\epsilon}^{-1}$ und $\boldsymbol{\Gamma}^{(H)}\,\boldsymbol{\mu}^{-1}$ übereinstimmen, speziell

$$(3.4)\qquad \frac{\langle \boldsymbol{\epsilon}\,\overline{\boldsymbol{\Gamma}}^{(E)}\rangle}{|\boldsymbol{\epsilon}|} = [\boldsymbol{\Gamma}^{(E)}\boldsymbol{\epsilon}^{-1}] = [\boldsymbol{\Gamma}^{(H)}\mu^{-1}] = \frac{\langle \boldsymbol{\mu}\,\boldsymbol{\Gamma}^{(H)}\rangle}{|\boldsymbol{\mu}|}.$$

Nach (2.15) läßt sich aber $\overline{\boldsymbol{\Gamma}}$ bei Erfüllung der Dispersionsgleichung durch $[\boldsymbol{\Gamma}]$ und die Projektionsoperatoren $\boldsymbol{\Pi}$ ausdrücken. Aus (3.4) folgt sodann

$$(3.5)\qquad \frac{\bar{\boldsymbol{e}}\,\boldsymbol{\epsilon}\,\boldsymbol{e}}{|\boldsymbol{\epsilon}|}[\boldsymbol{\Gamma}^{(E)}] = \frac{\bar{\boldsymbol{h}}\,\boldsymbol{\mu}\,\boldsymbol{h}}{|\boldsymbol{\mu}|}[\boldsymbol{\Gamma}^{(H)}].$$

Für die zu $\boldsymbol{\Gamma}^{(E,H)}$ komplementären Operatoren erhält man schließlich die Ausdrücke

$$(3.6)\qquad \begin{aligned} \Gamma_{il}^{(E)}(\boldsymbol{k},\omega) = {} & \frac{\boldsymbol{k}\,\boldsymbol{\mu}\,\boldsymbol{k}}{|\boldsymbol{\mu}|}\,k_i\,k_l \\ & + \frac{\omega^2}{|\boldsymbol{\mu}|\,c^2}\{\boldsymbol{k}\,\boldsymbol{\mu}\,\boldsymbol{k}\,((\varepsilon_{pq}\,\mu_{pq} - \langle\boldsymbol{\epsilon}\rangle\,\langle\boldsymbol{\mu}\rangle)\,\delta_{il} + \langle\boldsymbol{\epsilon}\rangle\,\mu_{li} + \langle\boldsymbol{\mu}\rangle\,\varepsilon_{il} \\ & - (\varepsilon_{pl}\,\mu_{pi} + \mu_{lp}\,\varepsilon_{ip})) + \boldsymbol{k}\,\boldsymbol{\mu}^2\boldsymbol{k}\,(\langle\boldsymbol{\epsilon}\rangle\delta_{il} - \varepsilon_{il}) \\ & - (k_p\,\mu_{pq}\,\varepsilon_{rq}\,\mu_{rs}\,k_s)\,\delta_{il} - \langle\boldsymbol{\epsilon}\rangle\,\mu_{lk}\,k_k\,k_j\,\mu_{ji} \\ & + \varepsilon_{pl}\,\mu_{pk}\,k_k\,k_j\,\mu_{ji} + \mu_{lk}\,k_k\,k_j\,\mu_{jp}\,\varepsilon_{ip}\} \\ & + \frac{\omega^4}{c^4}\,\{[\boldsymbol{\epsilon}]\,\delta_{il} - \langle\boldsymbol{\epsilon}\rangle\,\varepsilon_{il} + \varepsilon_{il}^2\}, \\ \Gamma_{il}^{(H)}(\boldsymbol{k},\omega) \leftrightarrow {} & \Gamma_{il}^{(E)}(\boldsymbol{k},\omega), \qquad \boldsymbol{\epsilon}(\omega) \leftrightarrow \boldsymbol{\mu}(\omega). \end{aligned}$$

Einige Teilausdrücke in den voranstehenden Formeln lassen sich etwas einfacher unter Benutzung der inversen Permeabilitätstensoren schreiben, jedoch wollen wir hier keine weiteren Darstellungen dieser Formeln bringen. Manchmal ist es bei speziellen Ausrechnungen der Größen in den Formeln (3.2, 3, 6) vorteilhaft die Darstellungen mit Hilfe der LEVI-CIVITA-Symbole zu benutzen.

Wir spezialisieren jetzt die allgemeinen Formeln auf den Fall optisch einachsiger Medien mit elektrischen und magnetischen Permeabilitätstensoren

[1]) Abhilfe könnte natürlich sofort geschaffen werden, indem man statt (2.2) entweder $D_j = E_i\,\varepsilon_{ij}$ oder $B_j = H_i\,\mu_{ij}$ definieren würde. Für nichtgyrotrope Medien sind ohnehin beide Definitionen identisch. Jedoch besitzt ein solches Vorgehen auch Nachteile.

der Form (2.6). Für die Determinanten aus den Operatoren der Wellengleichungen erhält man

$$
\begin{aligned}
-\frac{c^2}{\omega^2} |\boldsymbol{\mu}| \, |\boldsymbol{\Gamma}^{(E)}(\boldsymbol{k}, \omega)| &= -\frac{c^2}{\omega^2} |\boldsymbol{\epsilon}| \, |\boldsymbol{\Gamma}^{(H)}(\boldsymbol{k}, \omega)| \\
&= \left(\boldsymbol{k}\,\boldsymbol{\epsilon}\,\boldsymbol{k} - \frac{\omega^2}{c^2} \mu^o \varepsilon^o \varepsilon^e\right)\left(\boldsymbol{k}\,\boldsymbol{\mu}\,\boldsymbol{k} - \frac{\omega^2}{c^2} \varepsilon^o \mu^o \mu^e\right), \qquad (3.7)\\
\boldsymbol{k}\,\boldsymbol{\epsilon}\,\boldsymbol{k} &= \varepsilon^o (\boldsymbol{k}^2 - (\boldsymbol{k}\,\mathbf{c})^2) + \varepsilon^e (\boldsymbol{k}\,\mathbf{c})^2, \\
\boldsymbol{k}\,\boldsymbol{\mu}\,\boldsymbol{k} &= \mu^o (\boldsymbol{k}^2 - (\boldsymbol{k}\,\mathbf{c})^2) + \mu^e (\boldsymbol{k}\,\mathbf{c})^2
\end{aligned}
$$

und für die zweiten Invarianten

$$
\begin{aligned}
|\boldsymbol{\mu}| \, [\boldsymbol{\Gamma}^{(E)}(\boldsymbol{k}, \omega)] &= \left(\boldsymbol{k}\,\boldsymbol{\mu}\,\boldsymbol{k} - \frac{\omega^2}{c^2} \varepsilon^o \mu^o \mu^e\right)\left(\boldsymbol{k}^2 - \frac{\omega^2}{c^2} \mu^o (2\varepsilon^e + \varepsilon^o)\right) \\
&\quad + \frac{\omega^2}{c^2} \mu^o (\varepsilon^e \mu^o - \mu^e \varepsilon^o)(\boldsymbol{k}^2 - (\boldsymbol{k}\mathbf{c})^2), \qquad (3.8)\\
|\boldsymbol{\epsilon}| \, [\boldsymbol{\Gamma}^{(H)}(\boldsymbol{k}, \omega)] &= \left(\boldsymbol{k}\,\boldsymbol{\epsilon}\,\boldsymbol{k} - \frac{\omega^2}{c^2} \mu^o \varepsilon^o \varepsilon^e\right)\left(\boldsymbol{k}^2 - \frac{\omega^2}{c^2} \varepsilon^o (2\mu^e + \mu^o)\right) \\
&\quad + \frac{\omega^2}{c^2} \varepsilon^o (\mu^e \varepsilon^o - \varepsilon^e \mu^o)(\boldsymbol{k}^2 - (\boldsymbol{k}\mathbf{c})^2)^2.
\end{aligned}
$$

Schließlich ergibt sich für die zu $\boldsymbol{\Gamma}^{(E,H)}(\boldsymbol{k}, \omega)$ komplementären Operatoren

$$
\begin{aligned}
|\boldsymbol{\mu}| \, \Gamma_{jk}^{(E)}(\boldsymbol{k}, \omega) &= \left(\boldsymbol{k}\,\boldsymbol{\mu}\,\boldsymbol{k} - \frac{\omega^2}{c^2} \varepsilon^o \mu^o \mu^e\right)\left(k_j k_k - \frac{\omega^2}{c^2} \mu^o \varepsilon^o \varepsilon^e \varepsilon_{jk}^{-1}\right) \\
&\quad + \frac{\omega^2}{c^2} \mu^o (\varepsilon^e \mu^o - \mu^e \varepsilon^o)[\boldsymbol{k}, \mathbf{c}]_j [\boldsymbol{k}, \mathbf{c}]_k, \qquad (3.9)\\
|\boldsymbol{\epsilon}| \, \Gamma_{jk}^{(H)}(\boldsymbol{k}, \omega) &= \left(\boldsymbol{k}\,\boldsymbol{\epsilon}\,\boldsymbol{k} - \frac{\omega^2}{c^2} \mu^o \varepsilon^o \varepsilon^e\right)\left(k_j k_k - \frac{\omega^2}{c^2} \varepsilon^o \mu^o \mu^e \mu_{jk}^{-1}\right) \\
&\quad + \frac{\omega^2}{c^2} \varepsilon^o (\mu^e \varepsilon^o - \varepsilon^e \mu^o)[\boldsymbol{k}, \mathbf{c}]_j [\boldsymbol{k}, \mathbf{c}]_k.
\end{aligned}
$$

Bildet man auf beiden Seiten der Formeln (3.9) die Spur, so erhält man die Beziehungen (3.8) zurück, denn es ist ganz allgemein $\langle \overline{\boldsymbol{\Gamma}} \rangle = [\boldsymbol{\Gamma}]$. Aus (3.7) und (3.9) findet man nach der Formel (2.11) für die Fourier-Komponenten der Greenschen Tensoren

$$
\begin{aligned}
\tilde{G}_{jk}^{(E)}(\boldsymbol{k}, \omega) = 4\pi \Bigg\{ \frac{1}{\mu^o} (\boldsymbol{k}^2 \delta_{jk} - k_j k_k) + \left(\frac{1}{\mu^e} - \frac{1}{\mu^o}\right) [\boldsymbol{k}, \mathbf{c}]_j [\boldsymbol{k}, \mathbf{c}]_k \\
- \frac{\omega^2}{c^2} (\varepsilon^o \delta_{jk} + (\varepsilon^e - \varepsilon^o) c_j c_k) \Bigg\}^{-1}
\end{aligned}
$$

$$= 4\pi \left\{ \frac{\mu^o (\varepsilon^e \delta_{jk} - (\varepsilon^e - \varepsilon^o) c_j c_k) - \frac{c^2}{\omega^2} k_j k_k}{\boldsymbol{k} \boldsymbol{\epsilon} \boldsymbol{k} - \frac{\omega^2}{c^2} \mu^o \varepsilon^o \varepsilon^e} \right.$$

$$\left. - \frac{\mu^o (\varepsilon^e \mu^o - \mu^e \varepsilon^o) [\boldsymbol{k}, \boldsymbol{c}]_j [\boldsymbol{k}, \boldsymbol{c}]_k}{\left(\boldsymbol{k} \boldsymbol{\epsilon} \boldsymbol{k} - \frac{\omega^2}{c^2} \mu^o \varepsilon^o \varepsilon^e\right)\left(\boldsymbol{k} \boldsymbol{\mu} \boldsymbol{k} - \frac{\omega^2}{c^2} \varepsilon^o \mu^o \mu^e\right)} \right\},$$

(3.10) $$\tilde{G}_{jk}^{(H)}(\boldsymbol{k}, \omega) = 4\pi \left\{ \frac{1}{\varepsilon^o} (\boldsymbol{k}^2 \delta_{jk} - k_j k_k) + \left(\frac{1}{\varepsilon^e} - \frac{1}{\varepsilon^o}\right) [\boldsymbol{k}, \boldsymbol{c}]_j [\boldsymbol{k}, \boldsymbol{c}]_k \right.$$

$$\left. - \frac{\omega^2}{c^2} (\mu^o \delta_{jk} + (\mu^e - \mu^o) c_j c_k) \right\}^{-1}$$

$$= 4\pi \left\{ \frac{\varepsilon^o (\mu^e \delta_{jk} - (\mu^e - \mu^o) c_j c_k) - \frac{c^2}{\omega^2} k_j k_k}{\boldsymbol{k} \boldsymbol{\mu} \boldsymbol{k} - \frac{\omega^2}{c^2} \varepsilon^o \mu^o \mu^e} \right.$$

$$\left. - \frac{\varepsilon^o (\mu^e \varepsilon^o - \varepsilon^e \mu^o) [\boldsymbol{k}, \boldsymbol{c}]_j [\boldsymbol{k}, \boldsymbol{c}]_k}{\left(\boldsymbol{k} \boldsymbol{\mu} \boldsymbol{k} - \frac{\omega^2}{c^2} \varepsilon^o \mu^o \mu^e\right)\left(\boldsymbol{k} \boldsymbol{\epsilon} \boldsymbol{k} - \frac{\omega^2}{c^2} \mu^o \varepsilon^o \varepsilon^e\right)} \right\}.$$

Die Berechnung der GREENschen Tensoren aus den FOURIER-Komponenten führen wir im nächsten Abschnitt durch. Im vorliegenden Abschnitt wollen wir noch kurz ebene monochromatische Wellen in optisch einachsigen elektrisch und magnetisch anisotropen Medien betrachten, da hierzu alle Hilfsmittel schon zusammengestellt wurden.

Die Dispersionsgleichung, die im allgemeinen eine Fläche 4. Ordnung im $\boldsymbol{k}$-Raum darstellt, zerfällt hier nach (3.7) in 2 Flächen 2. Ordnung (Rotationsellipsoide um die optische Achse), die sich in Richtung der optischen Achse berühren (Abb. 1).

1. TE-Wellen:

(3.11) $$\boldsymbol{k} \boldsymbol{\mu} \boldsymbol{k} = \frac{\omega^2}{c^2} \varepsilon^o \mu^o \mu^e$$

2. TH-Wellen:

(3.12) $$\boldsymbol{k} \boldsymbol{\epsilon} \boldsymbol{k} = \frac{\omega^2}{c^2} \mu^o \varepsilon^o \varepsilon^e.$$

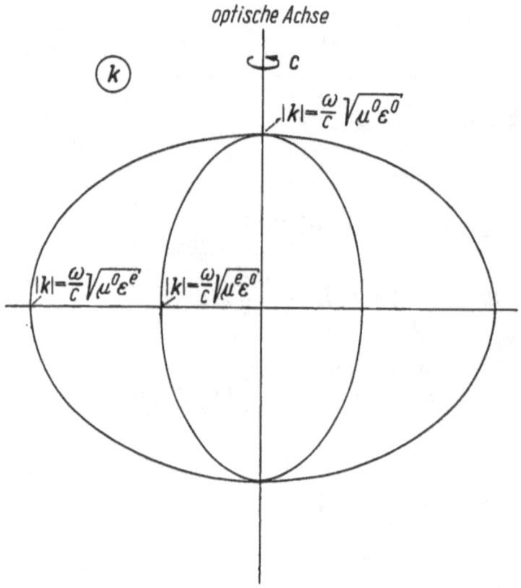

Abb. 1. Schnitt durch die Dispersionsfläche im $\boldsymbol{k}$-Raum mit der optischen Achse in der Zeichenebene für Permeabilitätstensoren der Form (2.6); prinzipiell sind alle 4 Kombinationsmöglichkeiten von abgeplatteten und verlängerten Rotationsellipsoiden möglich; der Einheitsvektor $\boldsymbol{c}$ kann sowohl als axialer als auch als polarer Vektor gewählt werden (axial scheint uns für Zwecke der Verallgemeinerungen wesentlich günstiger); in sämtlichen Formeln unserer Arbeit kommt $\boldsymbol{c}$ nur quadratisch vor $(c_i\, c_j)$

Für die Projektionsoperatoren ergibt sich aus (3.8, 9)

$$\Pi_{ij}^{(H)} = \frac{((\boldsymbol{k}\,\boldsymbol{\mu}\,\boldsymbol{k})\,c_i - (\boldsymbol{k}\,\boldsymbol{\mu}\,\boldsymbol{c})\,k_i)\;((\boldsymbol{k}\,\boldsymbol{\mu}\,\boldsymbol{k})\,c_j - (\boldsymbol{k}\,\boldsymbol{\mu}\,\boldsymbol{c})\,k_j)}{((\boldsymbol{k}\,\boldsymbol{\mu}\,\boldsymbol{k})\boldsymbol{c} - (\boldsymbol{k}\,\boldsymbol{\mu}\,\boldsymbol{c})\,\boldsymbol{k})^2} \tag{3.13}$$

$$\Pi_{ij}^{(E)} = \frac{((\boldsymbol{k}\,\boldsymbol{\epsilon}\,\boldsymbol{k})\,c_i - (\boldsymbol{k}\,\boldsymbol{\epsilon}\,\boldsymbol{c})\,k_i)\;((\boldsymbol{k}\,\boldsymbol{\epsilon}\,\boldsymbol{k})\,c_j - (\boldsymbol{k}\,\boldsymbol{\epsilon}\,\boldsymbol{c})\,k_j)}{((\boldsymbol{k}\,\boldsymbol{\epsilon}\,\boldsymbol{k})\,\boldsymbol{c} - (\boldsymbol{k}\,\boldsymbol{\epsilon}\,\boldsymbol{c})\,\boldsymbol{k})^2}. \tag{3.14}$$

Die Transversalität des elektrischen (TE) bzw. magnetischen Feldes (TH) sind charakteristische Merkmale der beiden Wellenarten mit Ausnahme der Fälle $\varepsilon^e = \varepsilon^0$ oder $\mu^e = \mu^0$.

4. Berechnung der Greenschen Tensoren aus den Fourier-Komponenten

Die Berechnung der Fourier-Integrale gemäß (2.9) oder (2.12) mit der speziellen Bedeutung der Fourier-Komponenten (3.10) kann weitgehend analog zur Methode in unserer Arbeit [4] erfolgen. Bei reellen Tensoren $\boldsymbol{\epsilon}(\omega)$ und $\boldsymbol{\mu}(\omega)$ besitzen die Fourier-Komponenten Singularitäten im Integrationsgebiet und das Ergebnis der Integration hängt davon ab, in welcher Weise man den Beitrag dieser Singularitäten berücksichtigt. Fordert man aber, daß die Greenschen Tensoren kausale Ausstrahlungen beschreiben, so müssen sie nach Rücktransformation ins Zeitbild retardierte Funktionen ergeben. Äquivalent dazu scheint die zumindest zeitweilige Annahme schwacher Absorption und damit positiver Imaginärteile von ε^0, ε^e, μ^0 und μ^e zu sein. Dadurch werden die Singularitäten aus dem reellen Integrationsgebiet in ein entsprechend komplexes Gebiet verlegt und die Ausführung der Integrationen wird eindeutig. Später kann man dann wegen der Analytizität der Ergebnisse zum Grenzfall verschwindender Absorption übergehen. Die Berechnung des FOURIER-Integrals von den beiden ersten Summanden in (3.10) kann nach der für beliebige symmetrische Operatoren $\boldsymbol{A}$ als gültig erkannten Formel

$$\frac{1}{2\pi^2}\int d^3k\,\frac{e^{i\boldsymbol{k}\boldsymbol{x}}}{\boldsymbol{k}\boldsymbol{A}\boldsymbol{k}-k_0^2}=\frac{1}{\sqrt{|\boldsymbol{A}|}}\,\frac{e^{ik_0\sqrt{\boldsymbol{x}\boldsymbol{A}^{-1}\boldsymbol{x}}}}{\sqrt{\boldsymbol{x}\boldsymbol{A}^{-1}\boldsymbol{x}}} \tag{4.1}$$

erfolgen. Die zweiten Summanden in (3.10) spaltet man zunächst in 2 Teile auf, folgendermaßen:

$$\begin{aligned}&\frac{(\varepsilon^e\mu^o-\mu^e\varepsilon^o)\,[\boldsymbol{k},\boldsymbol{c}]_j\,[\boldsymbol{k},\boldsymbol{c}]_k}{\left(\boldsymbol{k}\,\boldsymbol{\epsilon}\,\boldsymbol{k}-\frac{\omega^2}{c^2}\mu^o\varepsilon^o\varepsilon^e\right)\left(\boldsymbol{k}\,\boldsymbol{\mu}\,\boldsymbol{k}-\frac{\omega^2}{c^2}\varepsilon^o\mu^o\mu^e\right)}\\&=\left\{\frac{\varepsilon^e}{\boldsymbol{k}\,\boldsymbol{\epsilon}\,\boldsymbol{k}-\frac{\omega^2}{c^2}\mu^o\varepsilon^o\varepsilon^e}-\frac{\mu^e}{\boldsymbol{k}\,\boldsymbol{\mu}\,\boldsymbol{k}-\frac{\omega^2}{c^2}\varepsilon^o\mu^o\mu^e}\right\}\frac{[\boldsymbol{k},\boldsymbol{c}]_j\,[\boldsymbol{k},\boldsymbol{c}]_k}{[\boldsymbol{k},\boldsymbol{c}]^2}.\end{aligned} \tag{4.2}$$

Zur Ausführung des FOURIER-Integrales über den Ausdruck (4.2) eignen sich rotationssymmetrische Koordinaten um die optische Achse. Es sei

$$\boldsymbol{k}=k_\varrho\,(\cos\Phi\,\boldsymbol{a}+\sin\Phi\,\boldsymbol{b})+k_z\boldsymbol{c}$$

und

$$\boldsymbol{x}=\varrho\,(\cos\varphi\,\boldsymbol{a}+\sin\varphi\,\boldsymbol{b})+z\,\boldsymbol{c}.$$

Zunächst wird die Integration über den Winkel Φ um die optische Achse ausgeführt, wobei man erhält

$$\begin{aligned}&\int_0^{2\pi}d\Phi\,e^{ik_\varrho\varrho\cos(\Phi-\varphi)}\,\frac{[\boldsymbol{k},\boldsymbol{c}]_j\,[\boldsymbol{k},\boldsymbol{c}]_k}{[\boldsymbol{k},\boldsymbol{c}]^2}\\&=2\pi\left\{J_0(k_\varrho\varrho)\frac{[\boldsymbol{x},\boldsymbol{c}]_j\,[\boldsymbol{x},\boldsymbol{c}]_k}{[\boldsymbol{x},\boldsymbol{c}]^2}+\frac{J_1(k_\varrho\varrho)}{k_\varrho\varrho}\,\frac{[\boldsymbol{c},[\boldsymbol{x},\boldsymbol{c}]]_j\,[\boldsymbol{c},[\boldsymbol{x},\boldsymbol{c}]]_k-[\boldsymbol{x},\boldsymbol{c}]_j\,[\boldsymbol{x},\boldsymbol{c}]_k}{[\boldsymbol{x},\boldsymbol{c}]^2}\right\}.\end{aligned} \tag{4.3}$$

Damit wurde schon die tensorielle Abhängigkeit der transformierten Größe erhalten, denn diese wird durch die weiteren Integrationen nicht mehr geändert. Auf beiden Seiten von (4.3) stehen nur Tensoren in der Ebene senkrecht zur optischen Achse. Die Spur des Tensors vom 2. Summanden auf der rechten Seite von (4.3) verschwindet. Bildet man auf beiden Seiten von (4.3) die Spur, so erhält man eine sehr bekannte Formel. Die restlichen Integrationen gelingen sowohl in Zylinder- als auch in Kugelkoordinaten (nach passender Dehnung bzw. Stauchung der k_z-Koordinate), wobei in [4] letzterer Weg gegangen wurde.

Für die GREENschen Tensoren optisch einachsiger elektrischer und magnetischer Medien ergibt sich schließlich

$$G_{jk}^{(E)}(\boldsymbol{x}, \omega) = \frac{1}{\sqrt{(\varepsilon^o)^2 \varepsilon^e}} \left(\mu^o \varepsilon^o e^e \varepsilon_{jk}^{-1} - \mu^o \varepsilon^e \frac{[\boldsymbol{x}, \boldsymbol{c}]_j [\boldsymbol{x}, \boldsymbol{c}]_k}{[\boldsymbol{x}, \boldsymbol{c}]^2} + \frac{c^2}{\omega^2} \nabla_j \nabla_k \right)$$

$$\times \frac{\exp\left(i \frac{\omega}{c} \sqrt{\mu^o \varepsilon^o \varepsilon^e \, \boldsymbol{x} \, \boldsymbol{\epsilon}^{-1} \boldsymbol{x}} \right)}{\sqrt{\boldsymbol{x} \, \boldsymbol{\epsilon}^{-1} \boldsymbol{x}}}$$

$$+ \sqrt{\mu^e} \frac{[\boldsymbol{x}, \boldsymbol{c}]_j [\boldsymbol{x}, \boldsymbol{c}]_k}{[\boldsymbol{x}, \boldsymbol{c}]^2} \frac{\exp\left(i \frac{\omega}{c} \sqrt{\varepsilon^o \mu^o \mu^e \, \boldsymbol{x} \, \boldsymbol{\mu}^{-1} \boldsymbol{x}} \right)}{\sqrt{\boldsymbol{x} \, \boldsymbol{\mu}^{-1} \boldsymbol{x}}}$$

$$- \sqrt{\frac{\mu^o}{\varepsilon^o}} \frac{[\boldsymbol{c}, [\boldsymbol{x}, \boldsymbol{c}]]_j [\boldsymbol{c}, [\boldsymbol{x}, \boldsymbol{c}]]_k - [\boldsymbol{x}, \boldsymbol{c}]_j [\boldsymbol{x}, \boldsymbol{c}]_k}{[\boldsymbol{x}, \boldsymbol{c}]^2}$$

$$\times \frac{\exp\left(i \frac{\omega}{c} \sqrt{\mu^o \varepsilon^o \varepsilon^e \, \boldsymbol{x} \, \boldsymbol{\epsilon}^{-1} \boldsymbol{x}} \right) - \exp\left(i \frac{\omega}{c} \sqrt{\varepsilon^o \mu^o \mu^e \, \boldsymbol{x} \boldsymbol{\mu}^{-1} \boldsymbol{x}} \right)}{i \frac{\omega}{c} [\boldsymbol{x}, \boldsymbol{c}]^2},$$

$$G_{jk}^{(H)}(\boldsymbol{x}, \omega) = \frac{1}{\sqrt{(\mu^o)^2 \mu^e}} \left(\varepsilon^o \mu^o \mu^e \mu_{jk}^{-1} - \varepsilon^o \mu^e \frac{[\boldsymbol{x}, \boldsymbol{c}]_j [\boldsymbol{x}, \boldsymbol{c}]_k}{[\boldsymbol{x}, \boldsymbol{c}]^2} + \frac{c^2}{\omega^2} \nabla_j \nabla_k \right) \tag{4.4}$$

$$\times \frac{\exp\left(i \frac{\omega}{c} \sqrt{\varepsilon^o \mu^o \mu^e \, \boldsymbol{x} \boldsymbol{\mu}^{-1} \boldsymbol{x}} \right)}{\sqrt{\boldsymbol{x} \, \boldsymbol{\mu}^{-1} \boldsymbol{x}}}$$

$$+ \sqrt{\varepsilon^e} \frac{[\boldsymbol{x}, \boldsymbol{c}]_j (\boldsymbol{x}, \boldsymbol{c}]_k}{[\boldsymbol{x}, \boldsymbol{c}]^2} \frac{\exp\left(i \frac{\omega}{c} \sqrt{\mu^o \varepsilon^o \varepsilon^e \, \boldsymbol{x} \, \boldsymbol{\epsilon}^{-1} \boldsymbol{x}} \right)}{\sqrt{\boldsymbol{x} \, \boldsymbol{\epsilon}^{-1} \boldsymbol{x}}}$$

$$- \sqrt{\frac{\varepsilon^o}{\mu^o}} \frac{[\boldsymbol{c}, [\boldsymbol{x}, \boldsymbol{c}]]_j [\boldsymbol{c}, [\boldsymbol{x}, \boldsymbol{c}]]_k - [\boldsymbol{x}, \boldsymbol{c}]_j [\boldsymbol{x}, \boldsymbol{c}]_k}{[\boldsymbol{x}, \boldsymbol{c}]^2}$$

$$\times \frac{\exp\left(i \frac{\omega}{c} \sqrt{\varepsilon^o \mu^o \mu^e \, \boldsymbol{x} \, \boldsymbol{\mu}^{-1} \boldsymbol{x}} \right) - \exp\left(i \frac{\omega}{c} \sqrt{\mu^o \varepsilon^o \varepsilon^e \, \boldsymbol{x} \boldsymbol{\epsilon}^{-1} \boldsymbol{x}} \right)}{i \frac{\omega}{c} [\boldsymbol{x}, \boldsymbol{c}]^2}.$$

Die „Interferenzterme" in (4.4) lassen sich auch noch in folgender Weise umformen

$$\frac{\exp\left(i\frac{\omega}{c}\sqrt{\mu^0\varepsilon^0\varepsilon^e\,\boldsymbol{x}\,\boldsymbol{\epsilon}^{-1}\boldsymbol{x}}\right)-\exp\left(i\frac{\omega}{c}\sqrt{\varepsilon^0\mu^0\mu^e\,\boldsymbol{x}\,\boldsymbol{\mu}^{-1}\boldsymbol{x}}\right)}{i\frac{\omega}{c}\,[\boldsymbol{x},\mathbf{c}]^2}=(\varepsilon^e\mu^0-\mu^e\varepsilon^0)$$

$$(4.5)\qquad \times\frac{\exp\left(i\frac{\omega}{2c}\sqrt{\mu^0\varepsilon^0}\left(\sqrt{\varepsilon^e\,\boldsymbol{x}\,\boldsymbol{\epsilon}^{-1}\boldsymbol{x}}+\sqrt{\mu^e\boldsymbol{x}\,\boldsymbol{\mu}^{-1}\boldsymbol{x}}\right)\right)}{\sqrt{\mu^0\varepsilon^0}\left(\sqrt{\varepsilon^e\,\boldsymbol{x}\,\boldsymbol{\epsilon}^{-1}\boldsymbol{x}}+\sqrt{\mu^e\,\boldsymbol{x}\,\boldsymbol{\mu}^{-1}\boldsymbol{x}}\right)}$$

$$\times\frac{\sin\frac{\omega}{2c}\sqrt{\mu^0\varepsilon^0}\left(\sqrt{\varepsilon^e\,\boldsymbol{x}\,\boldsymbol{\epsilon}^{-1}\boldsymbol{x}}-\sqrt{\mu^e\,\boldsymbol{x}\,\boldsymbol{\mu}^{-1}\boldsymbol{x}}\right)}{\frac{\omega}{2c}\sqrt{\mu^0\varepsilon^0}\left(\sqrt{\varepsilon^e\,\boldsymbol{x}\,\boldsymbol{\epsilon}^{-1}\boldsymbol{x}}-\sqrt{\mu^e\,\boldsymbol{x}\,\boldsymbol{\mu}^{-1}\boldsymbol{x}}\right)}.$$

Hierin läßt sich auch leicht der Grenzübergang für Ortsvektoren in Richtung der optische Achse durchführen.
Man prüft leicht nach, daß die Formeln (4.4) für unmagnetische Medien in die Formeln (3.16) in 4 übergehen.

5. Grenzfälle und Spezialfälle

Aus (4.4) ergibt sich für die Fernzone

$$\left(\frac{\omega}{c}\sqrt{\mu^0\varepsilon^0\varepsilon^e\,\boldsymbol{x}\,\boldsymbol{\epsilon}^{-1}\boldsymbol{x}}\gg 1,\ \frac{\omega}{c}\sqrt{\varepsilon^0\mu^0\mu^e\,\boldsymbol{x}\,\boldsymbol{\mu}^{-1}\boldsymbol{x}}\gg 1\right)$$

$$(5.1)\qquad \begin{aligned} G_{jk}^{(E)}(\boldsymbol{x},\omega) &= \exp\left(i\frac{\omega}{c}\sqrt{\mu^0\varepsilon^0\varepsilon^e\,\boldsymbol{x}\,\boldsymbol{\epsilon}^{-1}\boldsymbol{x}}\right)\frac{\mu^0\,[\boldsymbol{x},[\boldsymbol{x},\mathbf{c}]]_j\,[\boldsymbol{x},[\boldsymbol{x},\mathbf{c}]]_k}{\varepsilon^0(\varepsilon^e)^{\frac{1}{2}}(\boldsymbol{x}\boldsymbol{\epsilon}^{-1}\boldsymbol{x})^{\frac{3}{2}}\,[\boldsymbol{x},\mathbf{c}]^2} \\ &+\exp\left(i\frac{\omega}{c}\sqrt{\varepsilon^0\mu^0\mu^e\,\boldsymbol{x}\,\boldsymbol{\mu}^{-1}\boldsymbol{x}}\right)\frac{(\mu^e)^{\frac{1}{2}}\,[\boldsymbol{x},\mathbf{c}]_j\,[\boldsymbol{x},\mathbf{c}]_k}{(\boldsymbol{x}\,\boldsymbol{\mu}^{-1}\boldsymbol{x})^{\frac{1}{2}}\,[\boldsymbol{x},\mathbf{c}]^2} \\ &+\text{(Interferenzterm)}, \\ G_{jk}^{(H)}(\boldsymbol{x},\omega) &= \exp\left(i\frac{\omega}{c}\sqrt{\varepsilon^0\mu^0\mu^e\,\boldsymbol{x}\,\boldsymbol{\mu}^{-1}\boldsymbol{x}}\right)\frac{\varepsilon^0\,[\boldsymbol{x},[\boldsymbol{x},\mathbf{c}]]_j\,[\boldsymbol{x},[\boldsymbol{x},\mathbf{c}]]_k}{\mu^0(\mu^e)^{\frac{1}{2}}\,(\boldsymbol{x}\,\boldsymbol{\mu}^{-1}\boldsymbol{x})^{\frac{3}{2}}\,[\boldsymbol{x},\mathbf{c}]^2} \\ &+\exp\left(i\frac{\omega}{c}\sqrt{\mu^0\varepsilon^0\varepsilon^e\,\boldsymbol{x}\,\boldsymbol{\epsilon}^{-1}\boldsymbol{x}}\right)\frac{(\varepsilon^e)^{\frac{1}{2}}[\boldsymbol{x},\mathbf{c}]_j[\boldsymbol{x},\mathbf{c}]_k}{(\boldsymbol{x}\,\boldsymbol{\epsilon}^{-1}\boldsymbol{x})^{\frac{1}{2}}\,[\boldsymbol{x},\mathbf{c}]^2} \\ &+\text{(Interferenzterm)}. \end{aligned}$$

Das Aussehen der Interferenzterme ändert sich nicht im Vergleich zu (4.4), weshalb wir sie nicht explizit in (5.1) aufgeschrieben haben. Für die Nahzone

$\left(\frac{\omega}{c}\sqrt{\mu^o \varepsilon^o \varepsilon^e\, \boldsymbol{x}\, \boldsymbol{\epsilon}^{-1} \boldsymbol{x}} \ll 1,\ \frac{\omega}{c}\sqrt{\varepsilon^o \mu^o \mu^e\, \boldsymbol{x}\, \boldsymbol{\mu}^{-1} \boldsymbol{x}} \ll 1\right.$ erhält man

$$(5.2)\qquad \begin{aligned} G_{jk}^{(E)}(\boldsymbol{x}, \omega) &= \frac{c^2}{\omega^2}\frac{1}{\sqrt{|\boldsymbol{\epsilon}|}}\nabla_j \nabla_k\left(\frac{1}{\sqrt{\boldsymbol{x}\,\boldsymbol{\epsilon}^{-1}\boldsymbol{x}}}\right), \qquad |\boldsymbol{\epsilon}| = (\varepsilon^o)^2 \varepsilon^e;\\ G_{jk}^{(H)}(\boldsymbol{x}, \omega) &= \frac{c^2}{\omega^2}\frac{1}{\sqrt{|\boldsymbol{\mu}|}}\nabla_j \nabla_k\left(\frac{1}{\sqrt{\boldsymbol{x}\boldsymbol{\mu}^{-1}\boldsymbol{x}}}\right), \qquad |\boldsymbol{\mu}| = (\mu^o)^2 \mu^e. \end{aligned}$$

Es ist ferner leicht, Spezialfälle hinsichtlich der Richtung des Ortsvektors in den vorausgegangenen Formeln zu betrachten sowie diese Formeln auf die Fälle unmagnetischer Medien oder nur magnetisch einachsiger aber elektrisch isotroper Medien oder überhaupt isotroper Medien und ähnliche Fälle zu spezialisieren. Ein Spezialfall erscheint uns aber ganz besonders interessant, weil es ein echter Spezialfall elektrisch und magnetisch anisotroper Medien ist, der nicht schon in den früheren Arbeiten über nur in Hinsicht auf den elektrischen Permeabilitätstensor optisch einachsige Medien enthalten ist. Es ist dies der Fall

$$(5.3)\qquad \varepsilon^e \mu^o - \mu^e \varepsilon^o = 0, \quad \rightarrow \frac{\boldsymbol{\epsilon}}{\varepsilon^e} = \frac{\boldsymbol{\mu}}{\mu^e} \equiv \boldsymbol{\eta}.$$

Die Tensorellipsoide von $\boldsymbol{\epsilon}$ und $\boldsymbol{\mu}$ sind in diesem Falle zueinander ähnlich, d. h. besitzen das gleiche Achsenverhältnis. Dieser Fall wird durch keine Kristallsymmetrie erzwungen und stellt in dieser Hinsicht eine zufällige Entartung dar, vergleichbar etwa mit zusätzlichen Symmetrien bei Problemen mit COULOMB-Potential oder dem Potential des harmonischen Oszillators. In den Formeln für die GREENschen Tensoren fallen die Interferenzterme weg und die Ausbreitungsfaktoren werden alle gleich

$$(5.4)\qquad \begin{aligned} G_{jk}^{(E)}(\boldsymbol{x}, \omega) &= \left(\mu^o \eta_{jk}^{-1} + \frac{c^2}{\varepsilon^o \omega^2}\nabla_j \nabla_k\right)\frac{\exp\left(i\frac{\omega}{c}\sqrt{\mu^o \varepsilon^o\, \boldsymbol{x}\, \boldsymbol{\eta}^{-1}\boldsymbol{x}}\right)}{\sqrt{\boldsymbol{x}\, \boldsymbol{\eta}^{-1}\boldsymbol{x}}},\\ G_{jk}^{(H)}(\boldsymbol{x}, \omega) &= \left(\varepsilon^o \eta_{jk}^{-1} + \frac{c^2}{\mu^o \omega^2}\nabla_j \nabla_k\right)\frac{\exp\left(i\frac{\omega}{c}\sqrt{\varepsilon^o \mu^o\, \boldsymbol{x}\, \boldsymbol{\eta}^{-1}\boldsymbol{x}}\right)}{\sqrt{\boldsymbol{x}\, \boldsymbol{\eta}^{-1}\boldsymbol{x}}}. \end{aligned}$$

Der Fall (5.3) besitzt weitgehende Ähnlichkeit mit dem Fall eines isotropen Mediums. Insbesondere wird dies auch aus der Dispersionsgleichung für ebene monochromatische Wellen sichtbar. Die beiden Ellipsoide (3.11) und

(3.12) fallen dann exakt zusammen

$$(5.5)\qquad \boldsymbol{k}\,\boldsymbol{\eta}\,\boldsymbol{k} = \frac{\omega^2}{c^2}\,\varepsilon^o\mu^o,$$

und es besteht ähnlich wie im Falle isotroper Medien zweifache Entartung hinsichtlich der möglichen Polarisationsvektoren. Die zugehörigen Projektionsoperatoren sind

$$(5.6)\qquad \Pi_{ij}^{(E)} = \Pi_{ij}^{(H)} = \delta_{ij} - \frac{\eta_{ik} k_k k_l \eta_{lj}}{\boldsymbol{k}\,\boldsymbol{\eta}^2 \boldsymbol{k}}.$$

Wegen der Frequenzdispersion der Tensoren $\boldsymbol{\varepsilon}(\omega)$ und $\boldsymbol{\mu}(\omega)$ können die Beziehungen (5.3), wenn überhaupt, so nur für bestimmte Frequenzen erfüllt sein und es wäre interessant nach solchen Fällen zu suchen.

Literaturverzeichnis

[1] Bunkin, F. W., JEPT *32*, 338 (1957).
[2] Lugowoi, W. N ., Opt. i spektr. *20*, 996 (1966).
[3] Lugowoi, W. N., Wwedjenige f teoriju wynushdjennowo kombinazionnowo rassejanija, Moskwa 1968.
[4] Wünsche, A., Ann. d. Phys. *25*, 179 (1970).
[5] Wünsche, A., Ann. d. Phys. in Vorbereitung (1972).
[6] Fjodorow, F. I., Optika anisotropnych sred, Minsk 1958.
[7] Fjodorow, F. I., Teorija uprugich woln f kristallach, Moskwa 1965.

Eingegangen: 9. Juni 1971

U. LOHSE, H. STACH und W. SCHIRMER

Zentralinstitut für physikalische Chemie der Dt. Akad. Wiss.

Dielektrische Untersuchungen an synthetischen Zeolithen
VI. Die Systeme NaMgA/H_2O und NaMgA/NH_3

In von uns früher vorgelegten Veröffentlichungen [1] wurden verschiedene Systeme Zeolith/Adsorpt mit Hilfe der Hertz-Spektroskopie charakterisiert und Modellvorstellungen über Adsorptionszentren und Bewegungsvorgänge von Adsorptmolekülen sowie den Zeolithkationen entwickelt. In dieser Arbeit werden die Untersuchungen auf die Systeme NaMgA/H_2O und NaMgA/NH_3 ausgedehnt. Es ergeben sich insbesondere Vergleichsmöglichkeiten zu den von uns untersuchten NaCaA-Zeolithen.

Um aus den makroskopischen Meßgrößen Aussagen über die elementaren Bewegungsvorgänge zu gewinnen, hat es sich als zweckmäßig erwiesen, möglichst viele Kationenformen eines Zeolithtyps zu untersuchen. Wir

haben deshalb auch einen Zeolith mit dreiwertigen Kationen (NaMgCeA) einbezogen.
Dielektrische Messungen an wasserhaltigen NaMgA-Zeolithen liegen von DUBININ und ZHILENKOV sowie Mitarbeitern [2] vor. Sie finden im Vergleich zum NaA-Typ eine Zunahme der Relaxationszeiten und eine Erhöhung der Aktivierungsenergie. Kernspinresonanzuntersuchungen am System MgA-Zeolith/H_2O wurden von MANK u. a. [3] sowie von PFEIFER und SCHIRMER und Mitarbeitern [4] durchgeführt.

Experimentelles

Experimentelle Einzelheiten sind in früheren Arbeiten angeführt [1a]. Die Untersuchungen erstreckten sich auf den Temperaturbereich von – 75 bis 250 °C und auf den Frequenzbereich von 40 Hz bis 10 MHz. Die Analyse der verwendeten Zeolithe ergab die folgenden Zusammensetzungen der Elementarzelle:

NaMgA = $Na_{8,4}Mg_{1,8}$ $[(AlO_2)_{12}(SiO_2)_{12}]$

NaMgCeA = $Na_{6,3}Ce_{0,4}Mg_{2,2}$ $[(AlO_2)_{12}(SiO_2)_{12}]$

Das NH_3 besaß eine Reinheit von 99,9%. Es wurde vor seiner Verwendung dreimal fraktioniert destilliert.

Ergebnisse

In Abb. 1 ist für NaMgA auf der linken Seite die Dielektrizitätskonstante gegen den Wassergehalt des Zeolithhohlraums bei konstanter Temperatur und Frequenz (dielektrische Isotherme) aufgetragen. Man erkennt drei Stufen mit geringer Änderung der Dielektrizitätskonstante sowie drei Bereiche eines starken DK-Anstiegs. Ursache für die großen DK-Inkremente ist die Ausbildung der Dispersionsgebiete D 1, D 2 und D 2*, für welche Absorptionskurven (Verlustfaktor ε'' gegen den Logarithmus der Frequenz f aufgetragen) auf der rechten Seite der Abb. 1 angegeben sind. Die kritische Frequenz der Absorptionskurven (f_{max}) nimmt mit steigendem Wassergehalt zu (Abb. 2). Die Absorptionsmaxima unterscheiden sich stark in ihrer Amplitude ε''_{max} (Abb. 3).
Die Abb. 4 und 5 enthalten die entsprechenden Darstellungen für das System NaMgCeA. Der Verlauf der dielektrischen Isotherme wird wiederum durch die beiden Dispersionsgebiete D 1 und D 2 geprägt.
In Abb. 6 und 7 sind die am System NaMgA/NH_3 gewonnenen Ergebnisse wiedergegeben. Wir beobachten nur ein Dispersionsgebiet und eine entsprechend einfache dielektrische Isotherme.
Die dielektrischen Isothermen können nach der Größe des DK-Inkrements in Bereiche unterteilt werden. Diese Einteilung enthält Tabelle 1.

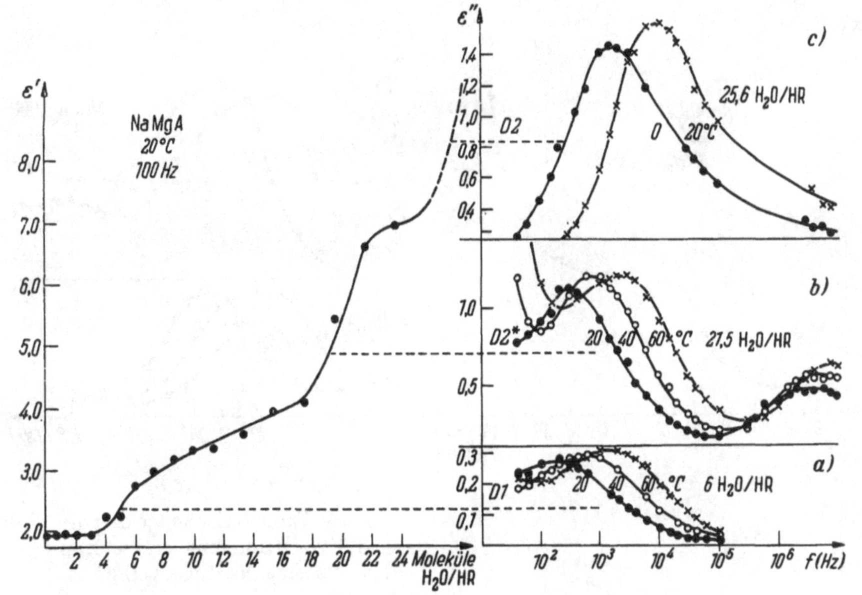

Abb. 1. Dielektrische Isotherme (links) und Absorptionskurven (rechts) des Systems NaMgA/H_2O

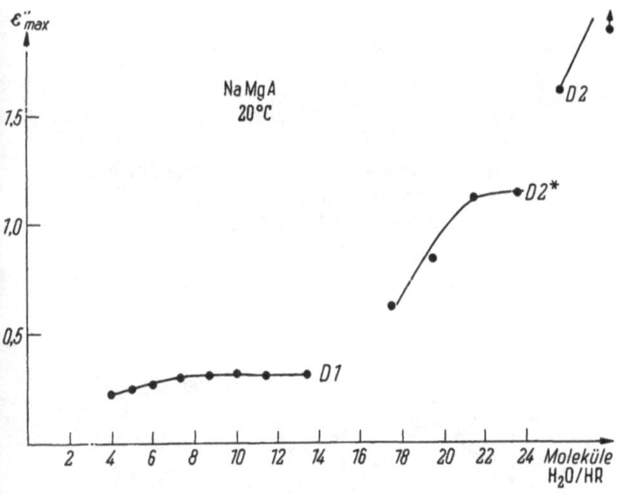

Abb. 3. Amplituden der Verlustmaxima der drei Dispersionsgebiete in Abhängigkeit vom Adsorptgehalt (NaMgA/H_2O)

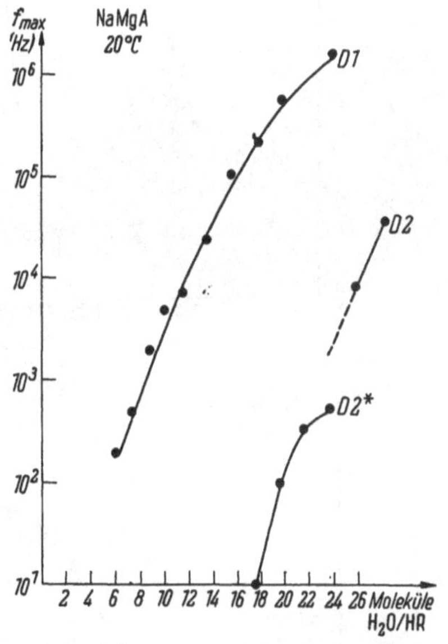

Abb. 2. Abhängigkeit der kritischen Frequenz vom Adsorptgehalt (NaMgA/H_2O)

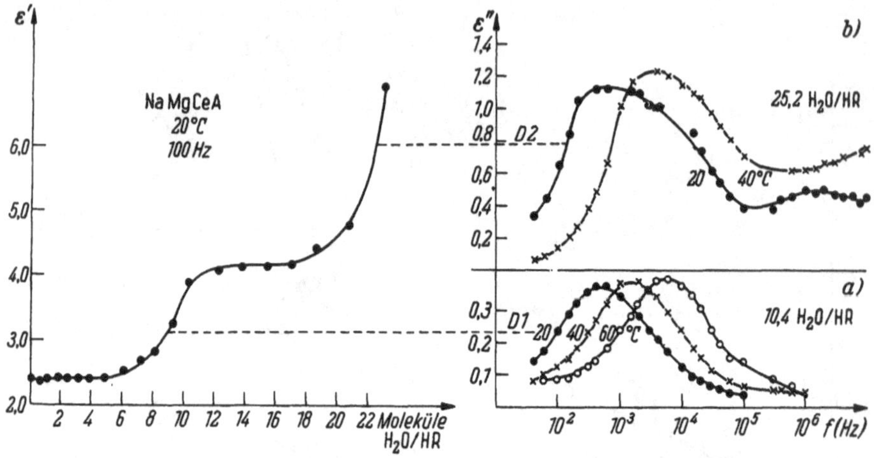

Abb. 4. Dielektrische Isotherme (links) und Absorptionskurven (rechts) des Systems $NaMgCeA/H_2O$

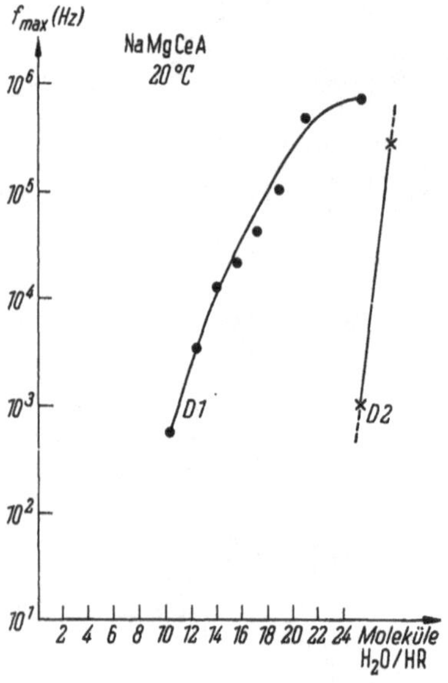

Abb. 5. Abhängigkeit der kritischen Frequenz vom Adsorptgehalt ($NaMgCeA/H_2O$)

Abb. 6. Dielektrische Isotherme (links) und Absorptionskurve (rechts) des Systems $NaMgA/NH_3$

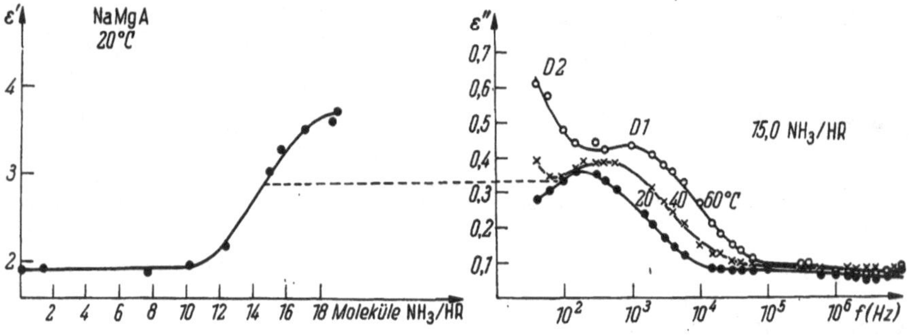

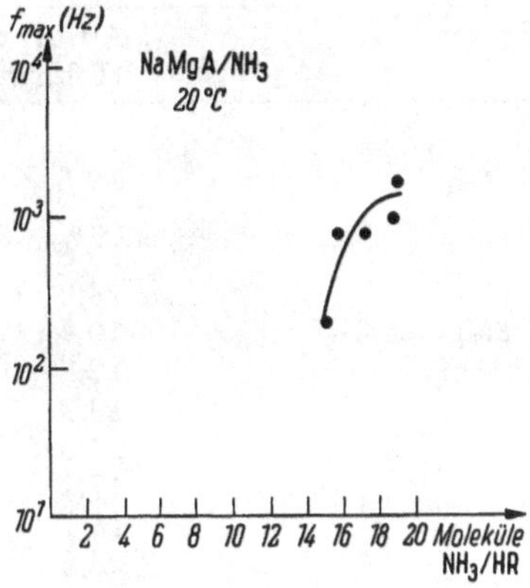

Abb. 7. Abhängigkeit der kritischen Frequenz vom Adsorptgehalt (NaMgA/NH_3)

Tabelle 1. DK-Inkremente, bestimmt aus den dielektrischen Isothermen

System	Bereich	Ausdehnung des Bereiches (Adsorptmoleküle/ Hohlraum)	DK-Änderung pro Adsorptmolekül
NaMgA/H_2O	I	0–3,5	0,02
	II	3,5– 9	0,19
	III	9–17	0,1
	IV	17–22	0,55
	V	22–26	0,15
	VI	> 26	> 1,0
MaMgCeA/H_2O	I	0– 5	0,02
	II	5–11	0,25
	III	11–20	0,06
	IV	> 20	> 1,0
NaMgA/NH_3	I	0–10	0
	II	> 10	0,18

In der Tabelle 2 sind die Aktivierungsenergien für die verschiedenen Dispersionsgebiete zusammengestellt. Sie wurden mit Hilfe der EYRING-Gleichung bestimmt. Der Fehler der Aktivierungsenergie beträgt ± 1 kcal/Mol. Unter Berücksichtigung der Fehlerbreite ist die Aktivierungsenergie unabhängig vom Adsorptgehalt.

Tabelle 2. Aktivierungsenergien

System	Adsorptmoleküle/ Hohlraum	Aktivierungsenergie (kcal/Mol) D 1	D 2	D 2*
NaMgA/H_2O	5,0	7,9		
	6,0	8,7		
	7,3	9,3		
	8,7	8,2		
	10,0	9,6		
	13,4	9,5		
	17,5	7,3		
	19,5	7,9		

System	Adsorptmoleküle/ Hohlraum	Aktivierungsenergie (kcal/Mol) D 1	D 2	D 2*
	23,6	7,9		
	19,5			10,6
	21,5			8,8
	23,6			9,2
	28,0		18,8	
NaMgCeA/H_2O	10,4	10,4		
	12,3	10,8		
	13,9	10,4		
	15,5	10,5		
	17,1	9,8		
	18,7	9,3		
	20,8	10,4		
	27,4		16,6	
NaMgA/NH_3	15,0	6,3		
	15,7	4,6		
	17,1	4,7		
	18,7	4,7		
	19,0	6,6		

Diskussion

Im Radiowellenbereich können langsame Diffusionsvorgänge der Moleküle beobachtet werden. Für ein Adsorptmolekül, das an einer festen Oberfläche fixiert ist, kann der Diffusionsprozeß bestehen in:

a) translatorischer Bewegung
   Wir verstehen darunter einen aktivierten Sprungprozeß zu einem benachbarten unbesetzten Adsorptionsplatz.
b) rotatorischer Bewegung
   Das am Adsorptionszentrum fixierte Molekül kann verschiedene Orientierungen zur Adsorbensstruktur einnehmen. Die Aktivierungsenergie ist kleiner als bei der translatorischen Bewegung.

Ein Diffusionsprozeß ist nur dann durch Messung der dielektrischen Größen verfolgbar, wenn Ladungsträger daran beteiligt sind; die Methode ist auf polare Moleküle beschränkt. Im Prinzip werden die durch Bewegungsvorgänge der Ladungsträger verursachten periodischen Schwankungen des inneren elektrischen Feldes erfaßt. Berücksichtigt man die geringe Konzentration der Adsorptmoleküle im Adsorbatsystem sowie den durch das Adsorbens bewirkten starken Untergrund des dielektrischen Spektrums, so ist plausibel, daß nur solche Bewegungsformen zu beobachten sind, die starke Feldänderungen hervorrufen. Danach ist die Wahrscheinlichkeit der Messung einer rotatorischen Bewegung geringer als einer translatorischen. Tatsächlich ist der Mechanismus einer behinderten Rotation am Adsorptionsplatz nicht mit den hohen Aktivierungsenergien zu vereinbaren, die bei dielektrischen Untersuchungen bestimmt wurden ($\sim$ 10 kcal/Mol).

Beweglichkeiten von Zeolithkationen sind besser zu beobachten, da ein großes Dipolmoment resultiert.

Es fehlt eine Theorie, die auf komplizierte Dielektrika, wie Adsorbatsysteme, anwendbar ist. Feldberechnungen des Zeolithhohlraums wurden für starre Strukturmodelle unter vereinfachenden Annahmen durchgeführt [6, 7].

a) *Das System* $NaMgA/H_2O$

Bereich I: Im Bereich I ist keine Dispersion nachzuweisen. Die ersten vom Zeolithhohlraum aufgenommenen Wassermoleküle sind als an den mehrwertigen Kationen lokalisiert adsorbiert anzusehen. Wir können abschätzen, daß die Verweilzeit am Adsorptionsplatz viel größer sein muß als 10^{-2} sec (Platzwechselfrequenz $\ll 40$ Hz). In Übereinstimmung mit früheren Ergebnissen an den Systemen $NaCaA/H_2O$ und CaA/H_2O [1a] finden wir auch hier, daß jedes zweiwertige Ion zwei Wassermoleküle bindet. Es wäre eine Anordnung nach Abb. 8 denkbar mit koordinativen Bindungen

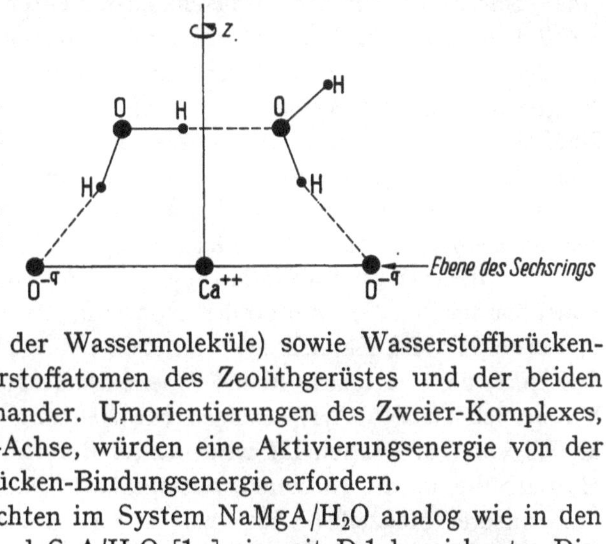

Abb. 8. Modell der Anordnung der Wassermoleküle am mehrwertigen Kation

(Kation-Sauerstoffatome der Wassermoleküle) sowie Wasserstoffbrückenbindungen zu den Sauerstoffatomen des Zeolithgerüstes und der beiden Wassermoleküle untereinander. Umorientierungen des Zweier-Komplexes, z. B. Drehung um die *z*-Achse, würden eine Aktivierungsenergie von der Größe der Wasserstoffbrücken-Bindungsenergie erfordern.

Bereich II: Wir beobachten im System $NaMgA/H_2O$ analog wie in den Systemen $NaCaA/H_2O$ und CaA/H_2O [1a] ein mit D 1 bezeichnetes Dispersionsgebiet. Es zeichnet sich durch folgende Eigenschaften aus:

1. Es bildet sich nach Absättigung der zweiwertigen Kationen mit zwei Wassermolekülen aus.
2. Die Amplitude der Absorptionsmaxima nimmt in einem Bereich von etwa 6 Wassermolekülen zu und bleibt dann konstant bei $\varepsilon''_{max} = 0{,}3$–$0{,}4$.
3. Das DK-Inkrement beträgt im Bereich II 0,2.
4. Die Aktivierungsenergie ist innerhalb der Fehlergrenze konstant und unbeeinflußt von der Gegenwart weiterer Wassermoleküle.

Wir halten die früher entwickelte Hypothese [1a] aufrecht, daß dem Dispersionsgebiet D 1 ein Sprungprozeß der an den großen Fenstern (Sauerstoff-Achtringe) adsorbierten Wassermoleküle auf benachbarte Adsorptionsplätze zugrunde liegt. Zur Begründung sei auf die frühere Argumentation verwiesen. Die sehr ähnlichen experimentellen Befunde an Systemen, die sich bezüglich der Zeolithkationen in Wertigkeit, Ionenradius und Konzentration unterschieden, schließen Bewegungsformen der Kationen als Ursache für das Dispersionsgebiet D 1 aus. Die gemessenen kritischen Frequenzen f_{max} sind Platzwechselfrequenzen. Die Verweilzeiten ergeben sich daraus, daß $\tau = \frac{1}{2\pi f_{max}}$.

Nimmt man eine mittlere Sprunglänge l der Wassermoleküle von 11 Å an (Durchmesser des großen Hohlraums), so ergeben sich für den Diffusionskoeffizienten D nach $l^2 = 6 \cdot D \cdot \tau$ Werte von 10^{-11} bis 10^{-7} cm²/sec in Abhängigkeit vom Wassergehalt. Kernspinresonanzmessungen [8] ergaben für das System 4 A/H_2O und einen Porenausfüllungsgrad $\Theta = 0{,}85$ bei 35 °C einen Schätzwert für den Diffusionskoeffizienten von $D_{intra} \sim 5 \cdot 10^{-7} \ldots 5 \cdot 10^{-6}$ cm²/sec. Für 5 A-Zeolith ist der Diffusionskoeffizient kleiner, eine Abschätzung konnte nicht durchgeführt werden.

Vergleicht man die Aktivierungsenergien der Systeme NaCaA/H_2O und NaMgA/H_2O, so fällt auf, daß die Werte für den NaMgA-Zeolith um durchschnittlich 4 kcal/Mol niedriger liegen als bei NaCaA. Die Adsorptionswärmen der Ammoniakadsorption an den beiden Zeolithen unterscheiden sich im Bereich mittlerer Porenausfüllungsgrade ebenfalls um 2–3 kcal/Mol [9, 10]. Offenbar ist im NaCaA-Typ das Potentialminimum des Wassermoleküls am Fenster zum großen Hohlraum tiefer als bei NaMgA.

Bereich III: Im Bereich III tritt kein neues Dispersionsgebiet auf, das DK-Inkrement ist relativ klein (Tabelle 1). Bereich I und Bereich III verhalten sich ähnlich. Wir schlagen zur Deutung der Ergebnisse folgendes Modell vor: Im Bereich III wird der im Bereich I begonnene Aufbau der Hydrathülle um die Kationen weitergeführt. Der Solvatkomplex ist innerhalb unserer Meßzeit ($< 10^{-2}$ sec) in der Zeolithstruktur fixiert. Translationsbewegungen des Komplexes sowie seiner Komponenten (Kationen und Wassermoleküle) schließen wir aus. Zur Erklärung der geringeren Beweglichkeit der Wassermoleküle des Bereiches III im Vergleich zu Bereich II (bei gleichgroßer Adsorptionswärme für beide Bereiche [11]) nehmen wir eine Gleichverteilung der Bindungsenergie auf alle am Komplex beteiligten Wassermoleküle [1]) an. Die energetische Gleichwertigkeit könnte die Folge von Austauschvorgängen innerhalb der Hydrathülle sein.

[1]) Erhöhung der Wechselwirkungsenergie der Wassermoleküle des Bereiches III auf Kosten der Moleküle des Bereiches I.

Mit steigendem Adsorptgehalt der Zeolithhohlräume werden die Wassermoleküle untereinander über Wasserstoffbrückenbindungen verknüpft. Es entsteht eine Sorptionsstruktur.
Wir haben in unserer ersten Arbeit die Bildung eines pentagonalen Dodekaeders aus Wassermolekülen im Zeolithhohlraum angenommen und vermuten, daß auch beim Zeolithtyp NaMgA eine ähnliche Sorptionsstruktur gebildet wird. In Abb. 9 ist ein Modell des Dodekaeders im Zeolithhohlraum

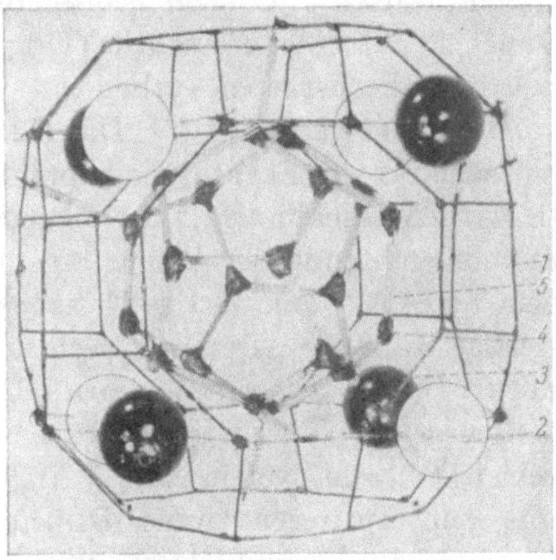

Abb. 9. Modell der Adsorptstruktur
1 Zeolithgerüst
2 Me^{++}-Ionen
3 Me^{+}-Ionen
4 Sauerstoffatome des Wassers
5 Wasserstoffbrückenbindungen

angegeben. Das pentagonale Dodekaeder ist über 6 Wasserstoffbrückenbindungen (Wassermoleküle des Bereiches II) mit den achtgliedrigen Sauerstoffringen des Zeolithgerüstes verknüpft und so orientiert, daß die freien Elektronenpaare von jeweils 2 Sauerstoffatomen zu den mehrwertigen Kationen weisen.
In den Bereichen IV, V und VI treten die Dispersionsgebiete D 2 und D 2* auf.
Bei allen bisher von uns untersuchten Systemen Zeolith/H_2O fanden wir bei großen Porenausfüllungsgraden die Ausbildung eines charakteristischen Dispersionsgebietes D 2.
Die Merkmale dieses Dispersionsgebietes sind:
1. hohes DK-Inkrement (> 1),
2. hoher dielektrischer Verlust ($\varepsilon''_{max} > 1$),
3. hohe Aktivierungsenergien, die in der Größenordnung der Adsorptionswärme des Wassers liegen bzw. diese übersteigen und den radiochemisch bestimmten Aktivierungsenergien der Kationendiffusion [14] entsprechen,
4. starke Abhängigkeit der kritischen Frequenz f_{max} vom Wassergehalt,
5. Abhängigkeit des Gesamtverhaltens von Wertigkeit und Position der Kationen.

Insbesondere wegen der Punkte 3 und 5 möchten wir das Dispersionsgebiet D 2 entsprechend den früheren Angaben mit einem Diffusionsprozeß der hydratisierten Kationen deuten. Für hydratisierte A-Zeolithe wurden gegenüber der wasserfreien Form röntgenographisch Positionsverschiebungen der Kationen nachgewiesen [12].

Dem Dispersionsgebiet D 2 ist im System NaMgA/H_2O ein weiteres Dispersionsgebiet D 2* vorgelagert. Dies stellt eine Besonderheit dar, die im System NaCaA/H_2O nicht beobachtet wurde.

In der Struktur der A-Zeolithe sind pro Hohlraum 8 Kationenplätze in den Sauerstoff-Sechsringen vorhanden. Weitere Kationen können im großen Hohlraum Platz finden [5]. Die Koordinaten der letzteren in der Raumnetzstruktur des Zeoliths sind röntgenographisch nicht genau festzulegen; sie werden deshalb als „nicht lokalisierte" Kationen bezeichnet. Nach der Zusammensetzung der Elementarzelle steht der Zeolith NaMgA zwischen dem Typ 4 A (12 einwertige Kationen) und dem 5 A (mindestens vier zweiwertige Kationen). Dementsprechend finden wir die für den Typ 5 A charakteristischen Dispersionsgebiete D 1 und D 2 und außerdem das Dispersionsgebiet D 2*, was bezüglich seiner Frequenzlage dem Dispersionsgebiet D 2 beim System NaA (4 A)/H_2O entspricht [1b].

Aus dem Auftreten zweier Dispersionsgebiete in einem Bereich hohen Wassergehalts schlußfolgern wir, daß zwei unabhängige Bewegungsmechanismen der hydratisierten Kationen vorliegen. Für D 2* finden wir verglichen mit D 2 eine kleinere Aktivierungsenergie und eine höhere kritische Frequenz, d. h. eine größere Beweglichkeit der Ladungsträger. Die Dispersion D 2* wird wahrscheinlich durch die nicht lokalisierten Na^+-Ionen, möglicherweise auch unter Beteiligung der Na^+-Ionen, die sich ursprünglich auf 6-Ring-Positionen befanden, bewirkt. An der Dispersion D 2 sollten alle Kationen (ein- und zweiwertige) beteiligt sein, denn in der Nähe des Porenausfüllungsgrades 1 wird D 2* von D 2 überlagert.

b) *Das System* NaMgCeA/H_2O

verhält sich ähnlich wie NaMgA/H_2O (Abb. 1 und 4). Das Dispersionsgebiet D 3 fehlt, da die Konzentration der nicht lokalisierten Kationen offenbar zu gering ist. Der geringe Gehalt an dreiwertigen Ce-Ionen führt zu keinen Besonderheiten im dielektrischen Verhalten.

c) *Das System* NaMgA/NH_3

Wir beobachten ein Dispersionsgebiet vom Typ D 1. Aus dem Vergleich mit Wasser folgt, daß bei gleicher Konzentration an Adsorptmolekülen das Ammoniakmolekül weniger beweglich ist als das Wassermolekül

$$(f_{\max(H_2O)} > f_{\max(NH_3)}).$$

Dies bestätigt die beobachteten kinetischen Hemmungen [10] bei der Ammoniakadsorption.
Ammoniak erhöht die Beweglichkeit der Zeolithkationen schwächer als Wasser. Das Dispersionsgebiet D 2 liegt bei tiefen Frequenzen und kann auch bei hohem NH_3-Gehalt (Abb. 6) nicht vollständig vermessen werden.

Literaturverzeichnis

[1a, b] Lohse, U., H. Stach, M. Hollnagel und W. Schirmer, Z. phys. Chem. *246*, 91 (1971).
[c, d] Lohse, U., H. Stach, M. Hollnagel und W. Schirmer, Mber. Dt. Akad Wiss. *12*, 819, 828 (1970).
[e] Lohse, U., K.-H. Sichhart, A. Grossmann, H. Stach und W. Schirmer, Mber. Dt. Akad. Wiss. *13*, 122 (1971).
[2] Glazun, B. A., M. M. Dubinin, I. V. Zhilenkov und M. F. Rakitjanskaja, Izv. Akad. Nauk SSSR, Ser. Khim. 1193 (1967).
Glazun, B. A., I. V. Zhilenkov und M. F. Rakitjanskaja, Izv. Akad. Nauk SSSR, Ser. Khim 2397 (1969).
[3] Mank, V. V., I. V. Matjas, M. A. Pionkovskaja, U. E. Nejmark und R. S. Tjutjunik. J. strukt. Chem. (russ.) *11*, 12 (1970).
[4] Deininger, D., H. Pfeifer, F. Przyborowski, W. Schirmer und H. Stach, Z. phys. Chem. *245*, 68 (1970).
[5] Smith, J. V., und L. G. Dowell, Z. Kristallographie *126*, 135 (1968).
[6] Dempsey, E., in Molecular Sieves, London 1968, 293.
[7] Pickert, P. E., J. A. Rabo, E. Dempsey, V. Schomaker, Proceedings Third Intern. Congress Catalysis, Amsterdam 1965, 714.
[8] Kärger, J., Dissertationsschrift, Leipzig 1970.
[9] Stach, H., T. Peinze, K. Fiedler und W. Schirmer, Z. Chem. *10*, 229 (1970),
[10] Schirmer, W., A. Grossmann, K. Fiedler, K. H. Sichhart und M. Bülow. Chem. Techn. *22*, 405 (1970).
[11] Morris, B., J. Colloid Interf. Sci. *28*, 149 (1968).
[12] Smith, J. V., in Molecular Sieves, London 1968, 28.
[13] Dyer, A., und J. M. Fawcett, J. inorg. nucl. Chem. *28*, 615 (1966).

Eingegangen: 20. August 1971

G. POPOW und L. ROTHHARDT

Zentralinstitut für Elektronenphysik, Institutsteil Magnetoplasmadynamik, Jena, der Dt. Akad. Wiss.

Beeinflussung selbsterregter laufender Schichten in Argon-Niederdrucksäulen durch ein lokales transversales Magnetfeld. III

Im Anschluß an frühere Untersuchungen zur gleichen Thematik [1, 2] wird der Einfluß der optimalen Wahl des Kathodenregimes und des Einsatzes von Potentialgittern zur Schichtunterdrückung studiert. Das lokale transversale Magnetfeld verstärkt die Wirksamkeit dieser Mittel zur Unterdrückung laufender Schichten schon bei relativ geringen Feldstärken. Oberhalb einer Grenzfeldstärke erzeugt das Magnetfeld allerdings breitbandiges, niederfrequentes Rauschen, das sich sowohl in der Wechsellichtemission als auch elektrostatisch zeigt.

In den beiden ersten Mitteilungen dieser Publikationsfolge [1, 2] wurde eingehend über die Beeinflussung selbsterregter laufender Schichten in Argon-Niederdrucksäulen durch schwache lokale transversale Magnetfelder berichtet. Dabei wurde beobachtet, daß das Kathodenregime (damals unterschieden nach Glühemissions- und glimmähnlichem Regime) das Verhalten der laufenden Schichten unter der Einwirkung des Magnetfeldes wesentlich bestimmt. Inzwischen wurde der Einfluß des Kathodenregimes auf laufende Schichten in Argonsäulen bei Abwesenheit magnetischer Felder genauer untersucht und festgestellt, daß u. a. ein Minimum der Erregung laufender Schichten bei einem singulären Wert des Kathodenheizstromes bzw. des Verhältnisses zwischen Emissionsstrom und Entladungsstrom existiert [3]. Dies gilt auch für den Fall, daß man mit Potentialgittern nach TAKAYAMA arbeitet [4, 5].

Im folgenden wird über Messungen berichtet, die unter Anwendung der oben angegebenen Kenntnisse bei gleichzeitiger Wirkung eines schwachen lokalen transversalen Magnetfeldes durchgeführt wurden.

Die Untersuchungen über den Einfluß des Kathodenregimes (Heizstrom als Parameter) bei gleichzeitiger Wirkung des Magnetfeldes wurden in einem Entladungsgefäß durchgeführt, wie es in [2] Abb. 1 dargestellt ist; allerdings wurde das die Kathode enthaltende Kugelgefäß entfernt und die als Wolframspirale ausgebildete heizbare Kathode direkt bei $z = 0$ im zylinderförmigen Entladungsgefäß auf der Rohrachse angebracht. Die Anode befindet sich jetzt bei $z = 55$ cm; der Argonfülldruck wurde zu 0,2 Torr gewählt, da dann sowohl die Anwendung von TAKAYAMA-Gittern als auch die Optimierung des Heizstromes deutlich zur Wirkung kamen. (Um den Anschluß an die früheren Untersuchungen in [1] und [2] zu ermöglichen, wird am Schluß dieser Mitteilung aber noch über Messungen mit 0,5 Torr Argonfülldruck kurz berichtet.)

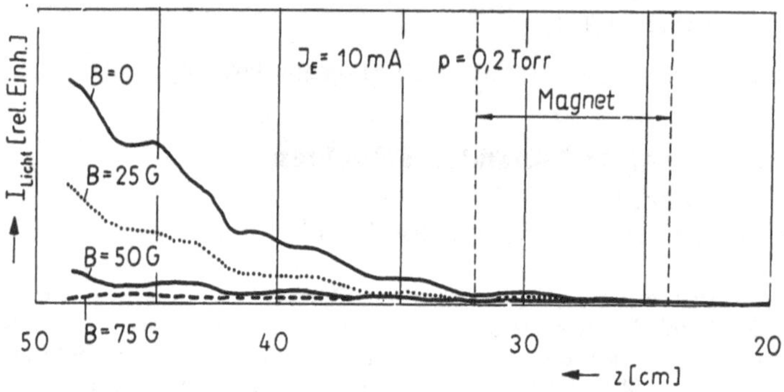

Abb. 1. Ortsabhängigkeit der Wechsellichtemission I_{Licht}, $J_E = 10$ mA, $J_H = 12{,}87$ A (max. Unterdrückung), Kathode bei $z = 0$ cm; Position des B-Feldes $z_B = 28$ cm

Abb. 1 zeigt die wie üblich mit einer beweglichen Fotodiode gemessene Ortsabhängigkeit der Wechsellichtemission in Anodennähe bei optimalem Heizstrom. Die zusätzlich unterdrückende Wirkung eines schwachen lokalen transversalen Magnetfeldes auf die für die Wechsellichtemission verantwortlichen laufenden Schichten ist zu erkennen.
Abb. 2 zeigt den Einfluß des Kathodenregimes und die zusätzliche Wirkung des Magnetfeldes noch deutlicher. Während für $B = 0$ nur ein außerordentlich schmaler Heizstrombereich effektiv wirkt [3], ist bereits ein schwaches Feld ($B = 75$ Gauß) in einem weiten Heizstrombereich schichtschwächend bzw. schichtunterdrückend, wenn das Magnetfeld an einem Ort wirksam ist, an dem die Schichten bereits eine gewisse Amplitude erreicht haben. Diese Abhängigkeit von der Position ist aus Abb. 2 ersichtlich.

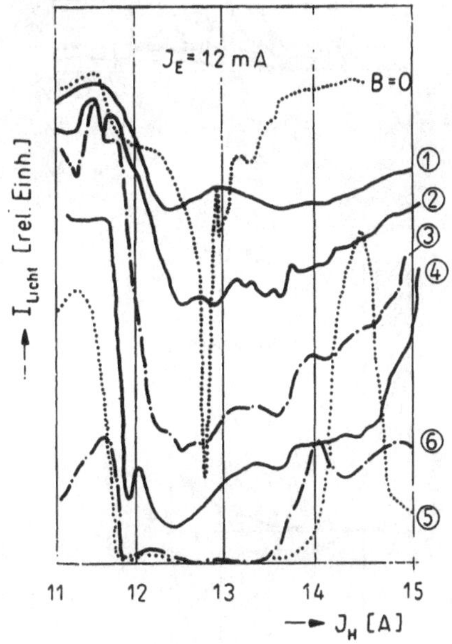

Abb. 2. Abhängigkeit der Wechsellichtemission I_{Licht} in Anodennähe ($z_F = 48$ cm) bei stetiger Variation des Kathodenheizstromes J_H, Kathode bei $z = 0$ cm; Scharparameter: Position der Mitte des Magnetfeldes z_B, Polbreite = 8 cm, Intensität des transversalen Magnetfeldes $B = 75$ Gauß
Kurve 1: $z_B = 8{,}5$ cm
Kurve 2: $z_B = 10{,}5$ cm
Kurve 3: $z_B = 14{,}5$ cm
Kurve 4: $z_B = 16{,}5$ cm
Kurve 5: $z_B = 22{,}5$ cm
Kurve 6: $z_B = 32{,}5$ cm

Auch beim Arbeiten mit Takayama-Gittern verbreitert ein zusätzliches lokales transversales Magnetfeld den günstigen Heizstrombereich. Dies zeigt Abb. 3. Kurve 1 stellt hier bereits den optimalen Fall hinsichtlich Position der Potentialgitter und des Heizstromes dar. Schwache Magnetfelder (Kurven $2 \cdots 5$) bis etwa 60 Gauß erweitern den zulässigen Heizstrombereich außerordentlich, wobei eine minimale Heizstromstärke, die den Übergang zum glimmähnlichen Regime kennzeichnet, erkennbar ist. Oberhalb einer charakteristischen Stärke des magnetischen Feldes (hier etwa 60 Gauß) tritt nahezu unabhängig von der Stärke des Heizstromes eine verstärkte Wechsellichtemission auf, die nicht mehr mit laufenden Schichten

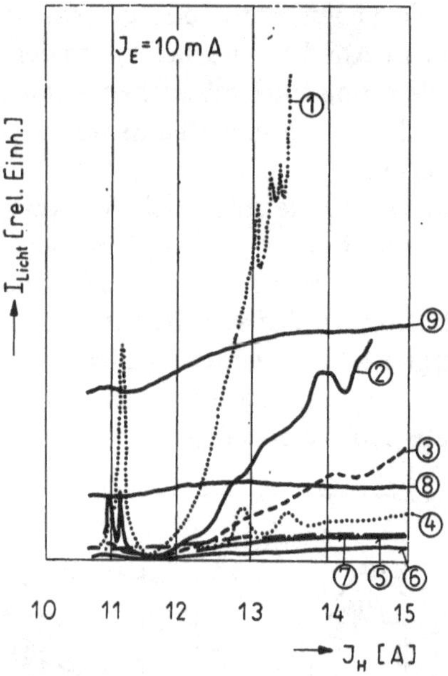

Abb. 3. Abhängigkeit der Wechsellichtemission I_{Licht} bei stetiger Variation des Kathodenheizstromes J_H; Rohr mit TAKAYAMA-Gitter, Anode bei $z = 0$ cm; optimale Position der Gitter: $z_1 = 36{,}2$ cm, $z_2 = 1{,}8$ cm, $J_E = 10$ mA, Position des Photodetektors: $z_F = 12$ cm, $z_B = 15$ cm

Kurve 1: $B = 0$
Kurve 2: $B = 12{,}5$ Gauß
Kurve 3: $B = 25$ Gauß
Kurve 4: $B = 37{,}5$ Gauß
Kurve 5: $B = 50$ Gauß
Kurve 6: $B = 75$ Gauß
Kurve 7: $B = 100$ Gauß
Kurve 8: $B = 125$ Gauß
Kurve 9: $B = 150$ Gauß

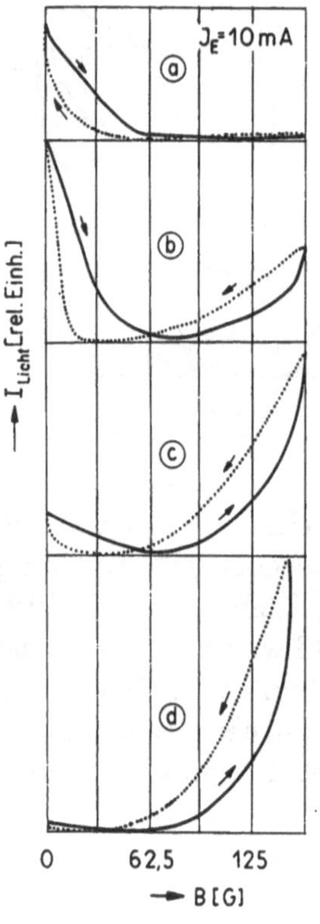

Abb. 4. Hysteresis der Wechsellichtemission I_{Licht} bei Variation der Intensität des lokalen transversalen Magnetfeldes B; Rohr ohne TAKAYAMA-Gitter; Kathode bei $z = 0$ cm, $z_B = 24{,}5$ cm, $J_H = 12{,}55$ A

a) $z_F = 44{,}5$ cm
b) $z_F = 34{,}5$ cm
c) $z_F = 24{,}5$ cm

Rohr mit TAKAYAMA-Gitter; Anode bei $z = 0$ cm;
d) $z_1 = 34$ cm, $z_2 = 2$ cm, $J_H = 13$ A, $z_B = z_F = 17{,}5$ cm

verknüpft ist, sondern den Charakter eines breitbandigen, niederfrequenten Rauschens besitzt. Dieses Rauschen kann auch mit elektrostatischen Empfängern aufgenommen werden; über derartige Erscheinungen wird in nächster Zeit eingehender berichtet werden.

Der Übergang vom Wellenphänomen der laufenden Schichten zum schwachkorrelierten Rauschen erfolgt stetig mit wachsender Stärke des Magnetfeldes. Dabei treten, wie Abb. 4 zeigt, Hysteresis-Erscheinungen auf. Diese Kurven zeigen auch deutlich eine mit wachsendem Feld immer stärker werdende Unterdrückung der laufenden Schichten, wenn ohne TAKAYAMA-Gitter gearbeitet wird (Kurven *a*, *b*, *c*) und das Wiederanwachsen der Wechsellichtemission bei weiterer Verstärkung des Feldes oberhalb 60 Gauß, die nur im Bereich der Wirksamkeit des transversalen Magnetfeldes (Kurve *c*) große Amplitude besitzt. Kurve *d* beweist darüber hinaus, daß trotz optimaler Wirkung von TAKAYAMA-Gittern (bis 60 Gauß praktisch kein Wechsellicht) die oben geschilderten Rauscherscheinungen sich ungehindert entwickeln. Offensichtlich haben sie lokalen Charakter und bedürfen nicht der Rückkopplung.

Im Gegensatz zu den eben geschilderten vom Magnetfeld hervorgerufenen breitbandigen, schwach korrelierten Fluktuationserscheinungen mit lokalem Charakter kann man durch 'leichtes Verstimmen' von TAKAYAMA-Gittern (geringe Positionsänderung) korrelierte Wellenphänomene mit breiter Spektralverteilung erzeugen, die als Grenzfall laufender Schichten angesehen werden können [6]. Auch auf diese Erscheinungen wirken schwache Magnetfelder unterdrückend, wie aus Abb. 5a, b, c, d zu entnehmen ist. Um den Wellencharakter und dessen Unterdrückung durch ein schwaches lokales transversales Magnetfeld zu zeigen, wurden STIRAND-Diagramme aufgenommen, die genau den Spektraldarstellungen der Abb. 5 zugeordnet werden können. Solche Aufnahmen gelingen nur mit Hilfe elektronischer Filter in beiden Kanälen (Signalkanal und Synchronisationskanal); s. dazu [2]. Daß unter der Wirkung des Magnetfeldes trotz starker Reduktion der Amplitude doch noch eine gewisse Phasenkopplung verbleibt, ist aus Abb. 6b deutlich zu erkennen, während Abb. 6c schon eine stärkere Chaotisierung zeigt. Die Unterdrückung laufender Schichten durch ein lokales transversales Magnetfeld ist für alle in [6] untersuchten ,,Spektraltypen" beobachtet worden. Dabei werden anomale Spektren im allgemeinen durch schwächste Felder zunächst normalisiert und dann bei Anwachsen der Feldstärke unterdrückt.

Alle bisher gemachten Mitteilungen gelten in ihrer Tendenz auch für entsprechende Experimente mit einem Argonfülldruck von 0,5 Torr. Der Wert des kritischen Feldes ergibt sich in diesem Falle etwa zu 250 Gauß. Dies wird aus den Ähnlichkeitsgesetzen, die eine Druckabhängigkeit wie B/p erwarten lassen, verständlich.

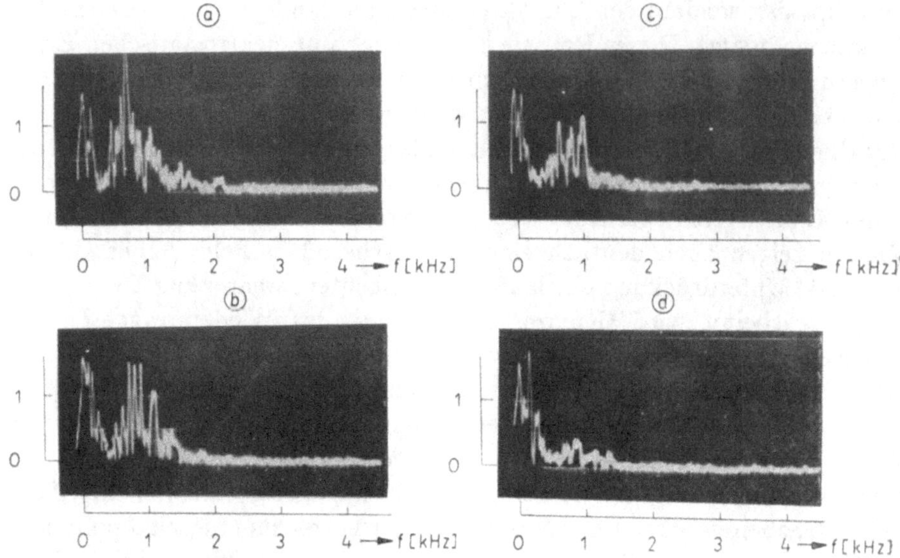

Abb. 5. Frequenzspektra von Breitband-Schichtungswellen
Rohr mit TAKAYAMA-Gitter; Anode bei $z = 0$ cm;
$z_1 = 35$ cm, $z_2 = 1{,}5$ cm, $z_B = 16$ cm, $J_E = 15$ mA, $J_H = 11{,}58$ A
a) $B = 0$ b) $B = 15$ Gauß
c) $B = 25$ Gauß d) $B = 50$ Gauß

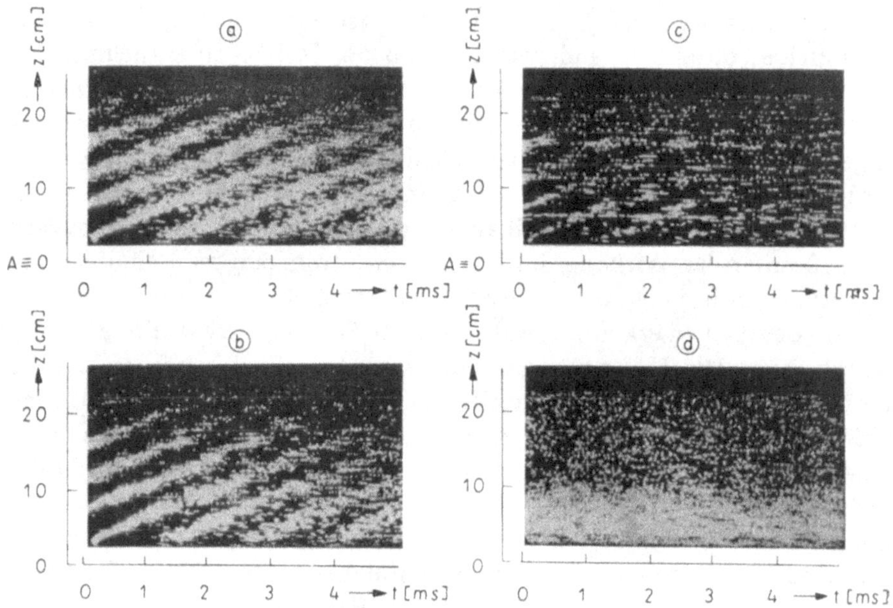

Abb. 6. Ort/Zeit-Diagramme der Breitband-Schichtungswellen der Abb. 5
a) $B = 0$ b) $B = 15$ Gauß
c) $B = 25$ Gauß d) $B = 50$ Gauß

Abb. 7 zeigt ein typisches Beispiel für die Hysteresis-Erscheinungen des von einer Fotodiode aufgenommenen Lichtsignales als Funktion der Stärke des Magnetfeldes analog zu Abb. 4c. Als weiteres Beispiel zeigt Abb. 8 in Parallele zu Abb. 3 die Beeinflussung der laufenden Schichten durch Magnetfeld

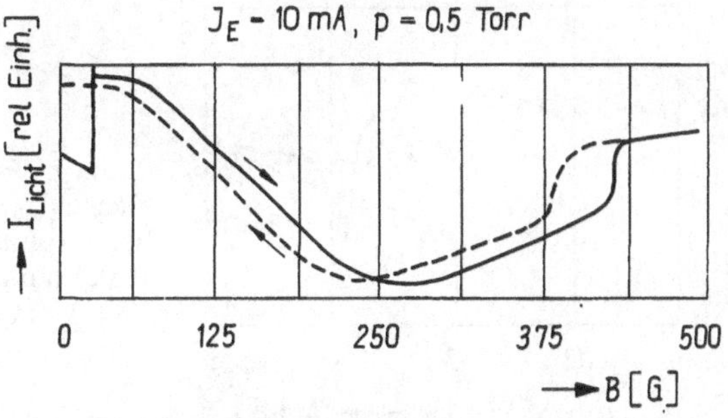

Abb. 7. Hysteresis der Wechsellichtemission I_{Licht} bei Variation der Intensität des lokalen transversalen Magnetfeldes B; Rohr ohne TAKAYAMA-Gitter; Kathode bei $z = 0$ cm; $z_B = z_F = 26$ cm, $J_E = 10$ mA, $J_H = 13{,}8$ A

und Kathodenregime. Es ist deutlich zu erkennen, daß das Minimum für $B = 0$ im Vergleich zum Falle niedrigen Fülldruckes zu höheren Heizstromwerten verschoben ist. Außerdem schieben schon schwächste Felder das Minimum zu noch größeren Heizstromwerten hin. Erst mittlere Felder führen dann zur Schichtunterdrückung. Neben der Anomalie in Abb. 7 (für schwächste Felder) und der Empfindlichkeit des Minimums in Abb. 8

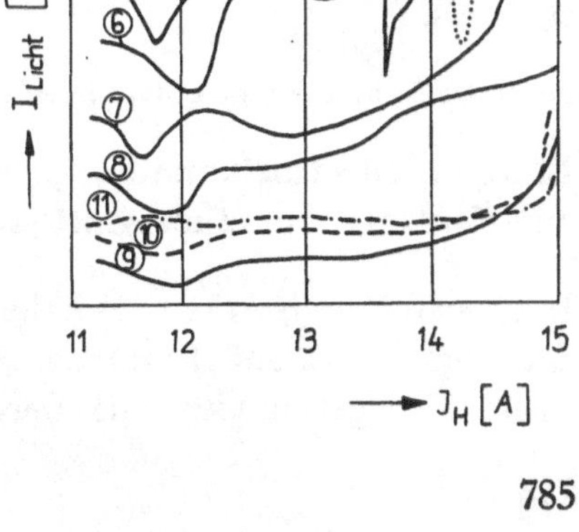

Abb. 8. Abhängigkeit der Wechsellichtemission I_{Licht} bei stetiger Variation des Kathodenheizstromes J_H;
Rohr ohne TAKAYAMA-Gitter; Kathode bei $z = 0$ cm; $z_F = 19$ cm, $z_B = 13$ cm
Kurve 1: $B = 0$
Kurve 2: $B = 12{,}5$ Gauß
Kurve 3: $B = 18{,}75$ Gauß
Kurve 4: $B = 25$ Gauß
Kurve 5: $B = 100$ Gauß
Kurve 6: $B = 125$ Gauß
Kurve 7: $B = 187{,}5$ Gauß
Kurve 8: $B = 250$ Gauß
Kurve 9: $B = 312{,}5$ Gauß
Kurve 10: $B = 375$ Gauß
Kurve 11: $B = 447{,}5$ Gauß

(gegenüber schwächsten Feldern) gibt es eine weitere Erscheinung, die bei Fülldrücken von 0,2 Torr noch nicht ausgeprägt ist. Es ist dies die Hysteresis der Amplitude der laufenden Schichten in der Nähe des Minimums der

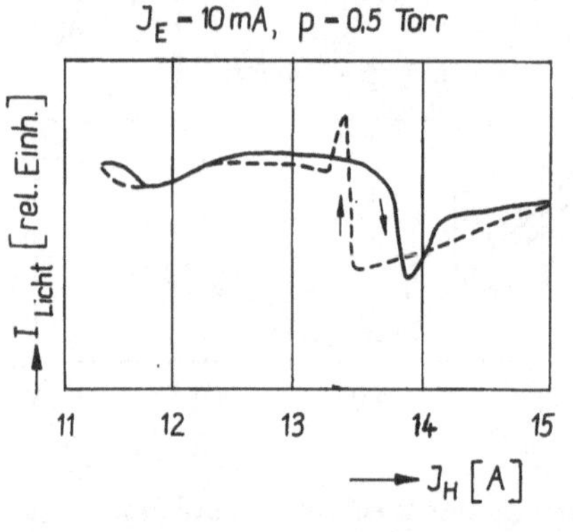

Abb. 9. Hysteresis der Wechsellichtemission I_{Licht} bei Variation des Kathodenheizstromes J_H;
Rohr ohne TAKAYAMA-Gitter; Kathode bei $z = 0$ cm; $z_F = 19$ cm, $B = 0$

Abb. 8 für schwächste Felder bzw. $B = 0$ (Abb. 9). Es handelt sich offensichtlich um typische Zieherscheinungen, wie sie in jedem Rückkopplungssystem zu finden sind. Sie rühren mit Sicherheit nicht von der thermischen Trägheit der Glühkathode her. Auch die Anomalie in Abb. 7 bei sehr schwachem Feld deutet darauf hin.

Literaturverzeichnis

[1] POPOW, G., und L. ROTHHARDT, Mber. Dt. Akad. Wiss. *12*, 662 (1970).
[2] POPOW, G., und L. ROTHHARDT, Mber. Dt. Akad. Wiss. *12*, 684 (1970).
[3] POPOW, G., und L. ROTHHARDT, Mber. Dt. Akad. Wiss. *13*, 590 (1971).
[4] TAKAYAMA, K., H. IKEZI und S. MIYAKE, Proc. 8 th. Int. Conf. Ioniz. Phenom. Gases (Vienna 1967) p. 553.
[5] POPOW, G., und L. ROTHHARDT, Vortrag auf der 10. Int. Konferenz über Phänomene in ionisierten Gasen, Oxford, September 1971.
[6] POPOW, G., und L. ROTHHARDT, Beitr. Plasmaphys. *11*, 475 (1971).

Eingegangen: 16. September 1971

P. GLAS

Zentralinstitut für Optik und Spektroskopie der Dt. Akad. Wiss.

Einige theoretische und experimentelle Bemerkungen zur Verstärkung eines stationären $CO_2 - N_2 -$ He-Lasers

In einer früheren Arbeit [1] haben wir den Einfluß von Fremdgasen sowie den Temperatureinfluß auf die Ausgangsleistung eines CO_2-Lasers untersucht. Wir geben hier eine Berechnung der Verstärkung an, außerdem werden die Niveaus bestimmt, die maximal besetzt sind. Experimentell gemessene Verstärkungsprofile in Abhängigkeit von Fremdgaszusätzen und vom Entladungsstrom werden mitgeteilt.

Wie in [1] berichtet wurde, hatte der Verstärkungsfaktor eines stationären $CO_2 - N_2 -$He-Lasers unter optimalen Bedingungen einen Wert von $60\% \, m^{-1}$. Die radiale Änderung der Verstärkung wurde mit der Methode des maximalen Verlustes gemessen. Die Verluste im Resonator, der aus zwei hochverspiegelten gewölbten Spiegeln bestand, wurden durch Drehen zweier NaCl-Scheiben (BREWSTER-Fensterqualität) solange erhöht, bis der Laser aufhörte zu schwingen. An diesem Punkt ist die Zweiwegverstärkung für eine laufende Welle im aktiven Medium gleich dem Zweiwegverlust auf Grund der Spiegeltransmission sowie von Beugungs- und Streuverlusten. Da die Verluste hinreichend genau bestimmbar sind, erhält man eine vernünftige Aussage über die Verstärkung des Mediums. Experimentell wurde der Entladungsrohrquerschnitt durch verschiebbare Blenden begrenzt, so daß eine Messung der Verstärkung über den Radius möglich war. Die angegebenen Meßpunkte entsprechen Mittelwerten über die Laserstrahlbreite (Blendendurchmesser) und über die Entladungsrohrlänge. Abb. 1a, b, c, d zeigen das radiale Verstärkungsprofil für CO_2, CO_2-N_2, CO_2-He, CO_2-N_2-He. Als Parameter ist jeweils der Entladungsstrom mit eingetragen. Die Kurven für CO_2, CO_2-He, CO_2-N_2-He ähneln sich in ihrem Verlauf. Für CO_2-N_2 reicht das Plateau konstanter Verstärkung näher an die Rohrwand heran. In allen Fällen ist für entsprechende Entladungsströme eine Verminderung der Verstärkung in der Umgebung der Rohrachse zu verzeichnen. Im Zusammenhang mit den gemessenen Verstärkungswerten und der Abhängigkeit der Leistung von der Temperatur sind Aus-

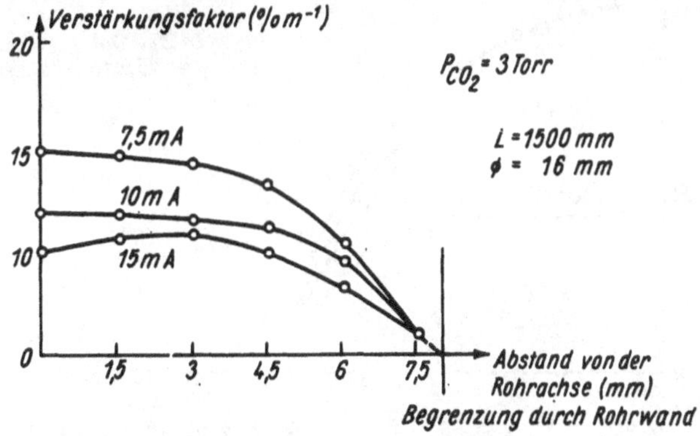

Abb. 1a. Darstellung des radialen Verstärkungsprofils für CO_2 über der Entladungsrohrachse, Parameter: Entladungsstrom

sagen über Verstärkung und Leistung von einem mehr theoretischen Aspekt interessant.

Der Verstärkungsfaktor α ist nach MITCHELL und ZEMANSKY

$$\alpha = \frac{1}{4\pi}\sqrt{\frac{\ln 2}{\pi}}\,\lambda_{21}^2\,\frac{A_{21}}{\Delta\nu}\left(\frac{N_{2rot}}{g_2}-\frac{N_{1rot}}{g_1}\right)g_2 \qquad (1)$$

λ_{21}	Wellenlänge des betreffenden Übergangs,
A_{21}	EINSTEIN-Koeffizient,
$\Delta\nu$	Linienbreite,
g_2, g_1	Multiplizitäten der entsprechenden Niveaus,
N_{2rot}, N_{1rot}	Besetzungsdichten des oberen bzw. unteren Rotationsniveaus, zwischen denen Lasertätigkeit auftritt.

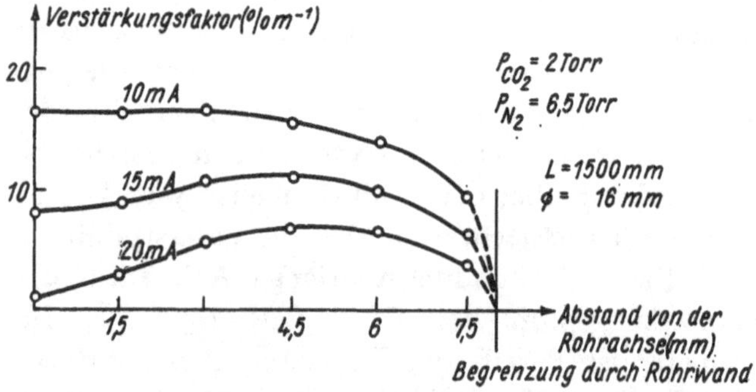

Abb. 1b. Darstellung des radialen Verstärkungsprofils für $CO_2 + N_2$ über der Entladungsrohrachse, Parameter: Entladungsstrom

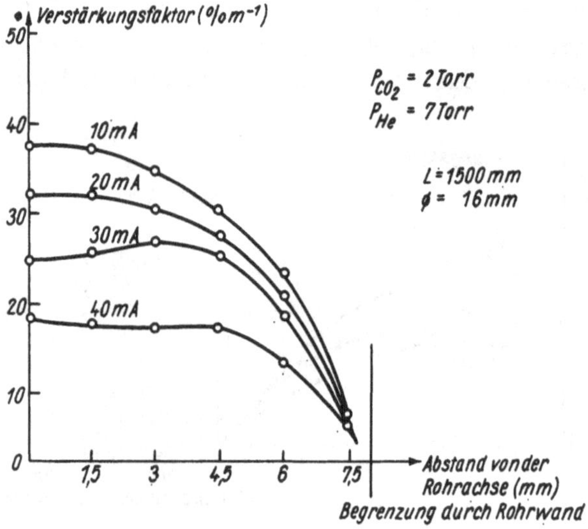

Abb. 1c. Darstellung des radialen Verstärkungsprofils für CO_2 + He über der Entladungsrohrachse, Parameter: Entladungsstrom

Abb. 1d. Darstellung des radialen Verstärkungsprofils für $CO_2 + He + N_2$ über der Entladungsrohrachse, Parameter: Entladungsstrom

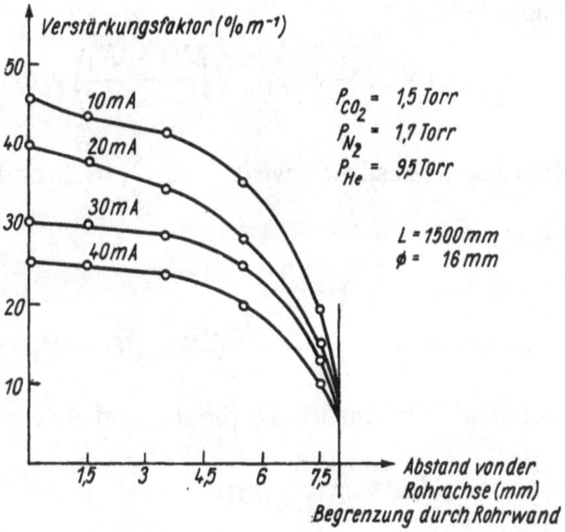

Die Zahl der Moleküle in einem Rotationszustand N_{rot} ist für ein Schwingungsniveau, bei dem die Besetzung der Rotationszustände einer BOLTZMANN-Verteilung genügt, die durch die Temperatur T_{rot} gekennzeichnet ist:

$$N_{\text{rot}} = \frac{N}{Z} g_j \exp\left(-\frac{E_{\text{rot}}}{kT_{\text{rot}}}\right)$$

g_j statistisches Gewicht $= (2J + 1)$,
Z Zustandssumme der Rotationszustände,

$$Z = \frac{kT}{h\,cB};$$

für kleine B und große T

$$B = \frac{h}{4\,\pi\,c\vartheta}$$

c Lichtgeschwindigkeit,
k BOLTZMANN-Konstante,
h PLANCKsche Konstante,
ϑ Trägheitsmoment

$$\frac{E_{\text{rot}}}{h\,c} = BJ\,(J + 1) - D^2J^2(J + 1)^2,$$

da $D \ll B$ ist, vernachlässigen wir den zweiten Ausdruck.

Die Differenz der Besetzungszahlen schreiben wir

$$N_2 - N_1 = \left(\frac{N_{2\text{rot}} - N_{1\text{rot}}}{g_j}\right) Z \exp\left(\frac{E_{\text{rot}}}{kT}\right). \tag{2}$$

oder

$$(3) \qquad (N_{2\mathrm{rot}} - N_{1\mathrm{rot}}) = \left(\frac{N_2 - N_1}{Z}\right) g_j \exp\left(-\frac{E_{\mathrm{rot}}}{kT}\right).$$

Mit diesem Ausdruck wird α für $\frac{g_2}{g_1} \approx 1$ und unter der Annahme, daß $T_{\mathrm{mol}} \sim T_{\mathrm{rot}} \sim T$ ist.

$$\alpha = \frac{B\sqrt{\frac{\ln 2}{\pi}}}{h\,c} \cdot \frac{\lambda_{21} A_{21}}{\Delta\nu} g_j (N_2 - N_1) \exp\left(-\frac{E_{\mathrm{rot}}}{kT}\right).$$

Setzen wir die Ausdrücke für A_{21} und $\Delta\nu$ ein

$$A_{21} = \frac{64\,\pi^4}{3\,\lambda_{21}^3\,h} |\mu_{21}|^2$$

$$\Delta\nu = \frac{2}{\lambda_{21}} \sqrt{\frac{2\,kT \ln 2}{M}}$$

μ_{21} Übergangsmatrixelement,
M Molekulargewicht,

folgt

$$\alpha = \frac{8\,\pi^3\,Bc|\mu_{21}|^2 g_J (N_2 - N_1)}{\sqrt{\frac{2\,\pi\,k\,T}{M}}} \exp\left(-\frac{E_{\mathrm{rot}}}{kT}\right).$$

Das Matrixelement $|\mu_{21}|^2$ kann bekanntlich in einen J abhängigen Teil S_J und einen J unabhängigen Teil k_{21} zerlegt werden; $|\mu_{21}|^2 = S_J k_{21}$.
Damit wird α

$$\alpha = \frac{8\,\pi^3\,Bck_{21}\,S_J\,g_J (N_2 - N_1)}{\sqrt{\frac{2\,\pi\,k^3\,T^3}{M}}} \exp\left(-\frac{E_{\mathrm{rot}}}{kT}\right).$$

Den Einfluß von J auf α werden wir weiter unten behandeln. α ist unabhängig von λ und u. a. eine Funktion von $T^{-3/2}$.
Aus einer einfachen Überlegung kann man einen Ausdruck für die *cw*-Leistung P_{cw} herleiten.

$$P_{cw} = \frac{(N_2 - N_1)}{\tau} h\,\nu_{21}$$

τ Relaxationszeit des oberen Niveaus; ν_{21} Frequenz der Linienmitte des entsprechenden Überganges.

Mit (2) wird daraus

$$P_{cw} = \frac{(N_{2\mathrm{rot}} - N_{1\mathrm{rot}})}{g_J \tau} Zh\, \nu_{21} \exp\left(\frac{E_{\mathrm{rot}}}{kT}\right).$$

Mit der Beziehung (1) kann eine Verknüpfung von P_{cw} und α hergestellt werden:

$$P_{cw} = \frac{4\,\pi\,\alpha\,\Delta\nu\, Zh\, \nu_{21}{}^3}{c^2 g_J\, A_{21} \tau \sqrt{\frac{\ln 2}{\pi}}} \exp\left(\frac{E_{\mathrm{rot}}}{kT}\right).$$

Die Inversionsdichte an der Schwelle errechnet sich nach YARIV zu

$$(N_{2\mathrm{rot}} - N_{1\mathrm{rot}}) = \frac{8\,\pi\,\nu_{21}}{A_{21} c^3 g(\nu_0)\, t_{\mathrm{phot}}}$$

$g(\nu_0)$ Linienformfunktion

$g(\nu_0) = \sqrt{\frac{\ln 2}{\pi}}\, \Delta\nu$

t_{phot} Lebensdauer des Photons im aktiven Medium

$t_{\mathrm{phot}} = \frac{L}{c\,(1 - R)}$

R Reflexionsvermögen der Spiegel

$R = \frac{R_1 + R_2}{2}$

L Länge des aktiven Mediums.

Setzt man Werte für A_{21}, $g(\nu_0)$ [2] und t_{phot} in obige Beziehung ein, folgt

$$(N_{2\mathrm{rot}} - N_{1\mathrm{rot}})_{\mathrm{schw}} \cong 3 \cdot 10^{13}\,\mathrm{cm}^{-3}.$$

Mit diesem Wert wird die Besetzungszahldifferenz der uns interessierenden beiden Schwingungszustände

$$(N_2 - N_1)_{\mathrm{schw}} \sim 10^{15}\,\mathrm{cm}^{-3}.$$

Rechnet man mit dem angegebenen Wert $(N_2 - N_1)$ die Verstärkung aus, folgt

$$0{,}7 \leqq \alpha\,[m^{-1}] \leqq 1 \cdot 1.$$

Diese Werte stimmen qualitativ mit den aus den Messungen erhaltenen überein (s. [1]).
Da die Besetzung des Niveaus von J abhängt (und damit auch P_{cw} und α beeinflußt werden) wollen wir die Niveaus angeben, die maximal besetzt sind.

Wir gehen von der oben genannten Beziehung aus:

$$\frac{N_J}{N} = \frac{(2J+1)\,h\,c\,B}{kT} \exp\left(-\frac{E_{\text{rot}}}{kT}\right).$$

Das Maximum erhält man durch Differenzieren und Nullsetzen, d. h.

$$J_{\max} + \frac{1}{2} = \sqrt{\frac{kT}{2\,h\,c\,B}},$$

setzt man die entsprechenden Werte für das CO_2-Molekül ein, folgt

$$18 \leqq J_{\max} \leqq 20.$$

Diese Werte entsprechen den unter den gegebenen Bedingungen bekannten bevorzugten Übergängen. Abb. 2 [3] zeigt die in der Umgebung des Überganges P_{20} ($\lambda = 10 \cdot 59\ \mu$) registrierten Übergänge.

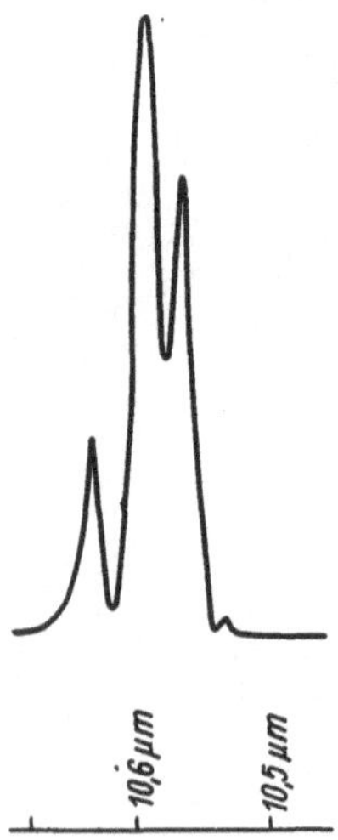

Abb. 2. Darstellung der in der Umgebung des Übergangs P_{20} registrierten Übergänge

Literaturverzeichnis

[1] Glas, P., Mber. Dt. Akad. Wiss. *9*, 596 (1967).
[2] Statz, et al., J. appl. Phys. *37*, 11 (1966).
[3] Carl, P., Praktikumsbericht 1968.

Eingegangen: 1. Oktober 1971

G. SAGER

Institut für Meereskunde, Warnemünde, der Dt. Akad. Wiss.

Zur Geometrie von Schallstrahlen mit linear-quadratisch kombiniertem Ansatz $v = v(z)$. I

Einleitung

In einer Reihe von Beiträgen in den „Monatsberichten" hat der Verfasser das Verhalten von Schallstrahlen bei etwa linearer Abhängigkeit sowie quasiquadratischer Zu- und Abnahme der Schallgeschwindigkeit v mit der Tiefe z untersucht. Neben dem Schallstrahlverlauf wurden die Bogenlänge und die Scheitelpunktskurven behandelt sowie die Bedingungen der stückweisen Kombination der einzelnen Ansätze aufgestellt. Aus der letzteren Überlegung entstand der Gedanke, von vornherein flexiblere Ansätze dadurch zu gewinnen, daß man statt der Lösungen einzelner Ansätze bereits zwei Ansätze kombiniert. Da bisher nur Ansätze mit einem linearen bzw. quadratischen Verhalten in Ursprungsnähe behandelt worden sind, sollen deren einfachste Formen kombiniert werden, wobei beide Ansätze dasselbe oder verschiedenes Vorzeichen haben können. In diesem Beitrag soll der Fall gleicher positiver Vorzeichen untersucht werden.

Für die einzelnen Ansätze wird die früher benutzte Bezeichnung beibehalten. Die Kombination wird so gewählt, daß über das Laufintervall eines Parameters $0 \leqq \varepsilon \leqq 1$ eine verschieden starke Betonung der einzelnen Ansätze mit Verschwinden je eines Ansatzes an den Intervallgrenzen erzielt wird, was man durch den Schritt

$$v = (1 - \varepsilon)\, v_{(1)} + \varepsilon\, v_{(2)}$$

erreicht. Ausführlich hat man für den Ansatz bei linearer Zunahme

$$v_{(1)} = v_0(1 + m\, z)\,,$$

den Ansatz bei quadratischer Zunahme

$$v_{(2)} = v_0(1 + r^2 z^2)$$

und den kombinierten Ansatz

$$v = v_0[1 + (1 - \varepsilon)\, m\, z + \varepsilon\, r^2 z^2]\,. \tag{1}$$

Mit $\varepsilon = 0$ fällt man auf den linearen, mit $\varepsilon = 1$ dagegen auf den quadratischen Ansatz zurück.

1. Die Schallstrahlgleichung

Das Schallwegintegral

$$x = \sin\alpha_0 \int_0^z \frac{v(z)}{\sqrt{v_0^2 - \sin^2\alpha_0 \cdot v(z)^2}}\,dz$$

wird zu

$$x = \sin\alpha_0 \int_0^z \frac{1 + (1-\varepsilon)\,m\,z + \varepsilon\,r^2 z^2}{\sqrt{1 - \sin^2\alpha_0\,[1 + (1-\varepsilon)\,m\,z + \varepsilon\,r^2 z^2]^2}}\,dz$$

oder umgeformt

$$x = \sin\alpha_0 \int_0^z \frac{1 + (1-\varepsilon)\,m\,z + \varepsilon\,r^2 z^2}{\sqrt{\{1 + \sin\alpha_0\,[1 + (1-\varepsilon)\,m\,z + \varepsilon\,r^2 z^2]\}}}$$

$$\times \frac{1}{\sqrt{\{1 - \sin\alpha_0\,[1 + (1-\varepsilon)\,m\,z + \varepsilon\,r^2 z^2]\}}}\,dz.$$

Die beiden Terme des Radikanden sind identisch mit resp.

$$1 \pm \varepsilon\,r^2 \sin\alpha_0 \left[\left(\frac{1-\varepsilon}{2\,\varepsilon\,r^2}\,m + z\right)^2 - \frac{(1-\varepsilon)^2\,m^2}{4\,\varepsilon^2\,r^4} + \frac{1}{\varepsilon\,r^2}\right]$$

oder

$$\varepsilon\,r^2 \sin\alpha_0 \left\{\frac{4\,\varepsilon\,r^2 \mp [(1-\varepsilon)^2\,m^2 - 4\,\varepsilon\,r^2]\sin\alpha_0}{4\,\varepsilon^2\,r^4 \sin\alpha_0} \pm \left(z + \frac{1-\varepsilon}{2\,\varepsilon\,r^2}\,m\right)^2\right\}.$$

Für das Schallwegintegral kommt

$$x = \frac{1}{\varepsilon\,r^2} \int_0^z \frac{1 + (1-\varepsilon)\,m\,z + \varepsilon\,r^2 z^2}{\sqrt{[p^2 - (z+c)^2] \cdot [q^2 + (z+c)^2]}}\,dz,$$

wobei als Abkürzungen

$$p = \frac{1}{2\,\varepsilon\,r^2} \sqrt{\frac{4\,\varepsilon\,r^2 + [(1-\varepsilon)^2\,m^2 - 4\,\varepsilon\,r^2]\sin\alpha_0}{\sin\alpha_0}},$$

$$q = \frac{1}{2\,\varepsilon\,r^2} \sqrt{\frac{4\,\varepsilon\,r^2 - [(1-\varepsilon)^2\,m^2 - 4\,\varepsilon\,r^2]\sin\alpha_0}{\sin\alpha_0}},$$

$$c = \frac{1-\varepsilon}{2\,\varepsilon\,r^2}\,m$$

stehen.

Mit der Substitution

$$z + c = p \cos\varphi, \quad \varphi = \arc\cos\frac{z + c}{p},$$

$$dz = -p \sin\varphi \, d\varphi \quad \text{für} \quad \left|\frac{z + c}{p}\right| < 1$$

erhält man

$$x = -\frac{1}{\varepsilon r^2} \int\limits_{\arc\cos\frac{c}{p}}^{\varphi} \frac{1 + (1-\varepsilon)\, m(p\cos\varphi - c) + \varepsilon r^2 (p\cos\varphi - c)^2}{\sqrt{q^2 + p^2\cos^2\varphi}} \, d\varphi$$

bzw.

$$x = \frac{1}{\varepsilon r^2 \sqrt{p^2 + q^2}}$$

$$\times \int\limits_{\varphi}^{\arc\cos\frac{c}{p}} \frac{1 - (1-\varepsilon)\, m c + \varepsilon c^2 r^2 + [(1-\varepsilon) m - 2\varepsilon r^2 c]\, p\cos\varphi + \varepsilon r^2 p^2 \cos^2\varphi}{\sqrt{1 - k^2\sin^2\varphi}} \, d\varphi$$

mit

$$k^2 = \frac{p^2}{p^2 + q^2}.$$

Nun ist

$$(1 - \varepsilon)\, m c = 2\varepsilon c^2 r^2$$

und

$$(1 - \varepsilon)\, m - 2\varepsilon r^2 c = 0,$$

so daß sich das Integral mit

$$\sqrt{p^2 + q^2} = \frac{1}{r}\sqrt{\frac{2}{\varepsilon \sin\alpha}}$$

vereinfacht zu

$$x = \frac{1}{r}\sqrt{\frac{\sin\alpha_0}{2\varepsilon}} \int\limits_{\varphi}^{\arc\cos\frac{c}{p}} \frac{1 - \varepsilon c^2 r^2 + \varepsilon r^2 p^2 \cos^2\varphi}{\sqrt{1 - k^2\sin^2\varphi}} \, d\varphi$$

mit

$$k^2 = \frac{p^2}{p^2 + q^2} = \frac{4\varepsilon r^2 + [(1 - \varepsilon)^2 m^2 - 4\varepsilon r^2] \sin\alpha_0}{8\varepsilon r^2}.$$

Aufgespalten hat man

$$x = \frac{1}{r}\sqrt{\frac{\sin\alpha_0}{2\varepsilon}}\,(I_1 + I_2)$$

mit

$$I_1 = (1 - \varepsilon c^2 r^2)\int_{\varphi}^{\varphi_0}\frac{d\varphi}{\sqrt{1 - k^2\sin^2\varphi}},$$

$$I_2 = \varepsilon r^2 p^2\int_{\varphi}^{\varphi_0}\frac{\cos^2\varphi}{\sqrt{1 - k^2\sin^2\varphi}}\,d\varphi$$

und

$$\varphi = \arc\cos\frac{z + c}{p} \quad \text{sowie} \quad \varphi_0 = \arc\cos\frac{c}{p}.$$

Für die beiden Integrale hat man nach den Integraltafeln von GROEBNER und HOFREITER Nr. 241, 12a und 121

$$I_1 = (1 - \varepsilon c^2 r^2)\,[F(\varphi_0, k) - F(\varphi, k)]$$

und

$$I_2 = \frac{\varepsilon r^2 p^2}{k^2}\,\{[E(\varphi_0, k) - E(\varphi, k)] - (1 - k^2)\,[F(\varphi_0, k) - F(\varphi, k)]\},$$

wobei k und φ bzw. φ_0 die oben angegebenen Größen sind und

$$\frac{c}{p} = (1 - \varepsilon)\,m\sqrt{\frac{\sin\alpha_0}{4\varepsilon r^2 + [(1 - \varepsilon)^2 m^2 - 4\varepsilon r^2]\sin\alpha_0}}$$

sowie

$$\frac{p^2}{k^2} = p^2 + q^2 = \frac{2}{\varepsilon r^2\sin\alpha_0}$$

ist.

Nach Rückführung auf die Ausgangsgrößen hat man

$$I_1 = \left[1 - \frac{(1 - \varepsilon)^2 m^2}{4\varepsilon r^2}\right]\cdot[F(\varphi_0, k) - F(\varphi, k)]$$

und

$$I_2 = \frac{2}{\sin\alpha_0}\left\{[E(\varphi_0, k) - E(\varphi, k)] - \frac{4\varepsilon r^2 - [(1 - \varepsilon)^2 m^2 - 4\varepsilon r^2]\sin\alpha_0}{8\varepsilon r^2} \times [F(\varphi_0, k) - F(\varphi, k)]\right\}.$$

Die Summe der beiden Integrale wird

$$I_1 + I_2 = \frac{1}{\sin \alpha_0} \{2 [E(\varphi_0, k) - E(\varphi, k)] - [F(\varphi_0, k) - F(\varphi, k)]\}.$$

Damit heißt die Lösung

$$(2)\quad \begin{cases} x = \dfrac{1}{r\sqrt{2\,\varepsilon \sin \alpha_0}} \{2 [E(\varphi_0, k) - E(\varphi, k)] - [F(\varphi_0, k) - F(\varphi, k)]\} \\ \text{mit} \\ \varphi = \arc\cos \left\{ [2\,\varepsilon\, r^2 z + (1-\varepsilon)\, m] \right. \\ \qquad \left. \times \sqrt{\dfrac{\sin \alpha_0}{4\,\varepsilon\, r^2 + [(1-\varepsilon)^2 m^2 - 4\,\varepsilon\, r^2] \sin \alpha_0}} \right\} \\ \text{und} \\ \varphi_0 = \arc\cos \left[(1-\varepsilon)\, m \cdot \sqrt{\dfrac{\sin \alpha_0}{4\,\varepsilon\, r^2 + [(1-\varepsilon)^2 m^2 - 4\,\varepsilon\, r^2] \sin \alpha_0}} \right] \\ \text{sowie} \\ k^2 = \dfrac{4\,\varepsilon\, r^2 + [(1-\varepsilon)^2 m^2 - 4\,\varepsilon\, r^2] \sin \alpha_0}{8\,\varepsilon\, r^2}. \end{cases}$$

Mit $\varepsilon = 1$ fällt man auf die bekannte Lösung für die quadratische Zunahme von v mit z zurück.

Der Zusammenhang zwischen z und φ präsentiert sich als

$$(2\text{a})\qquad z = \frac{1}{2\,\varepsilon\, r^2} \left[\cos \varphi \sqrt{\frac{4\,\varepsilon\, r^2 + [(1-\varepsilon)^2 m^2 - 4\,\varepsilon\, r^2] \sin \alpha_0}{\sin \alpha_0}} - (1-\varepsilon)\, m \right].$$

2. Die Parameterform der Schallstrahlgleichung

Die Parameterform der Schallstrahlgleichung gewinnt man über

$$\sin \alpha = \frac{\sin \alpha_0}{v_0}\, v(z)$$

und

$$\sin \alpha = \sin \alpha_0 \,[1 + (1-\varepsilon)\, m\, z + \varepsilon\, r^2 z^2]$$

sowie

$$\sin \alpha = \sin \alpha_0 + \sin \alpha_0 \cdot (1-\varepsilon)\, m\, z + \sin \alpha_0 \cdot \varepsilon\, r^2 z^2$$

zu

$$z^2 + \frac{(1-\varepsilon)\, m\, z}{\varepsilon\, r^2} - \frac{(\sin\alpha - \sin\alpha_0)}{\varepsilon\, r^2 \sin\alpha_0} = 0$$

bzw. für die Tiefenkoordinate

$$z = -\frac{(1-\varepsilon)\, m}{2\,\varepsilon\, r^2} \pm \sqrt{\frac{(1-\varepsilon)^2 m^2}{4\,\varepsilon^2 r^4} + \frac{\sin\alpha - \sin\alpha_0}{\varepsilon\, r^2 \sin\alpha_0}}. \tag{3a}$$

Für die Bestimmung von x in Formel (2) benötigt man φ als

$$\varphi = \arccos \frac{z + c}{p}.$$

Man erhält

$$z + c = \pm \sqrt{\frac{(1-\varepsilon)^2 m^2}{4\,\varepsilon^2 r^4} + \frac{\sin\alpha - \sin\alpha_0}{\varepsilon\, r^2 \sin\alpha_0}},$$

$$z + c = \pm \frac{1}{2\,\varepsilon\, r^2} \sqrt{\frac{(1-\varepsilon)^2 m^2 \sin\alpha_0 + 4\,\varepsilon\, r^2 (\sin\alpha - \sin\alpha_0)}{\sin\alpha_0}}$$

und damit

$$\varphi = \arccos \sqrt{\frac{(1-\varepsilon)^2 m^2 \sin\alpha_0 + 4\,\varepsilon\, r^2 (\sin\alpha - \sin\alpha_0)}{4\,\varepsilon\, r^2 + [(1-\varepsilon)^2 m^2 - 4\,\varepsilon\, r^2] \sin\alpha_0}} \tag{3b}$$

sowie k^2 und φ_0 mit den bisherigen Ausdrücken aus Formel (2).

3. Der Scheitelpunkt

Als Polstelle des Integranden des Schallwegintegrals folgert man aus

$$p^2 - (z_S + c)^2 = 0$$

für die Scheitelpunktskoordinate $z_S = p - c$ und mit den Ausdrücken von p und c

$$z_S = \frac{1}{2\,\varepsilon\, r^2} \left[\sqrt{\frac{4\,\varepsilon\, r^2 + [(1-\varepsilon)^2 m^2 - 4\,\varepsilon\, r^2] \sin\alpha_0}{\sin\alpha_0}} - (1-\varepsilon)\, m \right]. \tag{4a}$$

Für die Abszisse folgt wegen $\varphi_S = 0$, wie es aus der benutzten Substitution $z + c = p \cos\varphi$ resultiert, alsdann

$$x_S = \frac{1}{r\sqrt{2\,\varepsilon \sin\alpha_0}} [2\, E(\varphi_0, k) - F(\varphi_0, k)] \tag{4b}$$

mit den angegebenen Ausdrücken von φ_0 und k.

4. Die Scheitelpunktskurve

Die Gleichungen $z_S = f(\alpha_0)$ und $x_S = g(\alpha_0)$ geben die Parameterdarstellung der Scheitelpunkte, wenn α_0 als Scharparameter aufgefaßt wird. Eliminiert man α_0 aus diesen Gleichungen, wobei auch k und φ_0 ursprünglich Funktionen von α_0 sind, so erhält man die Zuordnung der Gesamtheit aller Scheitelpunkte als Scheitelpunktskurve in karthesischen Koordinaten. Man findet zunächst aus der Gleichung für z_S

$$\sin\alpha_0 = \frac{4\,\varepsilon\,r^2}{[2\,\varepsilon\,r^2\,z_S + (1-\varepsilon)\,m]^2 - [(1-\varepsilon)^2\,m^2 - 4\,\varepsilon\,r^2]}$$

und dann

$$(5)\quad \begin{cases} x_S = \dfrac{1}{2\,\varepsilon\,r^2}\sqrt{\dfrac{[2\,\varepsilon\,r^2\,z_S + (1-\varepsilon)\,m]^2 - [(1-\varepsilon)^2\,m^2 - 4\,\varepsilon\,r^2]}{2}} \\ \qquad \times \{2\,E\,[\varphi_0(z_S),\,k(z_S)] - F\,[\varphi_0(z_S),\,k(z_S)]\} \\ \text{mit} \\ k\,(z_S) = \dfrac{2\,\varepsilon\,r^2\,z_S + (1-\varepsilon)\,m}{\sqrt{2\,\{[2\,\varepsilon\,r^2\,z_S + (1-\varepsilon)\,m]^2 - [(1-\varepsilon)^2\,m^2 - 4\,\varepsilon\,r^2]\}}} \\ \text{und} \\ \varphi_0(z_S) = \arccos\dfrac{(1-\varepsilon)\,m}{2\,\varepsilon\,r^2\,z_S + (1-\varepsilon)\,m}. \end{cases}$$

Mit $\varepsilon = 1$ erhält man die von der Scheitelpunktskurve bei rein quadratischer Zunahme von v mit z bekannte Lösung. Der charakteristische Unterschied zu den obigen Formeln liegt dabei nicht nur in dem komplizierteren Aufbau, sondern vor allem darin, daß φ_0 nunmehr ebenfalls wie k eine Funktion von z_S ist und nicht mehr den konstanten Wert $\frac{\pi}{2}$ hat.

5. Die Bogenlänge

Mit

$$v = v_0\,[1 + (1-\varepsilon)\,m\,z + \varepsilon\,r^2\,z^2]$$

folgt aus dem Integral für die Bogenlänge von Schallstrahlen

$$s = v_0\int_0^z \frac{dz}{\sqrt{v_0^2 - \sin^2\alpha_0\cdot v(z)^2}}$$

die Form

$$s = \int_0^z \frac{dz}{\sqrt{1 - \sin^2\alpha_0\,[1 + (1-\varepsilon)\,m\,z + \varepsilon\,r^2\,z^2]^2}}.$$

Mit der bereits benutzten Umformung hat man

$$s = \frac{1}{\varepsilon r^2 \sin \alpha_0} \int\limits_0^z \frac{dz}{\sqrt{[p^2 - (z + c)^2] \cdot [q^2 + (z + c)^2]}},$$

und mit der schon verwendeten Substitution

$$z + c = p \cos \varphi, \quad dz = - p \sin \varphi \, d\varphi$$

kommt

$$s = \frac{1}{\varepsilon r^2 \sin \alpha_0 \sqrt{p^2 + q^2}} \int\limits_{\varphi}^{\arccos \frac{c}{p}} \frac{d\varphi}{\sqrt{1 - k^2 \sin^2 \varphi}}$$

mit

$$k^2 = \frac{p^2}{p^2 + q^2}.$$

Als Lösung des Integrals folgt

$$s = \frac{1}{\varepsilon r^2 \sin \alpha_0 \sqrt{p^2 + q^2}} \left[F \left(\arccos \frac{c}{p}, k \right) - F(\varphi, k) \right]$$

und nach Rückführung auf die Ausgangsgrößen

$$\text{(6)} \quad \left\{ \begin{aligned} & s = \frac{1}{r \sqrt{2 \varepsilon \sin \alpha_0}} [F(\varphi_0, k) - F(\varphi, k)] \\ & \text{mit} \\ & \varphi = \arccos \left\{ [2 \varepsilon r^2 z + (1 - \varepsilon) m] \right. \\ & \qquad \left. \times \sqrt{\frac{\sin \alpha_0}{4 \varepsilon r^2 + [(1 - \varepsilon)^2 m^2 - 4 \varepsilon r^2] \sin \alpha_0}} \right\}, \\ & \varphi_0 = \arccos \left[(1 - \varepsilon) m \sqrt{\frac{\sin \alpha_0}{4 \varepsilon r^2 + [(1 - \varepsilon)^2 m^2 - 4 \varepsilon r^2] \sin \alpha_0}} \right] \\ & \text{und} \\ & k^2 = \frac{4 \varepsilon r^2 + [(1 - \varepsilon)^2 m^2 - 4 \varepsilon r^2] \sin \alpha_0}{8 \varepsilon r^2}. \end{aligned} \right.$$

Als Sonderfall der Bogenlänge bis zum Scheitelpunkt hat man mit $\varphi_S = 0$

$$\text{(6a)} \qquad s_S = \frac{1}{r \sqrt{2 \varepsilon \sin \alpha_0}} F(\varphi_0, k)$$

mit den für φ_0 und k angegebenen Größen.

6. Interpretation des kombinierten Ansatzes

Es soll nun der Charakter des kombinierten Ansatzes erhellt werden, wozu die Ausgangsgleichung mit der Schreibweise

$$\frac{v - v_0}{v_0} = \frac{\Delta v}{v_0} = (1 - \varepsilon)\, m\, z + \varepsilon\, r^2 z^2$$

umgeformt wird in

$$\frac{\Delta v}{v_0} = \varepsilon\, r^2 \left[\left(\frac{1-\varepsilon}{2\,\varepsilon\, r^2}\, m + z \right)^2 - \frac{(1-\varepsilon)^2\, m^2}{4\,\varepsilon^2 r^4} \right]$$

oder

$$\text{(7a)} \qquad \frac{\Delta v}{v_0} + \frac{(1-\varepsilon)^2\, m^2}{4\,\varepsilon\, r^2} = \frac{\left(z + \frac{1-\varepsilon}{2\,\varepsilon\, r^2}\, m \right)^2}{\frac{1}{\varepsilon\, r^2}}.$$

Das ist die Gleichung einer bei gegebenem m und r einparametrigen Parabelschar mit den Variablen $\frac{\Delta v}{v_0}$ und z, deren Scheitelpunkt bei

$$\left(\frac{\Delta v}{v_0} \right)_S = -\frac{(1-\varepsilon)^2\, m^2}{4\,\varepsilon\, r^2}, \qquad z_S = -\frac{1-\varepsilon}{2\,\varepsilon\, r^2}\, m$$

liegt und deren Parameter

$$p = \frac{1}{2\,\varepsilon\, r^2}$$

ist. Man erkennt, daß der Koeffizient m nur die Lage des Scheitelpunkts, nicht aber das p der Parabel beeinflußt. Das Vorzeichen von m bestimmt auch dasjenige von z_S, wirkt sich aber nicht auf die Scheitelpunktsabszisse aus.

Da im zweiten Teil die Kombination eines positiv linearen mit einem negativ quadratischen Ansatz vorgesehen ist, soll die entsprechende Entwicklung hier ebenfalls vorbereitet werden, für die man mit $-r^2$ statt r^2 aus

$$\frac{v - v_0}{v_0} = \frac{\Delta v}{v_0} = (1 - \varepsilon)\, m\, z - \varepsilon\, r^2 z^2$$

$$\text{(7b)} \qquad \frac{\Delta v}{v_0} - \frac{(1-\varepsilon)^2\, m^2}{4\,\varepsilon\, r^2} = \frac{\left(z - \frac{1-\varepsilon}{2\,\varepsilon\, r^2}\, m \right)^2}{-\frac{1}{\varepsilon\, r^2}}$$

als Normalform einer Parabelschar mit dem Scharparameter ε, dem Scheitelpunkt in

$$\left(\frac{\Delta v}{v_0}\right)_S = \frac{(1-\varepsilon)^2 m^2}{4\varepsilon r^2}, \quad z_S = \frac{1-\varepsilon}{2\varepsilon r^2} m$$

und dem Parameter

$$p = -\frac{1}{2\varepsilon r^2}$$

hat.

Wählt man statt z als Koordinate $r z$, so kommt

$$\left(\frac{\Delta v}{v_0}\right)_S = \mp \frac{(1-\varepsilon)^2 m^2}{4\varepsilon r^2}, \quad r z_S = \mp \frac{(1-\varepsilon) m}{2\varepsilon r},$$

$$p^* = \pm \frac{1}{2\varepsilon} = \varrho_S,$$

wobei die oberen Vorzeichen für positives und die unteren für negatives r^2 gelten.

Beiden Formen kann man die gemeinsame Gleichung

$$\text{(7)} \qquad \frac{\Delta v}{v_0} = \left(\frac{\Delta v}{v_0}\right)_S + \frac{(r z - r z_S)^2}{2p^*}$$

geben. Mit den in den früheren Beiträgen gewählten Beispielen, in denen $m = 0{,}0002$ [m^{-1}] und $r = \frac{1}{500} = 0{,}002$ [m^{-1}] war, hat man

$$\left(\frac{\Delta v}{v_0}\right)_S = \mp \frac{(1-\varepsilon)^2}{4\varepsilon} \cdot 0{,}01, \quad r z_S = \mp \frac{(1-\varepsilon)}{2\varepsilon} \cdot 0{,}1,$$

$$p^* = \pm \frac{1}{2\varepsilon}.$$

Die Vorfaktoren haben damit folgende Werte

ε	1	0,9	0,8	0,7	0,6	0,5	0,4	0,3	0,2	0,1	0
$\frac{1}{2\varepsilon}$	0,500	$0{,}\bar{5}$	0,6250	0,7143	$0{,}8\bar{3}$	1,000	1,250	$1{,}\bar{6}$	2,5	5,000	∞
$\frac{1-\varepsilon}{2\varepsilon}$	0	$0{,}0\bar{5}$	0,1250	0,2143	$0{,}\bar{3}$	0,500	0,750	$1{,}1\bar{6}$	2,0	4,500	∞
$\frac{(1-\varepsilon)^2}{4\varepsilon}$	0	$0{,}002\bar{7}$	0,0125	0,0321	$0{,}0\bar{6}$	0,125	0,225	$0{,}408\bar{3}$	0,8	2,025	∞

Den Verlauf des kombinierten Ansatzes bei positiven m und r^2 zeigt die Abb. 1 für die eben verwendeten Werte.

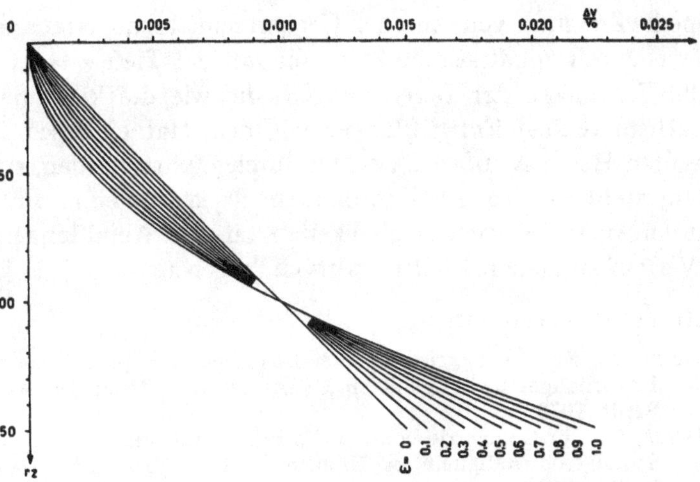

Abb. 1. Verlauf der Funktion $\frac{\Delta v}{v_0} = \frac{m}{r} (1 - \varepsilon) (r z) + \varepsilon (r z)^2$ für $m = 0{,}0002$ [m^{-1}] und $r = 0{,}002$ [m^{-1}]

7. Darstellung eines Beispiels

Um die schwer übersichtliche Lösung des Schallwegintegrals zu veranschaulichen, ist in der Abb. 2 das Ergebnis des folgenden Beispiels verzeichnet. Beispiel: Man berechne die Schallstrahlkurven für ε-Werte in Abständen von 0,1 zwischen 0,1 und 0,9 bei einem Abgangswinkel von $\alpha_0 = 60°$. Zusätzlich sind der lineare und quadratische Fall ($\varepsilon = 0$ bzw. $\varepsilon = 1$) aus den früheren Berechnungen zu bestimmen. Wie bei den seinerzeit gewählten Beispielen sei die Zunahme der Schallgeschwindigkeit $\Delta v = 15$ [ms^{-1}] für eine Tiefendifferenz $\Delta z = 50$ [m], wobei $v_0 = 1500$ [ms^{-1}] ist. Für eine

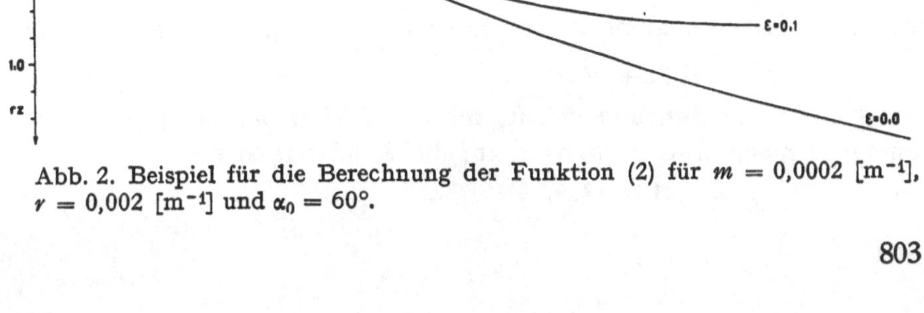

Abb. 2. Beispiel für die Berechnung der Funktion (2) für $m = 0{,}0002$ [m^{-1}], $r = 0{,}002$ [m^{-1}] und $\alpha_0 = 60°$.

lineare Zunahme von v mit der Tiefe errechnet man daraus $m = 0{,}0002$ [m^{-1}], für eine rein quadratische Zunahme mit der Tiefe $r = 0{,}002$ [m^{-1}].
Die Ergebnisse der Berechnungen, die wie die kritische Durchsicht der mathematischen Entwicklungen von dem Mathematisch-Technischen Assistenten Herrn RUDOLF SAMMLER durchgeführt wurden, sind in der Abb. 2 dargestellt worden. Als Koordinatenachsen wurden rz und rx gewählt, wodurch sich Vergleichsmöglichkeiten zu den Abbildungen in der Arbeit „Verlauf spezieller Schallwegkurven" ergeben.

Literaturverzeichnis

SAGER, G., Zur Geometrie von Schallstrahlen mit quasilinearer Veränderlichkeit der Schallgeschwindigkeit in Ursprungsnähe. Mber. Dt. Akad. Wiss. *12*, 151, Berlin 1970.

SAGER, G., Zur Geometrie von Schallstrahlen mit quasiquadratischer Zunahme der Schallgeschwindigkeit in Ursprungsnähe. Mber. Dt. Akad. Wiss. *12*, 459, Berlin 1970.

SAGER, G., Zur Geometrie von Schallstrahlen mit quasiquadratischer Abnahme der Schallgeschwindigkeit in Ursprungsnähe. Mber. Dt. Akad. Wiss. *12*, 599, Berlin 1970.

SAGER, G., Bogenlängen von ausgewählten Schallwegkurven. Mber. Dt. Akad. Wiss. *12*, 605, Berlin 1970.

SAGER, G., Scheitelpunktskurven von Schallwegfunktionen. Mber. Dt. Akad. Wiss. *12*, 668, Berlin 1970.

SAGER, G., und R. SAMMLER, Der Verlauf spezieller Schallwegkurven. Mber. Dt. Akad. Wiss., *12*, 694, Berlin 1970.

SAGER, G., Kombination von Schallwegfunktionen. Mber. Dt. Akad. *13*, 24, Berlin 1971.

Eingegangen: 19. Oktober 1971

G. SAGER

Institut für Meereskunde, Warnemünde, der Dt. Akad. Wiss.

Zur Geometrie von Schallstrahlen mit linear-quadratisch kombiniertem Ansatz $v = v(z)$. II

In dem Beitrag zur Geometrie von Schallstrahlen mit linear-quadratisch kombiniertem Ansatz $v = v(z)$, erster Teil, war der lineare Ansatz

$$v_{(1)} = v_0 (1 + m z)$$

für eine lineare Zunahme von $v_{(1)}$ mit z mit dem quadratischen Ansatz

$$v_{(2)} = v_0 (1 + r^2 z^2)$$

für quadratische Zunahme von $v_{(2)}$ mit z behandelt worden. Jetzt sollen die entsprechenden Untersuchungen auf die Kombination mit

$$v_{(3)} = v_0 (1 - r^2 z^2)$$

für quadratische Abnahme von $v_{(3)}$ mit z ausgedehnt werden. Entsprechend der Methodik der einfachen Kombination als

$$v = (1 - \varepsilon)\, v_{(1)} + \varepsilon\, v_{(3)}$$

hat der kombinierte Ansatz die Form

$$v = v_0[1 + (1 - \varepsilon)\, m\, z - \varepsilon\, r^2 z^2], \tag{1}$$

wobei $0 \leqq \varepsilon \leqq 1$ ist. Die Entwicklung verläuft weitgehend analog dem Fall mit gleichen Vorzeichen.

1. Die Schallstrahlgleichung

Das Schallwegintegral

$$x = \sin\alpha_0 \int_0^z \frac{v(z)}{\sqrt{v_0^2 - \sin^2\alpha_0 \cdot v(z)^2}}\, dz$$

erhält die Form

$$x = \frac{1}{\varepsilon r^2} \int_0^z \frac{1 + (1 - \varepsilon)\, m\, z - \varepsilon r^2 z^2}{\sqrt{[p^2 - (z - c)^2] \cdot [q^2 + (z - c)^2]}}\, dz,$$

wobei

$$p = \frac{1}{2\varepsilon r^2} \sqrt{\frac{4\varepsilon r^2 + [(1 - \varepsilon)^2 m^2 + 4\varepsilon r^2] \sin\alpha_0}{\sin\alpha_0}},$$

$$q = \frac{1}{2\varepsilon r^2} \sqrt{\frac{4\varepsilon r^2 - [(1 - \varepsilon)^2 m^2 + 4\varepsilon r^2] \sin\alpha_0}{\sin\alpha_0}},$$

$$c = \frac{1 - \varepsilon}{2\varepsilon r^2}\, m.$$

Mit der Substitution

$$z - c = p\cos\varphi, \quad \varphi = \arccos\frac{z - c}{p}, \quad dz = -p\sin\varphi\, d\varphi$$

kommt

$$x = -\frac{1}{\varepsilon r^2} \int_{\arccos\frac{-c}{p}}^{\varphi} \frac{1 + (1 - \varepsilon)\, m (c + p\cos\varphi) - \varepsilon r^2 (c + p\cos\varphi)^2}{\sqrt{q^2 + p^2\cos^2\varphi}}\, d\varphi$$

bzw.

$$x = \frac{1}{\varepsilon r^2 \sqrt{p^2+q^2}}$$

$$\times \int_{\varphi}^{\arccos\frac{-c}{p}} \frac{1+(1-\varepsilon)mc-\varepsilon c^2 r^2+[(1-\varepsilon)m-2\varepsilon r^2 c]p\cos\varphi-\varepsilon r^2 p^2\cos^2\varphi}{\sqrt{1-k^2\sin^2\varphi}}\,d\varphi$$

mit

$$k^2 = \frac{p^2}{p^2+q^2}.$$

Es ist

$$(1-\varepsilon)\,m\,c = 2\,\varepsilon\,c^2 r^2$$

und

$$(1-\varepsilon)\,m - 2\,\varepsilon\,r^2 c = 0,$$

so daß eine Vereinfachung auftritt, die wegen

$$\sqrt{p^2+q^2} = \frac{1}{r}\sqrt{\frac{2}{\varepsilon\sin\alpha_0}}$$

die Form

$$x = \frac{1}{r}\sqrt{\frac{\sin\alpha_0}{2\varepsilon}} \int_{\varphi}^{\arccos\frac{-c}{p}} \frac{1+\varepsilon c^2 r^2-\varepsilon r^2 p^2\cos 2\varphi}{\sqrt{1-k^2\sin^2\varphi}}\,d\varphi$$

annimmt, wobei

$$k^2 = \frac{p^2}{p^2+q^2} = \frac{4\,\varepsilon\,r^2+[(1-\varepsilon)^2 m^2+4\,\varepsilon\,r^2]\sin\alpha_0}{8\,\varepsilon\,r^2}$$

wird. Aufgespalten folgt bei

$$x = \frac{1}{r}\sqrt{\frac{\sin\alpha_0}{2\varepsilon}}\,(I_1+I_2)$$

$$I_1 = (1+\varepsilon c^2 r^2)\int_{\varphi}^{\varphi_0} \frac{d\varphi}{\sqrt{1-k^2\sin^2\varphi}}$$

$$= (1+\varepsilon c^2 r^2)\,[F(\varphi_0, k) - F(\varphi, k)]$$

und

$$I_2 = -\varepsilon r^2 p^2 \int\limits_{\varphi}^{\varphi_0} \frac{\cos^2\varphi \, d\varphi}{\sqrt{1-k^2\sin^2\varphi}}$$

$$= -\frac{\varepsilon r^2 p^2}{k^2}\{[E(\varphi_0, k) - E(\varphi, k)] - (1-k^2)[F(\varphi_0, k) - F(\varphi, k)]\},$$

wenn abgekürzt $\varphi_0 = \arccos \frac{-c}{p}$ gesetzt wird, ferner

$$\frac{-c}{p} = -(1-\varepsilon)\, m \frac{\sqrt{\sin\alpha_0}}{\sqrt{4\varepsilon r^2 + [(1-\varepsilon)^2 m^2 + 4\varepsilon r^2]\sin\alpha_0}}$$

ist und

$$\frac{p^2}{k^2} = p^2 + q^2 = \frac{2}{\varepsilon r^2 \sin\alpha_0}$$

wird.

Auf die Ausgangsgrößen zurückgeführt, erhält man

$$I_1 = \left[1 + \frac{(1-\varepsilon)^2 m^2}{4\varepsilon r^2}\right][F(\varphi_0, k) - F(\varphi, k)]$$

und

$$I_2 = \frac{-2}{\sin\alpha_0}\left\{[E(\varphi_0, k) - E(\varphi, k)] \right.$$

$$\left. - \frac{4\varepsilon r^2 - [(1-\varepsilon)^2 m^2 + 4\varepsilon r^2]\sin\alpha_0}{8\varepsilon r^2}[F(\varphi_0, k) - F(\varphi, k)]\right\}.$$

Die Summe der Integrale ergibt

$$I_1 + I_2 = \frac{1}{\sin\alpha_0}\{[F(\varphi_0, k) - F(\varphi, k)] - 2[E(\varphi_0, k) - E(\varphi, k)]\}.$$

Als Lösung hat man

$$x = \frac{1}{r\sqrt{2\varepsilon\sin\alpha_0}}\{[F(\varphi_0, k) - F(\varphi, k)] - 2[E(\varphi_0, k) - E(\varphi, k)]\} \tag{2}$$

mit

$$\varphi = \arccos\left\{[2\varepsilon r^2 z - (1-\varepsilon)\, m] \right.$$

$$\left. \times \sqrt{\frac{\sin\alpha_0}{4\varepsilon r^2 + [(1-\varepsilon)^2 m^2 + 4\varepsilon r^2]\sin\alpha_0}}\right\}.$$

$$\varphi_0 = \arccos\left[-(1-\varepsilon)\, m \sqrt{\frac{\sin\alpha_0}{4\varepsilon r^2 + [(1-\varepsilon)^2 m^2 + 4\varepsilon r^2]\sin\alpha_0}}\right]$$

und

$$k^2 = \frac{4\,\varepsilon\, r^2 + [(1-\varepsilon)^2 m^2 + 4\,\varepsilon\, r^2]\sin\alpha_0}{8\,\varepsilon\, r^2}.$$

Für den Zusammenhang zwischen z und φ erhält man dazu

$$z = \frac{1}{2\,\varepsilon\, r^2}\left[\cos\varphi\sqrt{\frac{4\,\varepsilon\, r^2 + [(1-\varepsilon)^2 m^2 + 4\,\varepsilon\, r^2]\sin\alpha_0}{\sin\alpha_0}} + (1-\varepsilon)\, m\right].$$

Der Grenzfall $\varepsilon = 1$ führt auf den Fall rein quadratischer Abnahme von v mit z, wobei $\varphi_0 = \frac{\pi}{2}$ und $k^2 = \frac{1+\sin\alpha_0}{2}$ wird.

In der Gestalt der Formelgruppe (2) ist die Lösung für den praktischen Gebrauch jedoch nicht unmittelbar anwendbar, da die Werte von $\arccos\varphi$ bei φ_0 immer und bei φ teilweise negativ ausfallen, was zur Folge hat, daß dann φ_0 und $\varphi > \frac{\pi}{2}$ bzw. 90° werden. Alle Tabellenwerke mit Angaben über elliptische Integrale bringen jedoch nur Angaben für das Intervall $0 < \varphi \leqq \frac{\pi}{2}$. Beim Auftreten von $F(\varphi, k)$ und $E(\varphi, k)$ mit $\varphi > \frac{\pi}{2}$ wird daher eine Reduktion auf den Bereich $\varphi \leqq \frac{\pi}{2}$ erforderlich. Für das Intervall $\frac{\pi}{2} < \varphi < \pi$ gelten auf Grund der Definition der elliptischen Integrale erster und zweiter Gattung

$$\int_0^{\varphi} = \int_0^{\pi} - \int_{\varphi}^{\pi} = 2\int_0^{\frac{\pi}{2}} - \int_0^{\pi-\varphi}.$$

Diese Zerlegung muß auf die Formelgruppe (2) des kombinierten Ansatzes mit negativ quadratischem Anteil angewendet werden. Da in dem Ausdruck für φ das Vorzeichen des Arguments des arc cos durch den Ausdruck

$$[(1-\varepsilon)\, m - 2\,\varepsilon\, r^2 z]$$

bestimmt wird, ergeben sich drei unterschiedliche Lösungen, je nachdem, ob $2\,\varepsilon\, r^2 z$ größer, kleiner oder gleich $(1-\varepsilon)\, m$ ist. Die Formelgruppe (2) erhält daher spezifiziert folgendes Aussehen:

(2a) $\quad 2\,\varepsilon\, r^2 z > (1-\varepsilon)\, m$:

$$x = \frac{1}{\sqrt{2\,\varepsilon\sin\alpha_0}}\left\{\begin{array}{l}\left[2\,F\left(\frac{\pi}{2}, k\right) - F(\pi-\varphi_0, k) - F(\varphi, k)\right] \\ -2\left[2\,E\left(\frac{\pi}{2}, k\right) - E(\pi-\varphi_0, k) - E(\varphi, k)\right]\end{array}\right\}$$

mit

$$\varphi = \arccos\left\{[2\,\varepsilon\,r^2 z - (1-\varepsilon)\,m] \times \sqrt{\frac{\sin\alpha_0}{4\,\varepsilon\,r^2 + [(1-\varepsilon)^2 m^2 + 4\,\varepsilon\,r^2]\sin\alpha_0}}\right\};$$

(2b) $2\,\varepsilon\,r^2 z < (1-\varepsilon)\,m$:

$$x = \frac{1}{\sqrt{2\,\varepsilon\sin\alpha_0}}\{[F(\pi-\varphi, k) - F(\pi-\varphi_0, k)] - 2\,[E(\pi-\varphi, k) - E(\pi-\varphi_0, k)]\}$$

mit

$$\pi - \varphi = \arccos\left\{[(1-\varepsilon)\,m - 2\,\varepsilon\,r^2 z] \times \sqrt{\frac{\sin\alpha_0}{4\,\varepsilon\,r^2 + [(1-\varepsilon)^2 m^2 + 4\,\varepsilon\,r^2]\sin\alpha_0}}\right\};$$

(2c) $2\,\varepsilon\,r^2 z = (1-\varepsilon)\,m$:

$$x = \frac{1}{\sqrt{2\,\varepsilon\sin\alpha_0}}\left\{\left[F\left(\frac{\pi}{2}, k\right) - F(\pi-\varphi_0, k)\right] - 2\left[E\left(\frac{\pi}{2}, k\right) - E(\pi-\varphi_0, k)\right]\right\}.$$

Für (2a), (2b) und (2c) gilt gemeinsam

$$\pi - \varphi_0 = \arccos\left[(1-\varepsilon)\,m\sqrt{\frac{\sin\alpha_0}{4\,\varepsilon\,r^2 + [(1-\varepsilon)^2 m^2 + 4\,\varepsilon\,r^2]\sin\alpha_0}}\right]$$

und

$$k^2 = \frac{4\,\varepsilon\,r^2 + [(1-\varepsilon)^2 m^2 + 4\,\varepsilon\,r^2]\sin\alpha_0}{8\,\varepsilon\,r^2}.$$

2. Die Parameterform der Schallstrahlen

Es war

$$\sin\alpha = \frac{\sin\alpha_0}{v_0}\,v(z)$$

und damit

$$\sin\alpha = \sin\alpha_0\,[1 + (1-\varepsilon)\,m\,z - \varepsilon\,r^2 z^2]$$

bzw.

$$\sin\alpha = \sin\alpha_0 + \sin\alpha_0\,(1-\varepsilon)\,m\,z - \sin\alpha_0\cdot\varepsilon\,r^2 z^2.$$

Umgestellt folgt

$$z^2 - \frac{(1-\varepsilon)\,m}{\varepsilon\,r^2}\,z + \frac{\sin\alpha - \sin\alpha_0}{\varepsilon\,r^2\sin\alpha_0} = 0$$

oder

$$z = \frac{(1-\varepsilon)\,m}{2\,\varepsilon\,r^2} \pm \sqrt{\frac{(1-\varepsilon)^2\,m^2}{4\,\varepsilon^2\,r^4} - \frac{\sin\alpha - \sin\alpha_0}{\varepsilon\,r^2\sin\alpha_0}}. \tag{3a}$$

Für die x-Koordinate benötigt man den Parameter φ. Aus

$$\varphi = \arccos\frac{z-c}{p}$$

folgt mit

$$z - c = \pm\sqrt{\frac{(1-\varepsilon)^2\,m^2}{4\,\varepsilon^2\,r^4} - \frac{\sin\alpha - \sin\alpha_0}{\varepsilon\,r^2\sin\alpha_0}}$$

oder

$$z - c = \pm\frac{1}{2\varepsilon\,r^2}\sqrt{\frac{(1-\varepsilon)^2\,m^2\sin\alpha_0 - 4\,\varepsilon\,r^2\,(\sin\alpha - \sin\alpha_0)}{\sin\alpha_0}}$$

schließlich

$$\varphi = \arccos\sqrt{\frac{(1-\varepsilon)^2\,m^2\sin\alpha_0 - 4\,\varepsilon\,r^2\,(\sin\alpha - \sin\alpha_0)}{4\,\varepsilon\,r^2 + [(1-\varepsilon)^2\,m^2 + 4\,\varepsilon\,r^2]\sin\alpha_0}}, \tag{3b}$$

wozu k^2 und φ_0 bzw. $\pi - \varphi_0$ mit den bisherigen Ausdrücken kommen.

3. Der Scheitelpunkt

Ein Scheitelpunkt ist vorhanden, wenn

$$p^2 - (z_S - c)^2 = 0,$$

also $z_S = p + c$ wird, so daß

$$z_S = \frac{1}{2\,\varepsilon\,r^2}\left[(1-\varepsilon)\,m + \sqrt{\frac{4\,\varepsilon\,r^2 + [(1-\varepsilon)^2\,m^2 + 4\,\varepsilon\,r^2]\sin\alpha_0}{\sin\alpha_0}}\right] \tag{4a}$$

folgt. Ferner wird aus der benutzten Substitution dann $\varphi_S = 0$ und damit

$$x_S = \frac{1}{r\sqrt{2\,\varepsilon\sin\alpha_0}}\,[F(\varphi_0, k) - 2\,E(\varphi_0, k)] \tag{4b}$$

mit den gegebenen Ausdrücken für k und φ_0. Die Anwendung dieser Formel ist in der Praxis wiederum nur nach Durchführung der unter Punkt 1 beschriebenen Reduktion möglich. Man erhält dann

$$x_S = \frac{1}{r\sqrt{2\varepsilon \sin\alpha_0}}\left\{\left[2F\left(\frac{\pi}{2}, k\right) - F(\pi - \varphi_0, k)\right] - 2\left[2E\left(\frac{\pi}{2}, k\right) - E(\pi - \varphi_0, k)\right]\right\} \tag{4b}$$

mit den bereits verwendeten Ausdrücken für k und $\pi - \varphi_0$.

4. Die Bogenlänge

Der Ansatz

$$v = v_0[1 + (1 - \varepsilon)\, m z - \varepsilon r^2 z^2]$$

führt im Integral der Bogenlänge

$$s = \int_0^z \frac{dz}{\sqrt{v_0^2 - \sin^2\alpha_0 \cdot v(z)^2}}$$

zu

$$s = \int_0^z \frac{dz}{\sqrt{1 - \sin^2\alpha_0[1 + (1 - \varepsilon)\, m z - \varepsilon r^2 z^2]^2}}.$$

Mit der verwendeten Umformung hat man

$$s = \frac{1}{\varepsilon r^2 \sin\alpha_0}\int_0^z \frac{dz}{\sqrt{[p^2 - (z - c)^2]\cdot[q^2 + (z - c)^2]}}$$

und mit der Substitution $z - c = p\cos\varphi$ analog dem positiven Fall

$$s = \frac{1}{\varepsilon r^2 \sin\alpha_0 \sqrt{p^2 + q^2}}\int_{\varphi}^{\arccos\frac{-c}{p}} \frac{d\varphi}{\sqrt{1 - k^2 \sin^2\varphi}}$$

mit

$$k^2 = \frac{p^2}{p^2 + q^2}.$$

Als Lösung des Integrals erhält man wieder

$$s = \frac{1}{r\sqrt{2\varepsilon \sin\alpha_0}}[F(\varphi_0, k) - F(\varphi, k)], \tag{5}$$

wobei jetzt allerdings

$$\varphi = \operatorname{arc\,cos} \left\{ [2\,\varepsilon\,r^2 z - (1-\varepsilon)\,m] \times \sqrt{\frac{\sin\alpha_0}{4\,\varepsilon\,r^2 + [(1-\varepsilon)^2 m^2 + 4\,\varepsilon\,r^2]\sin\alpha_0}} \right\},$$

$$\varphi_0 = \operatorname{arc\,cos} \left[-(1-\varepsilon)\,m \sqrt{\frac{\sin\alpha_0}{4\,\varepsilon\,r^2 + [(1-\varepsilon)^2 m^2 + 4\,\varepsilon\,r^2]\sin\alpha_0}} \right]$$

und

$$k^2 = \frac{4\,\varepsilon\,r^2 + [(1-\varepsilon)^2 m^2 + 4\,\varepsilon\,r^2]\sin\alpha_0}{8\,\varepsilon\,r^2}$$

ist. Für die Durchführung praktischer Rechnungen muß man die unter Punkt 1 ausführlich beschriebenen Umformungen sinngemäß anwenden. Mit $\varepsilon = 1$ fällt man auf die rein quadratische Abnahme von v mit z zurück und hat $\varphi_0 = \frac{\pi}{2}$ und $k^2 = \frac{1 + \sin\alpha_0}{2}$.

5. Die Scheitelpunktskurve der Parabelschar für die kombinierten Ansätze

Als gemeinsame Gleichung für die kombinierten Ansätze

$$v = v_0[1 + (1-\varepsilon)\,m\,z \pm \varepsilon\,r^2 z^2]$$

war im ersten Teil bereits die Parabelschar

$$(7) \qquad \frac{\Delta v}{v_0} = \left(\frac{\Delta v}{v_0}\right)_S + \frac{(r\,z - r\,z_S)^2}{2\,p^*}$$

gefunden worden, wobei als Scheitelpunktskoordinaten

$$(6) \qquad \left(\frac{\Delta v}{v_0}\right)_S = \mp \frac{(1-\varepsilon)^2 m^2}{4\,\varepsilon\,r^2}, \qquad r\,z_S = \mp \frac{(1-\varepsilon)\,m}{2\,\varepsilon\,r}$$

auftraten, wenn das obere Zeichen der ersten Kombination und das untere der zweiten, hier behandelten entsprach. In der Abb. 1 ist die Parabelschar bei Intervallen in ε von 0,1 für die speziellen, bereits im ersten Teil verwendeten Werte $m = 0{,}0002\ [\mathrm{m}^{-1}]$ und $r = 0{,}002\ [\mathrm{m}^{-1}]$ gezeichnet worden, wobei die gestrichelte Linie die Verbindungslinie der Scheitelpunkte der Parabeln darstellt. Diese Linie ist von besonderem Interesse, weil dort der Übergang von der Zunahme zur Abnahme der Schallgeschwindigkeit erfolgt. Sie soll deshalb mathematisch determiniert werden.

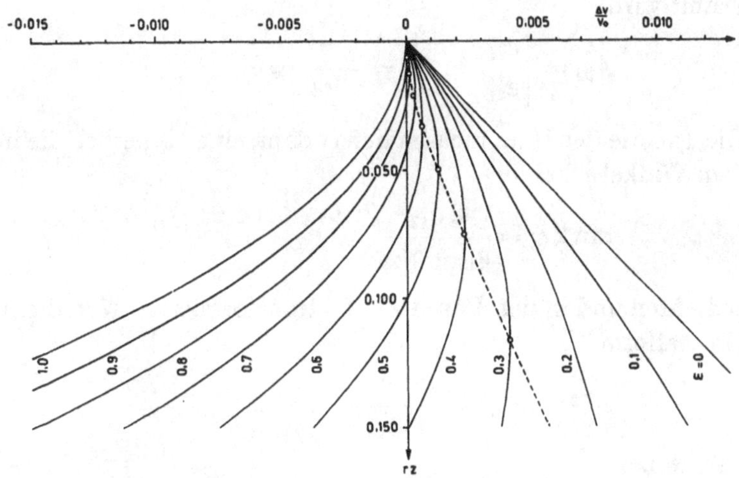

Abb. 1. Darstellung der Funktion $\frac{\Delta v}{v_0} = \frac{m}{r}(1-\varepsilon)\,(r\,z) - \varepsilon(r\,z)^2$ für $m = 0{,}0002$ [m⁻¹] und $r = 0{,}002$ [m⁻¹]

Kürzt man ab

$$\left(\frac{\Delta v}{v_0}\right)_S = V \quad \text{und} \quad r\,z_S = Z,$$

so folgt aus (6) jeweils

$$\mp\frac{2\,r\,Z}{m} + 1 = \frac{1}{\varepsilon} \quad \text{und} \quad \frac{Z^2}{V} = \mp\frac{1}{\varepsilon}$$

und damit

$$V = \frac{\mp Z^2}{1 \mp 2\frac{r}{m}Z}. \tag{8}$$

Das ist eine Gleichung zweiten Grades mit der Normalform

$$a_{11}Z^2 + 2\,a_{12}ZV + 2a_{23}V = 0$$

mit den auf das Hauptachsenproblem der Kegelschnitte bezogenen Bezeichnungen

$$a_{11} = \mp 1, \quad a_{12} = \pm\frac{r}{m}, \quad a_{22} = 0, \quad a_{13} = 0, \quad a_{23} = -\frac{1}{2},$$

$$a_{33} = 0$$

mit symmetrischer Determinante

$$\Delta = \begin{vmatrix} a_{11} & a_{12} & a_{13} \\ a_{21} & a_{22} & a_{23} \\ a_{31} & a_{32} & a_{33} \end{vmatrix}.$$

Damit wird

$$A_{33} = \begin{vmatrix} a_{11} & a_{12} \\ a_{21} & a_{22} \end{vmatrix} = -\frac{r^2}{m^2} \neq 0.$$

Die Theorie der Hauptachsen liefert dann eine Hyperbel, die in einem unter dem Winkel φ bei

$$\tan 2\varphi = \frac{2\,a_{12}}{a_{11} - a_{22}}$$

gedrehten und in den Punkt Z_0, V_0 transformierten Koordinatensystem die Normalform

$$A\zeta^2 + B\,\eta^2 = -\frac{\Delta}{A_{33}}$$

hat, wobei

$$Z_0 = A_{31} : A_{33} \quad \text{und} \quad V_0 = A_{32} : A_{33}$$

ist, wenn

$$A_{31} = \begin{vmatrix} a_{12} & a_{13} \\ a_{22} & a_{23} \end{vmatrix} \quad \text{und} \quad A_{32} = \begin{vmatrix} a_{13} & a_{11} \\ a_{23} & a_{21} \end{vmatrix}$$

bedeutet. Für die Konstanten A und B hat man

$$A = \frac{1}{2}\,[(a_{11} + a_{22}) + \sqrt{(a_{11} + a_{22})^2 - 4A_{33}}],$$

$$B = \frac{1}{2}\,[(a_{11} + a_{22}) - \sqrt{(a_{11} + a_{22})^2 - 4A_{33}}]$$

und für die Hauptachsenquadrate

$$a^2 = -\frac{\Delta}{A \cdot A_{33}} \quad \text{und} \quad b^2 = -\frac{\Delta}{B \cdot A_{33}}.$$

Wählt man als Beispiel die dem früheren Fall analogen Ausgangsgrößen $m = 0{,}0002\,[\mathrm{m}^{-1}]$ und $r = 0{,}002\,[\mathrm{m}^{-1}]$, so lautet die Gleichung für den kombinierten Ansatz

$$\frac{\Delta v}{v_0} = \frac{m}{r}\,(1 - \varepsilon)\,(r\,z) - \varepsilon(r\,z)^2 = 0{,}1\,(1 - \varepsilon)\,(r\,z) - \varepsilon(r\,z)^2$$

und man bestimmt als Drehwinkel aus

$$\tan 2\varphi = -\frac{2\,r}{m} = -20$$

$$\varphi = 46°26' \quad \text{oder} \quad \varphi = 136°26'.$$

Für die Determinanten folgt

$$\varDelta = \pm \frac{1}{4}, \quad A_{33} = -\frac{r^2}{m^2}, \quad A_{31} = \mp \frac{r}{2m}, \quad A_{32} = \mp \frac{1}{2}.$$

Als Transformationspunkt des Koordinatensystems hat man

$$Z_0 = \pm \frac{m}{2r} = \pm 0{,}05, \quad V_0 = \pm \frac{m^2}{2r^2} = \pm 0{,}005.$$

Die Konstanten A und B werden zu

$$A = \frac{1}{2}\left(\mp 1 + \sqrt{1 + 4\frac{r^2}{m^2}}\right) = +9{,}5125 \quad \text{und} \quad +10{,}5125,$$

$$B = \frac{1}{2}\left(\mp 1 - \sqrt{1 + 4\frac{r^2}{m^2}}\right) = -10{,}5125 \quad \text{und} \quad -9{,}5125$$

und

$$-\frac{\varDelta}{A_{33}} = \pm \frac{m^2}{4r^2} = \pm 0{,}0025.$$

Für die Haupt- bzw. Nebenachsen bekommt man dann bei positivem r^2

$$a^2 = +0{,}00026281 \quad \text{und} \quad b^2 = -0{,}00023781,$$

also

$$a = 0{,}01621 \quad \text{und} \quad b = 0{,}01542\,i$$

resp. bei negativem r^2

$$a = 0{,}01542\,i \quad \text{und} \quad b = 0{,}01621.$$

Im ersten Fall wird a reell und b imaginär, im zweiten Fall dagegen umgekehrt. Durch die Existenz von zwei Werten für φ ist eine eindeutige Zuordnung des entsprechenden Drehwinkels zu jedem der beiden Fälle nur durch Berechnung von Beispielen möglich. Für den Fall mit negativem r^2 geht aus dem Verlauf der Scheitelpunktskurve in Abb. 1 hervor, daß eine Drehung des Koordinatensystems um $\varphi = 136°26'$ vorliegt. Die Richtung der Asymptoten folgt aus dem Verhältnis der imaginären zur reellen Achse im gedrehten System zu

$$\pm \tan\alpha = \pm 0{,}9512, \quad \alpha = \pm 43°34',$$

wobei α jeweils gegen die reelle Achse zu messen ist. Auf diese Weise fällt eine Asymptote für negative r^2 parallel zur V-Achse.

6. Durchführung eines Beispiels und Ausblick

Zur Erläuterung der schwer überschaubaren Lösung des Schallwegintegrals ist in der Abb. 2 das Ergebnis des folgenden Beispiels dargestellt worden, wobei an früher gewählte Basisgrößen angeknüpft wurde.

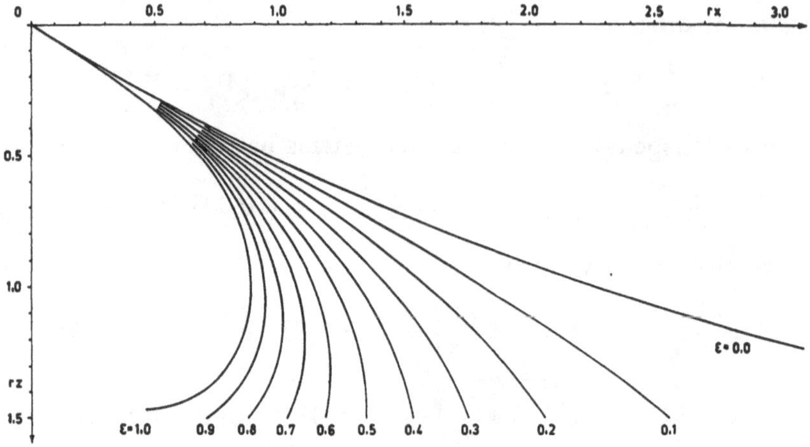

Abb. 2. Schallstrahlverlauf für $\frac{\Delta v}{v_0} = \frac{m}{r}(1-\varepsilon)(r\,z) - \varepsilon\,(r\,z)^2$
bei $m = 0{,}0002\,[\mathrm{m}^{-1}]$, $r = 0{,}002\,[\mathrm{m}^{-1}]$ und $\alpha_0 = 60°$

Beispiel: Man berechne die Schallstrahlkurven für ε-Werte in Abständen von 0,1 zwischen 0,1 und 0,9 bei einem Abgangswinkel $\alpha_0 = 60°$. Zusätzlich sind der lineare und quadratische Fall ($\varepsilon = 0$ bzw. $\varepsilon = 1$) aus den früheren Berechnungen zu bestimmen. Für die Ausgangsparameter seien wieder $m = 0{,}0002\,[\mathrm{m}^{-1}]$ und $r = 0{,}002\,[\mathrm{m}^{-1}]$ gewählt, wobei nunmehr r^2 negativ zu nehmen ist. Für die Lösung der mühselig auswertbaren Formelgruppe (2) hat man zunächst zu entscheiden, in welchem Bereich der Integrationsgrenzen man sich befindet, um dementsprechend die Formel (2a), (2b) oder (2c) anwenden zu können. Das Kriterium darüber war durch den Grenzfall $2\,\varepsilon\,r^2 z^* = (1-\varepsilon)\,m$ gegeben, den man auch als

$$(r\,z)^* = \frac{1-\varepsilon}{2\,\varepsilon}\,\frac{m}{r} = 0{,}1\,\frac{1-\varepsilon}{2\,\varepsilon}$$

schreiben kann. Die Zuordnung zwischen ε und $(r\,z)^*$ lautet folgendermaßen:

ε	0,1	0,2	0,3	0,4	0,5	0,6	0,7	0,8	0,9
$(r\,z)^*$	0,45	0,20	$0{,}11\bar{6}$	0,075	0,050	$0{,}0\bar{3}$	0,0214 . . .	0,0125	$0{,}00\bar{5}$

Die Berechnung der Funktionswerte besorgte Herr Rudolf Sammler, der auch die gründliche Durchsicht des Manuskripts erledigte, wofür ihm besonderer Dank gebührt. Die Darstellung der Abb. 2 stützt sich dabei wie früher auf die Koordinaten $r\,z$ und $r\,x$. Von den möglichen Kombinationen zwischen linearer und quadratischer Abhängigkeit von v mit z sind nunmehr zwei, nämlich für positives m und positives r^2 sowie positives m und negatives r^2 durchgeführt. Es bleiben mithin noch zwei übrig, nämlich von negativen m und positivem r^2 und negativen m mit negativem r^2, die in einem dritten Teil dieser Thematik abgehandelt werden sollen.

Literaturverzeichnis

SAGER, G., Zur Geometrie von Schallstrahlen mit quasilinearer Veränderlichkeit der Schallgeschwindigkeit in Ursprungsnähe. Mber. Dt. Akad. Wiss., *12*, 151, Berlin 1970.

SAGER, G., Zur Geometrie von Schallstrahlen mit quasiquadratischer Zunahme der Schallgeschwindigkeit in Ursprungsnähe. Mber. Dt. Akad. Wiss., *12*, 459, Berlin 1970.

SAGER, G., Zur Geometrie von Schallstrahlen mit quasiquadratischer Abnahme der Schallgeschwindigkeit in Ursprungsnähe. Mber. Dt. Akad. Wiss., *12*, 599, Berlin 1970.

SAGER, G., Bogenlängen von ausgewählten Schallwegkurven. Mber. Dt. Akad. Wiss., *12*, 605, Berlin 1970.

SAGER, G., und R. SAMMLER, Der Verlauf spezieller Schallwegkurven. Mber. Dt. Akad. Wiss., *12*, 694, Berlin 1970.

SAGER, G., Kombination von Schallwegfunktionen. Mber. Dt. Akad. Wiss., *13*, 24, Berlin 1971.

SAGER, G., Zur Geometrie von Schallstrahlen mit linear-quadratisch kombiniertem Ansatz $v = v(z)$. Erster Teil. Mber. Dt. Akad. Wiss. *13*, 793, Berlin (1971).

Eingegangen: 19. Oktober 1971

N. AHLBEHRENDT

Zentralinstitut für solar-terrestrische Physik der Dt. Akad. Wiss.

Ein Lösungsverfahren für die FOKKER-PLANCK-Gleichung, Teil I

Zusammenfassung

Zur Lösung der FOKKER-PLANCK-Gleichung wird der von der Quantenfeldtheorie her bekannte chronologische Zeitoperator benutzt. Durch FOURIER-Darstellung der anfänglichen δ-Verteilung kann die formale Operatorlösung für die Übergangswahrscheinlichkeit durch ein Integral über die FOURIER-Variable k dargestellt werden. Der Exponent des Integranden wird durch eine partielle Differentialgleichung bestimmt. Durch eine k-Entwicklung dieses Exponenten, die auf natürliche Weise unter Annahme kleiner stochastischer Störungen auftritt, kann die Integration ausgeführt werden. Im Ergebnis erhält man einen Faktor $\exp - \Sigma_{ij} b_{ij} \psi_i \psi_j$, auf den ein Operator $\mathfrak{L}\,(\partial/\partial\psi)$ wirkt. Hierin werden die ψ_i im wesentlichen durch die Trajektorie des determinierten Systems bestimmt. Im Falle eines linearen Differentialgleichungssystems mit additivem, weißen GAUSSschen Rauschens wird der Operator $\mathfrak{L} = 1$, und man erhält die bekannte GAUSS-Verteilung.

1. Einleitung

Behandelt werden soll ein stochastisches Differentialgleichungssystem der Form

$$\frac{dx}{dt} = \dot{x} = \varepsilon\, F(\xi, x, t), \tag{1.1}$$

worin die nichtindizierten Größen ξ, x und F Vektoren im n-dimensionalen euklidischen Raum darstellen:

$$x = \begin{pmatrix} x_1 \\ x_2 \\ \vdots \\ x_n \end{pmatrix}; \quad F = \begin{pmatrix} F_1 \\ F_2 \\ \vdots \\ F_n \end{pmatrix}; \quad \xi = \begin{pmatrix} \xi_1 \\ \vdots \\ \xi_n \end{pmatrix}. \tag{1.2}$$

Ziel ist es, die Übergangswahrscheinlichkeit $w(x, x_0; t, t_0)$ anzugeben, mit der das System (1.1) nach der Zeit $(t - t_0)$ in den Zustand x übergegangen ist, wenn es zur Zeit t_0 im Zustand x_0 war. Bekanntlich wird diese Wahrscheinlichkeit bis auf Größenordnungen $0(\varepsilon^3)$ durch die Fokker-Planck-Gleichung bestimmt [1]:

$$\frac{\partial w(x, x_0; t, t_0)}{\partial t} = - H(x, \nabla, t, t_0)\, w(x, x_0; t, t_0). \tag{1.4}$$

Bei der Lösung von (1.4) ist die Anfangsbedingung

$$w(x, x_0; t_0, t_0) = \delta(x - x_0) \tag{1.5}$$

zu erfüllen. $\delta(y)$ ist die Diracsche Delta-Funktion. Der Operator

$$H(x, \nabla, t, t_0) = \varepsilon\, \nabla \cdot \mathfrak{K}(x, t, t_0) - \frac{\varepsilon^2}{2} \sum_{ij} \frac{\partial^2}{\partial x_i\, \partial x_j}\, \mathfrak{K}_{ij}(x, t, t_0) \tag{1.6}$$

wird aus dem Gleichungssystem (1.1) bestimmt:

$$\left\{\begin{aligned} \mathfrak{K}_i(x, t, t_0) &= \langle F_i \rangle - \varepsilon \sum_j \int_{t_0}^{t} dt'\, k\left[F_j(t'), \frac{\partial F_i(t)}{\partial x_j}\right] + 0(\varepsilon^2) \\ \mathfrak{K}_{ij}(x, t, t_0) &= 2 \int_{t_0}^{t} dt'\, k[F_j(t'), F_i(t)] + 0(\varepsilon). \end{aligned}\right. \tag{1.7}$$

Der Nabla-Operator ∇ und $\mathfrak{K}$ sind wieder Vektoren im n-dimensionalen euklidischen Raum mit den Komponenten d/dx_i bzw. $\mathfrak{K}_i$.

$$\langle A \rangle = \lim_{T \to \infty} \frac{1}{T} \int_0^T dt'\, A(t')$$

bezeichnet den zeitlichen Mittelwert der stochastischen Größe $A(t)$ und

$$k[A, B] = \langle A \cdot B \rangle - \langle A \rangle \langle B \rangle$$

ist die Korrelationsfunktion der stochastischen Größen $A(t)$ und $B(t)$.

Die FOKKER-PLANCK-Gleichung (1.4) hat große Ähnlichkeit mit der BLOCH-Gleichung für die kanonische Verteilung eines quantenstatistischen Systems mit dem HAMILTON-Operator $H(x, t, t_0)$. In der Quantenfeldtheorie wurde zur formalen Lösung der BLOCH-Gleichung der chronologische Zeitoperator T_c eingeführt (siehe z. B. [2]). Die quantenstatistischen Mittelwerte von Observablen werden u. a. mit Hilfe von Graphenmethoden berechnet. In dieser Arbeit soll wegen der formalen Analogie ein ähnlicher Weg eingeschritten werden.

Mit dem chronologischen Zeitoperator T_c heißt die formale Lösung von (1.4)

$$w(x, x_0; t, t_0) = T_c e^{-\int_{t_0}^{t} dt' H(x, \nabla, t', t_0)} \delta(x - x_0).$$

Um die Wirkung des Nabla-Operators auf die δ-Funktion besser behandeln zu können, soll die δ-Funktion in ihrer FOURIER-Darstellung ausgenutzt werden, so daß der Nabla-Operator statt auf die δ-Funktion auf die besser zu behandelnde Exponentialfunktion $\exp\{i\, k \cdot x\}$ zu wirken hat. $k \cdot x$ ist hier als Skalar-Produkt im n-dimensionalen euklidischen Raum zu verstehen:

$$(1.8) \qquad w(x, x_0; t, t_0) = \frac{1}{(2\pi)^n} \int dk\, e^{-ikx_0} T_c e^{-\int_{t_0}^{t} dt' H(t')} e^{ikx}.$$

Die letzten beiden Terme in (1.8) ergeben zusammen eine Funktion in Abhängigkeit von x, k, t und t_0. Deshalb wird der Ansatz gemacht:

$$(1.9) \qquad \begin{cases} T_c e^{-\int_{t_0}^{t} dt' H(x, \nabla, t', t_0)} e^{ikx} = e^{ikx + U(x,k,t,t_0)} \\ u(x, k, t_0, t_0) = 0. \end{cases}$$

In dieser Arbeit wird vorausgesetzt, daß für die Funktion $U(x, k, t, t_0)$ eine Entwicklung nach Potenzen von k existiert:

$$(1.10) \qquad U(x, k, t, t_0) = U_0(x, t, t_0) + \sum_{m \geqq 1} \frac{1}{m!} \sum_{j_1 \cdots j_m} i\, k_{j_1} \ldots i\, k_{j_m} U_{j_1 \cdots j_m}(x, t, t_0).$$

Die k_i sind die Komponenten des Vektors k.

Setzt man (1.9) in (1.8) ein und beachtet (1.10), dann erhält man:

$$(1.11) \qquad w(x, x_0; t, t_0) = \frac{e^{U_0(x,t,t_0)}}{(2\pi)^n} \int dk \exp\Big\{ i\, k(x - x_0) + \sum_{m \geqq 1} \frac{1}{m!} \sum_{j_1 \cdots j_m} i\, k_{j_1} \ldots i\, k_{j_m} U_{j_1 \cdots j_m}(x, t, t_0) \Big\}.$$

Beachtet man, daß man jedes $i\, k_j$ erhält, indem man dafür den Operator $\partial/\partial x_j$ schreibt, der auf die Funktion $\exp i\, k \cdot x$ wirkt, so können beliebige

Terme aus dem Integral über k in (1.11) herausgezogen werden, wenn nur das übrigbleibende Integral konvergent ist. Beläßt man auf diese Weise nur die Terme unter dem Integral, die im Exponenten des Integranden höchstens quadratisch in k sind, dann wird die Übergangswahrscheinlichkeit:

(1.12)
$$w(x, x_0; t, t_0) = \frac{e^{U_0}}{(2\pi)^n} \left[\exp\left\{ \sum_{m \geqq 3} \frac{1}{m!} \sum_{j_1 \cdots j_m} U_{j_1 \cdots j_m}(x, t, t_0) \frac{\partial^m}{\partial \bar{x}_{j_1} \cdots \partial \bar{x}_{j_m}} \right\} \right]$$
$$\times \int dk \exp\left\{ i\, k \cdot \tilde{\psi}\,(\bar{x}, x, t, t_0) - \frac{1}{2} \sum_{ij} k_i k_j U_{ij}(x, t, t_0) \right\} \Bigg|_{\bar{x} = x}.$$

Hierin ist zur Abkürzung gesetzt worden:

(1.13)
$$\tilde{\psi}_j(\bar{x}, x, t, t_0) = \bar{x}_j - x_{j0} + U_j(x, t, t_0).$$

Man ersieht sofort, daß die Operatoren $\partial/\partial\bar{x}_j$ durch die Operatoren $\partial/\partial\tilde{\psi}_j$ ersetzt werden können. Dann braucht man nicht mehr die unterscheidenden Größen $\bar{x}_j$ und kann statt der Funktionen (1.13) die Funktionen

(1.14)
$$\psi_j(x, x_0; t, t_0) = x_j - x_{j0} + U_j(x, t, t_0)$$

betrachten.

Unter Voraussetzung, daß

$$\sum_{ij} U_{ij}(x, t, t_0) k_i k_j$$

eine positiv definite Funktion bezüglich k ist, kann die Integration über k leicht ausgeführt werden. Als vorläufiges Ergebnis für die Übergangswahrscheinlichkeit erhält man also:

(1.15)
$$w(x, x_0; t, t_0) = \frac{e^{U_0(x,t,t_0)}}{\sqrt{(2\pi)^n \, \| U_{ij}(x, t, t_0) \|}} \, \mathfrak{L}\left(\frac{\partial}{\partial\psi}, x; t, t_0 \right)$$
$$\times \exp - \frac{1}{2} \sum_{ij} b_{ij}(x, t, t_0)\, \psi_i\,(x, x_0; t, t_0)\, \psi_j(x, x_0; t, t_0).$$

Hierin sind $\{b_{ij}\}$ die reziproke Matrix der Matrix $\{U_{ij}\}$ und

(1.16)
$$\mathfrak{L}\left(\frac{\partial}{\partial\psi}, x; t, t_0 \right) = \exp \sum_{m \geqq 3} \frac{1}{m!} \sum_{j_1 \cdots j_m} U_{j_1 \cdots j_m}(x, t, t_0) \frac{\partial^m}{\partial\psi_{j_1} \cdots \partial\psi_{j_m}}.$$

Damit ist das Problem der Lösung der Fokker-Planck-Gleichung auf das Problem der Lösung von $U(x, k, t, t_0)$ geführt worden.

Wie die Ausgangsform (1.4) ist auch (1.15) nur eine formale Operatordarstellung. Statt der Operatoren $\partial/\partial x_i$ treten in (1.15) die Operatoren $\partial/\partial\psi_i$ auf, die im Unterschied aber zu (1.4) nur auf die nachfolgende Exponentialfunktion wirken. Dafür muß aber in Kauf genommen werden, daß die Operator-Potenzen im Exponenten von $\mathfrak{L}$ bis ins Unendliche wachsen.

2. Die Behandlung von $U(x, k, t, t_0)$

2.1. *Die Differentialgleichung für* $U(x, k, t, t_0)$

Differenziert man (1.9) nach der Zeit, so erhält man für U eine Art BLOCH-Gleichung:

$$e^{ikx+U}\frac{\partial U}{dt} = -H(x, \nabla; t, t_0)\, e^{ikx+U}.$$

Beachtet man die spezielle Form (1.6) des Operators H, und differenziert man die rechte Seite aus, dann erhält man als Bestimmungsgleichung für U:

$$\begin{aligned}(2.1)\qquad \frac{\partial U(x, k; t, t_0)}{\partial t} = &- \sum_i F_{0i}(x, t, t_0) - \sum_i F_{1i}(x, t, t_0)\frac{\partial U}{\partial x_i} \\ &+ \frac{1}{2}\sum_{ij}\widetilde{\mathfrak{K}}_{ij}(x, t, t_0)\left(\frac{\partial^2 U}{\partial x_i\,\partial x_j} + \frac{\partial U}{\partial x_i}\frac{\partial U}{\partial x_j}\right) \\ &- i\sum_i k_i\left\{F_{1i}(x, t, t_0) - \sum_j \widetilde{\mathfrak{K}}_{ij}(x, t, t_0)\frac{\partial U}{\partial x_j}\right\} - \frac{1}{2}\sum_{ij} k_i k_j \widetilde{\mathfrak{K}}_{ij}.\end{aligned}$$

Die Anfangsbedingung ist in (1.9) gegeben.
In (2.1) wurden folgende Abkürzungen eingeführt:

$$(2.2)\qquad \begin{cases} F_{0i}(x, t, t_0) = \dfrac{\partial \mathfrak{K}_i}{\partial x_i} - \dfrac{1}{2}\sum_j \dfrac{\partial^2 \widetilde{\mathfrak{K}}_{ij}}{\partial x_i\,\partial x_j} \\ F_{1i}(x, t, t_0) = \mathfrak{K}_i - \dfrac{1}{2}\sum_j \dfrac{\partial \widetilde{\mathfrak{K}}_{ij}}{\partial x_j} \\ \widetilde{\mathfrak{K}}_{ij} = \dfrac{1}{2}(\mathfrak{K}_{ij} + \mathfrak{K}_{ji}). \end{cases}$$

Der in (1.1, 1.6 und 1.7) auftretende Parameter ε wurde hier $\varepsilon = 1$ gesetzt, da er weiter nicht interessiert.
Die partielle Differentialgleichung (2.1) ist im allgemeinen nicht allgemein lösbar. Deshalb schon ist die in (1.10) eingeführte k-Entwicklung von Bedeutung.

2.2. *Die k-Entwicklung*

Geht man mit der Entwicklung (1.10) in die Differentialgleichung (2.1) und führt den Koeffizientenvergleich bezüglich k durch, dann erhält man für die Entwicklungskoeffizienten $U_{j_1 \cdots j_m}(x, t, t_0)$ die Bestimmungsgleichungen:

$$\begin{aligned}(2.3)\qquad \frac{\partial U_0(x, t, t_0)}{\partial t} = &- \sum_i F_{1i}\frac{\partial U_0}{\partial x_i} - \sum_i F_{0i} \\ &+ \frac{1}{2}\sum_{ij}\mathfrak{K}_{ij}\left(\frac{\partial^2 U_0}{\partial x_i\,\partial x_j} + \frac{\partial U_0}{\partial x_i}\frac{\partial U_0}{\partial x_j}\right)\end{aligned}$$

$$(2.4)\qquad \frac{\partial U_{j_1}(x,t,t_0)}{\partial t} = -\sum_i F_{1i}\frac{\partial U_{j_1}}{\partial x_i} - F_{1j_1} + \sum_i \widetilde{\mathfrak{K}}_{ij_1}\frac{\partial U_0}{\partial x_i} + \frac{1}{2}\sum_{ij}\widetilde{\mathfrak{K}}_{ij}\left(\frac{\partial^2 U_{j_1}}{\partial x_i \partial x_j} + 2\frac{\partial U_0}{\partial x_i}\frac{\partial U_{j_1}}{\partial x_j}\right)$$

$$(2.5)\qquad \frac{\partial U_{j_1 j_2}(x,t,t_0)}{\partial t} = -\sum_i F_{1i}\frac{\partial U_{j_1 j_2}}{\partial x_i} + \mathfrak{K}_{j_1 j_2} + 2\sum_i \widetilde{\mathfrak{K}}_{ij_1}\frac{\partial U_{j_2}}{\partial x_i} - \sum_{ij}\widetilde{\mathfrak{K}}_{ij}\frac{\partial U_{j_1}}{\partial x_i}\frac{\partial U_{j_2}}{\partial x_j} + \frac{1}{2}\sum_{ij}\widetilde{\mathfrak{K}}_{ij}\left(\frac{\partial^2 U_{j_1 j_2}}{\partial x_i \partial x_j} + 2\frac{\partial U_0}{\partial x_i}\frac{\partial U_{j_1 j_2}}{\partial x_j}\right).$$

Für $m \geqq 3$ erhält man schließlich:

$$(2.6)\qquad \frac{\partial U_{j_1\cdots j_m}(x,t,t_0)}{\partial t} = -\sum_i F_{1i}\frac{\partial U_{j_1\cdots j_m}}{\partial x_i} + m\sum_i \widetilde{\mathfrak{K}}_{ij_m}\frac{\partial U_{j_1\cdots j_{m-1}}}{\partial x_i} + \frac{1}{2}\sum_{ij}\widetilde{\mathfrak{K}}_{ij}\left(\frac{\partial^2 U_{j_1\cdots j_m}}{\partial x_i \partial x_j} + 2\frac{\partial U_0}{\partial x_i}\frac{\partial U_{j_1\ldots j_m}}{\partial x_j}\right) + \frac{1}{2}\sum_{ij}\widetilde{\mathfrak{K}}_{ij}\sum_{s=1}^{m-1}\binom{m}{s}\frac{\partial U_{j_1\cdots j_{m-s}}}{\partial x_i}\frac{\partial U_{j_{m-s+1}\cdots j_m}}{\partial x_j}.$$

Bei der Lösung dieser partiellen Differentialgleichungen sind die Anfangsbedingungen

$$(2.7)\qquad U_0(x,t_0,t_0) = U_{j_1\cdots j_m}(x,t_0,t_0) = 0$$

zu erfüllen.

Damit sind die in (1.15) auftretenden Funktionen bestimmt.

2.3. *Die N-Entwicklung*

Im Falle, daß man die Korrelationsterme

$$\mathfrak{K}_{ij} = 2\int_{t_0}^{t} dt'\, k[F_i(t'), F_j(t)]$$

und

$$\sum_j \int_{t_0}^{t} dt'\, k\left[F_j(t'), \frac{\partial F_i(t)}{\partial x_j}\right]$$

gegenüber dem Erwartungswert

$$\langle F_i(\xi, x, t)\rangle$$

als Störung auffassen kann, wird ein neuer Parameter N (etwa die Rauschleistung) derart eingeführt, daß

$$(2.8)\qquad \begin{cases} \mathfrak{K}_{ij} = N\, n_{ij}\,(x,t,t_0) \\ \text{und} \\ \sum_j \int_{t_0}^{t} dt'\, k\left[F_j(t'), \dfrac{\partial F_i(t')}{\partial x_j}\right] = N n_i\,(x,t,t_0) \end{cases}$$

werden. Die Funktion $U(x, t, t_0)$ wird dann als Potenzreihe nach N gesucht:

$$U(x, k, t, t_0) = \sum_{n \geq 0} N^n U^{(n)}(x, k, t, t_0) \tag{2.9}$$

bzw.

$$\begin{cases} U_0(x, t, t_0) = \sum_{n \geq 0} N^n U_0^{(n)}(x, t, t_0) \\ U_{j_1 \cdots j_m}(x, t, t_0) = \sum_{n \geq 0} N^n U_{j_1 \cdots j_m}^{(n)}(x, t, t_0). \end{cases} \tag{2.10}$$

Geht man mit der Entwicklung (2.9) in (2.1) ein und beachtet (2.8) in (1.7), so erhält man nach Koeffizientenvergleich bezüglich N Differentialgleichungen für die $U^{(n)}(x, t, t_0)$. Wegen der Anfangsbedingungen

$$U^{(n)}(x, k, t_0, t_0) = 0$$

stellt man fest, daß die n-te Näherung bezüglich N eine Entwicklung nach Potenzen von k darstellt, die nach der Potenz k^{n+1} abbricht:

$$U^{(n)}(x, k, t, t_0) = U_0^{(n)}(x, t, t_0) + \sum_{m=1}^{n+1} \frac{1}{m!} \sum_{j_1 \cdots j_m} i k_{j_1} \ldots i k_{j_m} U_{j_1 \cdots j_m}^{(n)}(x, t, t_0) \tag{2.11}$$

oder

$$U_{j_1 \cdots j_{m > n+1}}^{(n)}(x, t, t_0) \equiv 0. \tag{2.11a}$$

Die in (1.10) eingeführte k-Entwicklung tritt also bei kleinen Rauschparametern natürlich auf. (Das qualitative Resultat (2.11) erhält man natürlich auch, wenn man mit den Entwicklungen (2.10) in die Differentialgleichungen (2.3–6) eingeht.) Die Bestimmungsgleichungen für die Koeffizienten $U_{j_1 \cdots j_m}^{(n)}$ und $U_0^{(n)}$ lauten:

$$\frac{\partial U_0^{(0)}(x, t, t_0)}{\partial t} = -\sum_i \frac{\partial \langle F_i \rangle}{\partial x_i} - \sum_i \langle F_i \rangle \frac{\partial U_0^{(0)}}{\partial x_i} \tag{2.12}$$

$$\frac{\partial U_{j_1}^{(0)}(x, t, t_0)}{\partial t} = -\sum_i \langle F_i \rangle \left(\delta_{i j_1} + \frac{\partial U_{j_1}^{(0)}}{\partial x_i} \right) \tag{2.13}$$

$$\begin{aligned} \frac{\partial U_0^{(n)}(x, t, t_0)}{\partial t} = &-\sum_i \langle F_i \rangle \frac{\partial U_0^{(n)}}{\partial x_i} + \sum_i n_i \frac{\partial U_0^{(n-1)}}{\partial x_i} \\ &+ \frac{1}{2} \sum_{ij} n_{ij} \left(\frac{\partial^2 U_0^{(n-1)}}{\partial x_i \, \partial x_j} + \sum_{s=0}^{n-1} \frac{\partial U_0^{(s)}}{\partial x_i} \frac{\partial U^{(n-1-s)}}{\partial x_j} \right) \\ &- \sum_i \frac{\partial \langle F_i \rangle}{\partial x_i} \delta_{0n} + \sum_i \frac{\partial n_i}{\partial x_i} \delta_{1n} \end{aligned} \tag{2.14}$$

$$\frac{\partial U_{j_1}^{(n)}(x,t,t_0)}{\partial t} = -\sum_i \langle F_i\rangle \frac{\partial U_{j_1}^{(n)}}{\partial x_i} + \sum_i n_i \frac{\partial U_{j_1}^{(n-1)}}{\partial x_i} + \frac{1}{2}\sum_{ij} \tilde{n}_{ij}\left(\frac{\partial^2 U_{j_1}^{(n-1)}}{\partial x_i \partial x_j} + 2\sum_{s=0}^{n-1} \frac{\partial U_0^{(s)}}{\partial x_i}\frac{\partial U_{j_1}^{(n-1-s)}}{\partial x_j}\right) + \sum_i \tilde{n}_{ij_1}\frac{\partial U_0^{(n-1)}}{\partial x_i} - \delta_{0n}\langle F_{j_1}\rangle + \delta_{1n} n_{j_1} \tag{2.15}$$

$$\frac{\partial U_{j_1 j_2}^{(n)}(x,t,t_0)}{\partial t} = -\sum_i \langle F_i\rangle \frac{\partial U_{j_1 j_2}^{(n)}}{\partial x_i} + \sum_i n_i \frac{\partial U_{j_1 j_2}^{(n-1)}}{\partial x_i} + \frac{1}{2}\sum_{ij} \tilde{n}_{ij}\left(\frac{\partial^2 U_{j_1 j_2}^{(n-1)}}{\partial x_i \partial x_j} + 2\sum_{s=0}^{n-1}\left[\frac{\partial U_0^{(s)}}{\partial x_i}\frac{\partial U_{j_1 j_2}^{(n-1-s)}}{\partial x_j} + \frac{\partial U_{j_1}^{(s)}}{\partial x_i}\cdot\frac{\partial U_{j_2}^{(n-1-s)}}{\partial x_j}\right]\right) + \sum_i 2\,\tilde{n}_{ij_1}\frac{\partial U_{j_2}^{(n-1)}}{\partial x_i} + n_{j_1 j_2}\delta_{2n} \tag{2.16}$$

$$\frac{\partial U_{j_1\cdots j_{m\geq 3}}^{(n)}(x,t,t_0)}{\partial t} = -\sum_i \langle F_i\rangle \frac{\partial U_{j_1\cdots j_m}^{(n)}}{\partial x_i} + \sum_i n_i \frac{\partial U_{j_1\cdots j_m}^{(n-1)}}{\partial x_i} + \frac{1}{2}\sum_{ij}\tilde{n}_{ij}\left[\frac{\partial^2 U_{j_1\cdots j_m}^{(n-1)}}{\partial x_i \partial x_j} + 2\sum_{s=0}^{n-1}\frac{\partial U_0^{(s)}}{\partial x_i}\frac{\partial U_{j_1\cdots j_m}^{(n-1-s)}}{\partial x_j} + \sum_{s=0}^{n-1}\sum_{l=1}^{m-1}\binom{m}{l}\frac{\partial U_{j_1\cdots j_{m-l}}^{(s)}}{\partial x_i}\frac{\partial U_{j_{m-l+1}\cdots j_m}^{(n-1-s)}}{\partial x_j}\right] + m\sum_i \tilde{n}_{ij_m}\frac{\partial U_{j_1\cdots j_{m-1}}^{(n-1)}}{\partial x_i}. \tag{2.17}$$

Die Anfangsbedingungen lauten:

$$U_0^{(n)}(x; t_0, t_0) = U_{j_1\cdots j_m}^{(n)}(x, t_0, t_0) = 0. \tag{2.18}$$

In Anlehnung an (2.2) wurde wegen (2.8) die Funktion

$$\tilde{n}_{ij} = \frac{1}{2}(n_{ij} + n_{ji})$$

eingeführt. δ_{ij} ist das KRONNECKER-Symbol.

2.4. *Die Bedeutung von $\psi(x, x_0; t, t_0)$*

Den in (1.14) definierten Funktionen ψ_j kommt eine fundamentale Bedeutung zu. Um diese herauszustellen, soll die nullte Näherung der Übergangswahrscheinlichkeit betrachtet werden, d. h., es soll die Rauschleistung $N = 0$ sein. In dieser Näherung geht das stochastische Differentialgleichungssystem (1.1) über in ein determiniertes. Für die Übergangswahrscheinlichkeit muß man deshalb eine δ-Verteilung erhalten. In der

Tat: Nach (2.11) und (2.11a) gelten:

$$U^{(0)}(x, k, t, t_0) = U_0^{(0)}(x, t, t_0) + i \sum_j k_j U_j^{(0)}(x, t, t_0)$$

und

$$U^{(0)}_{j_1 \cdots j_{m \geqq 2}} \equiv 0.$$

Nach (1.11) erhält man nach Integration über k tatsächlich eine δ-Verteilung:

$$w^{(0)}(x, x_0; t, t_0) = e^{U_0^{(0)}(x,t,t_0)} \prod_{i=1}^{n} \delta\left(\psi_i^{(0)}(x, x_0; t, t_0)\right).$$

Hierin ist in Analogie zu den Entwicklungen (2.9, 2.10) nach (1.14) $\psi_j^{(0)}$ der erste Summand der Entwicklung:

(2.19a) $$\psi_j(x, x_0; t, t_0) = \sum_{n \geqq 0} \psi_j^{(n)}(x, x_0; t, t_0) N^n$$

(2.19b) $$\psi_j^{(n)}(x, x_0; t, t_0) = \delta_{0n}(x_j - x_{j0}) + U_j^{(n)}(x, t, t_0).$$

Danach kann man folgenden Satz aufstellen:

Satz. Die Hyperfläche

$$\psi_i^{(0)}(x, x_0; t, t_0) = c_i = \text{const} \qquad (i = 1, 2, \ldots, n)$$

stellt die Trajektorie des determinierten Systems von (1.1) dar, die zur Zeit $t = t_0$ durch den Punkt $x(t_0) = x_0 + c = (x_{01} + c_1, x_{02} + c_2, \ldots, x_{0n} + c_n)$ geht.

Diesen Satz kann man leicht beweisen. Dazu gehe man von der Form

(2.20) $$\dot{x}_i = F_i(\xi, x, t); \quad \langle F_i(\xi, x, t) \rangle = \mathfrak{F}_i(x, t)$$

aus.

Nutzt man die Definition (2.19b) aus, differenziert man diese total nach der Zeit unter Beachtung der Voraussetzung $\psi_i^{(0)} = c_i = \text{const}$ und löst diese Gleichung nach $\dot{x}_i$ auf, dann erhält man:

(2.21) $$\dot{x}_i = -\frac{\partial U_i^{(0)}}{\partial t} - \sum_j \frac{\partial U_i^{(0)}}{\partial x_j} \dot{x}_j.$$

Nach (2.20) und (2.12) ist aber:

$$-\frac{\partial U_i^{(0)}}{\partial t} = \mathfrak{F}_i(x, t) + \sum_j \mathfrak{F}_j(x, t) \frac{\partial U_i^{(0)}}{\partial x_j}.$$

Setzt man das in (2.21) ein, dann wird:

$$\dot{x}_i = \mathfrak{F}_i(x, t) + \sum_j \frac{\partial U_i^{(0)}}{\partial x_j} \left(\mathfrak{F}_j(x, t) - \dot{x}_j\right).$$

Diese letzte Gleichung wird aber nur für alle Zeiten erfüllt, wenn das determinierte System von (2.20)

$$\dot{x}_i = \mathfrak{F}_i(x, t) \quad (i = 1, 2, \ldots, n)$$

erfüllt wird.
Die Behauptung $x(t_0) = x_0 + c$ erhält man sofort aus (2.19b), wenn man die Anfangsbedingung (2.18) berücksichtigt.
Damit ist der oben angegebene Satz bewiesen.

2.5. *Der lineare Fall*

Im einfachsten Fall soll ein lineares Differentialgleichungssystem mit additivem, weißen GAUSSschen Rauschen $n'(t)$ mit verschwindendem Mittelwert behandelt werden.
Im Hauptachsensystem lautet dieses:

$$(2.22) \qquad \dot{x}_i = -\alpha_i(t)\, x_i + n_i'(t).$$

Der Einfachheit halber sei

$$\mathfrak{K}_{ij} = \int_{t_0}^{t} dt'\, k[n'(t'), n'(t)] = \frac{N}{2} \int_{t_0}^{t} dt'\, \delta(t - t')$$

oder

$$\mathfrak{K}_{ij} = \frac{N}{2}.$$

In (2.8) sind also zu setzen:

$$n_{ij} = 1; \quad n_i \equiv 0.$$

Aus (2.12–18) erhält man die Lösungen mit $\beta_i = \int_{t_0}^{t} dt'\, \alpha_i(t')$ zu:

$$(2.23) \qquad \begin{cases} U_0^{(0)} = \sum\limits_i \beta_i; \quad U_0^{(n \geq 1)} \equiv 0 \\ U_j^{(0)} = x_j\,(e^{\beta_j} - 1); \quad U_j^{(n \geq 1)} \equiv 0 \\ U_{j_1 j_2}^{(1)} = \dfrac{1}{\alpha_{j_1} + \alpha_{j_2}}\,(e^{\beta_{j_1} + \beta_{j_2}} - 1); \quad U_{j_1 j_2}^{(0)} = U_{j_1 j_2}^{(n \geq 2)} \equiv 0 \end{cases}$$

und

$$(2.24) \qquad U_{j_1 \cdots j_{m \geq 3}}^{(n)} \equiv 0 \quad \text{für alle } n.$$

Daher wird nach (2.19a):

$$(2.25) \qquad \psi_j(x, x_0; t, t_0) = \psi_j^{(0)}(x, x_0; t, t_0) = x_j e^{\beta_j} - x_0.$$

Die Gleichung (2.25) bestätigt noch einmal den in § 2.4 angegebenen Satz.
Da der Operator (1.16) wegen (2.24)

$$\mathfrak{L}(\partial/\partial\psi) = 1$$

wird, erhält man aus (1.15) eine GAUSS-Verteilung:

$$w(x, t; x_0, t_0) = \frac{e^{\sum_i \beta_i}}{\sqrt{(2\pi)^n \det\left(\frac{e^{\beta_i+\beta_j}-1}{\alpha_i+\alpha_j}\right)}} e^{-\frac{1}{2}\sum_{ij} b_{ij} (x_j e^{+\beta_j} - x_{j_0})(e^{+\beta_i} x_i - x_{i_0})}$$

Im eindimensionalen Fall geht diese in die bekannte Verteilung (siehe z. B. [3]) über:

$$w(x, t; x_0, t_0) = \frac{e^{\beta}}{\sqrt{2\pi(e^{2\beta}-1)/2\alpha}} e^{-\frac{1}{2}\frac{(xe^{\beta}-x_0)^2}{(e^{2\beta}-1)/2\alpha}}.$$

Im allgemeinen, nichtlinearen Fall muß der Operator mit berücksichtigt werden. Im Teil II wird dieser Operator mit behandelt.

Der Autor ist den Herren Prof. Dr. SCHMELOVSKY und Dr. KEMPE für ihr förderndes Interesse an dieser Arbeit zu Dank verpflichtet.

Literaturverzeichnis

[1] STRATONOWITCH, R. L., Ausgewählte Fragen der Fluktuationstheorie in der Radio-Technik, Moskau 1961 (in russ. Spr.).

[2] ABRIKOSOV, A. A., L. P. GORKOV und N. E. DSALOSCHINSKI, Methoden der Quantenfeldtheorie in der statistischen Physik, Moskau 1962 (in russ. Spr.).

[3] HETZHEIM, H., Hochfrequenztechnik und Elektroakustik, Leipzig *80*, 55–59 (1971).

Eingegangen: 27. Oktober 1971

N. AHLBEHRENDT

Zentralinstitut für solar-terrestrische Physik der Dt. Akad. Wiss.

Ein Lösungsverfahren für die FOKKER-PLANCK-Gleichung, Teil II

Zusammenfassung

Im ersten Teil wurde in der entwickelten Operatorform für die Übergangswahrscheinlichkeit der Operator $\mathfrak{L}(\partial/\partial\psi)$ nicht berücksichtigt. Diese Vernachlässigung ist aber nur im linearen Fall zulässig. Im allgemeinen nichtlinearen Fall wird dieser Exponentialoperator voll berücksichtigt. Nach Reihenentwicklung von $\mathfrak{L}(\partial/\partial\psi)$ und Einführung von Graphen kann diese Reihe wieder zu einer Exponentialfunktion aufsummiert werden. Der Exponent stellt eine Potenzreihe nach den $\psi_i(x, x_0; t, t_0)$ dar, die im wesentlichen die Trajektorie des determinierten Systems bestimmen. Im eindimensionalen wird der Exponent nach der Rauschleistung N entwickelt. Erst durch unendliche Partialsummationen, die durch Einführung neuer Graphen gelingt, wird der Exponent bis zur Größenordnung $0(N)$ exakt angegeben.

Einleitung

In einer vorangegangenen Arbeit [1] wurde für die Übergangswahrscheinlichkeit eines stochastischen Differentialgleichungssystems

$$(1) \qquad \dot{x} = F(\xi, x, t)$$

die Operatorform

$$(2) \qquad w(x, x_0; t, t_0) = \frac{e^{U_0(x,t,t_0)}}{\sqrt{(2\pi)^n \det(U_{ij})}} \mathfrak{L}\left(\frac{\partial}{\partial\psi}, x, t, t_0\right) \times \exp - \frac{1}{2}\sum_{ij} b_{ij}\,\psi_i\,\psi_j$$

angegeben. ξ, x und F sind hier als Vektoren mit den Komponenten x_i bzw. F_i im n-dimensionalen euklidischen Raum zu verstehen. Der Operator $\mathfrak{L}(\partial/\partial\psi)$ ist ein Exponentialoperator der Form:

$$(3) \qquad \mathfrak{L}\left(\frac{\partial}{\partial\psi}, x, t, t_0\right) = \exp \sum_{m\geqq 3} \frac{1}{m!} U_{i_1\cdots i_m}(x, t, t_0) \frac{\partial^m}{\partial\psi_{i_1}\cdots\partial\psi_{i_m}}.$$

Für die $U_{i_1\cdots i_m}(x, t, t_0)$ wurden in [1] partielle Differentialgleichungen angegeben.

Setzt man die

$$(4) \qquad \psi_i = x_i - x_{i0} + U_i(x, t, t_0)$$

gleich $c_i = \text{const.}$, dann bestimmen diese gerade die Trajektorie des determinierten Systems, wenn man in (1) die stochastische $F(\xi, x, t)$ durch deren Erwartungswert ersetzt.

In [1] wurde der Operator $\mathfrak{L}(\partial/\partial\psi)$ nicht weiter behandelt, was im linearen Fall ohne Bedeutung ist, da in diesem Falle $\mathfrak{L}(\partial/\partial\psi) = 1$ ist. Im allgemeinen, nichtlinearen Fall muß dieser Operator mit berücksichtigt werden.

3. Berücksichtigung des Operators $\mathfrak{L}(\partial/\partial\psi)$

3.1. *Einführung von Graphen*

In dem Ausdruck für die Übergangswahrscheinlichkeit (3) wirkt der Operator $\mathfrak{L}(\partial/\partial\psi)$ auf die Exponentialfunktion

$$(3.1) \qquad Z = \exp - \frac{1}{2}\sum_{ij} b_{ij}\,\psi_i\,\psi_j.$$

Um diese Operationen übersichtlich ausführen zu können, werden Graphen eingeführt:

1. : Jedem Punkt mit n Linien  entspricht ein Faktor

$$\frac{1}{n!}\sum_{j_1 \ldots j_n} U_{j_1 \ldots j_n}(x, t, t_0) \ldots$$

2. Jeder i-ten Linie kommt ein Operator $\partial/\partial\psi_i$ zu.

Mit diesen beiden Graphenregeln kann der Operator (3) wie folgt geschrieben werden:

(3.2) 

Um diesen Operator auf Z anwenden zu können, muß dieser nach TAYLOR entwickelt werden. Bezeichnet man $\tilde{B}_n$ als Beiträge n-ter Ordnung dieser TAYLOR-Entwicklung, dann kann man schreiben:

(3.3) 

Die Beiträge n-ter Ordnung B_n setzen sich aus irreduziblen Termen B_n, also aus Termen, die sich nicht durch Beiträge niederer Ordnung ausdrücken lassen, und aus reduziblen Termen, die sich aus Beiträgen niederer Ordnung zusammensetzen, zusammen. Ohne Beweis soll hier festgestellt werden, daß man die so entstandene Reihe wieder zu einer Exponentialfunktion aufsummieren kann, deren Exponent gleich der Summe aller irreduziblen Graphen n-ter Ordnung B_n ist. (Dieser Sachverhalt ist aus der Quantenfeldtheorie her bekannt (siehe z. B. [2]) und kann auch für diesen hier behandelten Fall leicht bewiesen werden.)

Mit den irreduziblen Beiträgen n-ter Ordnung

$$\{\tilde{B}_n\}_{\text{irr.}} = B_n$$

kann die Übergangswahrscheinlichkeit (3) in der Form

$$w(x, x_0; t, t_0) = \frac{e^{U_0(x,t,t_0)}}{\sqrt{(2\pi)^n \det(U_{ij})}} \times \exp\left\{\sum_{n \geqq 1} B_n(x, x_0; t, t_0) - \frac{1}{2}\sum_{ij} b_{ij}(x, t, t_0)\,\psi_i\,\psi_j\right\} \tag{3.4}$$

geschrieben werden.

Die weitere Aufgabe besteht nun darin, die irreduziblen Graphen B_n zu bestimmen.

Die Entwicklung im Exponenten von (3.4) kann man in Analogie zur physikalischen Statistik als Cluster-Entwicklung auffassen, die B_n als Cluster n-ter Ordnung.

3.2. *Das Aufsuchen der irreduziblen Graphen*

Wirkt ein Operator $\partial/\partial\psi_i$ direkt auf (3.1), dann geht dieser Operator über in

$$\frac{\partial}{\partial\psi_i} Z = -\sum_j b_{ij}\,\psi_j\,Z.$$

Symbolisch soll dieses Ergebnis der Operation auf Z gekennzeichnet werden, indem man das offene Ende der Linie auf einem offenen Punkt 0 enden läßt:

Läßt man einen Operator $\partial/\partial\psi_j$ auf $-\sum_l b_{il}\,\psi_l\,Z$ wirken, dann erhält man genau zwei Terme:

$$\frac{\partial^2}{\partial\psi_j\,\partial\psi_i} = -\,b_{ij}\,Z + \sum_{i_1 j_1} b_{ii_1}\,b_{j_1 j}\,\psi_i\,\psi_j\,Z.$$

Symbolisch kann man den ersten Term der rechten Seite kennzeichnen, indem man die offenen Enden der Linien j und l zusammenlaufen läßt, was dann einem Übergangselement b_{jl} entspricht:

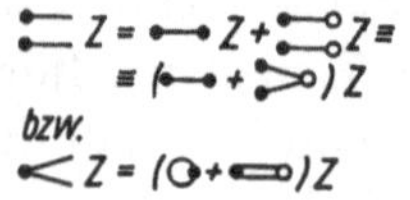

Die Wirkung von $\partial/\partial\psi$ auf Z kann man dann durch Graphen mit folgenden Grundelementen übersichtlich behandeln.

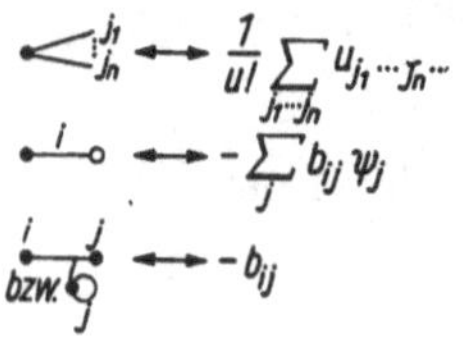

Einzelne Beispiele irreduzibler Graphen werden im folgenden angegeben: Irreduzible Beiträge erster Ordnung:

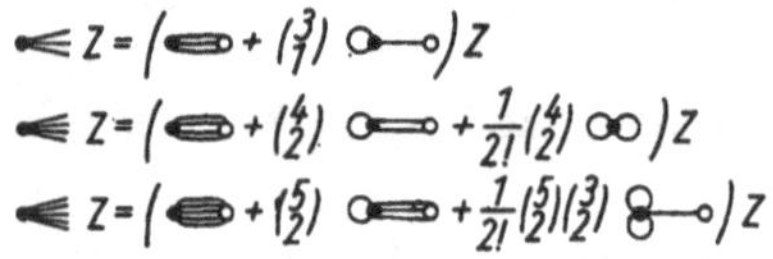

Jeder Beitrag erster Ordnung ist naturgemäß ein irreduzibler. Irreduzible Beiträge zweiter Ordnung:

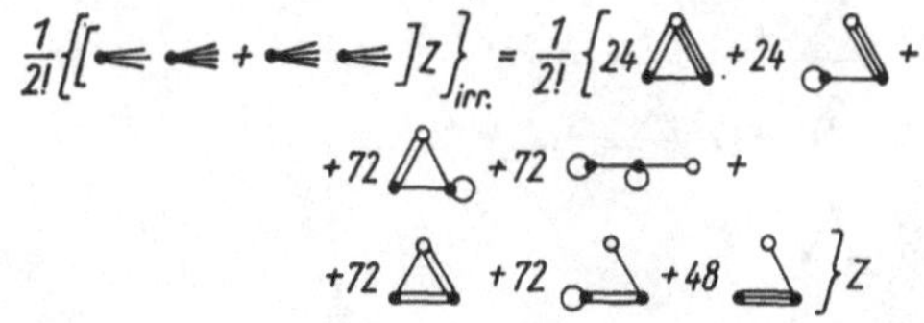

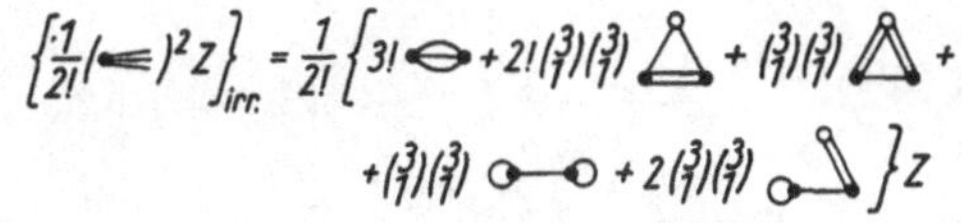

Diese wenigen Beispiele mögen an Stelle eines Beweises für die folgenden Graphenregeln stehen:

GR 1: Jede Linie ist mit einem vollen und einem leeren Punkt oder mit zwei vollen Punkten verbunden.[1])

GR 2: Entspringen einem vollen Punkt n Linien ($n \geqq 3$), so bedeutet dies:

$$\frac{1}{n!} \sum_{j_1 \cdots j_n} U_{j_1 \cdots j_n}(x, t, t_0).$$

GR 3: Verbindet eine Linie „i" einen vollen mit einem leeren Punkt, so stellt sie die Funktion

$$- \sum_j b_{ij} \psi_j$$

dar.

GR 4: Treffen zwei Linien „i" und „j" direkt aufeinander, so bedeutet dies ein Übergangselement $- b_{ij}$.

GR 5: Jeder irreduzible Graph n-ter Ordnung mit m_l Schleifen am l-ten vollen Punkt erhält einen Vorfaktor

$$\frac{1}{n!} \prod_{l=1}^{n} \frac{1}{m_l!} \, a_n^{(j)}.$$

Hierin ist $a_n^{(j)}$ die Anzahl der topologisch gleichen Graphen n-ter Ordnung vom Typ „j".

Mit den in diesem Abschnitt aufgestellten fünf Graphenregeln GR 1–5 können die in (3.4) auftretenden B_n übersichtlich gefaßt werden. Für die ersten drei erhält man:

(3.5) 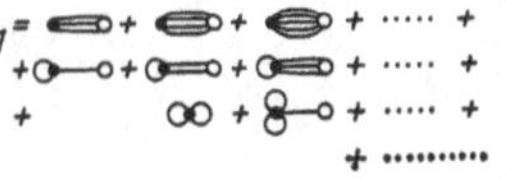

1) Sind zwei Linien eines vollen Punktes direkt verbunden, dann wird von einer Schleife gesprochen.

(3.6)

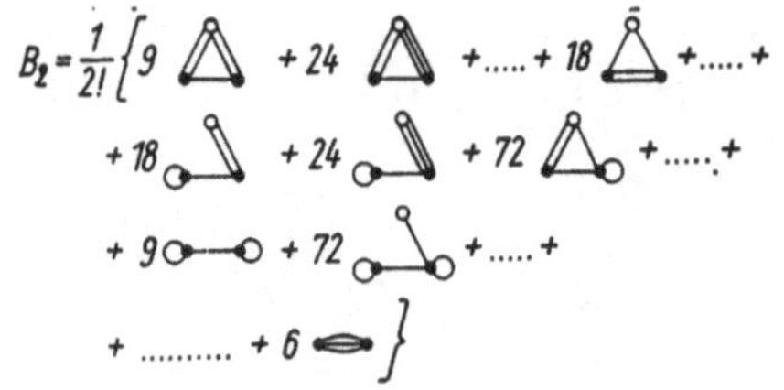

(3.7)

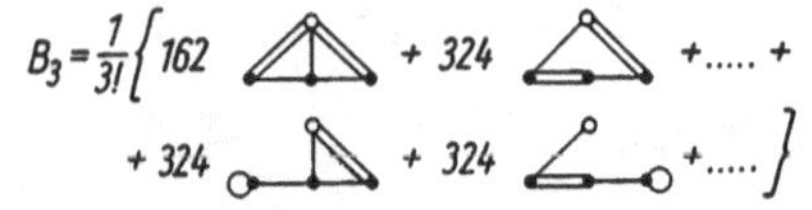

Damit ist die Übergangswahrscheinlichkeit formal bekannt.
Die weitere allgemeine Behandlung für ein System n-ter Ordnung (1) stößt an diesem Punkt auf große Schwierigkeiten, da die Graphen nicht aufsummiert werden können. Dies gelingt aber im eindimensionalen Fall, der im folgenden Abschnitt behandelt werden soll.

4. Der eindimensionale Fall

4.1. *Einführung neuer Graphen*

Im eindimensionalen Fall können die Abkürzungen benutzt werden:

$$U_{i_1 \cdots i_n} = U_n; \quad b_{ij} = b; \quad \psi_j = \psi.$$

Es können neue Graphen eingeführt werden, die diejenigen der in § 3.2 eingeführten Graphen zusammenfassen, deren volle Punkte in gleicher Weise verbunden sind. Zur Demonstration werden einige der neuen Graphen der ersten drei Ordnungen angegeben:

(4.1)

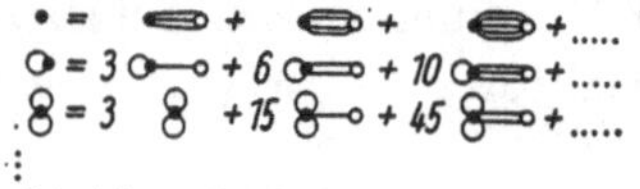

Beispiele zweiter Ordnung:

(4.2)

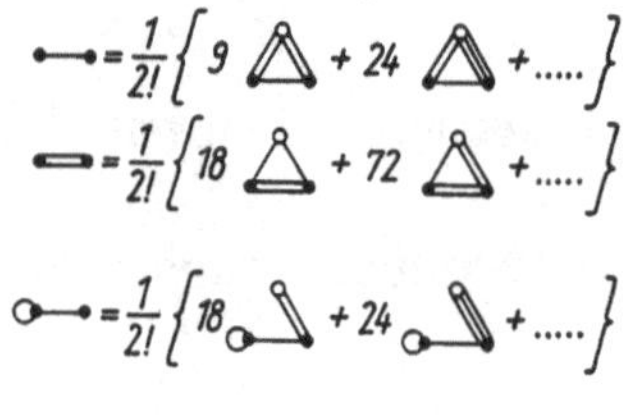

Beispiele dritter Ordnung:

(4.3)

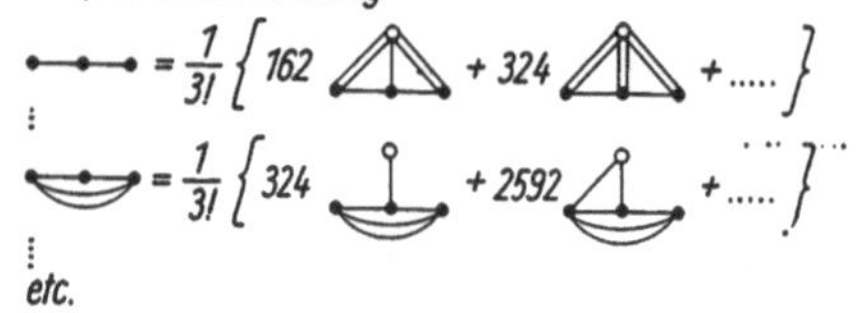

etc.

Mit diesen neuen Graphen können die in der Übergangswahrscheinlichkeit (3.4) auftretenden B_i wie folgt geschrieben werden:

(4.4) 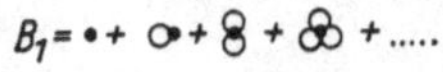

(4.5) 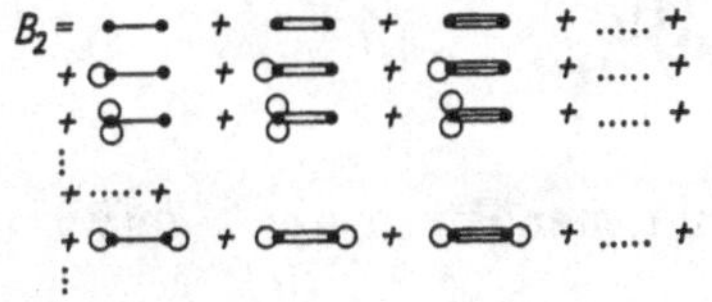

(4.6) 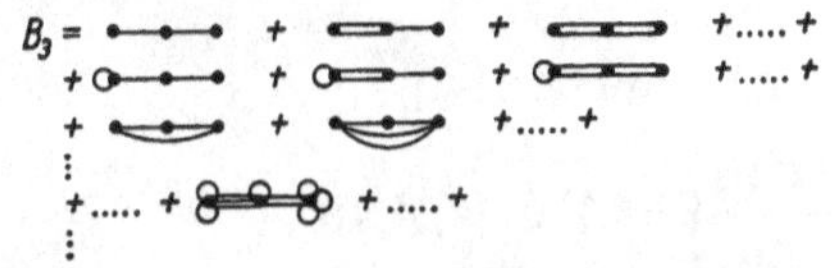

Die Graphenregeln für die eben eingeführten neuen Graphen erhält man leicht aus den Graphenregeln GR 1–5, wenn man zur Abkürzung die Funktionen

$$G_s = \sum_{n \geqq 3} \Theta(n-s) \frac{(-1)^{n-s}}{(n-s)!} U_n [b\psi]^n \tag{4.7}$$

mit der Stufenfunktion

$$\Theta(n-s) = \begin{cases} 1 & \text{für} \quad n \geqq s \\ 0 & \text{für} \quad n < s \end{cases}$$

einführt. Sie lauten:

GRA 1: Jede Linie liefert einen Faktor $-b$.

GRA 2: Jeder Punkt mit s Linien bedeutet eine Funktion G_s, die in (4.7) definiert ist.

GRA 3: Der Vorfaktor bestimmt auch aus den drei Faktoren:

a) Sind an einem Punkt n Schleifen, dann resultiert ein Faktor $\frac{1}{2^n\, n!}$.

b) Verbinden m Linien zwei Punkte, so entspricht dies einem Faktor $1/m!$.

c) Tritt die Funktion G_s k-mal auf, dann resultiert ein Faktor $1/k!$.

Mit diesen neuen Graphenregeln sind die in der Übergangswahrscheinlichkeit (3.4) auftretenden B_i nach (4.4–6) prinzipiell bekannt.

4.2. *Die N-Entwicklung*

Im Falle, daß man die Korrelationsterme

$$\mathfrak{K}_2 = 2 \int_{t_0}^{t} dt'\, k[F(t'), F(t)]$$

und

$$\sum_j \int_{t_0}^{t} dt'\, k\left[F(t'),\, \frac{\partial F(t)}{\partial x}\right]$$

gegenüber dem Erwartungswert (s. [1])

$$\langle F(x,t)\rangle$$

als Störung auffassen kann, wird ein neuer Parameter N (etwa die Rauschleistung) derart eingeführt, daß

$$\text{(4.8)}\qquad \begin{cases} K_2 = N\, n_2(x,t,t_0) \quad \text{und} \\ \int_{t_0}^{t} dt'\, k\left[F(t'),\, \frac{\partial F(t)}{\partial x}\right] = N\, n_1(x,t,t_0) \end{cases}$$

werden. Die Funktion

$$\sum_{n\geqq 0} \frac{1}{n!} (i\,k)^n\, U_n\,(x,t,t_0) = U(x,k,t,t_0)$$

wird dann als Potenzentwicklung nach N gesucht:

$$\text{(4.9)}\qquad U_n(x,t,t_0) = \sum_{m\geqq 0} N^m\, U_n^{(m)}(x,t,t_0)\,.$$

Die Bestimmungsgleichungen für die $U_n^{(m)}(x,\ t,\ t_0)$ erhält man aus den partiellen Differentialgleichungen, die in [1] angegeben wurden, wenn man zum eindimensionalen Fall übergeht:

$$\text{(4.10)}\qquad \begin{aligned} \frac{\partial U_m^{(n)}}{\partial t} = {} & -\langle F\rangle \frac{\partial U_m^{(n)}}{\partial x} + n_1 \frac{\partial U_m^{(n-1)}}{\partial x} + m\, n_2 \frac{\partial U_{m-1}^{(n-1)}}{\partial x} \\ & + \frac{1}{2} n_2 \left[\frac{\partial^2 U_m^{(n-1)}}{\partial x^2} + 2 \sum_{s=0}^{n-1} \frac{\partial U_0^{(s)}}{\partial x} \frac{\partial U_m^{(n-s-1)}}{\partial x} \right. \\ & \left. + \sum_{s=0}^{n-1} \sum_{e=1}^{m-1} \binom{m}{e} \frac{\partial U_{m-e}^{(s)}}{\partial x} \frac{\partial U_l^{(n-s-1)}}{\partial x}\right] \\ & + \delta_{1n}\, \delta_{0m} \frac{\partial n_1}{\partial x} - \delta_{0n}\, \delta_{0m} \frac{\partial\langle F\rangle}{\partial x} - \delta_{0n}\, \delta_{1m}\, \langle F\rangle\,. \end{aligned}$$

Hierin sind die δ_{nm} die KRONNECKER-Symbole. Die Anfangsbedingungen lauten:

$$\text{(4.11)}\qquad U_m^{(n)}(x, t_0, t_0) = 0\,.$$

Ferner ist in (4.10) zu beachten, daß (s. [1])

$$\text{(4.12)}\qquad U_m^{(n<0)} = U_{m>n+1}^{(n)} \equiv 0$$

gilt. Aus (4.12) ersieht man sofort, daß die niedrigste Ordnung bezüglich N von U_m $N^{m-1+\delta_{m0}}$ ist. Deshalb werden zur übersichtlicheren Behandlung der N-Entwicklung in allen N-abhängigen Funktionen die niedrigste Potenz von N herausgezogen:

(4.13) $$U_m = N^{m-1+\delta_{m0}} \tilde{U}_m$$

(4.14) $$b = \frac{1}{N} \tilde{b} = \frac{1}{N} \tilde{U}_2^{-1}$$

(4.15) $$G_s = N^{s-1} \tilde{G}_s$$

oder nach (4.7):

(4.16) $$\tilde{G}_s = \sum_{n \geq 3} \Theta(n-s) \frac{(-1)^{n-s}}{(n-s)!} \tilde{U}_n (\tilde{b}\, \psi)^{n-s}.$$

Berücksichtigt man die so eingeführten Funktionen $\tilde{U}_n$, $\tilde{b}$ und $\tilde{G}_s$, dann bleiben die Graphendarstellungen (4.4–6) der B_i erhalten, wenn man die Graphenregeln GRA 1–3 abändert in:

GRAP 1 – 3: Wie GRA 1–3 von § 4.1, nur ist U_n durch $\tilde{U}_n$, b durch $\tilde{b}$ und G_s durch $\tilde{G}_s$ zu ersetzen.

Diese Graphen enthalten nun aber einen Vorfaktor, der die niedrigste Ordnung in N des entsprechenden Graphen angibt. Dieser bestimmt sich aus der folgenden

Regel: Werden die Punkte „i" und „j" des Graphen n-ter Ordnung mit m_{ij} Linien verbunden und hat dieser Graph s Schleifen, dann ist die niedrigste Ordnung bezüglich N dieses Graphen

$$N^{s-1} \prod_{i=1}^{n} \prod_{\substack{j=1 \\ (i \neq j)}}^{n} N^{m_{ij}-1}.$$

Die ersten fünf Entwicklungskoeffizienten B_i im Exponenten der Übergangswahrscheinlichkeit (3.4) lauten dann bis auf $0(N)$:

(4,17) 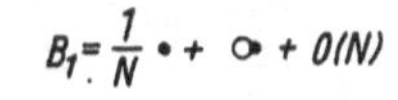

(4.18) 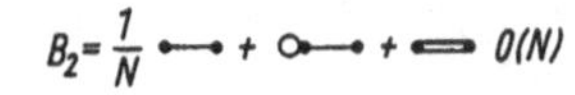

(4.19) 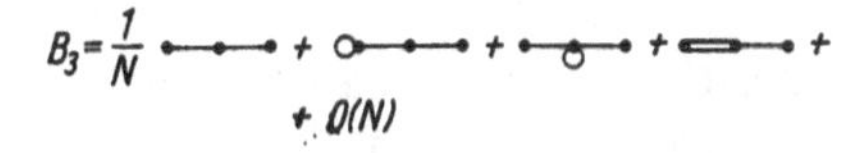

(4.20) 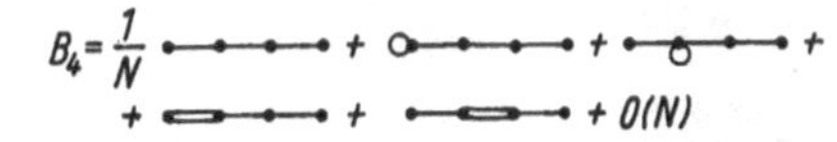

(4.21) 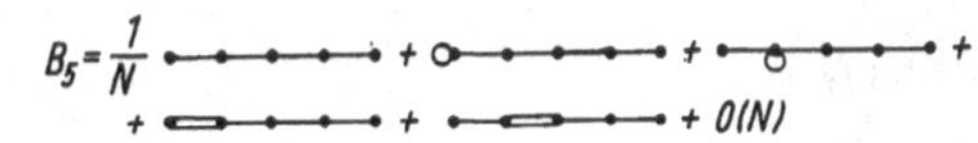

Die Summe über die B_i wird dann als Entwicklung nach N gesucht:

$$(4.22)\qquad B = \sum_{i\geqq 1} B_i = \frac{1}{N}\sum_{m\geqq 0} N^m B^{(m)}.$$

Hierin sind

$$(4.23)\qquad B_i = \frac{1}{N}\sum_{m\geqq 0} N^m B_i^{(m)}$$

und dementsprechend

$$(4.24)\qquad B^{(m)} = \frac{1}{N}\sum_{i\geq 1} B_i^{(m)}$$

Nach (4.17–21) erhält man mit den Graphenregeln GRAP 1–3 für die Ordnung $1/N$:

$B^{(0)} =$  $=$

$$= G_0 - \frac{\mathfrak{b}}{2} G_1^2 + \frac{\mathfrak{b}^2}{2} G_1^2 G_2 - \frac{\mathfrak{b}^3}{2\cdot 2} G_1^2 G_2^2 + \frac{\mathfrak{b}^4}{2\cdot 3!} G_1^2 G_2^3 \mp \cdots = G_0 - \frac{\mathfrak{b}}{2} G_1^2 \sum_{n\geqq 0} \frac{(-\mathfrak{b})^n}{n!} G_2^n.$$

Die Summe über n ergibt gerade eine Exponentialfunktion:

$$(4.25)\qquad B^{(0)} = G_0 - \frac{\mathfrak{b}}{2} G_1^2 e^{-\tilde{\mathfrak{b}}\tilde{G}_2}.$$

Für die Ordnung N^0 erhält man nach (4.17–21):

$B^{(1)} =$ 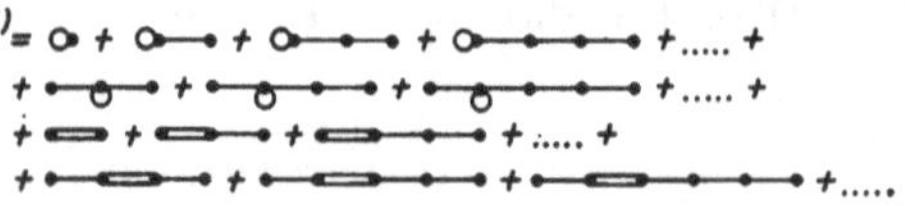

Beachtet man hier wieder die Graphenregeln GRAP 1–3, dann können die einzelnen Zeilen wieder zu Exponentialfunktionen aufsummiert werden. Das Resultat lautet:

$$(4.26)\qquad B^{(1)} = -\frac{\mathfrak{b}}{2} G_2\left(1 - \frac{\mathfrak{b}}{2} G_2\right) + \mathfrak{b}^2 e^{-\mathfrak{b}G_2}\left(G_1 G_3 + \frac{\mathfrak{b}}{8} G_1^2 G_3^2 - \frac{\mathfrak{b}}{4} G_4 G_1\right).$$

Nach (4.22) und (4.24–26) ist die Übergangswahrscheinlichkeit (3.4) für kleine Rauschleistungen N gegeben durch:

$$\text{(4.27)} \quad w(x, t; x_0, t_0) = \frac{1}{\sqrt{2\pi N a_2(x, t, t_0)}}$$
$$\times \exp\left\{-\frac{1}{2N}\left(\frac{\psi^2(x, t; x_0, t_0)}{a_2} - 2G_0 + \bar{b}\, G_1^2\, e^{-\bar{b}\bar{G}_2}\right)\right.$$
$$+ U_0^{(0)}(x, t, t_0) - \frac{\bar{b}}{2} G_2\left(1 - \frac{\bar{b}}{2} G_2\right)$$
$$\left. + \bar{b}^2 e^{-\bar{b}\bar{G}_2}\left(G_1 G_3 + \frac{\bar{b}}{8} G_1^2 G_3^2 - \frac{\bar{b}}{4} G_4 G_1\right) + 0(N)\right\}.$$

Die in (4.27) auftretenden Funktionen $\bar{\psi}$, G_n, a_2 und $\bar{b}$ sind gegeben durch die Gleichungen (4), (4.13–16) und (4.10).
Damit ist für den eindimensionalen Fall die Übergangswahrscheinlichkeit für beliebige Nichtlinearitäten einer stochastischen Differentialgleichung (1) bei kleinen stochastischen Störungen prinzipiell bekannt. Als Mangel muß aber festgestellt werden, daß die Funktionen $\bar{G}_n$ nach (4.16) nur in Form einer Reihenentwicklung gegeben sind, deren Koeffizienten $\bar{U}_n$ aus einer Hierarchie von Differentialgleichungen (4.10) zu bestimmen sind. Dieses Problem ist Gegenstand weiterer Untersuchungen.

Der Autor ist den Herren Prof. Dr. K. H. Schmelovsky und Dr. V. Kempe für ihr förderndes Interesse an dieser Arbeit zu Dank verpflichtet.

Literaturverzeichnis

[1] Ahlbehrendt (Teil I dieser Arbeit).
[2] Abrikosov, A. A., L. P. Gorkov und N. E. Dsaloschinski, Methoden der Quantenfeldtheorie in der statistischen Physik, Moskau 1962 (in russ. Spr.).

Eingegangen: 27. Oktober 1971

A. LAU und G. HUNSALZ

Zentralinstitut für Optik und Spektroskopie der Dt. Akad. Wiss.

Zur Temperaturabhängigkeit der Raman-Intensität

Aus der Theorie des Raman-Effektes erhält man für die Intensität einer Stokesschen Schwingungslinie entsprechend [1]

$$I(\tilde{\nu}_0 - \tilde{\nu}_j) = \frac{2^7 \pi^5}{9 c^4} (\tilde{\nu}_0 - \tilde{\nu}_j)^4 g_j b_j^2 \left(3 a_{1j}^2 + \frac{2}{3} r_{1j}^2\right) (1 - e^{-h\tilde{\nu}_j/KT})^{-1}.$$

Bei der experimentellen Überprüfung der Temperaturabhängigkeit der Intensität wurden viele Anomalien bei Proben im flüssigen und festen Zustand beobachtet, deren Deutung in der Literatur einen großen Raum einnimmt [2].
Insbesondere wurde im Gegensatz zum theoretisch zu erwartenden Verlauf ein Rückgang der RAMAN-Intensität bei steigender Temperatur beobachtet.
Zur Klärung des Sachverhaltes wurden von uns ebenfalls Messungen zu der Temperaturabhängigkeit der RAMAN-Intensität unter Beachtung der notwendigen Korrekturen durchgeführt. Dabei schenkten wir dem Einfluß der Feldeffektkorrektur besondere Aufmerksamkeit, da für diese Korrektur in letzter Zeit neue mathematische Ansätze veröffentlicht sind [3].
Zur Anregung der RAMAN-Strahlung diente in unserem experimentellen Aufbau ein He-Ne-Laser (6328 Å; 20 mW). Zum Nachweis der Spektren fand ein Gitterspektrometer mit photoelektrischer Registrierung Verwendung.
Die Temperierung der Probeflüssigkeit wurde in einer Küvette vorgenommen, die durch eine Kühlbatterie von DKK Scharfenstein zwischen −25 °C und +70 °C temperiert werden konnte. Die Konstanz der eingestellten Temperatur überwachte eine Regeleinrichtung mit Hilfe eines Thermistors. Zur Messung höherer und tieferer Temperaturen kann man eine Temperierplatte verwenden, die an einen Thermostaten angeschlossen wird.
Die Temperierküvette besteht aus einem Kupferblock mit einer axialen Bohrung zur Aufnahme der Probeflüssigkeit. Die Fenster der Küvette,

Abb. 1. Temperierküvette mit Isoliergehäuse

durch die die Laserstrahlung hindurchtritt, sind mit Teflon abgedichtet. Eine dazu senkrechte Bohrung, die mit einem Abschlußfenster versehen ist, dient zur Auskopplung der RAMAN-Strahlung. Die Temperierküvette befindet sich in einem Teflonisoliergehäuse (Abb. 1).
Die Messungen wurden nach der Methode des äußeren Standards nach [4]

durchgeführt. Als Standardspektrum dient ein Spektrum des gleichen Stoffes bei einer konstanten Temperatur.

$$\frac{I_{\perp\,\mathrm{Probe}}}{I_{\perp\,\mathrm{Stand.}}} = \frac{a\,d\,M_{0\,\mathrm{Probe}} + M_{m\,\mathrm{Probe}}\,(1-a)}{a\,d\,M_{0\,\mathrm{Stand.}} + M_{m\,\mathrm{Stand.}}\,(1-a)}\,K.$$

Es bedeuten:

a = Apparatepolarisation $= \frac{I\leftrightarrow}{I\updownarrow}$

d = Durchlässigkeit der Polarisationsfolie

M_0 = Meßwert ohne Polarisationsfolie

M_m = Meßwert mit Polarisationsfolie

K = notwendige Korrekturen

Diese Formel gilt für Linien mit einem Depolarisationsgrad > 0. Für totalsymmetrische Linien mit einem Depolarisationsgrad $\approxeq 0$ vereinfacht sich die Formel und damit der Meßaufwand erheblich:

$$\frac{I_{\perp\,\mathrm{Probe}}}{I_{\perp\,\mathrm{Stand.}}} = \frac{M_{0\,\mathrm{Probe}}}{M_{0\,\mathrm{Stand.}}}\,K = \frac{M_{m\,\mathrm{Probe}}}{M_{m\,\mathrm{Stand.}}}\,K.$$

Entsprechend [1] sind für apparateunabhängige Intensitätsangaben noch folgende Korrekturen notwendig:

1. Korrektur der spektralen Empfindlichkeit der gesamten Meßanordnung.
2. Korrektur des Einflusses des inneren Feldes.
3. Korrektur des geometrischen Einflusses des Brechungsindexes.
4. Absorptionskorrektur.
5. Korrektur bezüglich der Anzahl der streuenden Moleküle.
6. Eliminierung aller linienunabhängigen apparativen Einflüsse und der Konstanten durch Vergleich.

Korrektur 1, 4 und 6 entfällt, da Linien gleicher Frequenz, mit der gleichen Anordnung gemessen, bei unterschiedlichen Temperaturen aufeinander bezogen werden.

Für Rechteckküvetten kann man vereinfacht die Korrektur des geometrisch-optischen Effektes nach

$$\frac{I_{\mathrm{gas}}\,(T_1)}{I_{\mathrm{gas}}\,(T_0)} = \frac{I_{\mathrm{exp.}}\,(T_1)\,n\,(T_0)^2}{I_{\mathrm{exp.}}\,(T_0)\,n\,(T_1)^2}$$

vornehmen.

Die Anzahl der streuenden Moleküle kann über die Dichteänderung der untersuchten Substanz bei verschiedenen Temperaturen berechnet werden.

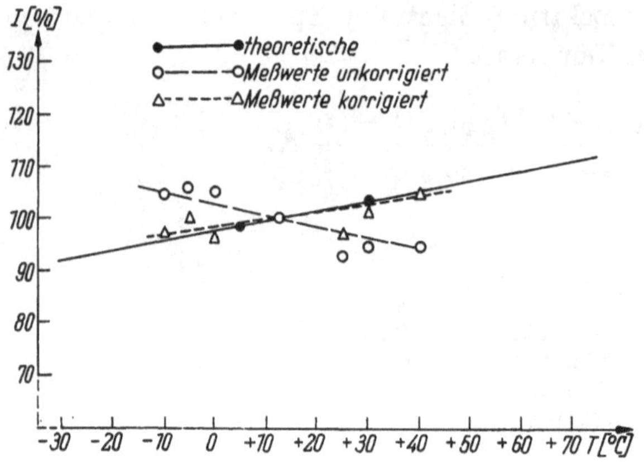

Abb. 2. Relativer Streukoeffizient von CCl_4 ($v = 218\ cm^{-1}$) bei verschiedenen Temperaturen

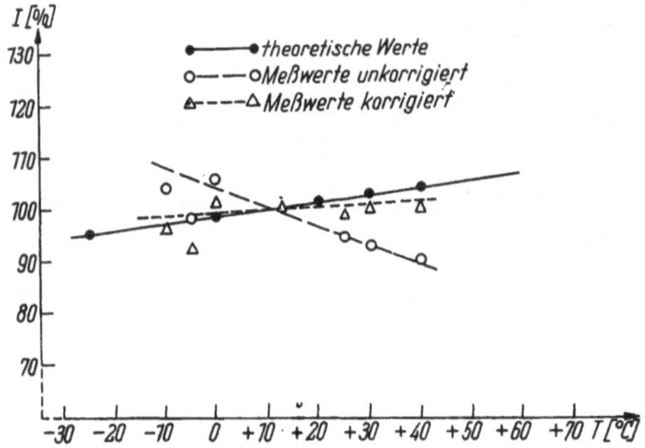

Abb. 3. Relativer Streukoeffizient von CCl_4 ($v = 314\ cm^{-1}$) bei verschiedenen Temperaturen

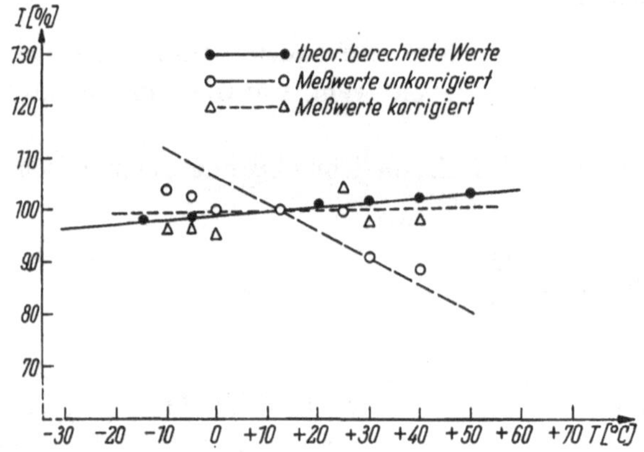

Abb. 4. Relativer Streukoeffizient von CCl_4 ($v = 459\ cm^{-1}$) bei verschiedenen Temperaturen

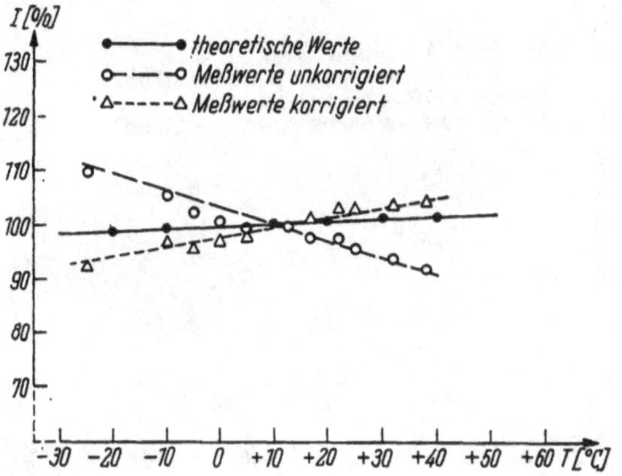

Abb. 5. Relativer Streukoeffizient von CS_2 ($v = 656\ cm^{-1}$) bei verschiedenen Temperaturen

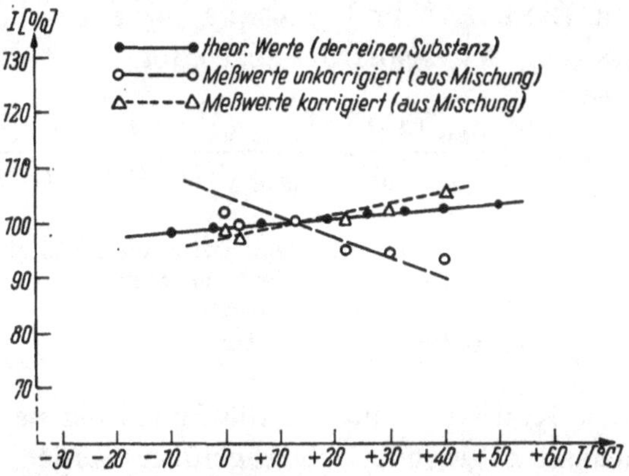

Abb. 6. Relativer Streukoeffizient von CCl_4 ($v = 459\ cm^{-1}$) bei verschiedenen Temperaturen aus der Mischung 50% CS_2 + 50% CCl_4

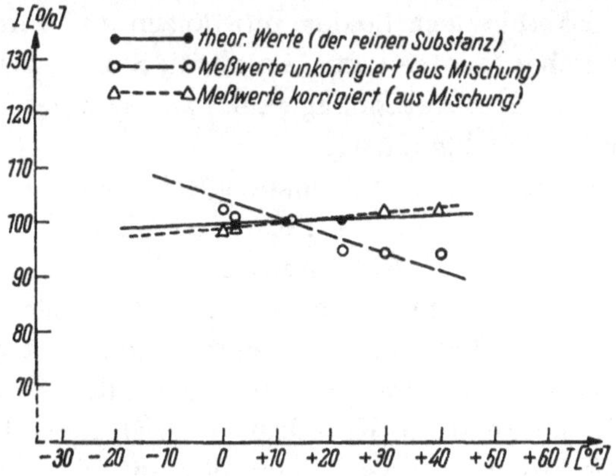

Abb. 7. Relativer Streukoeffizient von CS_2 ($v = 656\ cm^{-1}$) bei verschiedenen Temperaturen aus der Mischung 50% CS_2 + 50% CCl_4

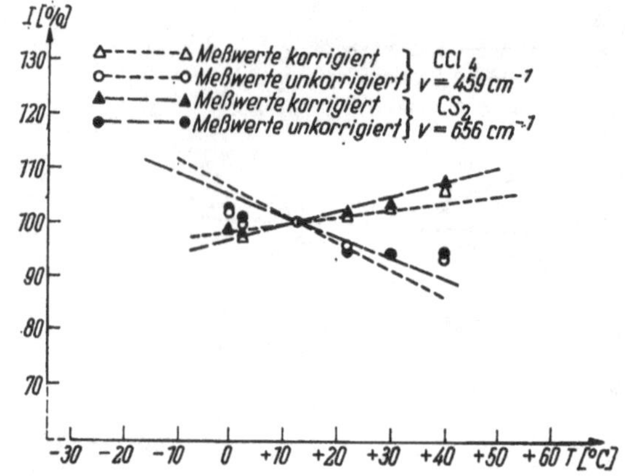

Abb. 8. Relative Streukoeffizienten von CCl_4 ($v = 459\ cm^{-1}$) und CS_2 ($v = 656\ cm^{-1}$) bei verschiedenen Temperaturen (aus der Mischung 50% CS_2 + 50% CCl_4)

Die Korrektur des inneren Feldes wurde für unsere Bedingungen aus der von Eckhardt und Wagner [4] angegebenen Formel unter Vernachlässigung der Dispersion abgeleitet.

$$\frac{I_{gas}(T_1)}{I_{gas}(T_0)} = \frac{I_{Misch}(T_1)}{I_{Misch}(T_0)} \left[\frac{n^2 + 2\,n_0^2}{(n^2+2)\,n_0^2}\right]^4_{(T_1)} \left[\frac{(n^2+2)\,n_0^2}{n^2 + 2\,n_0^2}\right]^4_{(T_0)}$$

n = Brechungsindex der reinen Flüssigkeit
n_0 = Brechungsindex der Mischung
T_1 = variable Temperatur
T_0 = Bezugstemperatur

Diese Korrektur muß für die Linien der verschiedenen Komponenten des Gemisches gesondert durchgeführt werden. Im Zusammenhang mit experimentellen Überprüfungen einiger Feldeffektkorrektur-Ansätze ergab sich, daß das Verhalten von Tetrachlorkohlenstoff und Schwefelkohlenstoff und Mischungen beider Substanzen gut durch die angegebene Formel beschrieben werden kann. An diesen Substanzen wurden daher die Messungen der Temperaturabhängigkeit an symmetrischen und unsymmetrischen Linien durchgeführt.

Die korrigierten und unkorrigierten Meßwerte für diese Frequenzen sowie die entsprechend der Polarisierbarkeitstheorie von Placzek berechneten Werte sind den Abbildungen 2–8 zu entnehmen.

Unabhängig vom Symmetriecharakter der Linien zeigen unsere unkorrigierten Meßwerte in Übereinstimmung mit den Literaturwerten eine Verringerung der Intensität bei steigender Temperatur. Nach Durchführung aller notwendigen Korrekturen erhält man ohne zusätzliche Annahmen den theoretisch zu erwartenden Verlauf, d. h. ein Anwachsen der Intensität mit steigender Temperatur.

Einschränkend muß festgestellt werden, daß von uns nur Substanzen mit relativ niedrigen RAMAN-Frequenzen untersucht wurden. Es ist zwar anzunehmen, daß man unter geeignet gewählten Bedingungen auch eine entsprechende Übereinstimmung für Substanzen mit hohen RAMAN-Frequenzen erhält. Eine Verallgemeinerung unseres Ergebnisses kann aber nicht ohne weiteres vorgenommen werden, weil bei hohen RAMAN-Frequenzen eine andere Feldeffektkorrektur vorgenommen werden muß, die die Dispersion des Mediums berücksichtigt. Eine experimentelle Überprüfung dieser Aussagen für hohe RAMAN-Frequenzen ist daher noch notwendig.

Literaturverzeichnis

[1] BRANDMÜLLER und MOSER, Dr. Dietrich Steinkopf Verlag. Darmstadt 1962.
[2] SOKOLOVSKAJA, A. J., A. N. SSSR (1964), Arbeiten des phys. Institutes Lebedewa, Tom XXVII.
VENKATESWARTE, K., Acta Physica America *19*, 2. Heft, 105–110.
JAGATHEASAN, S.,
PREEM, P. A., Tr. Un-ta fis u. astron. A. N. Est. SSR.
BOBOWITSCH, J. S., Uspechi fis. nauk Tom. 97, 1. Heft 1969.
[3] ECKHARDT, G., und W. G. WAGNER, J. mol. Spectr. *19*, 407 (1966).
[4] LAU, A., Exp. Techn. Phys. XVI 4. 253. 1968.

Eingegangen: 8. November 1971

P. BORMANN

Zentralinstitut Physik der Erde der Dt. Akad. Wiss.

Ein heuristisches Kriterium zur Unterscheidung von Beben und unterirdischen Kernexplosionen[1])

(Vorläufige Mitteilung)

Der Identifizierung teleseismischer Ereignisse kommt im Hinblick auf eine weltweite Kontrolle unterirdischer Kernwaffentests auf der Grundlage nationaler Detektionsmittel erhebliche Bedeutung zu, zumal ein Fernnachweis dieser Tests nur mit Hilfe seismischer Methoden möglich ist. Für den Nachweis und die Identifizierung atmosphärischer Kernexplosionen wurden bereits vor einem Jahrzehnt nichtseismische Verfahren entwickelt, deren hohe Leistungsfähigkeit es gestattet, jedes interessierende Ereignis dieser Art festzustellen. Diese Kontrollmöglichkeit war eine wesentliche Voraussetzung für die Unterzeichnung des Moskauer Vertrages durch die meisten Staaten der Welt. Der Nachweis und die Identifizierung unter-

[1]) Mitteilungen des Zentralinstituts Physik der Erde, Nr. 210.

irdischer Kernexplosionen unter den jährlich über 10000 natürlichen seismischen Ereignissen im gleichen Energiebereich sind dagegen ungleich schwieriger.

Infolge des unterschiedlichen Herdvorganges zeigen Aufzeichnungen von Beben und Explosionen im Mittel oft statistisch bedeutsame Unterschiede. Die Streubreite der Erdbebenmerkmale ist aber sehr groß und überdeckt in der Regel den für unterirdische Kernexplosionen beobachteten Bereich. Das ist auch die Ursache dafür, daß lange Zeit keine positiven Kriterien für eine sichere Unterscheidung von Beben und Explosionen angegeben werden konnten, sondern nur sogenannte Diagnosehilfen. Diese gestatten lediglich eine Auslese typischer Erdbeben, wenngleich z. T. mit einem hohen Prozentsatz. In den letzten Jahren wurden jedoch Kriterien gefunden, die eine Unterscheidung von Beben und unterirdischen Explosionen bis herab zu äquivalenten Ladungsmengen von ca. 1–10 kt Trinitrotoluol ermöglichen sollen [2, 3, 4]. Sie beruhen auf den Unterschieden der Raum- und Oberflächenwellenspektren von Beben und Explosionen und haben erst durch die Entwicklung höchstempfindlicher langperiodischer Seismographen mit bis zu 500000fachen Vergrößerungen bei Perioden um 50 Sekunden volle Bedeutung erlangt.

Ein weiteres positives Kriterium auf völlig anderer Grundlage wurde 1969 vom Verfasser am Zentralinstitut Physik der Erde der DAW entwickelt und 1970 erfolgreich getestet [1]. Es handelt sich um ein heuristisches Summationskriterium, das ein quantitatives Maß für die Komplexität der seismischen Registrierung liefert. Seine Bestimmung kann manuell ausgeführt, aber auch relativ leicht automatisiert werden. Das Kriterium wurde an kurzperiodischen Breitbandregistrierungen hoher Vergrößerung, in denen die weitaus meisten seismischen Ereignisse aufgezeichnet werden, erprobt. Als quantitatives Maß für die Komplexität wurde der Wert

$$K(m) = \frac{\sum_{i=1}^{m} A_i}{A_{\max} \cdot n(m)}.$$

bestimmt. Es bedeuten A_i die i-te Doppelamplitude und $A_{\max}$ die größte Doppelamplitude der ersten beiden Schwingungen. $n(m)$ ist die Anzahl der Schwingungsmaxima im Zeitintervall von m Sekunden nach dem P-Einsatz. Da die mittlere Periode der P-Wellen für Beben größer als für Explosionen ist, ermöglicht die Berücksichtigung der ganzzahligen Schwingungszahl $n(m)$ bei der Bestimmung von K des öfteren auch die Trennung von Beben und Explosionen, deren normierte Amplitudensummen gleich sind. Doch auch für sich allein ist $n(m)$ bei Berücksichtigung der Herdregion bereits eine wertvolle Diagnosehilfe (Abb. 1). Abb. 2 zeigt signifikante Unterschiede der Verteilungen der relativen Häufigkeiten von lg K für unterirdische Kernexplosionen (UKE) und Beben ($m = 10$ bzw. 30). Sie ermöglichen es, ohne Kenntnis der Herdparameter allein auf Grund kurzperiodischer Registrierungen, die Mehrzahl der Beben auszusondern. Bei Berücksichtigung der Herdregion ist K bzw. lg K zumindest für einen Teil der Herdgebiete ein positives Identifizierungskriterium (Abb. 3). In den langperiodischen Breitbandregistrierungen der Station Moxa sind die Unterschiede der K von Beben und Explosionen noch größer, doch ist deren Aufzeichnungsmöglichkeit z. Z. für Explosionen und schwache Beben noch zu gering.

Außer dem hier beschriebenen Kriterium wurden noch andere aus der Literatur [3] bekannte Identifizierungsmethoden z. T. in erheblich vereinfachter Form auf Registrierungen der Station Moxa angewandt [1].

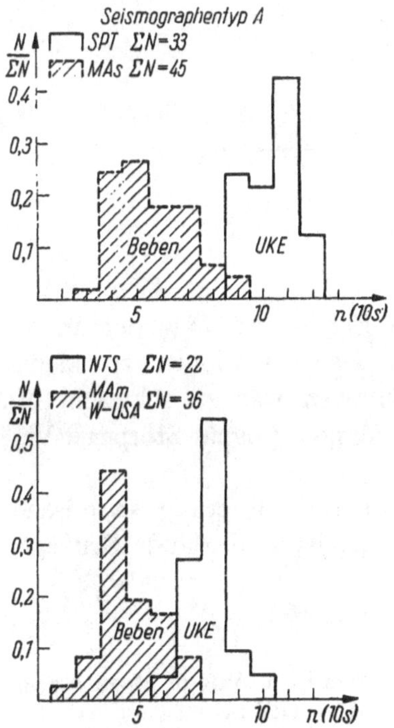

Abb. 1. Verteilungen der relativen Häufigkeiten von n (10 s) für Beben und Explosionen für 2 verschiedene Herdgebiete

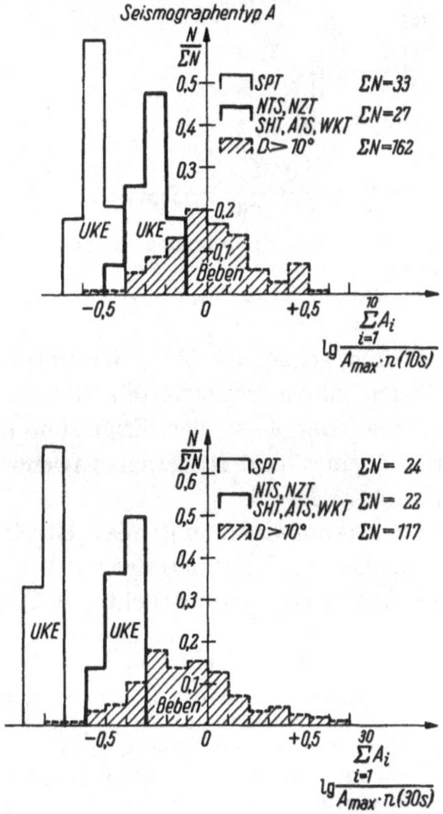

Abb. 2. Verteilungen der relativen Häufigkeiten des Komplexitätsmaßes lg K (10) und lg K (30) für Explosionen und Beben

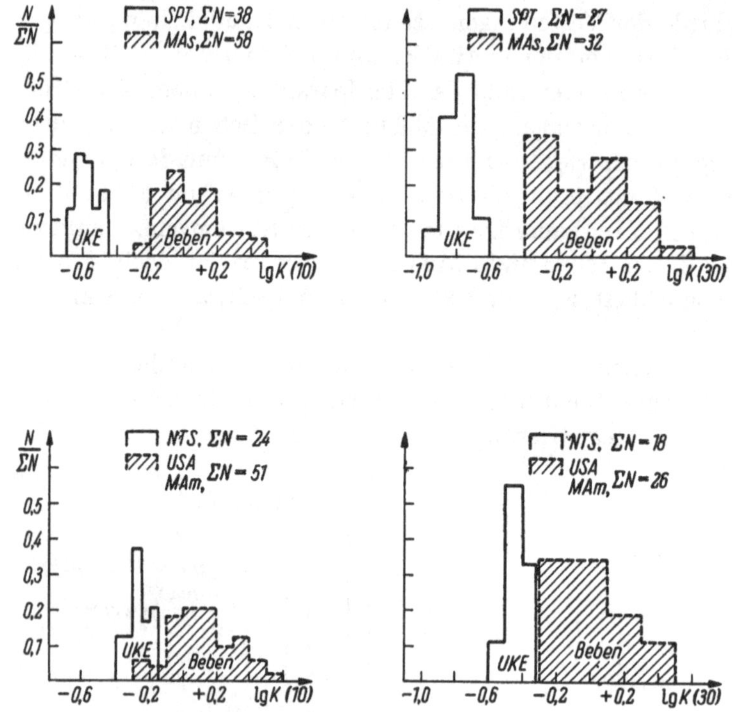

Abb. 3. Trennung von Explosionen und flachen Erdbeben (Herdtiefe $h < 70$ km) nach dem Komplexitätsmaß lg K (10) und lg K (30) unter Berücksichtigung der Herdregion

Dadurch gelang es, 96% der untersuchten Beben und 75% der an der Station Moxa registrierten unterirdischen Kernexplosionen zu identifizieren. Der Rest der Explosionsaufzeichnungen war zu schwach, um irgend eines der Kriterien anwenden zu können (Signal-Störpegel-Verhältnis $\leqq 3$).

Eine Zusammenfassung aller Ergebnisse zur Identifizierung seismischer Ereignisse in Registrierungen der Station Moxa ist in Gerlands Beiträgen zur Geophysik veröffentlicht (1972).

Literaturverzeichnis

[1] Bormann, P., Identification of teleseismic events in records of Moxa station Gerlands Beiträge zur Geophysik, *81*, 1/2, 105–116, (1972).

[2] Molnar u. a., Small earthquakes and explosions in western North America recorded by new high-gain long-period seismographs. Earthquake Notes 4, 12 (1969).

[3] Seismic Methods for monitoring underground explosions. SIPRI, Internat. Inst. f. Pease and Conflict Research, Stockholm 130 (1968).

[4] Progress report of the seismic study group. SIPRI, Stockholm 9 (1970).

Eingegangen: 15. November 1971

P. BORMANN

Zentralinstitut Physik der Erde der Dt. Akad. Wiss.

Ortung teleseismischer Ereignisse aus Raumwellenregistrierungen der Station Moxa[1])

(Vorläufige Mitteilung)

1. Einleitung

Bei der Ortung nach der 1-Stations-Methode müssen die seismologischen Standard-Routineverfahren der Registrierung und Auswertung komplex angewendet werden. Voraussetzung für den praktischen Erfolg ist die hinreichende Genauigkeit der ihnen zugrundeliegenden Modellvorstellung wie die Präzision des seismischen Dienstes der Station. Beides kann durch statistische Vergleiche mit den Ortungsergebnissen der Weltdatenzentren überprüft werden. Entsprechende Untersuchungen wurden an der seismologischen Station Moxa des Zentralinstituts Physik der Erde der Deutschen Akademie der Wissenschaften zu Berlin durchgeführt. Die angewandte Ortungsmethode besteht aus zwei Schritten:

a) Berechnung der Epizentralentfernung D und nach Möglichkeit auch der Herdtiefe h aus den Laufzeitdifferenzen identifizierter seismischer Welleneinsätze, deren Laufzeitkurven bekannt sind.
b) Bestimmung des Azimutes Az aus dem Amplitudenverhältnis der horizontalen Verschiebungskomponenten von Wellen, die in der vertikalen Ausbreitungsebene polarisiert sind.

Die vertikale Ausbreitungsebene ist durch die Lotrichtung und die Wellennormale definiert. Sind D und Az bekannt, dann können die Koordinaten des Epizentrums rechnerisch oder aus geeigneten Kartendarstellungen bestimmt werden.

Allen Auswertungen liegen Registrierungen der Standardseismographen vom Typ A, B und C zugrunde (Abb. 1 und 2). Ihre Charakteristiken entsprechen den Empfehlungen der Kommission der Akademien der Wissenschaften sozialistischer Länder für gemeinsame planetare geophysikalische Forschungen (KAPG). Die Auswahl der geeignetsten Methoden zur Entfernungsbestimmung erfolgte nach einer Analyse der relativen Häufigkeiten der Auswertung teleseismischer Raumwelleneinsätze aus Standardregistrierungen der Station Moxa [1] unter Berücksichtigung des Charakters der seismischen Wellen sowie ihrer Laufzeitkurven. Wir entschieden uns im P-Wellen-Bereich bis ca. 100° (1° $\triangleq$ 111,1 km) für Entfernungsbestim-

[1]) Mitteilungen des Zentralinstituts Physik der Erde, Nr. 211.

mungen aus den Laufzeitdifferenzen *S–P*, *PP–P* und *SS–P* mit Hilfe von Laufzeitdifferenztabellen sowie für Azimutbestimmungen aus *P*-Wellen. (Es bedeuten: *P* – direkte Longitudinalwelle, *S* – direkte Transversalwelle, *PP* bzw. *SS* – in halber Herdentfernung an der Erdoberfläche reflektierte

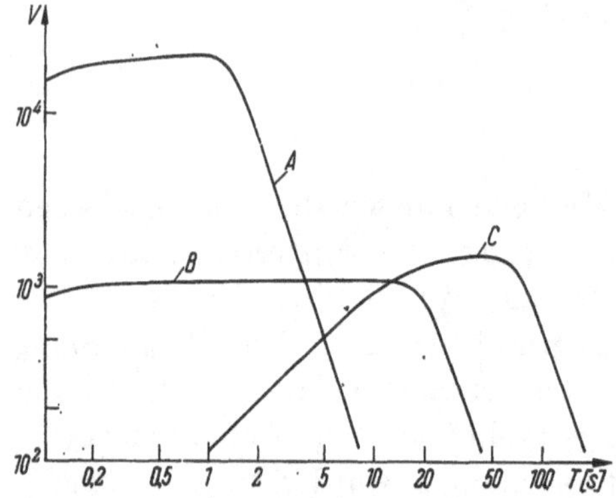

Abb. 1. Frequenzcharakteristiken vom Typ A, B und C. *V* – Vergrößerung des Seismographen, *T* – Periode der Bodenbewegung

Longitudinal- bzw. Transversalwelle.) Im Bereich des Erdkernschattens von *P* (*D* > ca. 100°) liefern Entfernungsbestimmungen nach der sogenannten „fitting the chart"-Methode, d. h. durch visuelle Korrelation der gemessenen Einsatzzeiten mit detaillierten Laufzeitkurven die besten Ergebnisse. Azimutbestimmungen sind dann in der Regel nur noch aus sogenannten longitudinalen Scheinwellen nach dem ersten Longitudinalwelleneinsatz möglich (*PP, PS, SP, SPP, SKP, SKS, SKKS* usw.). Diese

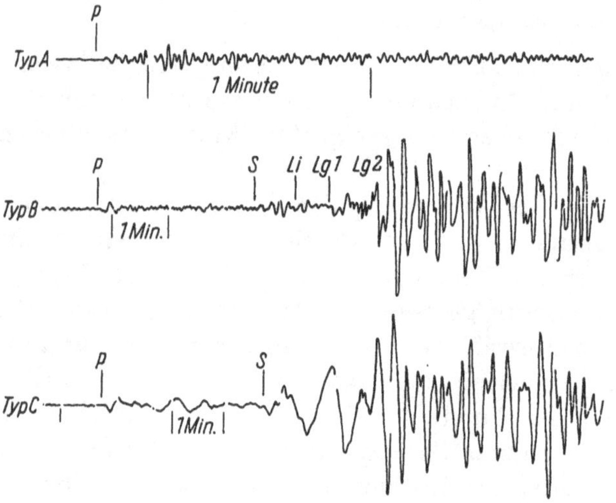

Abb. 2. Registrierungen der Standardseismographen vom Typ A, B und C. Beben: Türkei 40,1 °N, 27,4 °E, h = 4 km, D = 15,5° (USCGS)

an der Erdoberfläche gebildeten bzw. durch den Erdkern gelaufenen Wechselwellen und multiplen Reflexionen sind nach der Theorie der Wellenausbreitung in einer transversal-isotropen Erde in der Vertikalebene durch Herd und Station polarisiert. Über die Eignung dieser Wellen für routinemäßige Azimutbestimmungen nach oben genannter Methode war bisher nichts bekannt geworden. Unseren Entfernungsbestimmungen liegen Laufzeitdifferenztabellen bzw. Laufzeitkurven nach Jeffreys und Bullen [4] für $h = 0$ km, zugrunde. Herdtiefenkorrekturen wurden nur für $h > 70$ km angebracht, da für Flachbeben ($h < 70$ km) ohne Kenntnis der Herdparameter eine sichere Herdtiefenbestimmung aus den Registrierungen einer einzelnen Station meist nicht möglich ist.

2. Ergebnisse

Die Entfernungs- und Azimutbestimmungen aus Registrierungen der Station Moxa wurden mit den entsprechenden Angaben des Weltdatenzentrums A, Washington, verglichen. Die Differenzen beider Angaben, die Residuen δD und δAz, wurden auf systematische Fehler in Abhängigkeit vom Herdgebiet, von der Herdentfernung, vom Herdazimut und vom Seismographentyp untersucht. Häufig ergaben sich signifikant von Null abweichende Residuen, was auf fehlerhafte Modellvorstellungen hinweist (z. B. Ungenauigkeit der Annahme eines transversal-isotropen Erdmodells im allgemeinen und des Jeffreys-Bullen-Laufzeitmodells im besonderen). Die Ursachen dieser signifikanten Abweichungen konnten z. T. geklärt werden. Auf zwei der wichtigsten Ergebnisse wird nachstehend hingewiesen.
Die Laufzeitfehler von *PP* und damit die Entfernungsfehler δD_{PP-P} zeigen eine deutliche Abhängigkeit vom Krustentyp des Reflexionsgebietes [2], [3]. Dem entsprechen erhebliche regionale Unterschiede der Wellengeschwindigkeiten im Bereich der Kruste und des oberen Mantels sowie der Lage des für den ersten deutlichen Einsatz von *PP* verantwortlichen Reflexionshorizontes. *PP*-Wellen, die unter jungen Faltengebirgen reflektiert wurden, treffen ca. 1 s später ein als nach dem J.-B.-Laufzeitmodell zu erwarten ist. *PP*-Reflexionen unter kontinentalen Schilden bzw. unter Tiefseebecken erscheinen dagegen im Mittel um 2 bzw. 6 Sekunden zu früh.
Die an der Station Moxa beobachteten Azimutfehler zeigen eine deutliche Abhängigkeit vom Gerätetyp und Herdazimut (Abb. 3). Sie sind am größten für *P*-Wellen-Registrierungen vom Typ A, d. h. für *P*-Wellen mit Perioden von ca. 1 bis 3 s und Wellenlängen von etwa 5 bis 15 km. Durch Azimutbestimmungen nach einer anderen unabhängigen Methode unter Verwendung des Stationsdreieckes Moxa – Collm – Berggießhübel konnte gezeigt werden, daß die Ursache der an der Station Moxa beobachteten Azimutfehler im Bereich des stationsnahen Untergrundes liegen muß.

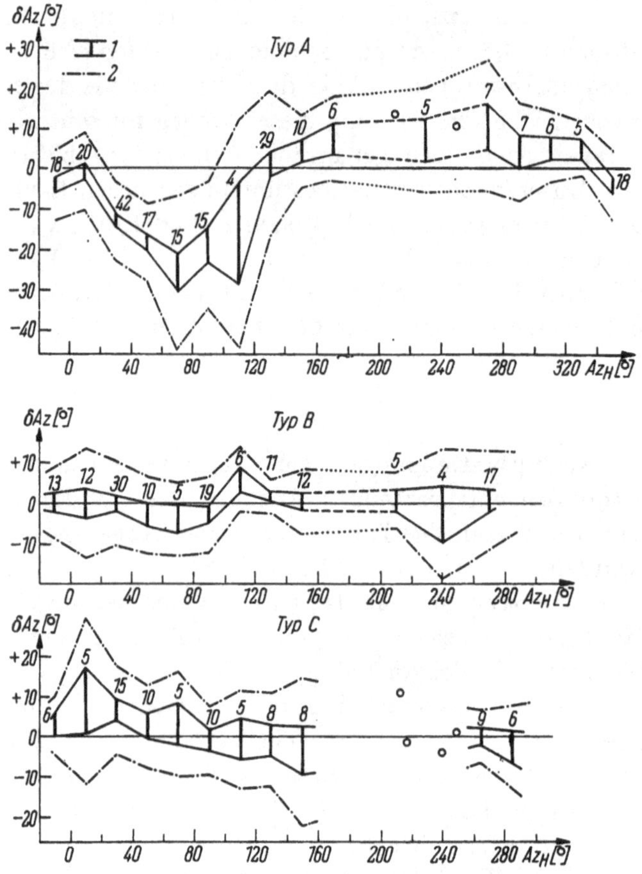

Abb. 3. Fehler von Azimutbestimmungen aus *P*-Wellen-Registrierungen der Station Moxa vom Typ A, B und C in Abhängigkeit vom Azimut des Bebenherdes

1 – 90%-Mutungsintervall für den mittleren Azimutfehler $\overline{\delta Az}$ mit Anzahl der Beobachtungen

2 – Grenze des 90%-Prognoseintervalls für δAz

Wegen der starken Asymmetrie der Azimutfehler (Abb. 3 oben und Abb. 4) scheidet Refraktion der einfallenden Wellen an einer geneigten ebenen Krustendiskontinuität als Erklärung aus. Dagegen kann Refraktion an einer kompliziert geneigten geologischen Struktur oder Interferenz direkter und gebeugter/refraktierter Wellen auf der „Lee"-Seite eines geologischen Störkörpers mit Lineardimensionen in der Größenordnung der Wellenlängen nicht ausgeschlossen werden. Es ist bemerkenswert, daß signifikant negative Azimutfehler nur in dem Azimutbereich auftreten, in dem unweit von Moxa bei Auma eine markante Schwere- und Leitfähigkeitsanomalie nachgewiesen wurde (Abb. 4). Diese werden mit dem „Pluton von Auma"

in Verbindung gebracht, über dessen Größe, Form, Streichen, Einfallen und Tiefenlage jedoch noch widersprechende Vorstellungen bestehen.
Die genauesten Entfernungsbestimmungen im P-Wellen-Bereich ermöglicht die Laufzeitdifferenz $S-P$ und für $D > 100°$ die „fitting the chart"-

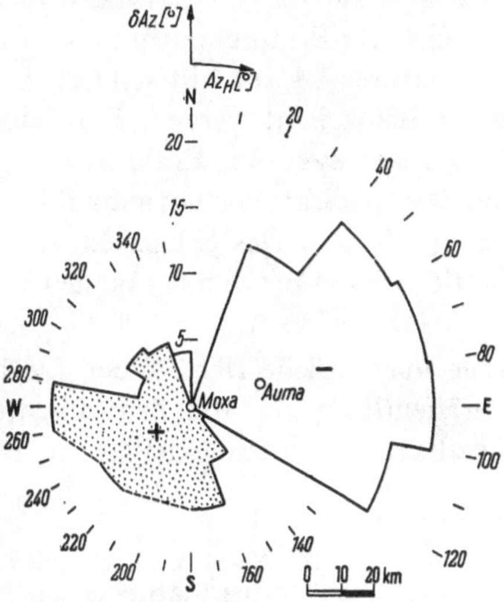

Abb. 4. Richtungscharakteristik der mittleren Fehler von $\overline{\delta Az}$ Azimutbestimmungen aus P-Wellen-Registrierungen vom Typ A für die Station Moxa

Methode (Abb. 5). Für Azimutbestimmungen eignen sich am besten P-Wellen-Aufzeichnungen vom Typ B, doch sind Azimutbestimmungen aus langperiodischen longitudinalen Scheinwellen nach P nur wenig ungenauer [3]. Damit konnte gezeigt werden, daß diese Wellen in erster und für praktische Zwecke meist hinreichend genauer Näherung als Wellen an-

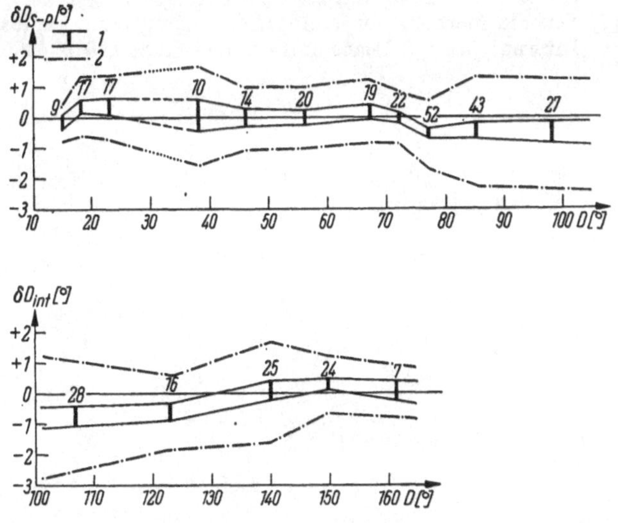

Abb. 5. Fehler von Entfernungsbestimmungen an der Station Moxa aus der Laufzeitdifferenz $S-P$ (oben) bzw. nach der „fitting the chart"-Methode (unten)
1–90%-Mutungsintervall für die mittleren Fehler δD_{S-P} bzw. $\delta D_{\text{int.}}$ mit Anzahl der Beobachtungen
2–90%-Prognoseintervall für die Fehler δD_{S-P} bzw. $\delta D_{\text{int.}}$

gesehen werden können, die in der Vertikalebene durch Herd und Station polarisiert sind. Darüber hinaus beweisen diese Ergebnisse, daß auch im Bereich des Erdkernschattens für *P* Ortungen nach der 1-Stations-Methode mit etwa gleicher Genauigkeit wie für $D < 100°$ möglich sind. Berücksichtigt man die von Bormann in [3] angegebenen mittleren Fehler von *D*- und *Az*-Bestimmungen aus Registrierungen der Station Moxa als Korrekturen bei zukünftigen Ortungen, dann kann deren Genauigkeit z. T. wesentlich erhöht werden. Dies wurde an 32 seismischen Ereignissen aus 5 Herdgebieten im Entfernungsintervall $20° < D < 145°$ getestet. Der mittlere quadratische Ortungsfehler verringerte sich etwa um den Faktor 3 auf $\pm$ 270 km. Das entspricht etwa der Genauigkeit, die in [5] für große Stationsarrays in Canada und den USA angegeben wird, die bis zu 520 Seismometer umfassen.

Eine ausführliche Darstellung der hier mitgeteilten Ergebnisse ist in den Veröffentlichungen des Zentralinstituts Physik der Erde der Deutschen Akademie der Wissenschaften zu Berlin, Nr. 9 (1971), erschienen.

Literaturverzeichnis

[1] Bormann, P., A study of relative frequencies of body wave onsets in seismic registrations of the Station Moxa. Seismological Bulletin 1967, Station Moxa, 379–396, Berlin, 1971.

[2] Bormann, P., A study of travel-time residuals with respect to the location of teleseismic events from body wave records at Moxa station. Gerlands Beiträge zur Geophysik *81*, 1/2 117–124 (1972).

[3] Bormann, P., Statistische Untersuchungen zur Ortung teleseismischer Ereignisse aus Raumwellenaufzeichnungen der Station Moxa. Veröffentlichungen des Zentralinstituts Physik der Erde der Dt. Akad. Wiss., Nr. 9, Potsdam 1971.

[4] Jeffreys, H., und K. E. Bullen, Seismological tables. London: Brit. Assoc. Advanc. Sci. 1940 und 1948.

[5] Seismic methods for monitoring underground explosions. Stockholm: SIPRI, Internat. Inst. f. Peace and Conflict Res., 130 S. (1968).

Eingegangen: 15. November 1971

F. FRÖLICH

Zentralinstitut Physik der Erde, Potsdam, der Dt. Akad. Wiss.

Ablauf und Auswirkungen von Bindungsumwandlungen unter Hochdruck[1)]

Einführung

Die übliche Näherungsdarstellung der Bindungssituation in Ionengittern geht bekanntlich von der Vorstellung „starrkugeliger" Gitterpartner aus, wobei man sich allerdings bewußt ist, daß die Elektronenhülle der Kationen und Anionen des Gitterverbandes keineswegs starr im physikalischen Sinne ist und kugelsymmetrisch nur dann, wenn der (spektroskopische) S-Term vorliegt (d. h. in erster Linie bei Vollbesetzung der Quantenzustände). Solange der Zusammenhalt des Gitters auf rein elektrostatischen Bindungen zwischen den kationaren und anionaren Bestandteilen beruht, ist diese Näherungsvorstellung bekanntermaßen ausreichend, da die Bezeichnung „starr" lediglich ein mechanisches Synonym dafür ist, daß keine wechselseitige Durchdringung der Elektronenhüllen benachbarter Gitterpartner erfolgt. Diese Näherung hat somit beim Ionenkontakt ihre natürliche Grenze.

Für die Entstehung covalenter Zusatzbindungen mit überlappenden Elektronenaufenthaltsbereichen – andererseits – sind geeignete Elektronen-Konfigurationen eine notwendige Voraussetzung, die – wenn vorhanden – dann in den dichteren Strukturen höherer Symmetrie genutzt werden, und zwar bereits unter Normaldruck.

Der rein ionare Zustand ist daher für die (hier interessierenden) nichtmetallischen Gitterverhältnisse ein Ausnahmefall.

Mit wachsendem Druck und zunehmender Verdichtung können nun darüber hinaus – unter Mitwirkung des Störungsfeldes der Anionen-Nachbarn – geeignete Elektronenkonfigurationen bei den (zentralen) Kationen erzwungen werden, die covalente Zusatzbindungen gestatten.

Solche Vorgänge sollen nachstehend in ihrem Ablauf und ihren Auswirkungen dargestellt werden, und zwar aus der Sicht der Physik des Erdinneren, die mit den erwähnten Bedingungen ohnehin zu arbeiten hat.

Erzwungene Spin-Paarung

Voraussetzung für die erwähnten Effekte ist naturgemäß die Möglichkeit zu Umordnungen in der Elektronenbesetzung, die nur bei einer begrenzten Anzahl der Übergangsmetall-Ionen, insbesondere bei Ferro- und Cobalti-Kationen (Fe^{2+}, Co^{3+} – Elektronenzustand: $3\,d^6$), gewährleistet sind.

[1)] Mitteilung Nr. 204 des Zentralinstituts Physik der Erde, Potsdam.

Beschränken wir uns ferner (aus Gründen der geophysikalischen Sicht des Problems, und zwar wegen der Silikatgegebenheiten) auf Kationenlagen mit sechs anionaren nächsten Gitternachbarn und somit auf Störungsfelder oktaedrischer Symmetrie, so läßt sich die unter Hochdruck erzwingbare Elektronenumordnung mit Spinpaarung in der üblichen gruppentheoretischen Nomenklatur[1]) in folgender Weise darstellen:

$$3\,d^6\colon t_{2g}^4\,e_g^2 \rightarrow t_{2g}^6\,e_g^0.$$

Mit dem so erzwingbaren Übergang wird die (einleitend erwähnte) Ionenkontakt-Schranke überwunden, was mittels Gitterkonstanten-Bestimmungen unter Hochdruck zu überprüfen und nachweisbar ist[2].)

Will man darüber hinaus die störfeldbedingte, kritische Aufspaltungsenergie (Δ_{0kr}) im Gitterverband bestimmen, die (bei der hier vorgegebenen Quadrupol-Situation pro Anionenumgebung)

1. von der Ladung,
2. von der 4. Potenz der 3 d-Orbital-Radien und
3. von der 5. Potenz der Nächstnachbarn-Distanzen

abhängt, so ist für die Berechnung des (dimensionslosen) Proportionalitätsfaktors ein experimentell bestimmter Vergleichswert gleicher Elektronenkonfiguration ($3\,d^6$: $t_{2g}^6\,e_g^0$) erforderlich. Das entspricht einem Kobaltferrit mit Co^{3+}-Kationen in gleicher (6-) Koordination.

Erfreulicherweise sind im Gebiet der Ferritforschung solche Untersuchungen durchgeführt worden (Gorter 1950, 1954, Guillaud 1951, Pauthenet 1950), wobei sich zeigte, daß hier der (anomale) diamagnetische Zustand bei den Co^{3+}-Kationen bereits unter Normaldruck erreicht wird, was auf

[1]) t: dreifach entarteter (unterer)*) Zustand } Hochindex:
e: zweifach entarteter (oberer)*) Zustand } Besetzung
*) im oktaedrischen Störungsfeld, im tetraedrischen umgekehrt
Index $_g$: Inversionssymmetrie, kein Vorzeichenwechsel bei Inversion für die Wellenfunktion
Index $_2$: diagonale Spiegelebenen

$$t_{2g} \triangleq d_{xy},\ d_{xz},\ d_{yz}$$

t_{2g}^6: diagmetisch ($0\ \mu_B$)

$$e_g \triangleq d_{z^2},\ d_{x^2-y^2}$$

e_g^0: unbesetzt, frei für covalente Bindungen vom Typ $d^2\,sp^3$ in Richtung der 6 Anionen-Nachbarn

[2]) Für den bei 50 kbar erreichbaren Spinelltyp-Zustand des Eisensilikats

$$Si_A^{4+}\ \{Fe_2^{2+}\}_B\ O_4^2$$

beispielsweise ergab sich eine Gitterkonstante $a = 8.23$ Å Ringwood, Major 1966, während der Wert bei Ionenkontakt für den IV/II-Spinelltyp $a = 8.31$ Å entspricht.

die Begünstigung durch Valenz und Ordnungszahl bei diesem Ionentyp zurückzuführen ist.

Der hierfür aus spektrophotometrischen Untersuchungen verfügbare Δ_{0kr}-Wert beträgt 18600 cm^{-1}. Daraus folgt für die hier interessierenden Fe^{2+}-Kationen: $\Delta_{0kr} = 18900\ cm^{-1}$ [8].

Der Ablauf in seinen Abhängigkeiten von den strukturellen Gesetzmäßigkeiten der Spinellsymmetrie läßt sich außer an den erwähnten Fällen (Eisensilikate, Kobaltferrite) auch im Bereich der Titanomagnetite, für die gleichfalls entsprechende experimentelle Ergebnisse aus Hochdruck-Hochtemperatur-Untersuchungen vorliegen [KAWAI 1957], im einzelnen überprüfen [7].

Es zeigt sich, daß hierbei

1. die Untergitter-Verkopplung (A {B})
   ⟨4⟩ ⟨6⟩
2. der Spinelltyp (Normal-, Invers-Struktur)
3. die Gitterplatzbesetzung (speziell der Kationenlagen in A und B)

entscheidenden Einfluß nehmen.

Zur Kontrolle stehen (I.) die Meßwerte des resultierenden magnetischen Molekular-Momentes, (II.) die bekannten Wechselwirkungsmechanismen (AB, AA, BB), (III.) die jeweiligen Kationenmomente und (IV.) die Ladungsgleichgewichtsbedingung zur Verfügung, woraus (insgesamt) die jeweils vorliegende Gittersituation eindeutig bestimmbar ist [6].

Hieraus folgt:

Die Auslösung der druckbedingten Bindungsumwandlung (mit gleichzeitiger Spinpaarung) erfordert, wenn sie von einem Wechsel im Gittertyp begleitet ist, erwartungsgemäß höhere Druckwerte. Bei dem hier untersuchten Eisensilikat ist dabei mitentscheidend, daß der bei der Umwandlung allein in Betracht kommende $IV_A\ \{II\}_B$-Normal-Spinelltyp eine stärkere Verminderung der Nächstnachbarn-Distanzen erfordert, um die Auslösungsbedingungen (Störungsfeld, Aufspaltungsenergie) zu erreichen.

Ohne Gitterwechsel und für Invers-Spinelltypen mit Übergangsmetall-Kationen in A wird die erforderliche Verdichtung (in B) schneller erreicht (mit anderen Worten bei geringerem oder sogar ohne Druckaufwand).

Im Titanomagnetit-Bereich liegt der erforderliche Druck unter 8 kbar.

Auswirkungen

Die erste Folge der Bindungsumwandlung als Begleiteffekt erzwungener Spinkompensation unter Hochdruck, nämlich die Veränderung im elastischen Verhalten des Festkörpers, insbesondere die sprunghafte Zunahme der Ausbreitungsgeschwindigkeit elastischer Wellen, führte bekanntlich zur Entdeckung solcher Phänomene im Verlauf der seismischen Erkundung des Erdinneren, wobei zunächst nur ihre lagenmäßige Eingrenzung und weniger eine Interpretation ihres Ablaufs interessierte. Für das Letztere mußte die experimentelle Hochdruckforschung erst die erforderlichen Detaildaten liefern, was nunmehr der Fall ist.

Aber auch in thermischer Hinsicht sind Auswirkungen erwartungsgemäß vorhanden, und zwar hinsichtlich der Wärmeübertragung. Die mit zunehmender Tiefe sich verändernden Verhältnisse erhöhten Druckes und steigender Temperatur bewirken in diesen größeren Tiefenlagen ein Dominieren der Wärmestrahlung λ_S gegenüber der Wärmeleitung λ_L

$$(\lambda_S \sim T^3, \quad \lambda_L \sim T^{-5/4}).$$

Die Übertragung dieser überwiegenden Wärmestrahlung nach außen setzt andererseits entsprechende Absorptionsmöglichkeiten (und somit Emissionsmöglichkeiten) in den höheren Lagen voraus, die normalerweise bei den Silikaten gegeben sind. Dagegen wird bei erzwungener Spinkompensation der oben erläuterten Art diese Normalsituation grundlegend und zugleich abrupt verändert:

Während im Normalfall das Absorptionsmaximum bei

$$\lambda = 10000 \text{ Å} = 10^{-4} \text{ cm}$$

liegt, gilt dann: $\lambda = 5300$ Å. Mit dieser Verschiebung in den sichtbaren Bereich ist eine Abschirmung der oberen Schichten gegen die Wärmestrahlung der tieferen Lagen verknüpft.

Eine solche Abschirmwirkung hat zwangsläufig zur Folge, daß sich hochdruckbedingte Phasenumwandlungen der erwähnten Art (bei der radioaktiven Erwärmung des Erdinneren) zu den höheren Mantelbereichen hin thermisch „durchpausen", zumal entsprechende Effekte bei den Mg-Silikaten (dem anderen Hauptbestandteil der Olivine der Tiefenlagen) nicht entstehen können – infolge der ungeeigneten Elektronenkonfiguration der Mg^{2+}-Ionen. Eine Umordnung in der Elektronenbesetzung mit Spinkompensation und covalenten Zusatzbindungen, wie bei den Ferroionen (Fe^{2+}), kann daher dort nicht ausgelöst werden. Das Optimum der Absorption bleibt mithin im infraroten Bereich und die Übertragung der Wärmestrahlung aus den tieferen Lagen (nach außen hin) dort unbehindert – im Gegensatz zu den Regionen mit stärkerem Fe-Gehalt in den Tiefenlagen.

Daraus folgen aus der Sicht der Physik des Erdinneren einige neue Aspekte (beispielsweise hinsichtlich der Lateralinhomogenitäten im Mantelbereich, der rheologischen Zustände und der Auslösung des Mobilismus der Erdkruste), denen im einzelnen noch nachzugehen sein wird.

Dem Direktor des Zentralinstitutes, Herrn Prof. Stiller, möchte ich für anregende Diskussionen im vorliegenden Zusammenhang herzlich danken.

Literaturverzeichnis

[1] RINGWOOD, A. E., and A. MAJOR, Synthesis of Mg_2SiO_4-Fe_2SiO_4 solid solutions. Earth plan. sci. letters *1*, 241 (1966).

[2] KAWAI, N., J. Geomagn. Geoelectr. *9*, 144 (1957) (cf. T. NAGATA, Rock magnetism, 2nd ed., Maruzen Tokyo 1961).

[3] GORTER, E. W., C. R. Acad. sci. Paris *230*, 192 (1950), Philips Research Reports *9*, 321, 403 (1954) (cf. K. J. STANDLEY, Oxide magnetic materials, Clarendon Press Oxford 1962).

[4] GUILLAUD, C., J. de phys. et le Rad. *12*, 239 (1951) (wie zu [3]).

[5] PAUTHENET, R., C. R. Acad. sci. Paris *230*, 1842 (1950) (wie zu [3]).

[6] FRÖLICH, F., Beiträge zum Erkundungsprogramm: Materieparameter im Bereich der Erdkruste. Teil I: Verfahrensgrundlagen, Erprobungsergebnisse, Testtechnik. Abh. Nr. 41, Geom. Inst. Potsdam 1969.

[7] —, Teil II: Festkörperphysikalische und physikochemische Untersuchungen, Auswertung. Veröff. Nr. 4, Zentralinst. Phys. d. Erde, Potsdam 1970.

[8] —, U. SEIPOLD, H. VOLLSTÄDT und U. WALZER, Complex studies on variations of the secular behaviour in the Earth mantle. Monographs on terrestrial, solar, and cosmic physics Vol. I. Akad. Verlagsges. Leipzig (im Druck).

Eingegangen: 1. Dezember 1971

G. LEHMANN (a) und J. N. KUTSCHERENKO (b)

Zentralinstitut für Festkörperphysik und Werkstofforschung, Institutsteil für Metallphysik und Reinstmetalle, Dresden, der Dt. Akad. Wiss. (a) und Physikalische Fakultät der SCHEWTSCHENKO-Universität Kiew (b)

Bestimmung der FERMI-Fläche und der Streueigenschaften von Niob aus den Messungen des Magnetowiderstandes I. Modelluntersuchungen

Zusammenfassung

Bei Anwesenheit offener Bahnen lassen sich aus der Messung des Magnetowiderstandes D Aussagen über die Topologie der FERMI-Fläche machen. In der Arbeit wird untersucht, inwieweit der Magnetowiderstand auch zur Ausmessung von Parametern der FERMI-Fläche und des Streuverhaltens von Defekten benutzt werden kann. Es wird für verschiedene Modelle entsprechend den Ergebnissen der Bandberechnung für Nb von MATTHEISS die Dicke der Schicht der offenen Bahnen, die direkt mit D zusammenhängt, berechnet und mit experimentellen Werten verglichen. Aus den Messungen lassen sich Aussagen über den Durchmesser der Hälse der FERMI-Fläche an ihren engsten Stellen, die Lage dieser engsten Stellen sowie ein Parameter für die Überlappung der Knoten bestimmen.

1. Einleitung und experimentelle Situation

Die Kenntnis der FERMI-Fläche ist sehr wichtig für die Bestimmung von vielen physikalischen Eigenschaften der Metalle.

In den letzten Jahren sind viele Untersuchungen sowohl theoretischer als auch experimenteller Art durchgeführt worden, deren Ziel die Bestimmung der FERMI-Flächen von verschiedenen Metallen ist. Für bestimmte Gruppen von Metallen (z. B. Alkalimetalle, Edelmetalle) ist die FERMI-Fläche zur Zeit schon ziemlich gut bekannt. Jedoch für die Übergangsmetalle bleibt die Berechnung bzw. die Messung der FERMI-Fläche noch ein schwieriges Problem, was durch die komplizierte Elektronenstruktur dieser Metalle verursacht wird.

Das Hauptproblem bei der theoretischen Behandlung der Übergangsmetalle ist die Wahl eines geeigneten Potentials zur Berechnung der Energiebänder. Die Rechnungen für die Metalle der Vanadium-Gruppe Nb und Ta sind von DEEGAN, TWOSE [6] und MATTHEISS [18] durchgeführt worden. In beiden Arbeiten verwenden die Autoren eine Überlagerung der Atompotentiale mit der Entwicklung nach LÖWDIN-Funktionen. Obwohl in diesen Arbeiten zwei verschiedene Methoden der Bandberechnungen verwendet worden sind (MOPW-Methode in [6] und APW-Methode in [18]), stimmen die Ergebnisse für die Bandstruktur relativ gut überein. Auf Grund seiner Rechnungen hat MATTHEISS ein Modell für die FERMI-Fläche von Nb und Ta vorgeschlagen (siehe Abb. 2).

Es gibt viele experimentelle Methoden zur Bestimmung der FERMI-Fläche. Die wichtigsten von ihnen sind DE-HAAS-VAN-ALPHEN-Effekt, Zyklotronresonanzen, magnetoakustische Oszillationen, Magnetowiderstand. Sie ermöglichen es, Aussagen über unterschiedliche Parameter der FERMI-Fläche (wie z. B. extremale Querschnitte, Umlaufzeiten auf extremalen Bahnen, extremale Durchmesser) zu gewinnen.

HALLORAN [8] hat die Messungen der FERMI-Fläche von Nb und Ta durchgeführt. Dazu hat er den DE-HAAS-VAN-ALPHEN-Effekt und magnetothermische Oszillationen (MTO) verwendet. Die Ergebnisse dieser Messungen sind mit den Ergebnissen der Arbeit von MATTHEISS verglichen worden. HALLORAN hat das von MATTHEISS vorgeschlagene Modell für FERMI-Flächen im allgemeinen bestätigt.

Eine große Bedeutung für die Bestimmung der FERMI-Fläche haben die Magnetowiderstandsmessungen.

Als Magnetowiderstand definiert man folgende Größe:

$$D = \frac{\varrho(\boldsymbol{H}) - \varrho(0)}{\varrho(0)},$$

wobei man unter ϱ die Komponente des Widerstandstensors $\hat{\varrho}$ in Stromrichtung

$$\varrho = \frac{\boldsymbol{E} \cdot \boldsymbol{j}}{j^2} = \frac{(\hat{\varrho}\boldsymbol{j}, \boldsymbol{j})}{j^2}$$

versteht. Bei den speziellen Orientierungen $\boldsymbol{H} \parallel \boldsymbol{j}$ bzw. $\boldsymbol{H} \perp \boldsymbol{j}$ spricht man vom longitudinalen bzw. transversalen Magnetowiderstand D_l bzw. D_t.

Von besonderem Interesse sind die Magnetowiderstandsmessungen in starken Magnetfeldern, wo die Details des Streuprozesses im Kristall weitgehend unwesentlich sind. Das ermöglicht, Aussagen über die FERMI-Fläche zu gewinnen.

Die Abhängigkeit des elektrischen Widerstandes vom Magnetfeld ist schon 1931 von PEIERLS [19] untersucht worden, doch nur der Fall einer Sättigung des Magnetowiderstandes ist von ihm einigermaßen gut erklärt worden. Viele wichtige Ergebnisse, wie z. B. die starke Anisotropie und die Proportionalität zu H^2 für bestimmte Richtungen, konnten noch nicht geklärt werden.

Erst KOHLER [10] hat 1950 das unterschiedliche Verhalten der Metalle in starken Magnetfeldern in Zusammenhang mit den Berührungsverhältnissen zwischen den FERMI-Flächen und den BRILLOUINschen Zonengrenzen gebracht.

1956 haben LIFSCHIZ, ASBEL und KAGANOW [14] die Theorie des Magnetowiderstandes wesentlich vertieft und verallgemeinert. Ihre Arbeiten enthalten eine vollständige Analyse der Abhängigkeit des Widerstandstensors von der Topologie der FERMI-Fläche und der relativen Orientierung des äußeren Magnetfeldes, ohne wesentliche Annahmen über den Streumechanismus im Metall zu machen. Hier, wie auch in vielen anderen Arbeiten [5, 21], wird die Bewegung eines Elektrons auf der FERMI-Fläche quasiklassisch betrachtet.

Es gibt auch die Arbeiten [15, 22], wo diese Probleme völlig quantentheoretisch behandelt worden sind. Doch die quasiklassische Betrachtung hat sich als eine recht gute Näherung erwiesen und reicht in den meisten Fällen für die Erklärung der experimentell beobachteten Effekte aus.

1958 und 1960 sind zwei Arbeiten von LIFSCHIZ und PESTSCHANSKI [16] erschienen, in denen die Möglichkeiten der Bestimmung der topologischen Struktur der FERMI-Fläche ausführlich diskutiert werden, falls offene Elektronenbahnen vorhanden sind. Für verschiedene Modelle der FERMI-Flächen ist die prinzipielle Gestalt der stereographischen Projektion des Verhaltens des Magnetowiderstandes angegeben.

Für die experimentelle Bestimmung des Magnetowiderstandes werden reine Metalleinkristalle verwendet, die durch Elektronenstrahlzonenschmelzen hergestellt sind. Als Maß für die Reinheit verwendet man eine Größe

$$\alpha = \frac{\varrho_{300\,\mathrm{K}}}{\varrho_{4,2\,\mathrm{K}}},$$

die das Restwiderstandsverhältnis genannt wird. Als Grund dafür dient die Tatsache, daß der Restwiderstand sehr stark von Verunreinigungen beeinflußt wird und um so kleiner ist, je reiner die Probe ist. Der höheren Reinheit entsprechen also höhere Werte von $\varkappa$.

Die Proben sind in der Regel zylinderförmig; die kristallographische Richtung der Zylinderachse kann mit Hilfe der Röntgenbeugung bestimmt werden. Bei tiefer Temperatur wird die Probe ins Magnetfeld gebracht (siehe Abb. 1), und dann wird der elektrische Widerstand bei der Drehung der Probe gemessen. Die Ergebnisse der Messungen werden in Form der Magnetowiderstandskurven (Abhängigkeit des Widerstandes vom Drehwinkel φ für verschiedene Orientierungen des Kristalls relativ zum Magnetfeld) und einer stereographischen Projektion zusammengefaßt. In der stereographischen Projektion werden alle Richtungen des Magnetfeldes bezüglich der Probe aufgetragen, für die der Magnetowiderstand keine Sättigung erreicht. Diese Richtungen können in der Projektion sowohl Linien als auch zweidimensionale Gebiete bilden.

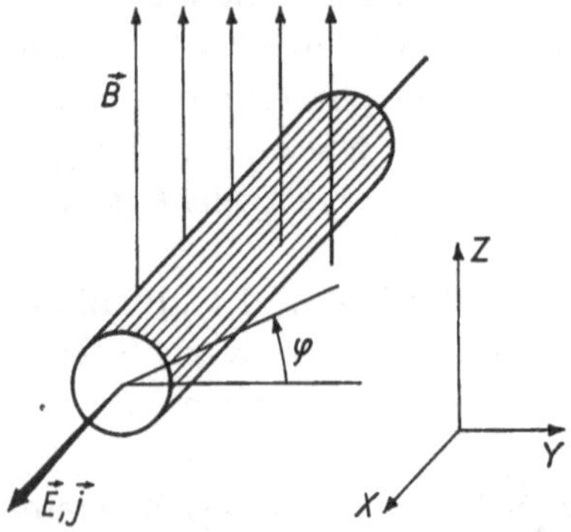

Abb. 1. Lage der Metallprobe bei der Messung des Magnetowiderstandes

In den letzten Jahren ist eine Reihe von Magnetowiderstandsmessungen für verschiedene Metalle durchgeführt worden. Von Interesse für die vorliegende Arbeit sind die Messungen für Nb und Ta von FAWCETT, REED und SODEN [7, 20] und für Nb von ALEXEJEWSKI, BERTHEL u. a. [1, 2, 3]. Das Restwiderstandsverhältnis für Nb-Proben betrug dabei

$$\begin{aligned} \alpha = 400 \text{ bis } 1000 &\text{ in } [1], \\ 1500 &\text{ in } [7], \\ 4750 &\text{ in } [20], \\ 3 \cdot 10^4 &\text{ in } [2], \\ \text{bis } 10^5 &\text{ in } [3]. \end{aligned}$$

Die Messungen sind in Magnetfeldern bis 105 kOe und bei der Temperatur $T = 4{,}2$ °K (auch 1,6 °K in [2]) durchgeführt worden.

Bei den Messungen an den Proben, die nicht sehr hohe Reinheit hatten (siehe z. B. [1]), konnte nur festgestellt werden, ob der Magnetowiderstand für bestimmte Richtungen im Kristall einen Sättigungswert erreicht oder nicht. Das gibt die Möglichkeit, Aussagen über die topologische Struktur der FERMI-Fläche zu gewinnen. Die Messungen an den Proben mit höherer Reinheit haben gezeigt, daß die Magnetowiderstandskurven eine feine Strukturierung aufweisen und eine Reihe von besonderen Stellen, wie Singularitäten, Knicke, scharfe Maxima und Minima, haben, deren Lage durch geometrische Verhältnisse einzelner Elemente der FERMI-Fläche bestimmt ist. Bisher ist jedoch noch nicht untersucht worden, ob die damit vorhandenen Informationsmöglichkeiten über Parameter der FERMI-Fläche und auch über das Streuverhalten bereits voll genutzt worden sind. Eine solche Untersuchung am konkreten Fall von Niobeinkristallen erscheint jedoch sehr sinnvoll, da in den letzten Jahren genaue Messungen an außerordentlich reinen Kristallen [2, 3, 20] gemacht worden sind und da dort lediglich der Durchmesser der Hälse der offenen FERMI-Flächen aus den Messungen berechnet worden ist und sonst nur rein topologische Rückschlüsse gezogen worden sind.

Bei der Untersuchung der Möglichkeiten und Schwierigkeiten der Bestimmung von Parametern der FERMI-Flächen und Streueigenschaften ergeben sich folgende Fragen:

- Wie gut kann die FERMI-Fläche mit Hilfe der Magnetowiderstandsmessungen beschrieben werden?
  Wieviele und welche Parameter der FERMI-Fläche lassen sich daraus bestimmen?
- Lassen sich die experimentell gemessenen Kurven in ihren Einzelheiten verstehen und deuten?
- Für welche Orientierungen des Magnetfeldes relativ zum Kristall lassen sich besonders typische Aussagen gewinnen?
  Welche Gebiete sollen besonders genau untersucht werden?
- Wie gut stimmen die Ergebnisse mit den Resultaten anderer Methoden zur Bestimmung der FERMI-Fläche bzw. mit den theoretischen Rechnungen von MATTHEISS [18] überein?
- Welche Aussagen über Streueigenschaften lassen sich gewinnen?
  Lohnt es sich zur Zeit, die dort vorhandenen Vorstellungen zu verbessern?

Die vorliegende Arbeit beschäftigt sich mit der Untersuchung dieser Fragen für die Übergangsmetalle der Vanadium-Gruppe, speziell für Nb.

Nb ($Z = 41$) gehört zu den 4 d-Übergangsmetallen und hat eine atomare Konfiguration (abgesehen von vollbesetzten Zuständen)

$$(4\,d)^4\,(5\,s)^1.$$

Das kristalline Niob hat die raumzentrierte kubische Struktur [bcc] mit der Gitterkonstanten $a = 3{,}30$ Å $= 6{,}2294\,a_0$.

In der Arbeit wird gezeigt, daß der gemessene Magnetowiderstand im wesentlichen durch die Dicke der Schicht der vorhandenen offenen Bahnen bestimmt wird. Das weitere Vorgehen besteht darin, daß ein topologisch richtiges Modell für die FERMI-Fläche gewählt wird und dann alle Parameter so angepaßt werden, daß die aus der Dicke der Schicht der offenen Bahnen berechnete Magnetowiderstandskurve den Verlauf der gemessenen Kurve wiederholt. Dann ist es möglich, die Formeln zur Bestimmung der Parameter aufzustellen.

Im Kapitel 2 der Arbeit sind die wichtigsten Ideen der Theorie der Leitfähigkeit im Magnetfeld zusammengefaßt und der Zusammenhang zwischen dem Magnetowiderstand und der FERMI-Fläche festgestellt.

Im Kapitel 3 werden verschiedene Modelle diskutiert, die der topologischen Struktur der FERMI-Fläche von Nb entsprechen, der Verlauf der Magnetowiderstandskurven und die stereographische Projektion für diese Modelle ausgerechnet und die Abhängigkeit bzw. Invarianz der Ergebnisse gegenüber Änderungen der Modellparameter diskutiert, während in Teil II der Arbeit [12] die Formeln für die Bestimmung der Parameter der FERMI-Fläche hergeleitet und die Ergebnisse der experimentellen Messungen für Nb ausgewertet werden. Die Ergebnisse sind auch in [13] zusammengefaßt.

2. Zur Theorie der Leitfähigkeit im Magnetfeld

Für Blochelektronen im Magnetfeld bleiben die Energie ε und die Komponente des Quasiimpulses $\hbar \boldsymbol{k}$ in Richtung des Magnetfeldes $\boldsymbol{H}$ erhalten. (In diese Richtung legen wir die z-Achse.) Das Elektron bewegt sich auf der Schnittkurve einer Isoenergiefläche und einer Ebene senkrecht zum Feld $\boldsymbol{H}$ im Abstand $\hbar k_z$ vom Ursprung. Als Bahnparameter wählen wir

$$s = \frac{e H}{c \hbar} t, \tag{1}$$

wobei der in der Zeit dt zurückgelegte Weg dq im $\boldsymbol{k}$-Raum gleich

$$dq = \frac{e}{\hbar c} | \boldsymbol{v} \times \boldsymbol{H} | \, dt = \frac{e v_\perp H}{\hbar c} \cdot dt = v_\perp \, ds \tag{2}$$

ist. In den Koordinaten ε, k_z und s erhält die linearisierte BOLTZMANN-Gleichung für die Abweichung $g(\boldsymbol{k}) = f - f^0$ von der FERMI-Gleichgewichtsverteilung f^0 im angelegten magnetischen bzw. elektrischen Feld ($\boldsymbol{H}$ bzw $\boldsymbol{E}$.) in der Stoßzeitnäherung die einfache Form (vgl. dazu auch [4, 9, 23])

$$\frac{\partial g}{\partial s} + \frac{g}{\tau^*} = - \frac{c}{H} \frac{\partial f^0}{\partial \varepsilon} \boldsymbol{v} \cdot \boldsymbol{E}; \quad \tau^* = \frac{\tau e H}{c \hbar}; \quad \boldsymbol{v} = \frac{1}{\hbar} \frac{\partial \varepsilon}{\partial \boldsymbol{k}}. \tag{3}$$

τ ist dabei die Relaxationszeit. Die Lösung von (3) ist einfach und liefert für den Leitfähigkeitstensor

$$\sigma_{\alpha\beta} = \lim_{N \to \infty} \frac{1}{N} \frac{e}{4 \pi^3 \hbar^2} \frac{c}{H} \int dk_z \int_{-\infty}^{\infty} ds \, v_\alpha(s) \int_0^{\infty} ds' v_\beta(s + s') \, e^{-\frac{\tau^*}{s'}}. \tag{4}$$

N ist die Zahl der Zellen, in denen die Bahn betrachtet wird. Für periodische Bahnen (offen bzw. geschlossen) geht dieser Ausdruck genau in den in der Literatur meist angeführten über (mit $ds = \hbar^{-1} m_c\, d\varphi$, vgl. [4], m_c ist Zyklotronmasse).

Bei der Auswertung von (4) sind offene und geschlossene Bahnen zu unterscheiden. Für geschlossene Bahnen fluktuieren k_x, k_y und k_z bzw. v_z periodisch um konstante Werte, die Komponenten der Geschwindigkeit ergeben sich daraus über

$$(5) \qquad v_x = \frac{dk_y}{ds}; \quad v_y = -\frac{dk_x}{ds}.$$

Sie fluktuieren daher um den Wert Null. Liegt jedoch in x-Richtung eine offene Bahn vor, dann enthält k_x einen mit s linear ansteigenden Anteil bzw. v_y fluktuiert nach (5) um einen konstanten Wert γ

$$(6) \qquad v_y = \gamma + v_y^{\text{fl.}}.$$

σ_{yy} enthält somit folgende Integrale:

$$(7) \qquad \sigma_{yy} \sim \lim_{N\to\infty} \frac{1}{2NH} \int_{-NT_0}^{NT_0} ds\,(\gamma + v_y^{\text{fl.}}(s)) \int_0^{NT_0} ds' \times (\gamma + v_y^{\text{fl.}}(s+s'))\, e^{-\frac{s'}{\tau^*}}$$
$$= T_0 \gamma^2 \frac{\tau^*}{H} + \frac{1}{H} \int_0^\infty ds'\, e^{-\frac{s'}{\tau^*}} K(s')$$

mit der Autokorrelationsfunktion von v_y

$$(7') \qquad K(s') = \lim_{N\to\infty} \frac{1}{2N} \int_{-NT_0}^{NT_0} ds\, v_y^{\text{fl.}}(s)\, v_y^{\text{fl.}}(s+s').$$

T_0 ist die mittlere Bahnlänge pro Zelle. In (7) wurde benutzt, daß der Mittelwert von $v_y^{\text{fl.}}$ verschwindet:

$$(7'') \qquad \int_{-\infty}^{\infty} ds\, v_y^{\text{fl.}} = 0.$$

Für alle Autokorrelationsfunktionen von Funktionen, die der Bedingung (7'') genügen, läßt sich ihre LAPLACE-Transformierte in eine Potenzreihe um den Punkt 0 (nach Potenzen von τ^{*-1}) entwickeln. Das erste Glied beginnt dabei mit τ^{*-1}. Der Ausdruck (7) zeigt, daß für offene Bahnen σ_{yy} für große Werte von H konstant wird, während σ_{xx} und für geschlossene Bahnen sowohl σ_{xx} als auch σ_{yy} sich für große Werte von H nach (7) proportional zu H^{-2} verhalten.

Bei sich über sehr viele Zellen erstreckenden geschlossenen Bahnen zeigt $K(s')$ in (7) eine Periode, die groß gegen τ^* ist. Unter dieser Bedingung enthält $K(s')$ – zumindest in dem Gebiet von s', in dem der Faktor $\exp(-s'/\tau^*)$ nicht außerordentlich klein ist – linear mit s' ansteigende Glieder. Für diese langen geschlossenen Bahnen, die das Elektron nicht ohne Stoß umlaufen kann, zeigt sich also in σ_{yy} dasselbe Verhalten wie bei offenen Bahnen.

Die Auswertung der übrigen Komponenten des Leitfähigkeitstensors liefert für nichtkompensierte Metalle die folgende asymptotische ($H \to \infty$) Gestalt:

Geschlossene Bahnen:

$$(8) \qquad \hat{\sigma} = \begin{pmatrix} C_{xx} H^{-2} & -B_{yx} H^{-1} & -B_{zx} H^{-1} \\ B_{yx} H^{-1} & C_{yx} H^{-2} & -B_{zy} H^{-1} \\ B_{zx} H^{-1} & B_{zy} H^{-1} & A_{zz} \end{pmatrix}; \quad \varrho_{xx} \sim \text{const (Sättigung).}$$

Offene Bahnen in x-Richtung:

$$(9) \qquad \hat{\sigma} = \begin{pmatrix} C_{xx} H^{-2} & -B_{yx} H^{-1} & -B_{zx} H^{-1} \\ B_{yx} H^{-1} & A_{yy} & A_{zy} \\ B_{zx} H^{-1} & A_{zy} & A_{zz} \end{pmatrix}; \quad \varrho_{xx} \sim H^2.$$

Falls die offenen Bahnen eine andere Richtung haben, enthält die Komponente ϱ_{xx} noch einen Faktor $\cos^2 \alpha$, wobei α der Winkel zwischen der Richtung der offenen Bahnen im $\boldsymbol{k}$-Raum und der Richtung des Stromes in der Probe ist (siehe [16]).

Gleichzeitige Existenz offener Bahnen in verschiedenen Richtungen:

$$(10) \qquad \hat{\sigma} = \begin{pmatrix} A_{xx} & -B_{yx} H^{-1} & A_{zx} \\ B_{yx} H^{-1} & A_{yy} & A_{zy} \\ A_{zx} & A_{zy} & A_{zz} \end{pmatrix}; \quad \varrho_{xx} \sim \text{const (Sättigung).}$$

Die Übergangsmetalle der Vanadium-Gruppe, die in dieser Arbeit behandelt werden, sind nichtkompensiert. Für diese Metalle hängt der Magnetowiderstand sehr stark von der Orientierung der Probe im Magnetfeld ab. Für ihn können alle drei oben diskutierten Fälle auftreten.

Um die Aussagen über die Fermi-Fläche zu gewinnen, ist die Frage sehr wichtig, wie der Magnetowiderstand im zweiten Fall mit der Anzahl der offenen Bahnen zusammenhängt. Im Anhang wird gezeigt, daß er im wesentlichen durch die Dicke der Schicht der offenen Bahnen bestimmt ist.

Es wird eine Funktion des Drehwinkels φ eingeführt:

$D_{\text{off.}}(\varphi) = 0$, falls keine offenen Bahnen vorhanden sind;

$$D_{\text{off.}}(\varphi) = \begin{cases} \text{gleich der Dicke der Schicht der offenen Bahnen, falls sie nur} \\ \text{in einer Richtung verlaufen;} \\ \text{gleich einem konstanten Sättigungswert, falls die offenen} \\ \text{Bahnen in verschiedenen Richtungen vorhanden sind.} \end{cases}$$

Aus der Diskussion im Anhang folgt, daß die Funktion $D_{\text{off.}}(\varphi)$ mit ziemlich guter Genauigkeit den Verlauf der Magnetowiderstandskurven widerspiegelt.
Im nächsten Kapitel wird die Funktion $D_{\text{off.}}(\varphi)$ für verschiedene Modelle der FERMI-Fläche bestimmt und ihr Verlauf für verschiedene Orientierungen der Probe im Magnetfeld untersucht.

3. Diskussion verschiedener Modelle für FERMI-Flächen

3.1. *Wahl des Modells*

Die theoretischen Bandstrukturuntersuchungen [18] zeigen, daß die FERMI-Fläche von Nb offen (Lochband in der 3. Zone) ist, was einen interessanten Fall für die Magnetowiderstandsmessungen darstellt. Auf der Abb. 2 ist die BRILLOUIN-Zone des bcc-Gitters mit dem offenen Teil der FERMI-Fläche von Nb gezeigt. Die Rechnungen liefern noch geschlossene ellipsoidförmige Flächen um sämtliche Punkte N der BRILLOUIN-Zone (eine ist in Abb. 2 aufgezeichnet), doch wir lassen sie außer Betrachtung, da in diesem Fall die offenen Flächen den Verlauf des Magnetowiderstandes bestimmen.

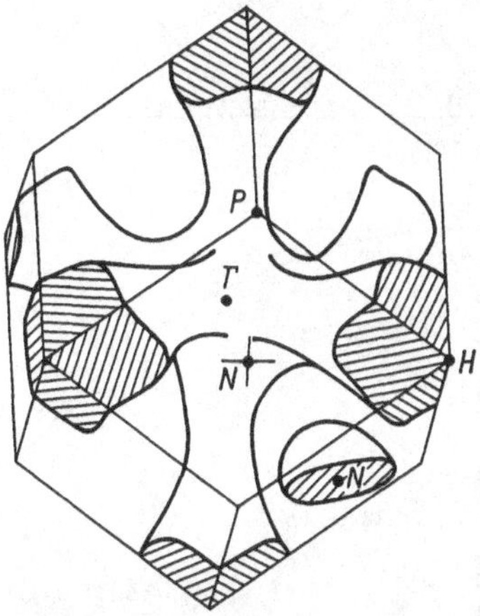

Abb. 2. BRILLOUIN-Zone des bcc-Gitters mit einem Teil der FERMI-Fläche von Nb (nach MATTHEISS [18])

Als ein Modell für die FERMI-Fläche von Übergangsmetallen der Vanadium-Gruppe wird ein dreidimensionales Zylindergitter mit Knoten in den Punkten Γ und H gewählt (siehe Abb. 3a), das eine kubische Symmetrie besitzt. Im weiteren wird dieses einfache Modell verbessert, indem Knoten unterschiedlicher Größe für Γ und für H eingeführt werden und Hälse mit einem variablen Querschnitt betrachtet werden.
Es ist zwischen den „kleinen" und „großen" Knoten zu unterscheiden. In diesem Kapitel werden solche Knoten als „groß" bezeichnet, deren Abmessungen offene Bahnen in Richtung der Flächendiagonalen erlauben (siehe Abb. 3b und 3c).
Um die Größe der Knoten zu charakterisieren, werden zwei Parameter eingeführt: g für die Knoten um den Punkt Γ und h für die Knoten um H. g (bzw. h) ist der Abstand vom Punkt Γ (bzw. H) bis zur Geraden, die zur

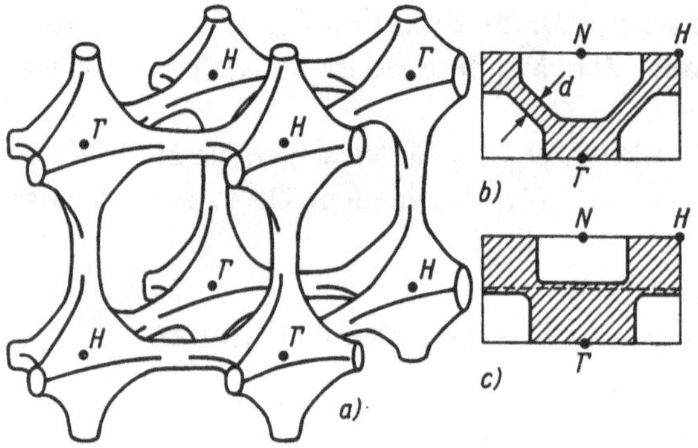

Abb. 3. a) Zylindergitter mit Knoten; Schnitte durch das Zylindergitter b) mit „kleinen" Knoten, c) mit „großen" Knoten

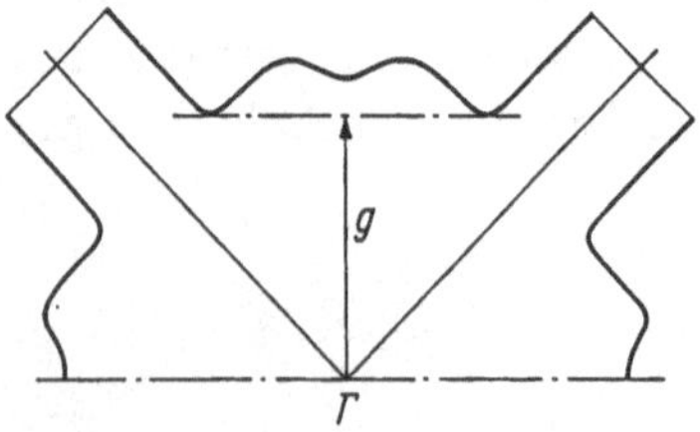

Abb. 4. Zur Definition von g und h

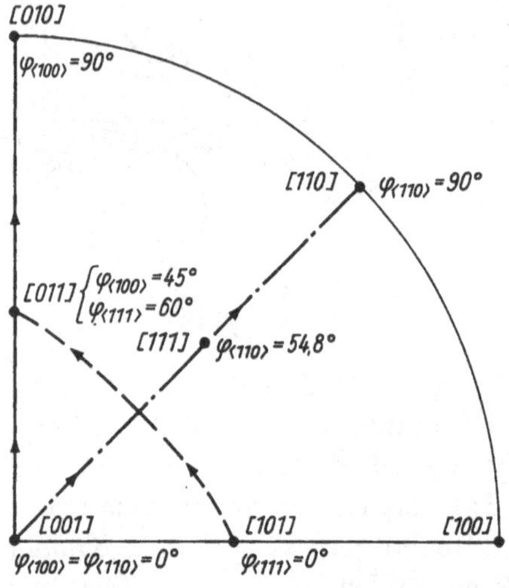

Abb. 5. Änderung der Richtung des Magnetfeldes bei Drehung verschiedener Proben: —— [100]-Probe, —·—·— [110]-Probe, – – – [111]-Probe

Flächendiagonalen parallel ist und den Knotenrand von der inneren Seite berührt (siehe Abb. 4). Damit sind die Parameter von der Form der Knoten unabhängig. Für „große" Knoten soll dann die Bedingung

$$g + h \geqq \frac{(\Gamma H)\sqrt{2}}{2}$$

erfüllt werden. Für Modelle mit gleichen Knoten ($g = h$) wird stets die Bezeichnung g verwendet.

Der Durchmesser der Hälse wird mit d bezeichnet. Falls die Hälse eine komplizierte Struktur haben und der Durchmesser für verschiedene Richtungen unterschiedlich ist, dann bedeutet d die kleinste Dicke der Hälse in der zur ΓH-Strecke parallelen Richtung.

Um die Lage des Kristalls relativ zum Magnetfeld zu beschreiben, werden die kristallographischen Bezeichnungen (MILLERsche Indizes) verwendet. Dabei entsprechen

⟨100⟩ der Richtung von ΓH,
⟨110⟩ ,, ,, ,, ΓN,
⟨111⟩ ,, ,, ,, ΓP.

[100]-Probe bedeutet, daß die Achse der zylinderförmigen Probe die kristallographische Richtung [100] hat. Bei der Drehung der Probe bleibt das Magnetfeld stets zu dieser Richtung senkrecht (vgl. Abb. 1). Analog ist es auch für die anderen Proben. Auf der Abb. 5 ist die Änderung der Richtung des Magnetfeldes bezüglich der Probe, die gedreht wird, in stereographischer Projektion dargestellt.

3.2. *Zylindergitter mit „kleinen" Knoten*

3.2.1. [100]-Probe; Struktur der Hälse

Es wird untersucht, was die Drehung einer [100]-Probe im Magnetfeld liefert und welche Aussagen über die FERMI-Fläche daraus gewonnen werden können.

In Abb. 6 ist ein Teil der FERMI-Fläche mit den möglichen Bahnen dargestellt (das Magnetfeld ist um einen Winkel φ aus der Symmetrielage [001] verdreht). Aus dem Bild sieht man, daß die Dicke der Schicht der offenen Bahnen durch die engste Stelle des Halses bestimmt wird.

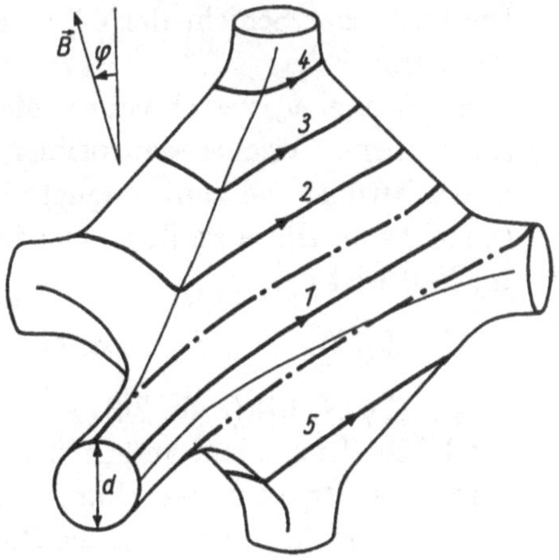

Abb. 6. [100]-Probe im Magnetfeld: 1 – eine offene Bahn, 2, 3, 4, 5 – geschlossene Bahnen; —·—·— Grenzen der Schicht der offenen Bahnen

Um den Verlauf der Funktion $D_{\text{off.}}(\varphi)$ zu ermitteln, ist es besser, das ganze Bild in der Projektion auf eine zur Richtung der offenen Bahnen senkrechte Ebene zu betrachten (siehe Abb. 7).

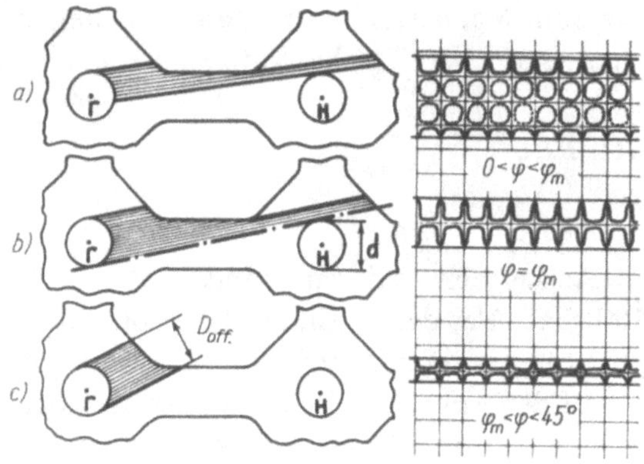

Abb. 7. Drehung der [100]-Probe im Magnetfeld

Anschaulich ist auch die Darstellung aller Bahnen, die in einer zum Feld $\boldsymbol{H}$ senkrechten Ebene liegen. Die offenen Bahnen, die dabei für jeweils eine Ebene senkrecht zu $\boldsymbol{H}$ für verschiedene Drehwinkel auftreten, sind in Abb. 7 rechts aufgezeichnet. Eine dazu parallele, benachbarte Ebene wird durch entsprechend verschobene Begrenzungsgeraden (dicke horizontale Linien) gekennzeichnet. Aus diesem Bild sieht man, daß außer dem Fall $\varphi = 0$ (wenn die Richtung des Magnetfeldes genau mit der Symmetrierichtung [001] übereinstimmt) sonst für alle Drehwinkel φ eine Schicht offener Bahnen vorhanden ist. Doch hier haben wir zwei Fälle zu unterscheiden:

I. $0 \leqq \varphi \leqq \varphi_m$ (Abb. 7a und 7b).
Die Dicke der Schicht der offenen Bahnen nimmt mit dem Drehwinkel rasch zu.
Beim Winkel φ_m verschwinden die letzten geschlossenen Bahnen, die in einer Ebene zwischen den beiden begrenzenden offenen Bahnen liegen. Dabei berührt die zum Magnetfeld senkrechte Ebene gleichzeitig zwei benachbarte Hälse an ihren engsten Stellen.
Im Fall I ist

$$D_{\text{off.}}(\varphi) = (\Gamma H) \sin \varphi .$$

II. $\varphi_m \leqq \varphi \leqq 45°$ (Abb. 7c).
Die Dicke der Schicht ändert sich nicht so stark und ist im wesentlichen durch die Struktur der Hälse bestimmt. Sie ergibt sich aus der Projektion $F(\varphi)$ des Halses auf die Richtung von $\boldsymbol{H}$ an seiner engsten Stelle.

Wir erhalten somit

$$D_{\text{off.}}(\varphi) = \begin{cases} (\Gamma H)\sin\varphi & \text{für} \quad \varphi < \varphi_m \\ F(\varphi) & \text{für} \quad \varphi > \varphi_m \end{cases} \tag{11}$$

mit φ_m aus der Beziehung $F(\varphi_m) = (\Gamma H)\sin\varphi_m$. In Abb. 8 ist der Verlauf von $D_{\text{off.}}(\varphi)$ für die verschiedenen, ebenfalls eingezeichneten Querschnitte dargestellt. Eine gute Information über die Struktur der Hälse kann dann gewonnen werden, wenn die Fläche nicht konkav ist. Vertiefungen verschiedener Art (z. B. bei kissenförmigen Schnitten) können nicht ausgemessen werden. Für den Verlauf von $D_{\text{off.}}(\varphi)$ sind nur konvexe Stellen maßgebend.

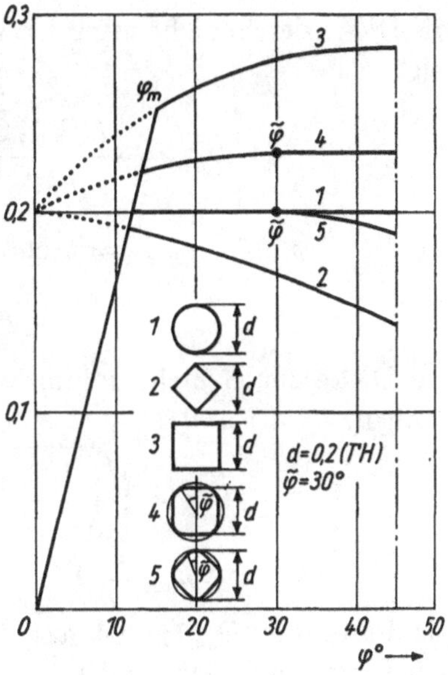

Abb. 8. Funktion $D_{\text{off.}}(\varphi)$ für die [100]-Probe (die Kurven entsprechen den Parametern $d = 0{,}2\ (\Gamma H)$ und $\tilde{\varphi} = 30°$)

3.2.2. [110]-Probe

In diesem Abschnitt werden die Kurven untersucht, die sich bei der Drehung der Probe um die [110]-Achse ergeben. In Abb. 9 ist das Verhalten der Bahnen für verschiedene Drehwinkel dargestellt.

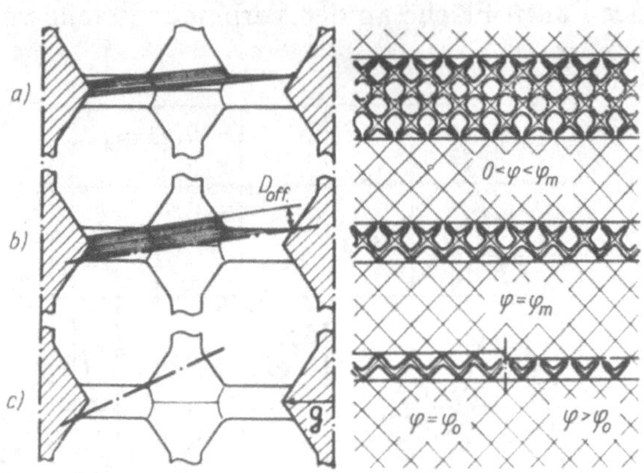

Abb. 9. Drehung der [110]-Probe im Magnetfeld (nur die schraffierten Knoten werden von der Papierebene geschnitten)

Hier kann man folgende Fälle unterscheiden:

I. $\varphi = 0$ (das Magnetfeld zeigt in [001]-Richtung).

Es gibt keine offenen Bahnen.

II. $$0 \leqq \varphi \leqq \varphi_m = \arctan \frac{d}{(\Gamma H)\sqrt{2} - 2g + \frac{d\sqrt{2}}{2}}.$$

Die Dicke der Schicht nimmt rasch zu. Bei $\varphi = \varphi_m$ wird ein Maximum erreicht.

$$D_{\text{off.}} = \frac{(\Gamma H)\sqrt{2}}{2} \sin \varphi .$$

III. $$\varphi_m \leqq \varphi \leqq \varphi_0 = \arctan \frac{d}{\frac{(\Gamma H)\sqrt{2}}{2} - 2g + \frac{d\sqrt{2}}{2}}.$$

Die Dicke der Schicht nimmt ab. Bei $\varphi = \varphi_0$ verschwinden die offenen Bahnen.

$$D_{\text{off.}} = \sqrt{\left(\frac{(\Gamma H)\sqrt{2}}{2} - 2g + \frac{d\sqrt{2}}{2}\right)^2 + d^2} \quad \sin(\varphi_0 - \varphi).$$

IV. $\varphi > \varphi_0$: $D_{\text{off.}} = 0$.

Die Funktion $D_{\text{off.}}(\varphi)$ ist auf der Abb. 10 für unterschiedliche Knotenradien graphisch dargestellt.
Die Lagen von φ_m und φ_0 sind im wesentlichen durch die Größe der Knoten bestimmt. (Die in Abb. 10 aufgezeichnete Kurve für $g = 0{,}40\ (\Gamma H)$ entspricht dem Fall „großer“ Knoten und wird im Abschnitt 3.3. diskutiert.) Die Modellaussagen sind jedoch unsicher, da sie stark vom genauen Verlauf der FERMI-Fläche an der Verbindungsstelle von Knoten und Zylindern abhängen.

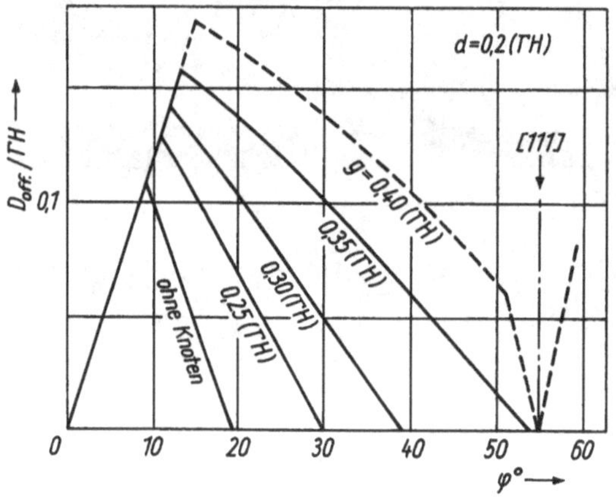

Abb. 10. Funktion $D_{\text{off.}}(\varphi)$ für die [110]-Probe (dem Fall Zylindergitter ohne Knoten entspricht $g = d/\sqrt{2}$)

3.2.3. Stereographische Projektionen

Damit die stereographische Projektion für das betrachtete Modell bestimmt ist, müssen auch die anderen Drehrichtungen zwischen [100] und [110] untersucht werden.

In Abb. 11 sind die offenen Bahnen für verschiedene Drehwinkel und verschiedene Drehachsen dargestellt.

Dabei sind die offenen Bahnen periodisch, wenn die Drehung um eine Achse erfolgt, deren Richtung im Kristall mit Hilfe der MILLERschen Indizes in der Form $[mnp]$ dargestellt werden kann, wobei m, n und p ganze Zahlen sind (solche Richtungen nennen wir rational). Für alle rationalen Richtungen zeigt die Funktion $D_{\text{off.}}(\varphi)$ ein ähnliches Verhalten wie für die [110]-Probe. Der Unterschied besteht nur in den Werten von φ_m und φ_0 (φ_0 ist dabei wesentlich kleiner als bei der [110]-Probe).

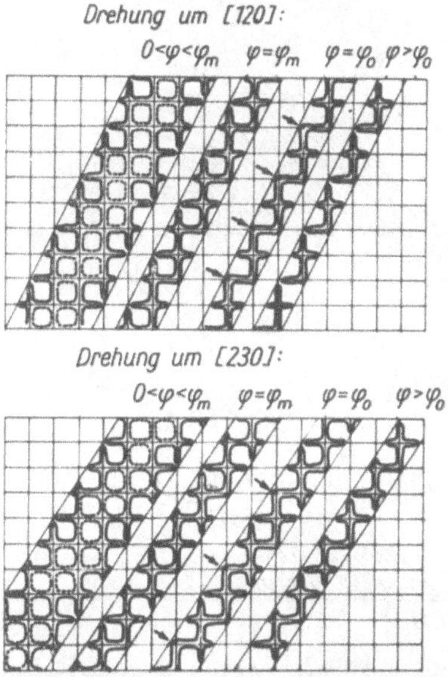

Abb. 11. Offene Bahnen für verschiedene Drehwinkel (mit Pfeilen sind die kritischen Stellen gekennzeichnet, wo bei weiterer Drehung die offenen Bahnen in geschlossene übergehen)

Für die irrationalen Richtungen sind die offenen Bahnen nicht periodisch. Infolgedessen existiert für jede Bahn schon beim Drehwinkel φ_m mindestens eine kritische Stelle. Dann verschwindet bei weiterer Drehung plötzlich die ganze Schicht der offenen Bahnen.

Daraus folgt für die stereographische Projektion, daß die zweidimensionalen Gebiete um die ⟨100⟩-Richtungen, die vom Winkel φ_m begrenzt sind, noch die bis zum Winkel φ_0 laufenden Spitzen für alle rationalen Richtungen haben. Die längeren Spitzen haben die Richtungen mit den kleineren MILLERschen Indizes.

Die Untersuchung verschiedener Drehrichtungen erfolgt analog zu Teil 3.2.2. Die kritischen Drehwinkel sind aus Abb. 11 ersichtlich. Abb. 12 zeigt Teile der stereographischen Projektion für verschiedene Modelle. Die allgemeine Form der stereographischen Projektionen für Zylindergitter mit „kleinen“

Knoten ist in Abb. 13 schematisch gezeichnet. Je größer die Knoten sind, um so größer sind die zweidimensionalen Gebiete um die ⟨100⟩-Richtungen und um so länger die Spitzen.

Wenn die längsten Spitzen den Punkt [111] erreichen $\left(\text{das geschieht bei } g + h = (\Gamma H)\,\frac{\sqrt{2}}{2}\right)$, werden der Verlauf der Funktion $D_{\text{off.}}(\varphi)$ und die Ge-

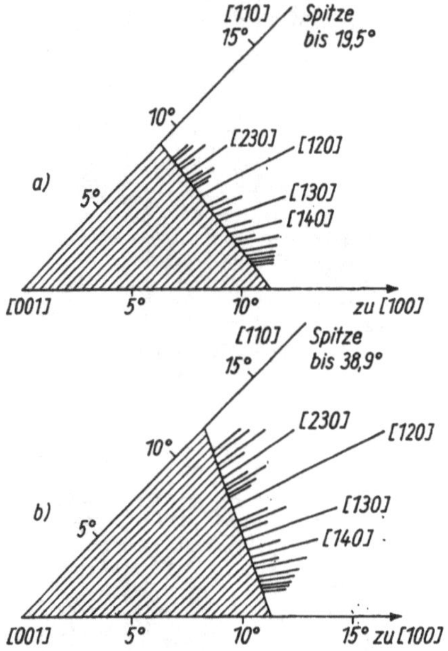

Abb. 12. Teil des zentralen zweidimensionalen Gebietes für das Zylindergitter a) ohne Knoten, $d = 0{,}2\ (\Gamma H)$, b) $g = 0{,}3\ (\Gamma H)$, $d = 0{,}2\ (\Gamma H)$

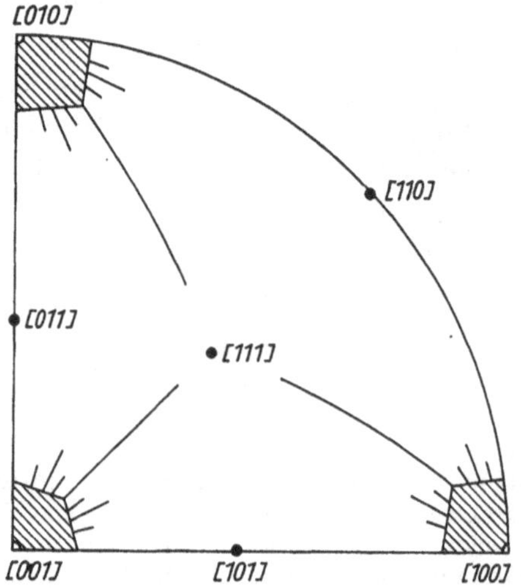

Abb. 13. Stereographische Projektion für das Zylindergitter mit „kleinen" Knoten

stalt der stereographischen Projektion wesentlich verändert, da dann die offenen Bahnen längs der Flächendiagonale ins Spiel kommen. Das entspricht schon dem Fall „großer" Knoten, der im nächsten Abschnitt behandelt wird.

3.3. *Zylindergitter mit „großen" Knoten und kompliziertere Modelle*

Zunächst eine kurze Bemerkung zur [100]-Probe. Da der Verlauf von $D_{\text{off.}}(\varphi)$ für diese Probe im wesentlichen durch die Hälse bestimmt ist, haben die Kurven dieselbe Gestalt, wie sie im Abschnitt 3.2.1. diskutiert worden ist. Der Unterschied zwischen den beiden Fällen besteht darin, daß jetzt für

$\varphi = 45°$ (das Magnetfeld zeigt in [011]-Richtung) eine zweite Schicht der offenen Bahnen existieren kann, die senkrecht zur ersten steht. In diesem Fall (siehe (10)) sättigt sich der Magnetowiderstand. Infolgedessen hat die Kurve an dieser Stelle eine Singularität.

3.3.1. [110]-Probe

In Abb. 14 sind verschiedene Schnittebenen der FERMI-Fläche aufgetragen, die bei der Drehung der [110]-Probe im Magnetfeld auftreten können. Die Funktion $D_{\text{off.}}(\varphi)$ zeigt folgendes Verhalten:

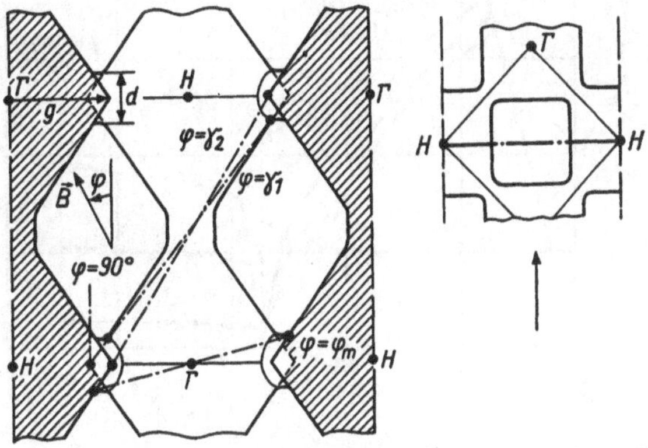

Abb. 14. Drehung der [110]-Probe im Magnetfeld (rechts ist der im Bild dargestellte Schnitt der FERMI-Fläche gezeichnet, die Beobachtungsrichtung ist mit einem Pfeil gekennzeichnet)

Bei $\varphi = 0$ sind keine offenen Bahnen vorhanden;

$$\text{(12)} \qquad 0 \leqq \varphi \leqq \varphi_m = \arctan \frac{d}{(\Gamma H)\sqrt{2} - 2g + \dfrac{d\sqrt{2}}{2}},$$

$$D_{\text{off.}} = (\Gamma H)\frac{\sqrt{2}}{2}\sin\varphi;$$

$$\varphi_m \leqq \varphi \leqq \gamma_1 = \arctan \frac{(\Gamma H) - d}{2g - \dfrac{d\sqrt{2}}{2}},$$

$$D_{\text{off.}} = \left(\frac{d}{\tan\varphi} - \frac{(\Gamma H)\sqrt{2}}{2} + 2g - \frac{d\sqrt{2}}{2}\right)\sin\varphi;$$

$$\gamma_1 \leqq \varphi \leqq 54{,}8°, \quad ([111]\text{-Richtung})$$

$$D_{\text{off.}} = \frac{\sqrt{3}}{2}\left((\Gamma H)\sqrt{2} - 2g + d\sqrt{2}\right)\sin(54{,}8° - \varphi);$$

$$\text{(12')} \qquad 54{,}8° \leqq \varphi \leqq \gamma_2 = \arctan \frac{(\Gamma H)}{(\Gamma H)\sqrt{2} - 2g},$$

$$D_{\text{off.}} = \frac{\sqrt{3}}{2}\left(2g - \frac{d\sqrt{2}}{4}\right)\sin(\varphi - 54{,}8^\circ);$$

$$\gamma_2 \leqq \varphi \leqq 90^\circ, \qquad D_{\text{off.}}(\varphi) = \left(2g - \frac{(\Gamma H)\sqrt{2}}{2}\right)\sin\varphi .$$

Bei $\varphi = 90^\circ$ hat $D_{\text{off.}}$ eine singuläre Stelle, da in dieser Lage die offenen Bahnen in zwei verschiedenen Richtungen vorhanden sind.

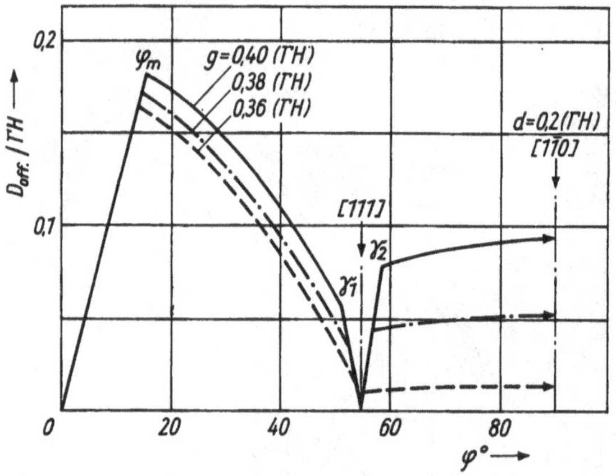

Abb. 15. **Funktion** $D_{\text{off.}}$ **für die [110]-Probe**

Die Funktion $D_{\text{off.}}$ ist auf Abb. 15 graphisch dargestellt. Der Verlauf der Kurven hängt von der Größe der Knoten ab, besonders davon, wie stark sich die Knoten in Richtung der Flächendiagonalen überlappen (siehe den Verlauf zwischen 54,8° und 90°).

3.3.2. Knoten unterschiedlicher Größe; variabler Querschnitt der Hälse

Jetzt beschäftigen wir uns mit der Frage, wie die Funktion $D_{\text{off.}}(\varphi)$ im Vergleich zum Abschnitt 3.3.1. ihren Verlauf ändert, wenn die Knoten um die Punkte Γ und H unterschiedliche Größe haben (Parameter g und h; $g \neq h$). Wenn wir die Abb. 14 betrachten und uns dabei vorstellen, daß die Knoten um die Punkte Γ und H unterschiedlich groß sind, wird klar, daß in diesem Fall entsprechend zwei verschiedene Werte φ_m und φ_m' existieren. Man erhält φ_m', indem man in (12) g durch h ersetzt.

Für die anderen besonderen Stellen der Kurve (z. B. γ_1, γ_2) spielt nur die Größe $(g + h)$ eine Rolle ($g + h - (\Gamma H)\sqrt{2}/2$ ist die Überlappung der Knoten in Richtung der Flächendiagonalen). Dementsprechend ist in den Formeln für γ_1 und γ_2 die Größe $g + h$ anstatt $2g$ einzusetzen.

Bisher ist vorausgesetzt worden, daß die Hälse bei den betrachteten Modellen einen konstanten Querschnitt haben, der durch den Parameter d

charakterisiert wird. Nun werden Hälse mit variablem Querschnitt betrachtet (siehe Abb. 16), was besser der Realität entspricht.
Die engste Stelle des Halses liegt im Abstand f von Γ und hat den Durchmesser d. Der Verlauf in der Nähe dieses Punktes wird durch die Parabel

$$(13) \qquad y = d/2 + a(x - f)^2$$

beschrieben (Bezeichnung siehe Abb. 16). Bei dem Modell mit konstantem Querschnitt war φ_m durch die Punkte bestimmt, in denen die Knoten in den Hals übergehen (in Abb. 16 mit Pfeilen bezeichnet). Jetzt sind ψ und ψ'

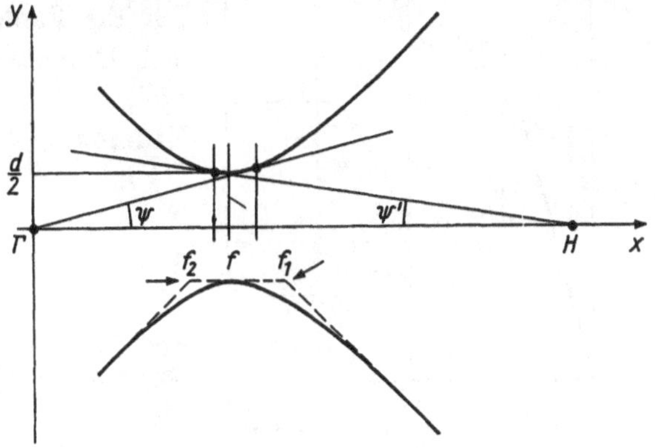

Abb. 16. Hals mit variablem Querschnitt (der konstante Querschnitt in früheren Modellen ist gestrichelt gezeichnet)

durch die Tangenten an die Halskurve von den Punkten Γ bzw. H aus gegeben. Da sich φ_m und φ_m' nicht auf eine Drehung senkrecht zur Papierebene von Abb. 16, sondern von Abb. 14 beziehen, hängen sie wie folgt mit ψ und ψ' zusammen:

$$(14) \qquad \tan\varphi = \sqrt{2}\tan\chi; \quad \sin\chi = \tan\psi.$$

Die Winkel χ und χ' kennzeichnen die Drehung der Bildnormalen von Abb. 16 aus der [100]-Richtung. Entsprechend ist auch der Durchmesser des Halses d für diesen Winkel einzusetzen (gemäß (11)). Die Bestimmung der Größen f, a, f_1 und f_2 aus den je zwei Bedingungen für die Tangenten in Abb. 16 liefert

$$(15) \qquad f = d(\cot\psi - \cot\psi')/2 + (\Gamma H)\cot\psi'/(\cot\psi + \cot\psi')$$

$$f_1 = d\cot\psi - f$$

$$(15') \qquad f_2 = 2(\Gamma H) - d\cot\psi' - f$$

$$a = \tan\psi/2(f_1 - f) = \tan\psi'/2(f - f_2).$$

Abb. 17 stellt den Verlauf von $D_{\text{off.}}$ im Bereich von φ_m und φ_m' für verschiedene Werte von f (und große a) dar.

Für den Wert γ_2 ergibt sich die bereits diskutierte Änderung gegenüber (12')

$$\tan \gamma_2 = \frac{(\Gamma H)}{\sqrt{2}\,(\Gamma H) - (g + h)}. \tag{16}$$

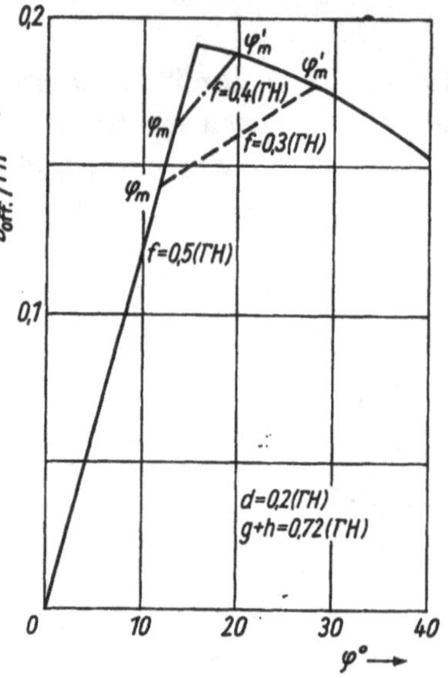

Abb. 17. Funktion $D_{\text{off}}(\varphi)$ für verschiedene Lagen der engsten Stelle auf dem Hals

Der Winkel γ_1, kann nicht mehr ohne weiteres bestimmt werden, da wir im letzten Modell die Ecken abgerundet haben, ohne genaue Annahmen über die Form der Fläche zu machen.

Für die Funktion D_{off} sind also der minimale Durchmesser d, die Lage der engsten Stelle auf dem Hals (Parameter f), die Krümmung a des Halses an dieser Stelle und die Überlappung der Knoten (diese Größe ist durch $h + g$ bestimmt) maßgebend. Für zwei verschiedene Modelle, die aber gleiche d, f und $g + h$ haben (g und h können verschieden sein), sind die Kurven für D_{off} nicht unterscheidbar.

3.3.3. Stereographische Projektion

Für die zweidimensionalen Gebiete um die ⟨100⟩-Richtungen können die Ergebnisse des Abschnittes 3.2.3. verwendet werden. Im Fall der Knoten unterschiedlicher Größe wird der Winkel φ'_m (das äußere Maximum) als Grenze des Gebietes gewählt. Die Länge der Spitzen ist durch die kleineren Knoten bestimmt.

Von Interesse ist das zweidimensionale Gebiet um die [111]-Richtung. Dieses ist nur im Fall „großer" Knoten vorhanden und sehr stark von deren Überlappung (also von $g + h$) abhängig. Die Grenzen dieses Gebietes sind der Winkel γ_1 in ⟨100⟩-Richtungen und der Winkel γ_2 in ⟨110⟩-Richtungen (siehe Abb. 18a: 1. $0 < \varphi < \gamma_1$ (bzw. γ_2), 2. $\varphi = \gamma_1$ (bzw. γ_2), 3. $\varphi > \gamma_1$ (bzw. γ_2); Drehwinkel φ von der Symmetrierichtung [111] gemessen).

Für andere rationale Richtungen besitzt das Gebiet ebenfalls Spitzen; jedoch ist ihre Länge wesentlich kleiner als bei den Spitzen um das Gebiet in

[100]-Richtung (siehe Abb. 18b und c:

1. Innerhalb des Gebietes,
2. Grenze des zweidimensionalen Gebietes,
3. Ende der Spitze).

Auf Abb. 19 ist das Gebiet um die [111]-Richtung in Abhängigkeit von der Überlappung der Knoten graphisch dargestellt. In den Mittelpunkten der

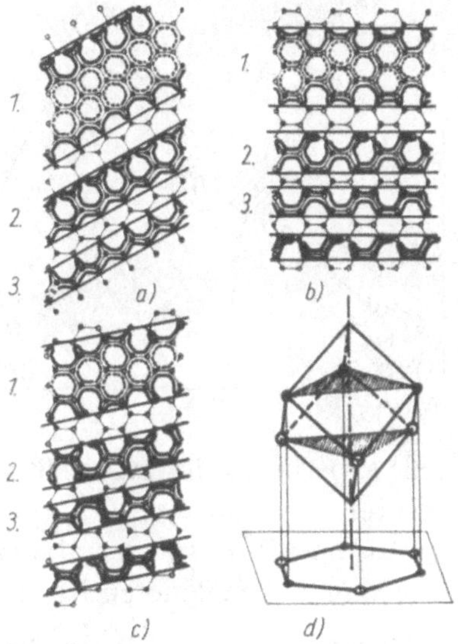

Abb. 18. Charakter der offenen Bahnen im Kristall, wenn die Richtung des Magnetfeldes in der Nähe von ⟨111⟩ liegt: a) Drehung um die ⟨110⟩-Achse, b, c) Drehung um die anderen Achsen, d) zur Erklärung des Bildes: Projektion eines kubischen Gitters auf die {111}-Ebene

beiden zweidimensionalen Gebiete (⟨100⟩ und ⟨111⟩) erreicht der Magnetowiderstand jeweils einen Sättigungswert, da keine offenen Bahnen vorhanden sind.

⟨110⟩ ist eine singuläre Stelle, da für diese Richtungen des Magnetfeldes gleichzeitig zwei verschiedene Schichten der offenen Bahnen in unterschied-

Abb. 19. Das zweidimensionale Gebiet um [111] für verschiedene Überlappung der Knoten: a) $g + h = 0{,}72$ (ΓH), b) $g + h = 0{,}76$ (ΓH), c) $g + h = 0{,}80$ (ΓH); die Spitzen sind nicht aufgetragen

liche Richtungen existieren. Die Modelluntersuchungen zeigen, daß es um diesen Punkt kein zweidimensionales Gebiet geben kann. Ein Doppelmaximum, das bei der Drehung der [111]-Probe im Magnetfeld an dieser

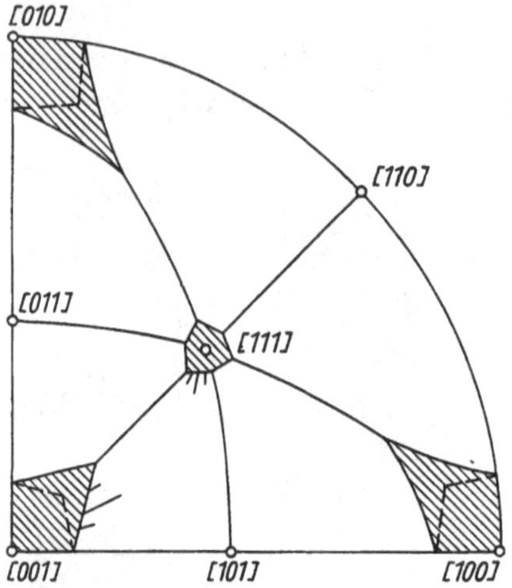

Abb. 20. Stereographische Projektion für das Zylindergitter mit „großen" Knoten unterschiedlicher Abmessungen (nur ein Teil der größten Spitzen ist gezeichnet, – – – – – bezeichnet die Lagen von φ_m)

Stelle experimentell festgestellt worden ist, wird in der folgenden Arbeit [12] gedeutet.

Die allgemeine Form der stereographischen Projektion für das Zylindergitter mit großen Knoten ist auf der Abb. 20 dargestellt.

Die Verfasser sind den Herren Dr. habil. P. Rennert und Dr. K.-H. Berthel sowie den Kollegen der Arbeitsgruppe „Elektronenstruktur", Sektion Physik der TU Dresden, für helfende Diskussionen zu Dank verpflichtet.

Anhang: Zusammenhang zwischen dem Magnetowiderstand und der Anzahl der offenen Bahnen

Es wird der Fall betrachtet, in dem die offenen Bahnen einen zu H^2 proportionalen Anstieg des Magnetowiderstandes verursachen. Nach (9) ist

$$\varrho_{xx} = \frac{(A_{yy} A_{zz} - A_{zy}^2)}{C_{xx}(A_{yy} A_{zz} - A_{zy}^2) + A_{zz} B_{yx}^2 + A_{yy} B_{zx}^2 - 2 B_{yx} A_{zy} B_{zx}} H^2,$$

wobei die Koeffizienten Integrale vom Typ (4) über die Fermi-Fläche darstellen (für die genaue Auswertung vgl. dazu [11]).

B_{zx} und A_{zy} sind im Vergleich zu den anderen Koeffizienten sehr klein (siehe [11]) und werden vernachlässigt. Dann ist

$$\varrho_{xx} = \frac{A_{yy}}{C_{xx} A_{yy} + B_{yx}^2} \cdot H^2.$$

An dieser Stelle werden folgende Annahmen gemacht:

- Die Relaxationszeit τ ist von k_z nicht abhängig und kann bei der Integration über k_z wie eine Konstante behandelt werden.
- Die Zyklotronmasse

$$m_c = \frac{\hbar^2}{2\pi} \left(\frac{\partial \mathfrak{A}}{\partial \varepsilon}\right)_{\varepsilon = \varepsilon_F}$$

ändert sich nicht stark bei der Drehung der Probe und kann ebenfalls bei der Integration ausgeklammert werden.

Die Auswertung von (4) für offene, periodische Bahnen liefert in der Grenze $H \to \infty$ (siehe [4] und [11])

$$A_{yy} = \frac{e^2}{4\pi^3\hbar^2}\left[\frac{\hbar^2}{2\pi} K_{ox}^2 \frac{\tau}{m_c} D_{\text{off.}}\right],$$

wobei $D_{\text{off.}}$ die Dicke der Schicht der offenen Bahnen ist. C_{xx} wird im wesentlichen durch die Krümmung der Bahn bestimmt. Wir nehmen an, daß diese Komponente ihren Wert bei der Drehung der Probe kaum ändert.

Die Auswertung von B_{yx} [11] liefert

$$B_{yx} = -\frac{e\,c}{4\pi^3}\left[V_{FF} - K_{ox} \int_{(\text{off.})} \bar{k}_y\, dk_z\right].$$

Der Ausdruck V_{FF} bezeichnet das Volumen im $\boldsymbol{k}$-Raum, das von der Fermi-Fläche umschlossen ist. Das ist eine konstante Größe, die durch die Elektronen- bzw. Löcherdichte bestimmt ist. Die wesentliche Korrektur gegenüber geschlossenen Fermi-Flächen stellt der zweite Anteil dar. In ihm bedeutet $\bar{k}_y$ die mittlere (von Null verschiedene!) y-Koordinate der in σ_x-Richtung offenen Bahn. Es wird über alle offenen Bahnen integriert. Wenn $\bar{k}_y$ nicht sehr stark von k_z abhängt, ist der zweite Summand proportional zur Dicke der Schicht der offenen Bahnen. Jetzt kann ϱ_{xx} in folgender Form geschrieben werden:

$$\varrho_{xx} = \frac{D_{\text{off.}}}{C D_{\text{off.}} + (A - B D_{\text{off.}})^2},$$

wobei A, B und C als Konstante behandelt werden können (obwohl sie Integralausdrücke enthalten). Weiterhin bekommt man

$$\varrho_{xx} = \frac{D_{\text{off.}}}{\left(B D_{\text{off.}} - \frac{2AB - C}{2B}\right)^2 + A^2 - \left(\frac{2AB - C}{2B}\right)^2}.$$

Dieser Zusammenhang zwischen ϱ_{xx} und $D_{\text{off.}}$ kann graphisch dargestellt werden (Abb. 21). Die Abschätzungen an einem einfachen Modell zeigen, daß wir in der

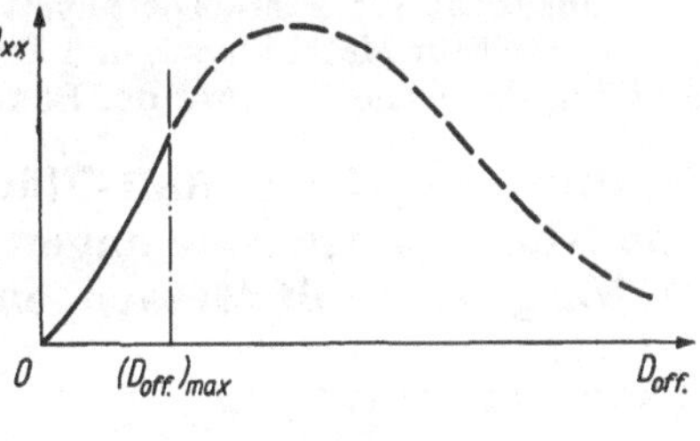

Abb. 21. Zusammenhang zwischen dem Magnetowiderstand und der Dicke der Schicht der offenen Bahnen

Nähe des Koordinatenursprungs arbeiten, wo ein monotoner Zusammenhang zwischen ϱ_{xx} und $D_{\text{off.}}$ vorhanden ist. Daraus folgt, daß wir die Abhängigkeit der Dicke der Schicht der offenen Bahnen von der Orientierung der Probe betrachten können, um den Verlauf der Magnetowiderstandskurven zu enthalten. Die Lage der besonderen Stellen der Kurve (Maxima, Knicke usw.) wird durch die Nichtlinearität des Zusammenhangs nicht beeinflußt. Aus dem absoluten Wert des Magnetowiderstandes können jedoch keine sicheren quantitativen Aussagen gewonnen werden.

Literaturverzeichnis

[1] ALEXEJEWSKI, N. E., K.-H. BERTHEL, A. W. DUBROWIN und K. E. KARSTENS, Pisma w JETP *6*, 637 (1967).
[2] ALEXEJEWSKI, N. E., K.-H. BERTHEL und A. W. DUBROWIN, Pisma w JETP *10*, 116 (1969).
[3] BERTHEL, K.-H., und N. E. ALEXEJEWSKI, Privatmitteilung, 1971.
[4] BRAUER, W., Einführung in die Elektronentheorie der Metalle, Leipzig 1966.
[5] BUDD, H. F., Phys. Rev. Lett *20*, 1099 (1968); Phys. Rev. *175*, 241 (1968).
[6] DEEGAN, R. A., und W. D. TWOSE, Phys. Rev. *164*, 993 (1967).
[7] FAWCETT, E., W. A. REED und R. R. SODEN, Phys. Rev. *159*, 533 (1967).
[8] HALLORAN, M. A., u. a., Phys. Rev. B *1*, 366 (1970).
[9] KITTEL, C., Quantum Theory of Solids, New York-London 1963.
[10] KOHLER, M., Ann. Phys. *5*, 88, 99 (1950).
[11] KUTSCHERENKO, J. N., Diplomarbeit, TU Dresden, 1971.
[12] LEHMANN, G., und J. N. KUTSCHERENKO, Mber. Dt. Akad. Wiss. *13*, 880 Berlin 1971.
[13] LEHMANN, G., und J. N. KUTSCHERENKO, phys. stat. sol. (b) *49*., K 205 (1972).
[14] LIFSCHIZ, I. M., M. JA. ASBEL und M. I. KAGANOW, JETP *30*, 220 (1956); JETP *31*, 63 (1956).
[15] LIFSCHIZ, I. M., JETP *32*, 1509 (1957).
[16] LIFSCHIZ, I. M., und W. G. PESTSCHANSKI, JETP *35*, 1251 (1958; JETP *38*, 188 (1960).
[17] LIFSCHIZ, I. M., M. JA. ASBEL und M. I. KAGANOW, Elektronnaja teorija metallow, Moskau 1971.
[18] MATTHEISS, L. F., Phys. Rev. B *1*, 373 (1970).
[19] PEIERLS, R., Ann. Phys. *10*, 97 (1931); *12*, 154 (1932).
[20] REED, W. A., und R. R. SODEN, Phys. Rev. *173*, 677 (1969).
[21] SEEGER, A., E. MANN und K. CLAUSECKER, phys. stat. sol. *24*, 721 (1967).
[22] THOMAS, R. B., Phys. Rev. *171*, 827 (1968).
[23] ZIMAN, J. M., Principles of the Theory of Solids. Cambridge 1964.

Eingegangen: 1. Dezember 1971

G. LEHMANN (a) und J. N. KUTSCHERENKO (b)

Zentralinstitut für Festkörperphysik und Werkstofforschung,
Institutsteil für Metallphysik und Reinstmetalle, Dresden, der Dt. Akad. Wiss. (a)
und Physikalische Fakultät der SCHEWTSCHENKO-Universität Kiew (b)

Bestimmung der FERMI-Fläche und der Streueigenschaften von Niob aus den Messungen des Magnetowiderstandes II. Vergleiche mit Messungen

Zusammenfassung

Die in einer vorhergehenden Arbeit [6] gewonnenen modellunabhängigen Aussagen über Parameter der FERMI-Fläche werden mit experimentell bestimmten Magnetowiderstandskurven für Nb verglichen. Aus den Messungen lassen sich so die Durchmesser der Hälse der FERMI-Fläche an ihren engsten Stellen, die Lage dieser engsten Stelle, die Krümmung in diesem Punkt sowie ein Parameter für die Überlappung der Knoten bestimmen. Aus dem Kurvenverlauf für gewisse Richtungen des Magnetfeldes lassen sich weiterhin Angaben über das Streuverhalten von Defekten gewinnen.

1. Einleitung

In einer vorangegangenen Arbeit [6] (im folgenden mit I. bezeichnet) wurden verschiedene Modelle für FERMI-Flächen diskutiert, die der von Niob in ihrer topologischen Struktur entsprechen. Es wurden damit der Verlauf der Magnetowiderstandskurven für große Magnetfelder H und die Gebiete der stereographischen Projektion, in denen sich der Magnetowiderstand sättigt bzw. wie H^2 verhält, berechnet und die Abhängigkeit bzw. Invarianz der Ergebnisse gegenüber Änderungen der Modellparameter diskutiert. In dieser Arbeit sollen entsprechend dem in I. entwickelten Programm für die Bestimmung modellunabhängiger Parameter der FERMI-Fläche die erhaltenen Formeln zur Auswertung der experimentellen Kurven für Niob benutzt werden (Kapitel 2). Kapitel 3 befaßt sich mit der Bestimmung der Streueigenschaften des Metalleinkristalls. Im letzten Kapitel werden alle Ergebnisse zusammengefaßt, mit den Ergebnissen anderer Arbeiten verglichen und diskutiert. In diesem Kapitel ist auch eine Diskussion offener Probleme enthalten.

2. Bestimmung der Parameter der FERMI-Fläche

2.1. *Formeln für die Parameter*

Mit Hilfe der in I. untersuchten Magnetowiderstandskurven für die verschiedenen Modelle der FERMI-Flächen sollen noch einmal die Formeln zusammengestellt werden, nach denen sich die wesentlichen Parameter aus den experimentellen Kurven bestimmen lassen.
Die Magnetowiderstandsmessungen für Niob [1, 2, 3, 5 und 10] liefern im Prinzip eine stereographische Projektion, wie sie in Abb. 20 von I. gezeichnet ist. Aus diesem Grund wird als Modell für die FERMI-Fläche von Niob ein Zylindergitter mit „großen" Knoten gewählt. Die Knoten sind für die Punkte Γ und H der BRILLOUIN-Zone unterschiedlich groß und miteinander durch Hälse mit variablem Querschnitt verbunden.
Aus I. (11) läßt sich mit einiger Sicherheit der minimale Durchmesser $D(\varphi_m)$ des Halses für den Winkel φ_m bestimmen:

$$(1) \qquad (\Gamma H) \sin \varphi_m = D(\varphi_m) .$$

Weiterhin kann man aus dem Vergleich mit Abb. 8 von I. den qualitativen Verlauf von $D(\varphi)$ bestimmen. Die Extrapolation bis auf $\varphi = 0$ ist jedoch unsicher.
Aus der Kurve für die [110]-Probe (siehe die Abb. 15 und 17 in I.) kann man mit I. (15) und I. (15') die Parameter a und f bestimmen:

$$(2) \qquad f = d\,(\cot \psi - \cot \psi') \,/\, 2 + (\Gamma H) \cot \psi' \,/\, (\cot \psi + \cot \psi')$$

$$f_1 = d \cot \psi - f$$

$$f_2 = 2\,(\Gamma H) - d \cot \psi' - f$$

$$a = \tan \psi \,/\, 2\,(f_1 - f) = \tan \psi' \,/\, 2\,(f - f_2) \tag{2'}$$

mit (entsprechend für φ_m und ψ bzw. φ'_m und ψ')

$$\tan \varphi = \sqrt{2} \tan \chi; \qquad \sin \chi = \tan \psi . \tag{3}$$

f ist der Abstand der engsten Stelle des Halses von Γ, d ist ihr Durchmesser, a stellt die Krümmung des Halses (in Richtung (ΓH)) an dieser Stelle dar. Die in (3) einzusetzenden Werte φ_m und φ'_m sind den Meßkurven entsprechend Abb. 17 aus I. zu entnehmen.

Die Überlappung der Knoten legt weiterhin die Größe des Winkels γ_2 fest. Aus I. (16) erhält man diese Überlappung

$$g + H - (\Gamma H) \,/\, \sqrt{2} = (\Gamma H)\,(\sqrt{2}/2 - \cot \gamma_2) . \tag{4}$$

Der Winkel γ_2 ist nach Abb. 15 in I. aus den Meßkurven zu entnehmen.

2.2. Fermi-*Fläche von Niob*

Eine experimentelle Magnetowiderstandskurve für eine [100]-Probe ist auf der Abb. 1 dargestellt.

Da die Probe nicht ganz genau in die [100]-Richtung eingestellt ist (was ein sehr kompliziertes Problem ist; einige Minuten Verkippung beeinflussen

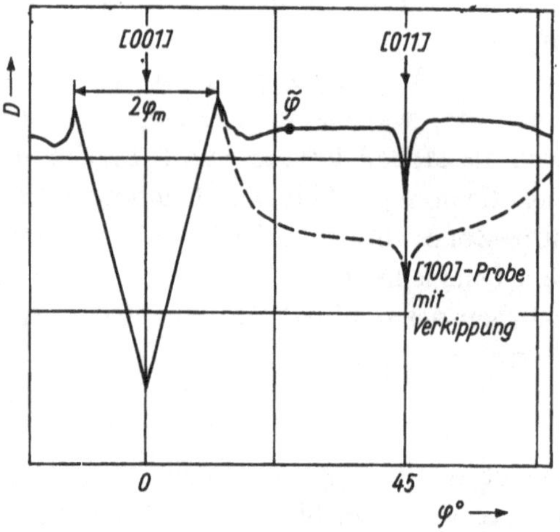

Abb. 1. Verlauf des Magnetowiderstandes für die [100]-Probe (nach Berthel [3])

schon bemerkbar den Verlauf der Kurve), kann man aus dieser Kurve keine sicheren Aussagen über die Funktion $F(\varphi)$ aus I. (11) machen. Wenn wir jedoch Abb. 1 mit Abb. 8 in I. vergleichen, stellen wir fest, daß die experimentelle Kurve (abgesehen vom Abfall in der Nähe von φ_m, was von der ungenauen Einstellung der Probe verursacht wird) dem Fall 4 des Abschnittes 3.2.1. in I. am besten entspricht. Dabei ist $\varphi_m = 12{,}5°$ und $\tilde{\varphi} = 25°$. Entsprechend der Rechnung zu Abb. 8 in I. Kurve 4, erhält man

$$d = \frac{(\Gamma H)}{\tan\tilde{\varphi} + \cot\varphi_m}. \tag{5}$$

Mit den gemessenen Werten von φ_m und $\tilde{\varphi}$ bekommen wir

$$d = 0{,}202\,(\Gamma H)\,.$$

Der Querschnitt des Halses an seiner engsten Stelle ist auf der Abb. 2 dargestellt. Modellunabhängig kann der Durchmesser des Halses an der Stelle

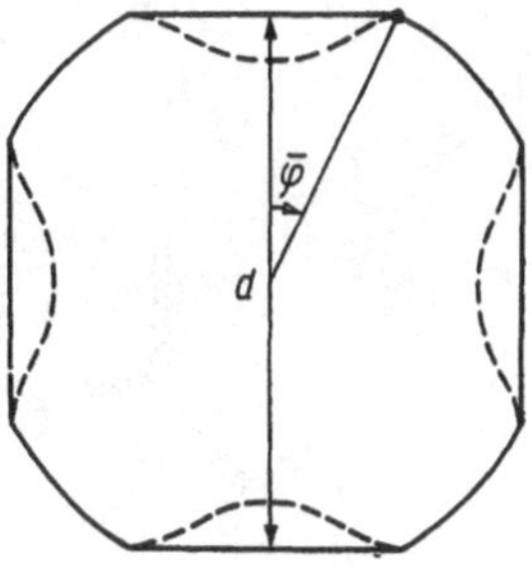

Abb. 2. Querschnitte des Halses der FERMI-Fläche von Nb (es sind auch konkave Stellen möglich, die aber durch die Magnetowiderstandsmessungen nicht feststellbar sind)

φ_m bestimmt werden. Er beträgt nach I. (11)

$$D(\varphi_m) = 0{,}216\,(\Gamma H)\,.$$

Für die [110]-Probe ist die Meßkurve auf Abb. 3 dargestellt (vgl. die Abb. 15 und 17 in I.). Eine komplizierte Struktur der Maxima könnte dadurch erklärt werden, daß bei der Drehung der Probe die Spitzen des zweidimensionalen Gebietes überschritten worden sind (die Drehachse stand bei den Messungen unter einem Winkel von 2° zur [110]-Richtung). Aus der Kurve erhalten wir $2\varphi_m = 24{,}85°$, $2\varphi'_m = 41{,}2°$ und $\gamma_2 = 57{,}4°$.

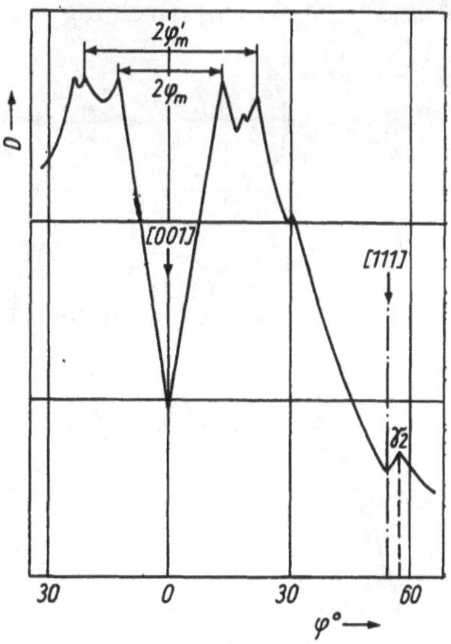

Abb. 3. Verlauf des Magnetowiderstandes für die [110]-Probe (nach FAWCETT, REED und SODEN [5])

Damit ergibt sich nach (2, 2' und 4)

$$f = 0{,}343\,(\Gamma H); \qquad a = 0{,}825\,(\Gamma H)^{-1}$$

$$g + h = 0{,}775\,(\Gamma H) = (1/\sqrt{2} + 0{,}068)\,(\Gamma H).$$

Die Darstellung der FERMI-Fläche mit den berechneten Parametern findet man in Abb. 4.

2.3. *Hinweise für die Messungen*

Da eine exakte Einstellung der Probe in Richtung einer kristallographischen Achse praktisch nicht möglich und der Verlauf der Kurve für die [100]-Probe sehr empfindlich gegenüber Verkippung ist, wird für die Bestimmung der Struktur der Hälse folgende Methode vorgeschlagen.

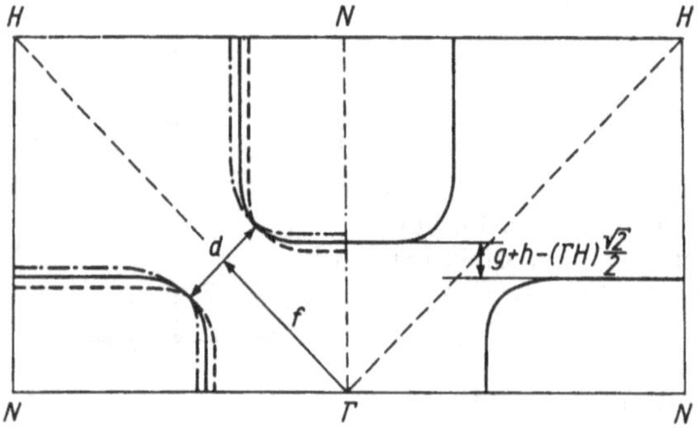

Abb. 4. Schnitt durch die FERMI-Fläche von Nb (die Größe der einzelnen Knoten läßt sich variieren: Änderung von g und h unter der Bedingung $g + h$ = const.)

Man macht einige Messungen für eine Probe mit Verkippungen so, daß der Weg, durch den die Drehung der Probe in der stereographischen Projektion dargestellt wird, die Symmetrielinie schneidet (siehe Abb. 5). Dann ergeben sich die Schnittpunkte als Maxima auf der Magnetowiderstandskurve. Aus einer Reihe solcher Maxima läßt sich die gesamte Kurve für die Symmetrielinie darstellen.

Bei den Messungen mit Verkippung stimmt die Richtung des Stromes mit

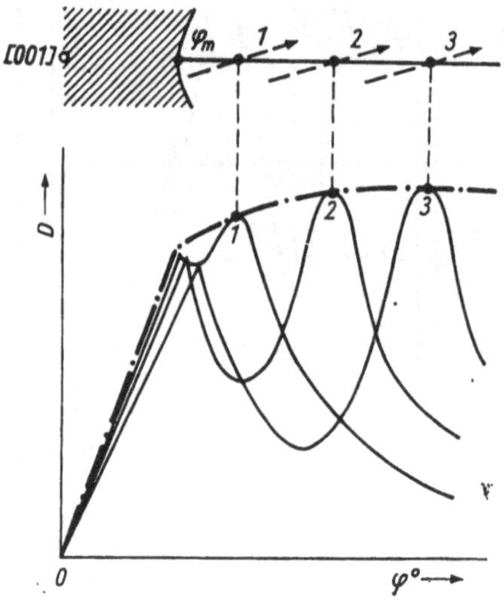

Abb. 5. Methode zur Bestimmung der Struktur der Hälse

der Richtung der offenen Bahnen nicht überein, und der Beitrag der offenen Bahnen muß noch mit dem Faktor $\cos^2 \alpha$ multipliziert werden, wobei α der Winkel zwischen beiden Richtungen ist (siehe [8]).
Es ist deshalb vorteilhaft, für eine Meßreihe eine feste, konstante Verkippung der Probe einzustellen. Dann braucht man nicht den genauen Wert des Verkippungswinkels zu kennen und $\cos^2 \alpha$ zu berücksichtigen, da nur der qualitative Verlauf der Kurve interessiert.

3. Magnetowiderstand und Streueigenschaften des Kristalls

3.1. *Einfluß der gestreckten geschlossenen Bahnen*

In diesem Abschnitt wird untersucht, wie die Kurven aus Kapitel 3 von I. ihren Verlauf ändern, wenn wir berücksichtigen, daß die freie Weglänge des Elektrons eine endliche Größe ist.
Wenn eine geschlossene Bahn im reziproken Raum so stark ausgedehnt ist, daß ein Elektron schon während eines Umlaufs gestreut wird, trägt diese Bahn wie eine offene zur Leitfähigkeit bei (wie im Kapiel 2 in I. bereits näher begründet wurde). Quantitativ wird das Verhalten durch die Korrelationsfunktion I. (7) beschrieben. Für lange, geschlossene Bahnen enthält die Korrelationsfunktion als wesentlichen Bestandteil eine Funktion mit derselben Periode wie die Bahn selbst

$$(6) \qquad K(s) \sim \cos\left(\frac{s\,\pi}{A}\right).$$

A ist dabei die halbe Länge der langen, geschlossenen Bahn

$$(7) \qquad A = \int_{s_1}^{s_2} ds = \frac{2\,\pi\, m_c\, d'}{K_0 \hbar\, \xi}.$$

s_1 und s_2 sind die Werte des Bahnparameters s für die extremalen Punkte der Bahn. Die Auswertung erfolgte über die Beziehung $ds = m_c/\hbar\, d\varrho$ mit der für offene Bahnen gültigen Gleichung (5.45) aus [4]. m_c bezeichnet die Zyklotronmasse, K_0 die Länge einer Zelle des reziproken Gitters, d'/ξ ist die lineare Ausdehnung der langen, geschlossenen Bahn im $\boldsymbol{k}$-Raum für kleine Verkippungswinkel ξ des Magnetfeldes (siehe Abb. 6). d' bedeutet die die betreffende Schicht der offenen Richtungen charakterisierende Dicke.
Ist ξ nicht zu klein, sind im Hochfeldfall die Anteile der „Oberschwingungen" von (6) nach der LAPLACE-Transformation klein, und das Verhalten der LAPLACE-Transformierten ist im wesentlichen durch (6) gegeben. Bei sehr kleinen Werten von ξ sind jedoch wegen der Unkenntnis des genauen Verlaufs von $K(s)$ die Aussagen unsicher.

Mit (6 und 7) ergibt sich für σ_{yy} nach I. (7)

$$\sigma_{yy} \sim \frac{e\,\tau}{c\,\hbar}\left(1+\left(\frac{\pi\,\tau\,e\,H\,\xi\,K_0}{c\,m_c\,d'\,2\,\pi}\right)^2\right)^{-1}$$

bzw. mit

(8′) $$\bar{v}^{-1} = \frac{1}{\beta\,K_0}\int\limits_{\text{Zelle}}\frac{dq}{v_\perp} = \frac{2\,\pi\,m_c}{\beta\,\hbar\,K_0}, \qquad \beta = K_0^{-1}\int\limits_{\text{Zelle}} dq$$

und

(9) $$\Lambda = \bar{v}\,\tau \quad \text{und} \quad L = \frac{c\,\hbar\,d'}{e\,H\,\xi}$$

$$\sigma_{yy} \sim \frac{e\,\tau}{c\,\hbar}\left(1+\left(\pi\frac{\Lambda}{\beta\,L}\right)^2\right)^{-1}.$$

β bestimmt den Unterschied zwischen Bahnlänge und deren linearer Ausdehnung d'/ξ, Λ ist die mittlere freie Weglänge, und L gibt die lineare Aus-

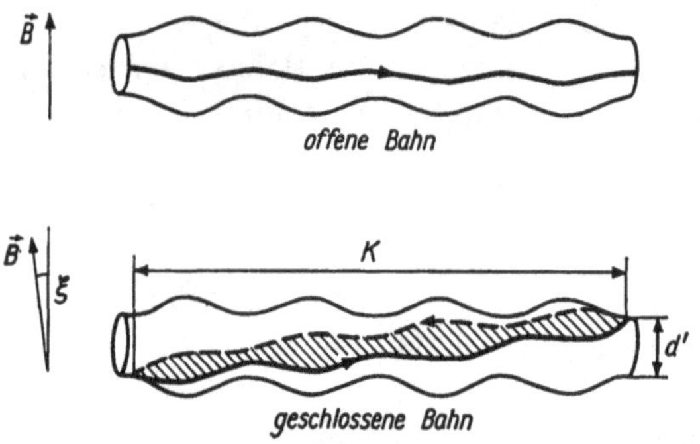

Abb. 6. Eine offene und eine gestreckte, geschlossene Bahn

dehnung der Bahn im Ortsraum an (vgl. dazu [7]). Die Winkelabhängigkeit der Meßgrößen ist für lange, geschlossene Bahnen durch die Größe

(10) $$x = \frac{\pi\,\Lambda}{\beta\,L} = \frac{\pi\,\Lambda\,e}{\beta\,c\,\hbar}\,\frac{H\,\xi}{d'}$$

gegeben. Die experimentelle Unterscheidung zwischen offenen und geschlossenen Bahnen hängt somit vom Verhältnis von freier Weglänge des Elektrons Λ zur maximal auf einer Bahn in einer Richtung zurückgelegten Wegstrecke L ab.

Der Einfluß der Streueigenschaften auf den Verlauf der Magnetowiderstandskurve macht sich vor allem an den Stellen bemerkbar, die mathematisch singulär sind. Man kann dabei nennen:

– den Kreuzungspunkt der Linien an der Stelle [110] der stereographischen Projektion,

– die Linien selbst (sie verhalten sich singulär bei den Messungen an den Proben mit Verkippungen),
– die Grenzen der zweidimensionalen Gebiete,
– die Spitzen an den zweidimensionalen Gebieten.

3.2. [110]-*Singularität*

Für ganz bestimmte Orientierungen des Kristalls ([100]-Probe mit ***H*** in [011]-Richtung, [110]-Probe mit ***H*** in [110]-Richtung) existieren gleichzeitig zwei Schichten der offenen Bahnen in verschiedenen Richtungen, was zur Sättigung des Magnetowiderstandes führt. Die zweite Schicht tritt nur genau für die obengenannten Richtungen auf und verschwindet sofort bei einer Verdrehung. Alle offenen Bahnen gehen dabei in geschlossene über. Diese sind jedoch sehr weit ausgedehnt und können wie offene Bahnen zur Leitfähigkeit beitragen. Bei weiterer Drehung werden die geschlossenen Bahnen immer kürzer und ihr Beitrag immer kleiner. Daraus folgt, daß die singuläre Stelle sich nicht auf einen Punkt, sondern auf einen bestimmten Winkelbereich erstreckt.

Diese Behauptung ist – wie aus Abb. 1 ersichtlich ist – experimentell bestätigt worden. Die Messungen zeigen an dieser Stelle ein schmales Minimum, dessen Breite stark vom Magnetfeld abhängt – wie auch aus (10) hervorgeht.

Von Interesse ist der Verlauf der Magnetowiderstandskurve für die [111]-Probe. Wie in Abb. 5 in I. zu sehen ist, wird auch bei der Drehung dieser Probe die ⟨110⟩-Singularität überschritten (der Verlauf der Magnetowiderstandskurve ist in Abb. 7 dargestellt).

Wie schon oben gesagt wurde, existieren für diese Orientierung der Probe zwei Schichten von offenen Bahnen, die speziell für die [111]-Probe folgenden Charakter haben:

– Es gibt offene Bahnen, die unter einem Winkel von 54,8° zur Stromrichtung längs der Kante verlaufen (die Dicke der Schicht ist durch die Hälse bestimmt: Gemäß Modell 4 von Abb. 8 in I. ergibt sich: $d' = d/\cos\tilde{\varphi}$).

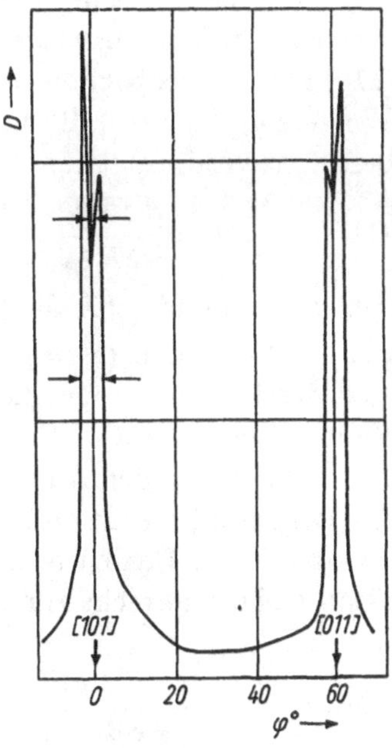

Abb. 7. Verlauf des Magnetowiderstandes für die [111]-Probe (nach Alexejewski und Berthel [2])

- Es gibt offene Bahnen, die unter einem Winkel von 35,2° zur Stromrichtung (senkrecht zur ersten Schicht) längs der Flächendiagonalen verlaufen (die Dicke der Schicht ist durch die Überlappung der Knoten bestimmt: $d'' = g + h - (\Gamma H)/\sqrt{2}$).

Bei der Drehung der Probe verschwinden die offenen Bahnen für beide Richtungen. Doch da die erste Schicht die wesentlich größere Dicke d' hat, folgt aus (10), daß für diese Richtung die gestreckten, geschlossenen Bahnen für größere Drehwinkel noch wie offene Bahnen zur Leitfähigkeit beitragen können. Daraus ergibt sich folgendes Verhalten für den Magnetowiderstand:

Genau für die ⟨110⟩-Richtung verursachen zwei verschiedene Schichten von offenen Bahnen nach I. (10) die Sättigung des Magnetowiderstandes. Bei einem bestimmten kleinen Drehwinkel existieren zwei Schichten der gestreckten geschlossenen Bahnen, doch nur eine von ihnen hat den Charakter offener Bahnen. Infolgedessen wächst der Magnetowiderstand proportional zu H^2. Bei weiterer Drehung existieren nur geschlossene Bahnen, was zur Sättigung des Magnetowiderstandes führt (vgl. Abb. 7).

Der Verlauf der Magnetowiderstandskurve für die [111]-Probe ist daher (im Unterschied zu den anderen Proben) nicht nur durch die Parameter der FERMI-Fläche, sondern wesentlich durch die Reinheit des Kristalls bestimmt. Mit höherer Reinheit werden die Maxima schmaler.

Nachdem der Verlauf der Kurven qualitativ geklärt worden ist, interessiert uns die Frage, welche quantitativen Aussagen daraus gewonnen werden können. Die Singularitäten, die auf den Meßkurven für die [100]- und [110]-Proben beobachtet werden, lassen sich einfach auswerten. Für den Winkel ξ_H, der über (10) mit $x = 1$ aus der Halbwertsbreite der Meßkurve bestimmt wird, folgt für Λ

$$\Lambda = \frac{\beta c h d'}{\pi e H \xi_H}. \tag{11}$$

Aus der Meßkurve für die [110]-Probe bekommt man Λ in Richtung einer Flächendiagonalen ($d' = g + h - (\Gamma H)/\sqrt{2}$ ist einzusetzen).

Aus der Meßkurve für die [100]-Probe ergibt sich Λ in Richtung einer Kante ($d' = d/\cos\tilde{\varphi}$).

Die Auswertung der Kurve für die [111]-Probe wird analog durchgeführt. Als Winkel 2ξ werden die Breite des Minimums und die Breite des Peaks (in Abb. 7 mit Pfeilen bezeichnet) gewählt. Da in diesem Fall die Bahnen nicht genau senkrecht zur Drehachse verlaufen, hat (11) jetzt die folgende Gestalt:

$$\Lambda = \frac{\beta h c d'}{\pi e H \xi \sin\alpha'}, \tag{12}$$

wobei α' der Winkel zwischen der Richtung der offenen bzw. gestreckten geschlossenen Bahnen und der Stromrichtung in der Probe ist.

Als Beispiel wird die freie Weglänge Λ des Elektrons für Kleinwinkelstreuung für die ⟨110⟩-Richtung abgeschätzt. Die Breite der Singularität (Winkel 2ξ) auf der Kurve für die [100]-Probe beträgt (nach Berthel für die Meßkurve mit dem ausgeprägtesten Minimum, d. h. mit der geringsten Verkippung [3], siehe Abb. 1) etwa 0,3° für das Magnetfeld

$$H = 10 \text{ kOe}.$$

Damit ist nach (11) (für Niob ist $(\Gamma H) = 2 \cdot 10^{10}\,\text{m}^{-1}$)

$$\Lambda = (g + h - (\Gamma H)/\sqrt{2})\,\hbar\,\beta\,c/\pi\,\xi\,e\,H \approx 1{,}5 \cdot 10^{-4}\ \text{m},$$

wobei für den Faktor β etwa 1,5 gesetzt wurde.

3.3. *Eindimensionale Gebiete und andere Singularitäten*

Wenn eine Probe mit Verkippung so gedreht wird, daß eine Symmetrielinie überschritten wird, beobachtet man eine Kurve, wie sie auf der Abb. 8 dargestellt ist.

Mit dem aus der Halbwertsbreite bestimmten Winkel ξ kann Λ in Richtung der Symmetrielinie, die bei der Drehung der Probe überschritten worden ist, berechnet werden. Diese Methode ist jedoch dadurch verkompliziert, daß man die genaue Kenntnis der Verkippung (Winkel α') und der Dicke der Schicht der offenen Bahnen an der Stelle, wo die Symmetrielinie geschnitten wird (zur Bestimmung von d'), braucht.

Die anderen Singularitäten könnten Aussagen über die freie Weglänge Λ in anderen (auch nichtsymmetrischen) Richtungen liefern. Doch dabei werden wesentlich höhere Forderungen an die genaue Orientierung der Probe im Magnetfeld gestellt. Wegen der komplizierten Struktur der Grenzen der zweidimensionalen Gebiete und ihrer Spitzen ist der Verlauf der Magnetowiderstandskurven sehr kompliziert, was ihre praktische Auswertung kaum möglich macht.

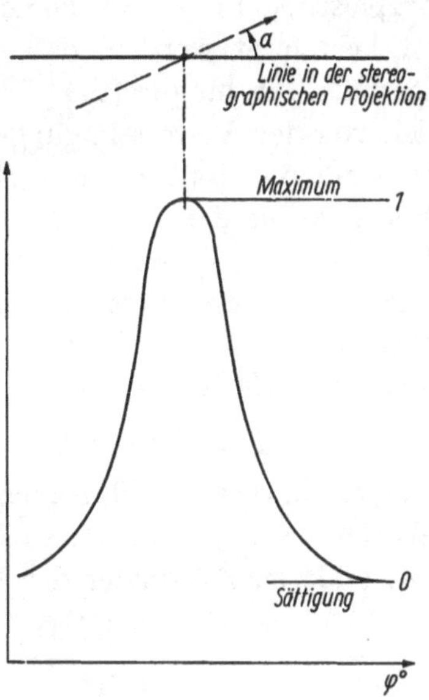

Abb. 8. Zur Bestimmung der freien Weglänge

4. Zusammenfassung und Diskussion der Ergebnisse

4.1. *Bestimmung der* FERMI-*Fläche, Vergleich mit theoretischen Arbeiten*

Die Magnetowiderstandsmessungen liefern eine gute Information über die Topologie der FERMI-Fläche. Für die Bestimmung der geometrischen Verhältnisse sind diese Messungen jedoch nicht ausreichend, und die FERMI-Fläche kann durch sie nur in wenigen Einzelheiten beschrieben werden. Für die relativ komplizierte FERMI-Fläche von Niob kann man aus den Ergebnissen der Magnetowiderstandsmessungen mit einiger Sicherheit nur vier Parameter der FERMI-Fläche bestimmen. Das sind der minimale Durchmesser der Hälse d, der Abstand f der engsten Stelle des Halses vom Punkte Γ, die Krümmung a des Halses an diesem Punkt in der Richtung von (ΓH) und die Überlappung der Knoten in Richtung der Flächendiagonalen $g + h - (\Gamma H)/\sqrt{2}$. Außerdem kann man aus den Magnetowiderstandskurven qualitative Aussagen über die Struktur der Hälse gewinnen. Für die genauere Bestimmung dieser Struktur sind jedoch neue Messungen notwendig (eine Methode dazu ist im Abschnitt 2.3. beschrieben worden).
Die Modellüberlegungen liefern in der stereographischen Projektion Spitzen an allen zweidimensionalen Gebieten. Diese Spitzen sind nach [5] für Tantal experimentell festgestellt, für Niob aber noch nicht beobachtet worden. Um sie nachzuweisen, sind Messungen an den reinen Proben mit sehr großen Verkippungen nötig.
In der Arbeit ist festgestellt worden, daß um die ⟨110⟩-Punkte der stereographischen Projektion keine zweidimensionalen Gebiete existieren (in [2] ist behauptet worden, daß diese Gebiete vorhanden sind). Die Doppelmaxima, die für die [111]-Probe in diesem Gebiet auftreten, sind wesentlich von den Verunreinigungen im Kristall abhängig. Die genaue Kurvenform für die [100]-Probe in diesem Gebiet konnte jedoch nicht theoretisch bestimmt werden.
Der minimale Querschnitt der Hälse ist nicht kreisförmig. Der Wert des minimalen Durchmessers in der {100}-Ebene läßt sich zu $d = 0{,}202\ (\Gamma H)$ abschätzen. Genauer läßt sich der Durchmesser in einer um 12,5° um ΓH aus der {100}-Ebene gedrehten Ebene bestimmen. Er beträgt

$$D(12{,}5°) = 0{,}216\ (\Gamma H).$$

Der von MATTHEISS [9] berechnete Wert $d = 0{,}207\ (\Gamma H)$ stimmt mit diesen Werten recht gut überein.
Die anderen Parameter der FERMI-Fläche von Niob sind

$$f = 0{,}343\ (\Gamma H), \quad a = 0{,}825\ (\Gamma H)^{-1},$$

$$g + h - (\Gamma H) \mp \sqrt{2}\,/\,0{,}068\ (\Gamma H).$$

Auf der Abb. 9 sind Schnitte des offenen Teils der FERMI-Fläche mit Symmetrieebene, die von MATTHEISS [9] berechnet worden sind, mit den Ergebnissen der Auswertung der Meßkurven verglichen.

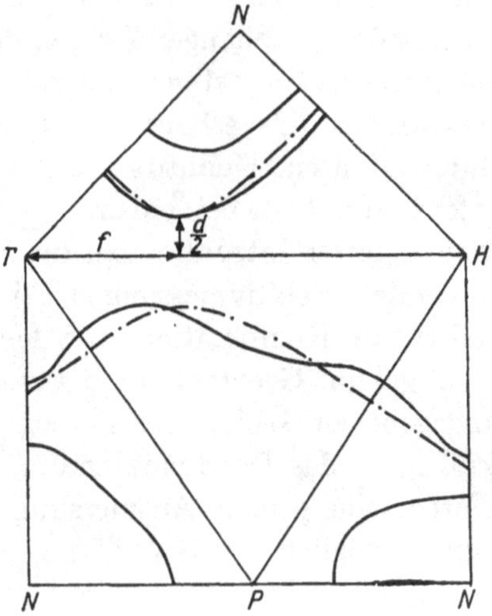

Abb. 9. Vergleich der Ergebnisse mit der von MATTHEISS [9] berechneten FERMI-Fläche von Nb (ausgezogene Kurve: APW-Rechnungvon MATTHEISS, strichpunktierte Kurve: Auswertung der Magnetowiderstandsmessungen, sicher bestimmt sind dabei die engsten Stellen der Hälse)

4.2. *Freie Weglänge des Elektrons, Kleinwinkelstreuung*

Aus den Magnetowiderstandsmessungen kann man die freie Weglänge des Elektrons für einige Richtungen im Kristall bestimmen. Das liefert uns z. B. für die ⟨110⟩-Richtungen von Niob $\Lambda = 1{,}5 \cdot 10^{-4}$ m. Das ist wesentlich weniger als der Wert von Λ, der für diese Probe aus dem Restwiderstand ermittelt wurde ($\Lambda \approx 10^{-3}$ m). Der Unterschied kann folgendermaßen erklärt werden. Für den elektrischen Widerstand im Metall spielt vor allem die Großwinkelstreuung eine Rolle, da es wichtig ist, wie die Komponente des Impulses eines Elektrons in Stromrichtung ihren Wert ändert. Nach [11] ist

$$\Lambda^{-1} \sim \int_0^{\pi} (1 - \cos\vartheta)\, \sigma(\vartheta) \sin\vartheta \, d\vartheta ,$$

und wegen des Faktors $(1 - \cos\vartheta)$ haben die großen Winkel ein größeres Gewicht.

Beim Magnetowiderstand haben die kleinen Streuwinkel einen genauso starken Einfluß auf seinen Verlauf wie die großen, da dabei nur die Tatsache wichtig ist, ob das Elektron seinen Zustand verlassen kann oder nicht. In diesem Fall muß man schreiben:

$$\Lambda^{-1} \sim \int_0^{\pi} \sigma(\vartheta) \sin\vartheta \, d\vartheta .$$

Wenn wir noch berücksichtigen, daß z. B. bei einem Fremdatom der Streuquerschnitt $\sigma(\vartheta)$ für kleine Winkel groß ist, ist somit auch der Wert des Integrals größer und die freie Weglänge kleiner als im ersten Fall.
Die freie Weglänge des Elektrons sollte folglich stark von der Art der Gitterstörung abhängen (wegen der verschiedenen $\sigma(\vartheta)$). Deshalb erscheint es sinnvoll, Magnetowiderstandsmessungen an Proben mit dem gleichen Restwiderstandsverhältnis und verschiedenen Arten von Verunreinigungen durchzuführen. Quantitative Aussagen über Λ sind relativ unsicher und erfordern selbst bei einem guten theoretischen Modell die Auswertung komplizierter Integrale über die FERMI-Fläche (Faktor β und Korrelationsintegrale). Relativmessungen bei Proben mit unterschiedlichen Störungen sollten in Kombination mit Messungen des Restwiderstandes aussagekräftig sein. Geeignet für derartige Messungen sind die in Abschnitt 3.1. angegebenen Gebiete der stereographischen Projektion. Besonders aussagekräftig ist das Doppelmaximum, das für die [111]-Probe beobachtet wird. Durch seine genaue Ausmessung sind auch Aussagen über die Anisotropie von Λ möglich.

4.3. *Offene Probleme*

Der genaue Verlauf der Magnetowiderstandskurven ist durch die komplizierten, geometrisch undurchsichtigen Integrale über die FERMI-Fläche bestimmt. Bei der Untersuchung des Zusammenhangs zwischen dem Magnetowiderstand und der Anzahl der offenen Bahnen haben wir eine Reihe von Annahmen gemacht, die die Auswertung wesentlich vereinfacht haben (siehe Anhang in I.). Dabei sind die Zyklotronmasse m_c und die Integrale, die die Elemente C_{xx} und B_{xx} des Leitfähigkeitstenors bestimmen, als konstante Größen behandelt worden. Tatsächlich variieren diese Größen sehr wenig, wenn die Bahnen ihren Charakter bei der Drehung beibehalten. Wenn sich jedoch dieser Charakter ändert (wenn z. B. eine Reihe geschlossener Bahnen zu offenen wird), ändern sich diese Größen sicher stärker. Das sollte zu Knicken in der Magnetowiderstandskurve führen, da der Proportionalitätsfaktor zwischen dem Magnetowiderstand und der Zahl der offenen Bahnen seinen Wert ändert. Für die [100]-Probe treten diese Knicke bei den Winkeln

$$(13) \qquad \varphi = \arctan\,(d/n\,(\Gamma H)) \qquad n = 1, 2, 3, \ldots$$

auf, d. h. im Winkelbereich $0 \leqq \varphi \leqq \varphi_m$. Das sind gerade die Winkel, bei denen sich der in (8) definierte Verlängerungsfaktor β durch die Einbeziehung vorher geschlossener Bahnanteile in die offene Bahn sprunghaft ändert (vgl. dazu die unterschiedlichen offenen Bahnen in Abb. 9b in I.).

Für kleinere φ ist dieser Effekt wesentlich schwächer, da die Dicke der Schicht der offenen Bahnen kleiner ist.

Experimentell ist ein Knick bzw. ein lokales Maximum (bei Proben mit Verkippungen) in Magnetfeldern bis 100 kOe beobachtet worden [3]. Seine Lage entspricht ungefähr (13) mit $n = 2$. Die Zuordnung ist jedoch unsicher. Für die weitere Untersuchung dieses Effektes sind genauere Messungen (evtl. in stärkeren Magnetfeldern) nötig.

Wir danken den Herren Dr. K.-H. Berthel und Prof. N. E. Alexejewski für die freundliche Mitteilung neuester, unveröffentlichter Meßergebnisse und für Diskussionen zum Thema sowie Herrn Dr. habil. P. Rennert und den Kollegen der Arbeitsgruppe „Elektronenstruktur", Sektion Physik der TU Dresden, für helfende Diskussionen.

Literaturverzeichnis

[1] Alexejewski, N. E., K.-H. Berthel, A. W. Dubrowin und K. E. Karstens, Pisma w JETP *6*, 637 (1967).
[2] Alexejewski, N. E., K.-H. Berthel und A. W. Dubrowin, Pisma w JETP *10*, 116 (1969).
[3] Berthel, K.-H., und N. E. Alexejewski, Privatmitteilung, 1971.
[4] Brauer, W., Einführung in die Elektronentheorie der Metalle. Leipzig 1966.
[5] Fawcett, E., W. A. Reed und R. R. Soden, Phys. Rev. *159*, 533 (1967).
[6] Lehmann, G., und J. N. Kutscherenko, Mber. Dt. Akad. Wiss. *13*, 880 Berlin 1971.
[7] Lehmann, G., Struktur der Materie, Lehrbriefe. Herausgegeben von der TU Dresden. Berlin 1969.
[8] Lifschiz, I. M., und W. G. Pestschanski, JETP *35*, 1251 (1958); JETP *38*, 188 (1960).
[9] Mattheiss, L. F., Phys. Rev. B *1*, 373 (1970).
[10] Reed, W. A., und R. R. Soden, Phys. Rev. *173*, 677 (1969).
[11] Ziman, J. M., Principles of the Theory of Solids. Cambridge 1964.

Eingegangen: 1. Dezember 1971

H. PETERS und J. MALZAHN

Zentralinstitut für physikalische Chemie der Dt. Akad. Wiss.

Ein Verbrennungskalorimeter mit neuartiger rotierender Bombe

Kalorimetrische Messungen können, bedingt durch den hohen Stand der elektrischen Meßtechnik, zwar mit großer Genauigkeit durchgeführt werden, doch ist die quantitative Bestimmung der abgelaufenen chemischen Umsetzung und damit die exakte Zuordnung des kalorimetrischen Effektes zu einer formelmäßig definierten Reaktion problematisch. Diese setzt die genaue Kenntnis der Zustände der Reaktionspartner vor und nach der Umsetzung voraus. Speziell für die Bestimmung von Verbrennungswärmen organischer Verbindungen, die außer C, H, O und N noch Halogen oder Schwefel enthalten, hat sich die Technik der rotierenden Verbrennungsbombe als vorteilhaft erwiesen. Bei der Verbrennung dieser Verbindungen entstehen sehr reaktionsfähige Produkte, die zu Folgereaktionen mit hoher Wärmetönung führen; durch den Einsatz geeigneter Reagentien lassen sich diese Sekundärreaktionen jedoch reproduzierbar gestalten. So entstehen z. B. bei der Verbrennung chlorhaltiger organischer Verbindungen freies Chlor und Chlorwasserstoff. Mit im Überschuß vorhandener Arsenik- bzw. Hydrazinhydrochloridlösung erfolgt die Reduktion des Chlors zu Chlorid schnell und quantitativ, zumal, wenn die Verbrennungsbombe in pendelnde oder rotierende Bewegung versetzt wird. Hierbei benetzt die Reduktionslösung die gesamte Innenwandung der Bombe und spült dort kondensierte Säuretröpfchen ab. Gleichzeitig enthält die Oberfläche der flüssigen Phase immer ausreichend Reduktionsmittel, so daß nach kurzer Zeit Gleichgewicht mit der Gasphase herrscht und am Ende der Messung eine homogene Lösung vorliegt.

Die erste Konstruktion einer rotierenden Verbrennungsbombe stammt von Popoff und Schirokich [1]. Aus dieser entstanden dann später die mechanisch aufwendigen Versuchsanordnungen von Sunner [2] und Bjellerup [3] sowie von Hubbard, Katz und Waddington [4]; bewegliche Metallblockkalorimeter bauten Sturtevant [5], Geiseler und Rätzsch [6] und Smiček [7]. Unsere hier beschriebene Konstruktion sollte bei gleicher Genauigkeit einerseits weniger Substanz pro Messung benötigen und andererseits aufwendige mechanische Rotationsvorrichtungen vermeiden. Wir gaben daher der Bombe die Form einer Kugel, um die vor der Messung ein Perlonfaden wie um ein Wollknäuel gewickelt wird. Im Kalorimeter ruht die Bombe in einer halbkugelförmigen Schale, in der sie beim Abziehen des Fadens in alle Richtungen reproduzierbar und mit nur geringer Reibung rotiert, so daß die im Innern vorhandene Reaktionslösung mit der gesamten Innenwandung in Kontakt kommt und gleichzeitig gut homogenisiert wird.

Die kugelförmige Verbrennungsbombe

Die Verbrennungsbombe besteht, wie aus Abb. 1a und 1b ersichtlich, aus zwei Halbschalen und einem Gewindering, der diese gegeneinander preßt und den dazwischenliegenden 1 mm starken Dichtungsring aus Golddraht verformt. Das Innenvolumen beträgt 0,056 l; beide Halbschalen sind mit Platinblech von 0,5 mm Stärke ausgekleidet. Zur Dichtung hin ist diese Auskleidung jeweils an einen ebenen Ring aus härterem Material (Pt-Ir 5%) angeschweißt. Einer der Ringe trägt in einer Nut den goldenen Dichtungsring, während der andere plangeschliffen wurde. Die obere Halbschale ist frei von Durchführungen und Bohrungen; lediglich in der unteren sitzt zentral ein einziges Ventil. Dies ist ein passives Rückschlagventil, dessen konische Teflondichtung gleichzeitig eine gute elektrische Isolierung dar-

Abb. 1a

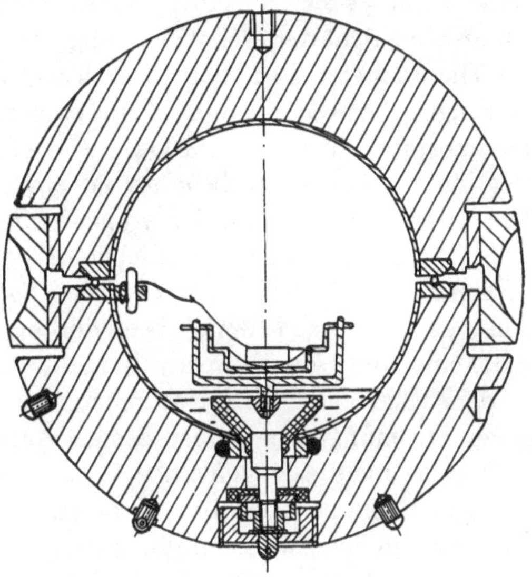

Abb. 1b

stellt, so daß das Ventil als Zündkontakt benutzt werden konnte. Bis zum Beginn des Rotationsvorganges bedeckt die im Überschuß eingebrachte Reaktionslösung, wie Abb. 1b zeigt, das Ventil und schützt dessen Dichtung vorm Ausbrennen.

Zur Betätigung des Ventils war eine spezielle Hilfseinrichtung erforderlich. Durch ihr zentrales Rohr strömt das Gas beim Ein- und Auslaß; Stopfpackungen aus Silikongummi sorgten für einen druckdichten Gasabschluß. Gleichzeitig dient dieses Gaszuleitungsrohr als Schlüssel zur Bedienung der auf dem Ende des Ventilkegelbolzens sitzenden Anzugsmutter. Wird diese gedreht, so muß sich der Ventilkegel verschieben, da die Mutter in axialer Richtung festgehalten wird. Das Mitdrehen des Ventils verhindert eine Langlochscheibe, die in die isolierende Teflonscheibe eingestiftet ist. So kann das Ventil auch gegen den Innendruck der Bombe betätigt werden. Bei der Messung deckt eine Kunststoffschraube das Ventil wasserdicht ab und preßt gleichzeitig einen Kontaktstift mit einer Querbohrung, in die die elektrische Zündleitung gesteckt werden kann, auf den Ventilbolzen. Wegen der Reaktionslösung muß die Bombe beim Gasein- und -auslaß horizontal gelegt werden können, ohne daß dabei die tablettierte Substanz herabfällt. Dies wird in bekannter Weise durch eine schaukelartige Tiegelaufhängung erreicht; bei der Rotation der Bombe jedoch lösen sich beide, Tiegel und Haltebügel, voneinander und fallen in die Reaktionslösung.

Beschreibung des Kalorimeters

Aus Abb. 2 ist der Aufbau der gesamten Apparatur ersichtlich. Das Kalorimeter befindet sich in einem Wasserthermostaten in einem allseitig geschlossenen Behälter, der vollständig überflutet ist, so daß für den Rührer, das Thermometer, den Heizer und den Rotationsantrieb gesonderte Durchführungen notwendig sind. Als Temperaturfühler für Kalorimeter und Thermostaten dienen ein 100 Ω- und ein 25 Ω-Widerstandsthermometer. Der innere Kalorimeterbehälter ist ein verkleinertes Abbild des äußeren Thermostaten. Die bei beiden vorgenommene Aufteilung in einen separaten Rührschacht und den eigentlichen Arbeitsraum bewirkt besonders gute Strömungsverhältnisse, die in einem Falle eine optimale, d. h. von periodischen Störungen wenig beeinflußte Temperaturmessung, im anderen Falle eine wirksame Temperaturregelung erlauben.

In dem Rührschacht des Kalorimeters drückt der Propeller das Wasser in einen Strömungskanal, über dessen Ausströmöffnung die schalenförmige Aufnahme für die Kugelbombe auf drei Füßen steht. An dieser kann das Wasser sowohl seitlich vorbeiströmen, als auch durch die zentrale untere Öffnung und den Zwischenraum zwischen Bombe und Halterung. Die Größe des Zwischenraums wird durch 2 mm lange abgerundete Stifte auf der Bombenoberfläche (s. Abb. 1a) gewährleistet, die gleichzeitig dem nach einem bestimmten Schema aufgewickelten Perlonfaden seitlichen Halt geben. Dieser wird durch eine gesonderte Röhre, die unten eine schlanke Teflondüse trägt, aus dem Kalorimeter herausgeführt. Der Zweck der Düse, die bis in die Kalorimeterflüssigkeit ragt, besteht darin, am Faden anhaftendes Wasser weitgehend abzustreifen und das Kalorimeter nach außen abzuschließen, so daß im Schnurschacht auftretende Konvektion und Destillation von Feuchtigkeit die Messung nicht beeinträchtigen. Weiter befindet sich im Kalorimeter noch ein kleiner elektrischer Widerstand, mit

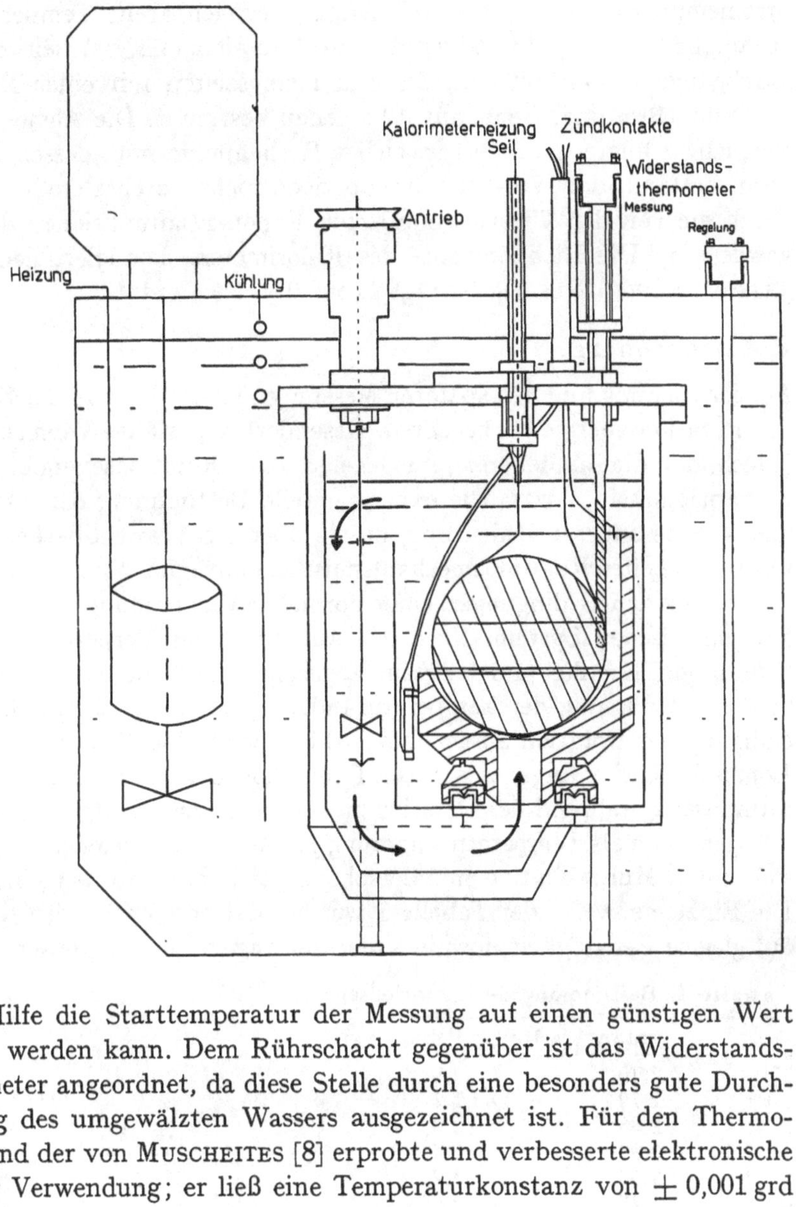

Abb. 2

dessen Hilfe die Starttemperatur der Messung auf einen günstigen Wert gebracht werden kann. Dem Rührschacht gegenüber ist das Widerstandsthermometer angeordnet, da diese Stelle durch eine besonders gute Durchmischung des umgewälzten Wassers ausgezeichnet ist. Für den Thermostaten fand der von Muscheites [8] erprobte und verbesserte elektronische P-Regler Verwendung; er ließ eine Temperaturkonstanz von $\pm$ 0,001 grd erreichen.

Die Temperaturmessung im Kalorimeter erfolgte mit einer Mueller-Brücke der Firma Tinsley und einem 100 Ω-Platinwiderstandsthermometer von Heraeus. Die auf $\pm$ 0,1 grd konstant gehaltene Raumtemperatur erlaubte volle Ausnutzung der mit dem an der Brücke angeschlossenen Fotozellenverstärker (Tinsley Type 5214, Tettex-Galvanometer Typ 6141e,

Stromempfindlichkeit $11 \cdot 10^{-9}$ A/mm) erreichbaren Temperaturmeßgenauigkeit von $\pm 13 \cdot 10^{-6}$ grd. Am Galvanometer wurden die Nulldurchgänge beobachtet und die Durchgangszeiten mit einer Präzisionsstoppuhr (Breitling, Genf) auf 0,1 s genau bestimmt. Die Auswertung der Versuche erfolgte durch ein spezielles Rechenprogramm, dessen Eigenheit darin bestand, daß Vor- und Nachperiode nicht durch Geraden, sondern durch die von der Theorie geforderten Exponentialfunktionen dargestellt wurden [8]. Die Eichkonstante des Kalorimeters, korrigiert nach COOPS, JESSUP und VAN NES [9], beträgt $11600{,}0 \pm 1{,}9$ J grd^{-1}.

Rotationsenergie

Bei der Eichung und den späteren Messungen ist der Einfluß der Zünd- und der Rotationsenergie zu beachten. Gesondert angestellte Versuche zeigten jedoch, daß die Zündenergie, im Gegensatz zur Rotationsenergie, praktisch zu vernachlässigen war. Die experimentelle Bestimmung der letzteren ist hier von besonderer Bedeutung, da sie über die Verwendbarkeit des von uns entwickelten Rotationsmechanismus Auskunft gibt. Sie erfolgte mit dem vollständig den Bedingungen einer normalen Verbrennung entsprechenden kalorimetrischen System. Nach der Aufnahme der Vorperiode wurde die Schnur gleichmäßig und langsam abgezogen, und die Hauptperiode zur restlosen Erfassung der Temperaturänderung über den Zeitpunkt der Beendigung der Rotation ausgedehnt. Abb. 3 zeigt eine Messung, bei der die Bombe 34 Umdrehungen ausführte. Deutlich ist der praktisch lineare Temperaturanstieg während der Rotation zu erkennen. Die Energieänderung, primär gemessen als Temperaturänderung pro Meter abgezogener Schnur, läßt sich durch Multiplikation mit der obigen Eichkonstante berechnen.

Die Einzelmeßwerte der Tabelle 1 wurden mit entsprechenden Gewichten auf gleiche Genauigkeit normiert und der angegebene Mittelwert und sein

Tabelle 1. Bestimmung der Rotationsenergie

Nr.	grd m^{-1} ($\times 10^4$)	Fehler (%)
1	2,40	8,9
2	2,70	1,2
3	2,86	2,8
4	2,99	2,4
5	2,50	3,2
6	2,77	2,4
7	2,82	8,4
8	2,66	2,2
9	2,53	5,4

$\Delta U_{rot} = 0{,}000\,272_5 \pm 0{,}000\,004_1$ grd m^{-1}
$= 3{,}16_1 \pm 0{,}04_7$ J m^{-1}

Standardabweichung der Einzelmessung $\pm 4{,}2\%$
mittlerer quadratischer Fehler des Mittels $\pm 1{,}5\%$

mittlerer quadratischer Fehler berechnet. Dieser enthält den Fehler der Temperaturmessung und der Messung der Schnurlänge, die jedoch so genau ist, daß die Streuung der Temperaturmeßpunkte allein den Fehler der Rotationsenergie bestimmt. Vollkommen unabhängig war das Ergebnis vom Experimentator, d. h. von der Art und Weise, wie der Rotationsmechanismus betrieben wurde. Eine grobe Abschätzung der Rotationsenergie durch Benutzung eines Kraftmessers beim Abziehen der Schnur bestätigte recht gut den kalorimetrisch gemessenen Wert, da der Quotient beider Energiebeträge weniger als 1% vom mechanischen Wärmeäquivalent abwich. Die pro Messung entwickelte Rotationswärme beträgt bei den wegen des geringen Bombenvolumens kleinen Einwaagen von nur 150 bis 200 mg etwa 0,6% des gesamten Meßeffekts; Unstetigkeiten des Rotationsvorganges, gekennzeichnet durch den berechneten Fehler, beeinflussen also die Genauigkeit des kalorimetrischen Ergebnisses nicht stärker als die Unsicherheiten der Temperaturmessung. Damit ist nachgewiesen, daß die hier beschriebene kugelförmige Verbrennungsbombe für Präzisionsmessungen geeignet ist; sie hat dabei gegenüber den bisher bekannten Konstruktionen den Vorteil eines geringen Substanzverbrauchs und einer relativ einfachen Konstruktion.

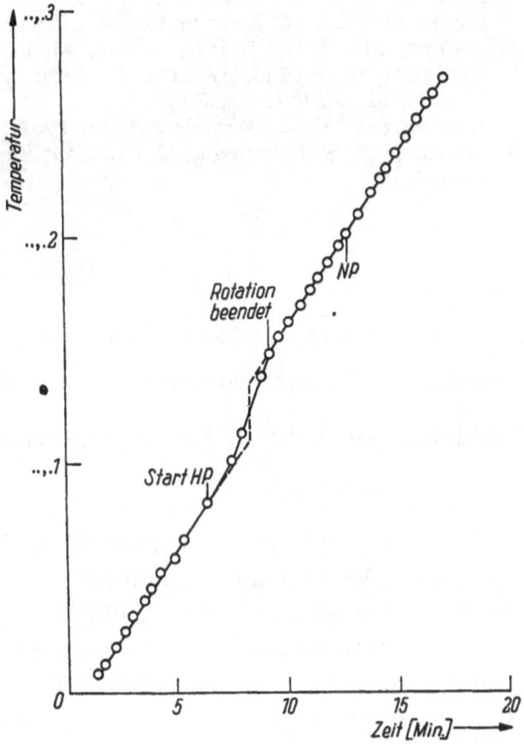

Abb. 3

In einer späteren Veröffentlichung soll über Messungen an p-Chlorbenzoesäure und 2,4-Dichlorphenol und ihre Auswertung, speziell über die Korrektur der primären Meßgrößen auf Standardbedingungen (Washburn-Korrektur), berichtet werden.

Für die sorgfältige Auskleidung der Bombe mit Platin und die Anfertigung zahlreicher Einzelteile aus Platin-Iridium-Legierung sei dem VEB „Albert Funk", Freiberg-Halsbrücke, gedankt.

Literaturverzeichnis

[1] POPOFF, M. M., und P. K. SCHIROKICH, Z. phys. Chem. A. 167–169 (1933).
[2] SUNNER, S., Dissertation Lund 1949.
[3] BJELLERUP, L., Acta Chem. Scand. *13*, No. 8, 1511 (1959).
[4] HUBBARD, W. N., C. KATZ und G. WADDINGTON, J. Phys. Chem. *58*, 142 (1954).
[5] STURTEVANT, J. M., J. Phys. Chem. *45*, 127 (1941).
[6] GEISELER, G., und M. RÄTZSCH, Z. Naturforsch. *18 a*, 473 (1963).
[7] SMIČEK, M., Privatmitteilung.
[8] MUSCHEITES, K., Dissertation Berlin 1967.
[9] COOPS, J., R. S. JESSUP und K. VAN NES, Experim. Thermochem. Vol. I (1956), Kap. 3.

Eingegangen: 6. Dezember 1971

R. RITSCHL und R. SCHUSTER

Zentralinstitut für Optik und Spektroskopie der Dt. Akad. Wiss.

Spektralanalyse durch Elektronenstoßanregung bei kleiner Energie

(Vorläufige Mitteilung)

Der KINGsche Widerstandsofen wurde von L'VOV [1] und MASSMANN [2] erfolgreich als Dampfvolumen für die Atomabsorptions-Spektralanalyse (AAS) und Atomfluoreszenz-Spektralanalyse (AFS) eingesetzt. Die von ihnen erreichten Nachweisgrenzen bei der Bestimmung sehr kleiner Mengen liegen niedriger als die Werte, die mit den üblichen emissionsspektroskopischen Methoden erreicht werden konnten.

Im folgenden wird über eine Lichtquelle berichtet, die die Prinzipien der Elektronenstoßanregung mit denen des KINGschen Widerstandsofens vereinigt und sich für die Emissions-Spektralanalyse eignet. Die Lichtquelle stellt eine Erweiterung der von RITSCHL [3] 1932 angegebenen Elektronenstoßquelle dar.

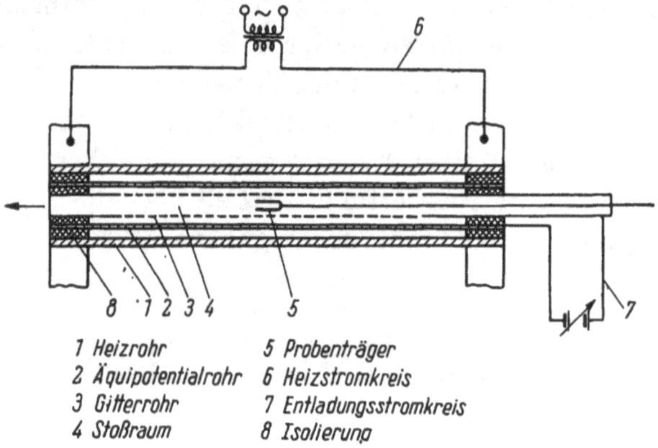

Abb. 1

Das Prinzip der Anordnung ist in Abb. 1 skizziert. Zwischen zwei Graphitbacken, die über wassergekühlte Stromzuführungen mit dem Heiztransformator in Verbindung stehen, ist ein Heizrohr (1) aus Graphit eingespannt. Im Innern des Heizrohres ist konzentrisch ein zweites dünneres Graphitrohr (2) isoliert angebracht, das den Potentialabfall entlang dem Heizrohr abschirmt. Dieses Äquipotentialrohr ist stromfrei und wird durch Strahlung vom Heizrohr aus geheizt. Im Innern des Äquipotentialrohres ist ein drittes Graphitrohr (3) befestigt, das als Gitter ausgebildet ist. Sämtliche Bauteile befinden sich in einem vakuumdichten, wassergekühlten Ofen mit Quarzfenstern in der Längsachse.

Wird zwischen Äquipotentialrohr (2) (Kathode) und Gitterrohr (3) (Anode) eine Gleichspannung gelegt, so gelingt es, bis zu Spannungen unter 1 Volt herab starke Elektronenströme zu erzeugen. Die durch das Gitter hindurchfliegenden Elektronen treten in einen feldfreien Raum (4) und können dort befindliche Atome durch Stoß zum Leuchten anregen.

Das Einbringen der Substanz, die sich in kleinen becherförmigen Trägern (5) aus Spektralkohle befindet, geschieht von außen durch magnetische Führung. Der Probenträger kann auf diese Weise je nach gewünschter Verdampfungstemperatur an jede Stelle innerhalb des Gitterrohres gebracht werden.

Der Vorteil dieser Anordnung gegenüber den sonst bekannten spektralanalytischen Lichtquellen besteht in der frei wählbaren Geschwindigkeit der anregenden Elektronen, wodurch eine Auswahl der Linien nach der Größe ihrer Anregungsspannungen erreicht wird. Insbesondere führt das Arbeiten mit Spannungen unterhalb der Ionisierungsspannung des zu untersuchenden Elementes zu einer Verbesserung des Linien-Untergrund-Verhältnisses durch Reduzierung der Kontinua und der Molekülspektren und außerdem zu einer größeren Übersichtlichkeit der Spektren.

Die Lichtquelle kann leicht mit einem Spektralgerät gekoppelt werden. Für unsere Untersuchungen wurde die Mitte des Stoßraumes mittels zweier Quarzlinsen und eines Ablenkspiegel stigmatisch auf den Spalt eines 2 m-Plangitter-Spektrographen (PGS 2, VEB Carl Zeiss-Jena) abgebildet. Dieser war für einkanalige photoelektrische Registrierung umgerüstet. Hierzu war an Stelle der Plattenkassette ein fester Austrittsspalt angebracht, an den ein Photoelektronenvervielfacher (M 12 FQS 35) montiert war. Durch Drehen des Gitters kann jede Linie in den Austrittsspalt eingestellt werden. Das vom PEV kommende Signal kann auf einem Schreiber direkt aufgezeichnet werden. Außerdem besteht die Möglichkeit der elektronischen Integration der Signale mit nachfolgender Aufzeichnung.

Die Lichtquelle eignet sich besonders für Kohle-Analysen sowie für die Lösungsanalyse von Trockenrückständen auf sorgfältig gereinigten Spektral-

902

Tabelle 1. Nachweisgrenzen verschiedener Analysenverfahren [g]

Element	Linie [Å]	Bogen [4] [5] [6] [7]	Radiofrequenz Morrisson et al. [8] Abs.	Radiofrequenz Morrisson et al. [8] Emiss.	AAS MASSMANN [2]	AAS L'vov [9]	AAS PERKIN-ELMER HGA 70 [10]	AAS Varian Techtron [11]	AFS Massm. [2]	Elektronenstoßanordnung [12] Vakuum	Elektronenstoßanordnung [12] Argon
Cd	2288	$3 \cdot 10^{-9}$	10^{-11}	—	$2 \cdot 10^{-12}$	$8 \cdot 10^{-14}$	$1 \cdot 10^{-12}$	$1 \cdot 10^{-13}$	$2{,}5 \cdot 10^{-13}$	—	—
	3261	$5{,}3 \cdot 10^{-9}$	—	10^{-11}	—	—	—	—	—	$2{,}8 \cdot 10^{-12}$	$3 \cdot 10^{-13}$
Mg	2852	$2 \cdot 10^{-9}$ $3 \cdot 10^{-9}$	10^{-10}	10^{-10}	$5 \cdot 10^{-13}$	$4 \cdot 10^{-14}$	$1 \cdot 10^{-12}$	$6 \cdot 10^{-14}$	$1{,}5 \cdot 10^{-12}$	$1 \cdot 10^{-11}$	—
Hg	2537	$8 \cdot 10^{-9}$	10^{-9}	10^{-11}	$2 \cdot 10^{-10}$	$8 \cdot 10^{-11}$	$2 \cdot 10^{-10}$	$1 \cdot 10^{-10}$	—	$6{,}8 \cdot 10^{-11}$	$1{,}5 \cdot 10^{-11}$
B	2498	$1 \cdot 10^{-8}$ $3 \cdot 10^{-9}$ $8 \cdot 10^{-10}$	—	—	—	$2 \cdot 10^{-10}$	—	—	—	$6 \cdot 10^{-9}$	—

kohleträgern. Letzteres Verfahren wird auch in der AAS und AFS im KINGschen Ofen angewendet. Die Verdampfung derartiger Proben ergibt Signale von 1–10 Sekunden Dauer. Als Intensitätsmaß eignet sich unter Umständen die maximale Höhe des Signals. Allgemein anwendbar ist es, das über die Dauer des Verdampfungsvorganges integrierte Signal als Intensitätsmaß zu verwenden. Hierdurch werden Fehler infolge unterschiedlicher Verdampfung ausgeglichen.

Die Lichtquelle erwies sich als so stabil, daß die einkanalige Messung ohne Verwendung eines inneren Standards für analytische Zwecke durchaus ausreichend war.

Für die Elemente Kadmium, Quecksilber, Magnesium und Bor wurden Eichkurven aufgenommen und die dazugehörigen Nachweisgrenzen bestimmt. Die hier untersuchten Elemente können auf Grund ihrer unterschiedlichen Eigenschaften als Modellbeispiele für andere Elemente dienen.

Die Eichkurven verlaufen über mehrere Größenordnungen linear. Für die Bestimmung der Nachweisgrenzen wurde die KAISERsche Definition verwendet, nach der die Nachweisgrenze dann erreicht ist, wenn das Analysensignal das Dreifache der Standardabweichung des Meßwertes bei blind ablaufendem Verfahren beträgt.

Die Intensität der Lichtquelle läßt sich beträchtlich steigern, wenn statt im Vakuum unter Edelgasatmosphäre von passend gewähltem Druck gearbeitet wird. Die Intensitätssteigerung beruht auf einer Erhöhung der Konzentration

und der Verweildauer der Teilchen im Anregungsraum. Die explosionsartige Ausbreitung des Probendampfes geht in eine Diffusion über. Diese Intensitätssteigerung führt zwangsläufig zu einer Erniedrigung der Nachweisgrenzen, da sie ohne wesentliche Erhöhung des Untergrundes erfolgt.
In Tabelle 1 sind in der letzten Spalte die Nachweisgrenzen als absolut nachweisbare Menge (in Gramm) bei Elektronenstoßanregung aufgeführt. Für die Elemente Kadmium und Quecksilber sind zusätzlich Nachweisgrenzen angegeben, die bei Füllung der Lichtquelle mit Argon erzielt werden können.
Als Vergleich sind die entsprechenden Nachweisgrenzen angegeben, die bei der Analyse von Trockenrückständen im Bogen, bei der Radiofrequenz-Anregung im KINGschen Ofen nach MORRISSON und YAIR TALMI [8] und bei der AAS und AFS im KINGschen Ofen von mehreren Autoren erreicht wurden.
Die Nachweisgrenzen der Elektronenstoßanordnung sind um Größenordnungen besser als die des Bogens und insgesamt auch besser als die Werte von MORRISSON und YAIR TALMI.
Die Nachweisgrenzen sind mit Ausnahme des Elementes Magnesium, das im Ofen als Verunreinigung von vornherein sehr stark vorhanden war, den Werten der AAS und AFS im KINGschen Ofen durchaus ebenbürtig.

Eine ausführliche Veröffentlichung erscheint an anderer Stelle.

Literaturverzeichnis

[1] L'vov, B. V., Atomabsorptions-Spektralanalyse. Nauka, Moskau (1966).
[2] MASSMANN, H., Spectrochim. Acta, 23 B, 215 (1968).
[3] RITSCHL, R., Ann. d. Physik *13*, 337 (1932).
[4] ZILBERŚTEJN, C. L., R. GERBATSCH, O. N. NIKITINA, u. a., Reinststoffprobleme, Tagungsbericht des 2. Int. Symp. Reinstst. in Wiss. u. Technik (Dresden 1965). Akademie Verlag Berlin 187–200 (1966).
[5] SVOBODA, V., und J. KLEINMANN, ebenda, S. 201–208.
[6] BECKERT, W., Spektralanalyse von Trockenrückständen. 3. Int. Symp. Reinstst. in Wiss. u. Technik. Dresden 1970.
[7] SCHOLZE, H., und B. NEEF, ebenda.
[8] MORRISSON, G. H., und YAIR TALMI, Analytical Chemistry *42*, 809 (1970).
[9] L'vov, B. V., Spectrochim. Acta 24 B, No 1, 53 (1969).
[10] Prospektmaterial der Firma Perkin-Elmer. Graphitküvette HGA 70.
[11] Prospektmaterial der Firma Varian Techtron. Carbon Rod Atomizer.
[12] RITSCHL, R., und R. SCHUSTER, Patenthinterlegung in der DDR und der BRD.

Eingegangen: 6. Dezember 1971

Biologie

H. B. SCHMIDT und W. SAHLMANN

Institut für Phytopathologie, Aschersleben, der Deutschen Akademie der Landwirtschaftswissenschaften zu Berlin

Ein einfaches Gerät zum Blocktrimmen für die Ultramikrotomie

Das Trimmen der Objektblöcke von Hand mit Hilfe einer Rasierklinge ist zeitaufwendiger als das mechanische Trimmen. Die mit einem Gerät angefertigten Pyramiden weisen außerdem glattere Oberflächen auf und sind viel regelmäßiger als die mit der Hand angespitzten. Die Verwendung eines Ultramikrotoms zum Objekttrimmen ist möglich, hat aber den Nachteil, daß die hochwertigen Geräte in dieser Zeit nicht für die Herstellung von Ultradünnschnitten eingesetzt werden können. Aus diesem Grund versuchten wir, ein im Institut vorhandenes Ultramikrotom nach VON ARDENNE und WESTMEYER als Trimmgerät zu verwenden.

a b

Abb. 1. Trimmvorrichtung. a) schräg von vorn, b) von der Seite aus betrachtet *E* Exzenterwelle, *F* Führungssteg, *K* Knauf, *L* Langloch, *N* Nut, *S* Spannring mit Spannschraube, *M* Überwurfmutter mit Spannschraube

1. Konstruktive Änderungen am Ultramikrotom

1.1. *Änderungen im Bercich des Kreuzschlittens*

Zuerst wurde die Oberseite der Grundfläche des Gerätes plangefräst und mit einer Nut (*N*) von 50 mm Breite quer über die gesamte Grundplatte versehen. Ein in die Mitte dieser Nut eingearbeitetes Langloch (*L*) erhielt die Abmessungen 65×30 mm. Die Unterseite des Kreuzschlittens wurde in der Weise dem Grundplattenprofil angepaßt, daß ein Führungssteg (*F*) herausgefräst wurde, der in der Längsnut der Grundplatte geführt wird. Ein von unten mit 4 Schrauben an diesen Steg angeschraubter Messingklotz trägt eine Bohrung, die parallel zur Nut der Grundplatte angeordnet ist. Zwei Bohrungen an den Seitenprofilen der Grundplatte führen eine durch den Messingklotz verlaufende Exzenterwelle (*E*). Wird ein seitlich an dieser Welle angebrachter Knauf (*K*) nach hinten gedrückt, so zieht die Exzenterwelle den Kreuzschlitten gegen die Grundplatte und legt ihn damit fest. Eine entgegengesetzte Bewegung des Knaufs erlaubt wieder die seitliche Bewegung des Kreuzschlittens.

1.2. *Änderungen im Bereich der Messerhalterung*

Die ursprünglich starre Messerhalterung mußte schwenkbar ausgeführt werden, um Pyramiden mit unterschiedlichen Spitzenwinkeln anfertigen zu können. Es wurde deshalb die Verbindung zwischen Messerhalterung und Kreuzschlitten gelöst und an den Kreuzschlitten ein sich gegen die Messerhaltung hin verbreitender Kegel angeschraubt. Ein an der Unterseite der Messerhalterung befestigter geschlitzter Spannring (*S*) mit Schwalbenschwanzprofil umgreift diesen Kegel und erlaubt die Schwenkbewegung des Messers. Wird mittels einer Spannschraube der Spannring festgezogen, so sitzt die Messerhalterung starr auf dem Kreuzschlitten. Eine auf dem obersten Schlitten angebrachte Skala gestattet es, die Drehung in Grad abzulesen.

1.3. *Änderung im Bereich des Präparatarmes*

Die am Gerät vorhandene Anordnung für die Aufnahme der Präparathalter wurde entfernt. Auf das Gewinde des Präparatarmes schraubten wir eine neuangefertigte gerändelte Überwurfmutter (*M*) fest auf. In die Innenbohrung dieser Überwurfmutter werden die Präparathalterungen des LKB-Ultratoms mit den eingespannten Blöcken eingesetzt. Sie können so beliebig gedreht und durch Anziehen einer seitlichen Spannschraube in jeder gewünschten Lage fixiert werden. Die an den LKB-Präparathalterungen vorhandene Gradeinteilung erlaubt in Verbindung mit einer Bezugsmarkierung an der Überwurfmutter eine kontrollierbare und reproduzierbare Drehung der Objekte.

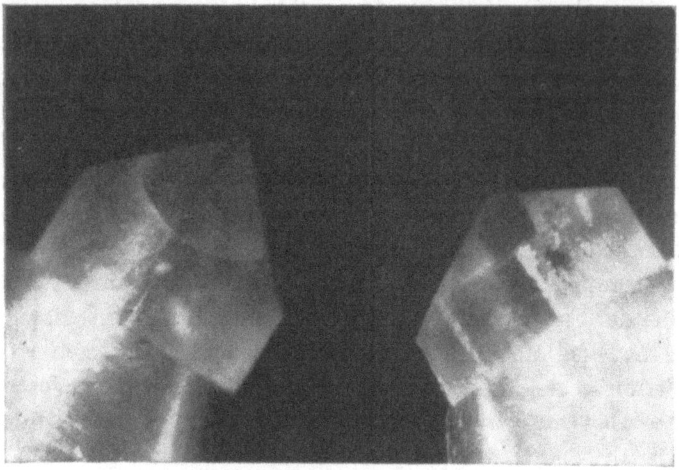

Abb. 2. Zwei fertig getrimmte Pyramiden mit unterschiedlichem Spitzenwinkel

2. Funktion der Trimmvorrichtung

Nach dem Einspannen des Präparates in den Präparathalter wird dieser in die Rändelschraube am Präparatarm eingesetzt und in der Stellung 0 durch Anziehen der Spannschraube fixiert. Zum Anspitzen verwenden wir Glasbruchmesser, die für die Arbeit am Ultramikrotom nicht geeignet sind. Das Messer wird in die Halterung gespannt und so geschwenkt, daß wir beim Trimmen eine Pyramide mit einem Winkel von 130° an der Spitze erhalten. Dann wird der Kreuzschlitten durch seitliches Verschieben in der Längsnut zum Objekt ausgerichtet und durch Anziehen des Knaufs mit der Exzenterwelle festgelegt. Die Feineinstellung erfolgt mit den Spindeln des unteren und oberen Schlittens. Durch Drehen der Handkurbel erhält der Präparathalter seine vertikale Schnittbewegung. Mit Hilfe der Spindel des unteren Schlittens führen wir das Messer an den Block heran und tragen so die erste Pyramidenfläche ab. Durch Drehen des Präparathalters um 180, 90 und nochmals 180° entstehen die restlichen drei Pyramidenflächen und damit die gewünschte Pyramide mit einem Winkel von 130° an der Spitze. In den meisten Fällen erfolgt der Vorschub beim Trimmen nur von Hand. Im Bedarfsfall kann bei sehr geringen Abtragungen auch mit dem thermischen Vorschub des Gerätes gearbeitet werden.

Die so gefertigte Trimmvorrichtung hat alle in sie gesetzten Erwartungen erfüllt. Das Gerät befindet sich seit etwa einem Jahr in unserem Labor ständig im Einsatz und wird zum Trimmen von Metacrylat-, Mikropal- und Epon-Blöcken benutzt. Die mit ihm erzielten exakten Pyramiden wirkten sich unmittelbar als Verbesserung der Schnittqualität der Ultradünnschnitte am LKB-Ultrotom aus.

Eingegangen: 14. Oktober 1971

Geologie und Mineralogie

J. GRÜNDEL (1) und H. KOZUR (2)

(Mitteilung aus dem Zentralen Geologischen Institut Berlin (1) und aus den Staatlichen Museen Meiningen (2)

Zur Taxonomie der Bythocytheridae und Tricorninidae (Podocopida, Ostracoda)

(Eingereicht von Hrn. A. H. MÜLLER)

Cytheracea und Bairdiacea/Cypridacea sind nachpaläozoisch die mit Abstand wichtigsten Ostracodengruppen; sie stellen das Gros der heute lebenden Gattungen und Arten der Ostracoden. Daher beanspruchen ihr Ursprung und ihre frühesten Vertreter besonderes Interesse. Als erste sichere Vertreter der Cytheracea werden die Bythocytheridae angesehen, die sich aus den Tricorninidae entwickelt haben, welche wahrscheinlich ebenfalls schon zu den Cytheracea zu zählen sind, zumindest aber ihre Ursprungsgruppe darstellen.

Im folgenden wird eine Aufgliederung der Tricorninidae und Bythocytheridae in Unterfamilien und bei den Bythocytheridae auch in Tribus vorgenommen. Es wird dabei nur auf die morphologische Begründung für diese Aufgliederung eingegangen; die phylogenetische Begründung findet sich in der Arbeit GRÜNDEL & KOZUR: Zur Phylogenie der Tricorninidae und Bythocytheridae (Podocopida, Ostracoda). – FFH C 285, im Druck.

Es werden nur diejenigen Gattungen und Untergattungen beschrieben, die neu sind oder deren Fassung vom bisherigen Gebrauch abweicht.

Oberfamilie Cytheracea BAIRD 1850

Familie Tricorninidae BLUMENSTENGEL 1965

Diagnose: Gleichklappig, dünnschalig. Seitenumriß meist triangular bis subtriangular, seltener nahezu oval. Dorsalrand gerade. Vorderende breit

gerundet. Hinterende meist zugespitzt, seltener schmal gerundet, sehr selten röhrenförmig verlängert. Schalenoberfläche glatt, retikuliert oder bestachelt. Stets (ausgenommen die primitive *Brevicornina* n. gen.) sind $\pm$ lange Dornen (Dorsaldornen, Lateraldornen u. a. Dornen) ausgebildet. Am freien Rand können Randleisten oder Stacheln auftreten. Eine Medianfurche oder -grube kann vorhanden sein. Innenlamelle randlich nur schwach oder nicht verkalkt. Schloß adont. Kein Sexualdimorphismus.
Vorkommen: Ordoviz bis Mitteltrias (Anis).
Zugewiesene Gattungen: Siehe unter den Unterfamilien.
Beziehungen: Die Larven der Balticellidae SCHALLREUTER 1968 besitzen den typischen *Tricornina*-Seitenumriß, adulte Formen zeigen jedoch ein $\pm$ breites und gerundetes Hinterende. Die Lobation ist oft kräftig (S_2, z. T. S_1) mit Präadduktorknoten. Die Klappen sind stärker verkalkt, deutlich ungleich groß und besitzen z. T. eine ventrale Klappeneinbuchtung. Bei der hier zu den Balticellidae gestellten Gattung *Steusloffina* TEICHERT 1937 zeigen auch die adulten Formen den *Tricornina*-Seitenumriß. *Steusloffina* weicht aber durch die Größe, die laterale Schalenaufblähung, das wahrscheinlich andersartige Schloß sowie vor allem durch die starke Ungleichklappigkeit deutlich von allen Tricorninidae ab.
Die frühen Tricorninidae unterscheiden sich von den frühen Beecherellidae ULRICH 1894 durch den $\pm$ dreieckigen Gehäuseumriß (viele ordovizische Beecherellidae weisen einen etwa rechteckigen Seitenumriß auf) und die fehlende starke Verkalkung der Innenlamelle – bei Faunen, in denen die Beecherellidae eine deutliche verkalkte Innenlamelle aufweisen, fehlt diese den Tricorninidae; es handelt sich also nicht um Erhaltungsunterschiede.
Die engsten Beziehungen bestehen zu den Bythocytheridae SARS 1926. Die typischen Tricorninidae unterscheiden sich von dieser Familie durch die randlich nicht oder nur unwesentlich verkalkte Innenlamelle, den $\pm$ dreieckigen Umriß, der bei den Bythocytheridae nur sehr selten auftritt und dann überdies mit schwacher konkaver Einziehung im mittleren Teil des Ventralrandes und durch die stärkere Bedornung (bei den Bythocytheridae tritt, wenn überhaupt, nur ein Lateraldorn auf; lediglich Berounella und Paraberounella besitzen gelegentlich weitere Dornen, meist einen anterodorsalen Dorn). Die größte Ähnlichkeit zu den Bythocytheridae weist die Unterfamilie Nagyellinae auf, für die eine schwach verkalkte Innenlamelle (vorn mit sehr schmalem Vestibulum) und ein kräftiger Sulcus charakteristisch sind. Von allen Bythocytheridae weichen die Nagyellinae durch die starke Dornenskulptur (langer lateraler, anterodorsaler und zentral- bis posterodorsaler Dorn) sowie durch die etwas schwächer verkalkte Innenlamelle ab.

Unterfamilie Tricornininae BLUMENSTENGEL 1965

Diagnose: Siehe GRÜNDEL (1966, S. 96); dort als Familiendiagnose.

Ergänzungen: Das Hinterende kann röhrenförmig verlängert sein. Die primitive Gattung *Brevicornina* weist keinen Dorn auf.
Vorkommen: Ordoviz – Perm.
Zugewiesene Gattungen:

Bohemina (*Bohemina*) SNAJDR 1951
Bohemina (*Pokornina*) GRÜNDEL 1963
Brevicornina n. gen.
Ceritta JORDAN 1970 (für *Ceratinella* JORDAN 1964)
Fatites JORDAN 1964
Hellebardia JORDAN 1964
Ockerella JORDAN 1964
Ovornina (*Ovornina*) GRÜNDEL 1966
Ovornina (*Margoplanitia*) KNÜPFER 1968
Ovornina (*Tricornella*) GRÜNDEL 1966
Saalfeldella GRÜNDEL 1961
„*Spinella*" BLUMENSTENGEL 1965
Spinites JORDAN 1964
Tricornina (*Tricornina*) BOUČEK 1936
Tricornina (*Bicornina*) JORDAN 1964

Bemerkungen: Die Bemerkungen, die GRÜNDEL 1966 hinsichtlich der Gattungen „*Ceratinella*", *Fatites*, *Hellebardia*, *Ockerella*, „*Spinella*", *Spinites* und *Ursina* machte, werden von beiden Autoren geteilt; eine Diskussion dieser Problematik geht aber über die Zielstellung dieser Arbeit hinaus.

Beziehungen: Siehe auch unter der Familie.
Die Unterfamilie Nagyellinae zeichnet sich durch das Vorhandensein einer verkalkten Innenlamelle, eines kräftigen Sulcus und das Auftreten eines zentral- bis posterodorsalen langen Dornes aus. Bei den bekannten stratigraphisch jüngsten Vertretern der Tricornininae läßt sich bei einigen Arten eine $\pm$ deutliche verdickte Zone am Schaleninnenrand erkennen, wodurch schon Anklänge an die Nagyellinae gegeben sind. Es ist durchaus möglich, daß diese Formen schon eine schwach verkalkte Innenlamelle besitzen, denn bei verkieselten Formen von *Nagyelly longispinosa*, die in der Erhaltung etwa den verkieselten paläozoischen Ostracodenfaunen entsprechen (bei denen die oben erwähnte verdickte Zone am Schaleninnenrand bei einigen Tricornininae beobachtet werden konnte), konnten ebenfalls nur schwache Verdickungen am Schaleninnenrand (nur vorn) beobachtet werden. Der

überwiegende Teil der Tricornininae dürfte jedoch keine verkalkte Innenlamelle besitzen.
In oder hinter der Mitte des Dorsalrandes tritt bei den Tricornininae kein Dorn auf. Bei *Bohemina* (*Pokornina*) ist jedoch z. T. etwas vor der Mitte des Dorsalrandes ein kurzer Dorn vorhanden. Da bei oberpermischen und untertriassischen Formen von *Nagyella* der Dorn in oder etwas vor der Mitte des Dorsalrandes liegt und kürzer ist als bei den mitteltriassischen Formen, wo er sich deutlich hinter der Mitte des Dorsalrandes befindet und sehr lang ist, darf dieser Skulpturunterschied zwischen den Tricornininae und den Nagyellinae nicht überbewertet werden.
Die meisten Tricornininae besitzen keine Medianfurche; gattungscharakteristisch ist sie nur bei *Saalfeldella* GRÜNDEL 1961. So kräftig ausgeprägt wie bei *Nagyella* ist die Medianfurche bei keiner paläozoischen Art.
Bei *Nagyella* konvergiert der Ventralrand vorn nur wenig oder gar nicht gegen den Dorsalrand. Dadurch weicht *Nagyella* deutlich von der dreieckigen Gestalt der typischen Tricornininae ab. Einen solchen Verlauf des Ventralrandes zeigt auch schon die unterkarbonische *Ranicella ranica* (GRÜNDEL 1962), die zudem auch noch einen deutlichen Sulcus besitzt und somit schon zwei der für die Nagyellinae typischen Merkmale aufweist. Ob sie bereits eine verkalkte Innenlamelle besitzt, ist nicht bekannt.
Die morphologischen Unterschiede zwischen den Tricornininae und den Nagyellinae können unter Berücksichtigung der phylogenetischen Trends bei den stratigraphisch jüngeren Tricornininae nur als Unterfamilienmerkmal gewertet werden. Es ist interessant, daß alle für die Nagyellinae charakteristischen Merkmale (zentraldorsaler Dorn, verkalkte Innenlamelle, kräftiger Sulcus, nur schwach oder nicht gegen den Dorsalrand konvergierender vorderer Teil des Ventralrandes) mehr oder weniger deutlich oder zumindest angedeutet schon bei einigen stratigraphisch jüngeren Formen der Tricornininae auftreten können, niemals jedoch alle Merkmale zusammen bei einer Art.

Gattung *Brevicornina* n. gen.

Derivatio nominis: Gebildet aus dem Namen der Typusart und der Endung „cornina".
Typusart: *Budnianella brevis* BLUMENSTENGEL 1965

Diagnose: Umriß der Klappen subtriangular mit geradem Dorsalrand, konvexem Ventralrand, breit gerundetem Vorderende und in Verlängerung des Dorsalrandes schmal gerundetem Hinterende. Schalenbereich längs des freien Randes abgeflacht. Übriger Teil der Lateralfläche gewölbt; die Klappenwölbung ist ventral gegen den abgeflachten Bereich durch eine deutliche Kante abgesetzt (von der Kante steiler Abfall zum abgeflachten ventralen Bereich, allmählicher Abfall zum Dorsalrand). Dornen fehlen. Innenmerkmale kaum bekannt.

Bemerkungen: Nach BLUMENSTENGEL (1965, S. 71) ist die Randzone einfach gebaut, d. h. eine deutliche verkalkte Innenlamelle fehlt anscheinend. In Faunen, die Vertreter der Beecherellidae mit deutlich verkalkter Innenlamelle enthalten, weist *B. brevis* keine verkalkte Innenlamelle auf (KNÜPFER 1968).
Vorkommen: Oberes Ordoviz.
Zugewiesene Arten:
Budnianella brevis BLUMENSTENGEL 1965

Beziehungen: Von *Bunianella* BOUČEK 1936 und verwandten Gattungen unterscheidet sich *Brevicornina* durch die Gestalt des Hinterendes (Zu-

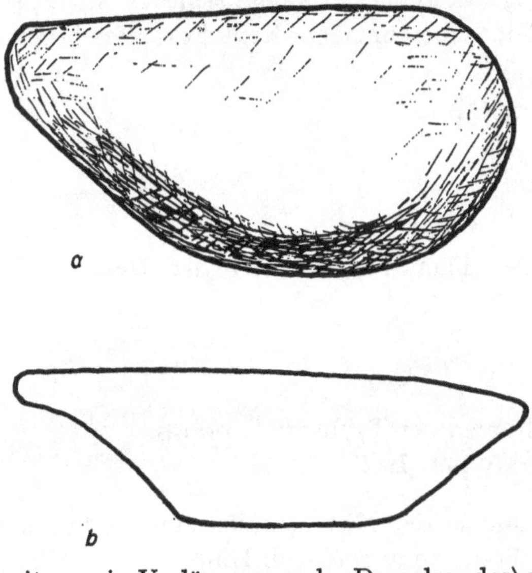

Abb. 1. *Brevicornina brevis* (BLUMENSTENGEL 1965), oberes Ordoviz. Seiten- und Dorsalansicht einer rechten Klappe (n. KNÜPFER 1968, Taf. 3, Fig. 4a–b)

spitzung in Verlängerung des Dorsalrandes) und das Fehlen einer deutlichen verkalkten Innenlamelle.
Die Unterschiede zur ähnlichen *Ovornina* (*Margoplanitia*) KNÜPFER 1968 liegen im Fehlen von Dornen und in der Ausbildung einer Kante im ventralen Bereich der Lateralfläche.

Unterfamilie Nagyellinae n. subfam.

Bemerkungen: KOZUR (1970) stellte *Nagyella* mit Vorbehalt zu den Berounellidae, hielt jedoch auch eine direkte Ableitung von den Tricorninidae für möglich.

Diagnose: Seitenumriß subrectangular bis subtriangular mit lang und spitz ausgezogenem Hinterende. Ventralrand konvergiert vorn nicht oder nur wenig, hinten stark gegen den Dorsalrand. Seitliche Schalenoberfläche retikuliert oder glatt. Anterodorsal und ventrolateral bis subzentral (Lateraldorn) befinden sich lange, hohle Dornen. Ein weiterer Dorn liegt in oder hinter der Mitte des Dorsalrandes oder die vordere Hälfte des Dorsalrandes trägt mehrere Dornen. Am Vorderrand treten kurze bis mäßig lange hohle Dornen auf, der posteroventrale Rand ist oft fein gezähnelt. Weitere Dornen können auf der vorderen Schalenhälfte vorhanden sein. Sulcus deutlich, teils breit und flach, teils tief und schmal. Schloß adont mit Furche in der RK. Innenlamelle bei *Nagyella* schwach verkalkt, vor allem vorn; hier ist auch ein sehr schmales Vestibulum vorhanden. Ventral und posteroventral ist nur eine schwache Verdickung des Innenrandes zu erkennen. Bei *Ranicella* sind die Innenmerkmale nicht genau bekannt. Schließmuskelnarben nur bei *Nagyella* andeutungsweise sichtbar; sie liegen in einer schwach gebogenen Reihe übereinander. Kein Sexualdimorphismus.

Vorkommen: Dinant – Mitteltrias (Anis).

Zugewiesene Gattungen:

Nagyella Kozur 1970

Ranicella n. gen.

Beziehungen: Siehe unter der Familie und unter der Unterfamilie Tricornininae.

Gattung *Ranicella* n. gen.

Derivatio nominis: Nach dem Namen der Typusart *S. ranica*

Typusart: *Saalfeldella ranica* Gründel 1962

Diagnose: Ventralrand vorn und in der Mitte parallel zum Dorsalrand verlaufend, hinten stark gegen diesen konvergierend. Hinterende sehr lang und spitz ausgezogen. Klappen kräftig bedornt und mit einem flachen, sehr breiten Sulcus versehen, der von einer U-förmigen Schalenaufwulstung umgeben ist. Bedornung auf die vordere Klappenhälfte beschränkt. Die dorsale Knotenreihe endet dicht hinter dem Sulcus. Der Vorderrand weist im oberen Teil große Dornen auf, der untere Teil trägt kleine Dornen und Zähne. An der ventralen Seite der U-förmigen Schalenaufwulstung ist im vorderen Abschnitt eine gebogene Dornenreihe anzutreffen. Lateraldorn hinter dem Sulcus etwa in der Klappenmitte gelegen, sehr lang mit schmaler Basis. Innenlamelle randlich nicht oder nur sehr schwach verkalkt.

Vorkommen: Dinant.

Zugewiesene Arten:
Saalfeldella ranica GRÜNDEL 1962

Beziehungen: *Saalfeldella* GRÜNDEL 1961 unterscheidet sich vor allem durch den dreieckigen typischen *Tricornina*-Seitenumriß. Außerdem ist gewöhnlich auch die hintere Schalenhälfte bedornt.

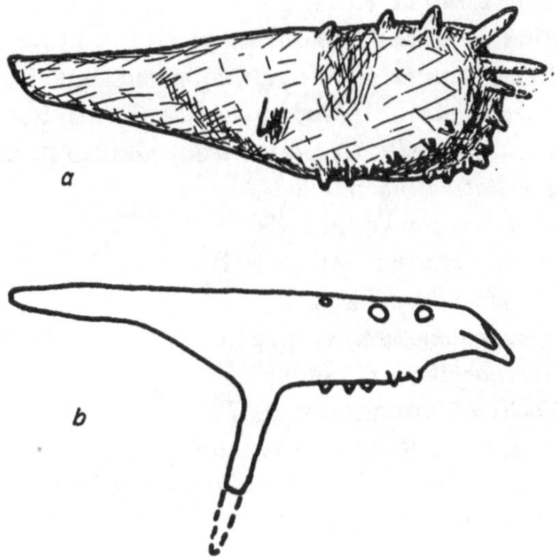

Abb. 2. *Ranicella ranica* (GRÜNDEL 1962), Gattendorfia-Stufe. Holotypus, rechte Klappe in Seiten- und Dorsalansicht (n. GRÜNDEL 1962, Taf. 1, Fig. 5–6)

Familie Bythocytheridae SARS 1926

Diagnose: Gleichklappig. Seitenumriß rectangular, selten triangular oder oval. Hinterende zugespitzt, oft verlängert, selten auch röhrenförmig gestaltet. Klappen meist mit, selten ohne Medianfurche. Skulptur variabel, fehlend bis sehr komplex, häufig mit lateralem Dorn. „Augenhöcker" nur selten ausgebildet. Ventraler Klappenbereich ± stark verbreitert (Ventralfläche durch den verbreiterten Ansatz des Lateraldorns, selten durch ventrale Teile der Klappe gebildet), seltener zugeschärft. Schließmuskelgruppe cytherid, (? immer) 5-narbig. Randkanäle einfach. Schloß zahnlos bis merodont, nur bei *Pseudoceratina* mit je zwei Zähnen in jeder Klappe. Sexualdimorphismus bisher noch nicht sicher nachgewiesen.
Vorkommen: Silur – rezent.
Zugewiesene Gattungen:
Antarcticythere NEALE 1967
Baltraella POKORNÝ 1968
Berounella BOUČEK 1936
Bythoceratina (*Bythoceratina*) HORNIBROOK 1952
Bythoceratina (*Praebythoceratina*) n. subgen.
Bythocythere SARS 1866
Crassacythere n. gen.
Cuneoceratina n. gen.
Editia BRAYER 1952

Jonesia BRADY 1866
Miracythere HORNIBROOK 1952
Monoceratina ROTH 1928
Nemoceratina (*Nemoceratina*) GRÜNDEL & KOZUR 1971
Nemoceratina (*Pariceratina*) n. subgen.
Paraberounella (*Paraberounella*) BLUMENSTENGEL 1965
Paraberounella (*Neoberounella*) GRÜNDEL & KOZUR 1972
Patellaceratina n. gen.
Protojonesia DEROO 1966
Pseudoceratina VAN DEN BOLD 1965
Pseudocythere SARS 1860
Pseudomonoceratina n. gen.
Saxellacythere n. gen.
Stillina LAURENCICH 1957
Taxodiella KUZNETSOVA 1957
Triassocythere GRÜNDEL & KOZUR 1972
Triceratina UPSON 1933
Triebacythere n. gen.
Tuberoceratina GRÜNDEL & KOZUR 1972
Vallumoceratina KNÜPFER 1967
Veeniceratina n. gen.

Beziehungen: Siehe auch unter den Tricorninidae BLUMENSTENGEL 1965. Die Permianidae ŽARAPOVA 1948 zeigen gewisse Ähnlichkeiten zu dem Formenkreis um *Pseudomonoceratina* n. gen., unterscheiden sich jedoch durch die gleich hohen, breit gerundeten Endränder und die konkave Einsenkung des Ventralrandes von diesen Formen.

Die Paradoxostomatidae BRADY & NORMAN 1889 zeigen im Umriß, z. T. aber auch in den inneren Schalenmerkmalen (z. T. 5 Schließmuskelnarben) große Anklänge an die Pseudocytherini. Der Hauptunterschied liegt im Weichkörperbau, der jedoch auch gewisse gemeinsame Züge aufweist, durch die sich die Paradoxostomatidae und Bythocytheridae von anderen Cytheracea unterscheiden. Vermutlich lassen sich die Paradoxostomatidae von den Bythocytheridae (Pseudocytherini!) herleiten.

Die Glorianellidae ŠNEJDER 1960 (emend. KOZUR 1970) unterscheiden sich durch das $\pm$ rectangulare Gehäuse (Hinterende niemals verlängert), die Ungleichklappigkeit und den zumindest andeutungsweise immer vorhandenen Augenknoten.

Unterfamilie Bythocytherinae SARS 1926

Diagnose: Wie die Familie. Hinterende meist verlängert, spitz ausgezogen oder in einen Kaudalfortsatz auslaufend; sehr selten gerundet oder

röhrenförmig verlängert. Die Ventralfläche wird durch den verbreiterten Ansatz des Lateraldornes gebildet oder fehlt völlig.
Vorkommen: Silur – rezent.
Zugewiesene Gattungen: Alle unter der Familie aufgeführten Gattungen bis auf *Editia, Pseudomonoceratina, Triebacythere, Triceratina* und *Vallumoceratina.*

Beziehungen: Siehe unter der Familie und der Unterfamilie Editiinae.

Tribus Berounellini SOHN & BERDAN 1960

Diagnose: Siehe bei SOHN & BERDAN 1960 unter Familie Berounellidae.
Vorkommen: Silur–Karbon.

Beziehungen: Die Berounellini werden hier, wie bei SOHN & BERDAN 1960, auf die Gattung *Berounella* beschränkt (*Kirkbyellina* KUMMEROW 1939 ist nach BLUMENSTENGEL 1965 ein Synonym von *Berounella* BOUČEK 1936). Die Gattung *Paraberounella* BLUMENSTENGEL 1965 wird zu den Bythoceratinini n. trib. gestellt, da sie weder nach den äußeren Schalenmerkmalen noch nach den phylogenetischen Beziehungen von diesem Tribus getrennt werden kann. Der Hauptunterschied zwischen den Berounellini und der Gattung *Paraberounella* (sowie allen anderen Bythoceratinini) ist das lange röhrenförmige Hinterende bei *Berounella.* Man darf dieses Merkmal aber nicht überbewerten und den Berounellini etwa Familienrang zusprechen. Ein röhrenförmiges Hinterende kann auch bei den Tricornininae und etwas weniger stark verlängert bei der Gattung *Nemoceratina* (Bythoceratinini) auftreten. Eine ausführliche Diskussion der Zuordnung der Gattung *Berounella* zu den Bythocytheridae findet sich bei GRÜNDEL & KOZUR (in Druck).

Tribus Bythocytherini SARS 1926

Synonym: Monoceratininae SZCZECHURA 1964

Diagnose: G rechteckig, meist relativ gedrungen. Hinterende spitz auslaufend oder nur wenig niedriger als das Vorderende und abgeschrägt bis gerundet mit kurzem Kaudalfortsatz. Schalenoberfläche glatt bis grubig. Medianfurche kann ausgebildet sein. Lateralstachel fehlt meist; wenn vorhanden, besitzt er eine sehr breite Basis und ist nur kurz. Schloß adont oder lophodont. Schloßelemente glatt.
Vorkommen: Devon – rezent.
Zugewiesene Gattungen:
Bythocythere SARS 1866
? *Crassacythere* n. gen.
Monoceratina ROTH 1928
Patellacythere n. gen.

Bemerkungen: Die für die Monoceratininae SZCZECHURA 1964 namengebende Gattung *Monoceratina* gehört zu den Bythocytherini. Daher sind die Monoceratininae SZCZECHURA 1964 ein jüngeres Synonym der Bythocytherini SARS 1926.

Beziehungen: Die Pseudocytherini ŠNEJDER 1960 sind stets glattschalig und ohne Medianfurche. Die Schalen sind nur wenig gewölbt und randlich, vor allem posteroventral und hinten, stark abgeflacht. Wenngleich bei identischem Schloßbau und z. T. ähnlichem Umriß in der Skulptur einige gleichartige Trends bei den Bythocytherini und Pseudocytherini auftreten, so sind doch gleichaltrige Formen stets deutlich zu unterscheiden – z. B. rezent: Bythocytherini (*Bythocythere*): Glattschalig, kein Sulcus, kräftige ventrolaterale Aufblähung, breit gerundeter oder abgestumpfter Hinterrand mit sehr kurzem, undeutlichem Kaudalfortsatz; Pseudocytherini (*Pseudocythere, Jonesia*): Glattschalig, kein Sulcus, Schale schwach gewölbt, längs des freien Randes abgeflacht, Hinterende mit langem Kaudalfortsatz (*Pseudocythere*) oder etwa in der Mitte spitz auslaufend (*Jonesia*), Schalen im Unterschied zu *Bythocythere* nur schwach verkalkt.

Die Bythoceratinini n. trib. weisen stets einen kräftigen Lateraldorn auf, sind im allgemeinen wesentlich stärker skulpturiert und besitzen zumindest vom Jura an krenulierte Schloßelemente. In der Trias sind beide Tribus noch wenig voneinander unterschieden, da die triassischen Bythoceratinini im allgemeinen ein adontes Schloß aufweisen und z. T. relativ schwach skulpturiert sind. Auf Grund einiger unterschiedlicher Entwicklungstrends entfernen sich beide Tribus vom Jura an immer mehr.

Gattung *Crassacythere* n. gen.

Derivatio nominis: Gebildet aus dem Namen der Typusart und der Endung -„*cythere*“.

Typusart: *Monoceratina crassa* SZCZECHURA 1964

Diagnose: G gedrungen und stark gewölbt; Klappen posteroventral ± deutlich aufgetrieben. Vorderende schief gerundet, anteroventrale Ecke z. T. deutlich nach hinten verlagert, wodurch ein verkürzter Dorsalrand entsteht. Hinterende fast ebenso hoch wie Vorderende, meist schief gerundet, z. T. etwas abgeschrägt und kaum nach hinten verlängert. Seitliche Schalenoberfläche retikuliert. Eine schwache Randrippe ist meist, zumindest vorn, entwickelt. Medianfurche meist deutlich. Schloß lophodont mit glatter Furche und terminalen Zähnen in der rechten Klappe.

Vorkommen: Oberkreide.

Zugewiesene Arten:

Monoceratina brevispina SZCZECHURA 1964

Monoceratina crassa SZCZECHURA 1964

Monoceratina flata Szczechura 1964
Monoceratina sherborni (Jones & Hinde 1890) i. S. von Kaye 1964
? *Cythere strangulata* Bosquet 1854.
Beziehungen: *Bythoceratina* Hornibrook 1952 weicht im Umriß (langgestreckt, Hinterende zugespitzt) und durch das Vorhandensein eines langen Lateralstachels ab.
Bythocythere Sars 1866 stimmt im Umriß weitgehend überein, weicht aber durch die glatte Schalenoberfläche, den Kaudalfortsatz und den fehlenden Sulcus ab.

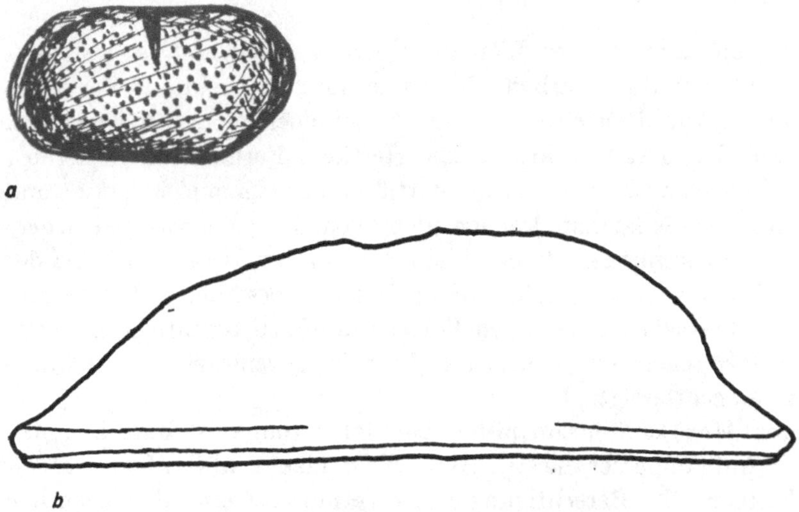

Abb. 3. *Crassacythere crassa* (Szczechura 1964), Maastricht. Linke Klappe in Seiten- und rechte Klappe in Dorsalansicht (n. Szczechura 1964, Taf. 11, Fig. 7 und Taf. 7, Fig. 4a)

Monoceratina Roth 1928 besitzt ein $\pm$ zugespitztes Hinterende und einen deutlichen Lateralstachel. Nur bei *Crassacythere brevispina* tritt ein sehr kurzer Lateralstachel auf.
Patellacythere n. gen. unterscheidet sich vor allem im Umriß (zugespitztes Hinterende).

Gattung *Monoceratina* Roth 1928

Typusart: *Monoceratina ventrale* Roth 1928

Diagnose: G langgestreckt bis gedrungen. Ventralrand gerade, durch überhängende Teile der Ventralfläche überdeckt und dadurch in der Seitenansicht vielfach konvexer Umriß. Hinterrand in Verlängerung des Dorsalrandes oder etwas darunter zugespitzt. Seitliche Schalenoberfläche glatt bis grubig.

Medianfurche variabel, stets breit, oft nur seicht und undeutlich. Ventral ist stets eine kräftige, flügelartige Aufblähung vorhanden, aus der mit breiter Basis ein nach außen und etwas nach hinten gerichteter kurzer Dorn entspringt. Die gerade Unterseite der ventralen flügelartigen Verbreiterung und der breiten Basis des Lateraldornes bilden eine Ventralfläche. Vorn und hinten ist z. T. ein schmaler Bereich etwas abgeflacht. Eine Dorsalfläche fehlt. Schloß adont bis schwach lophodont (terminale Erhöhungen in der rechten Klappe sind stets nur sehr undeutlich ausgebildet). Schloßelemente glatt.
Vorkommen: Devon – Oligozän.

Bemerkungen: Die meisten hier zur Gattung *Monoceratina* gestellten Arten stammen aus dem Karbon, Perm und aus der Kreide; in der Trias und im Jura wurde *Monoceratina* s. str. bisher noch nicht nachgewiesen. Möglicherweise haben sich die kretazischen-tertiären Formen iterativ herausgebildet. Da einerseits die kretazischen-tertiären Formen morphologisch und nach den inneren Schalenmerkmalen nicht von der paläozoischen *Monoceratina* s. str. zu trennen sind und andererseits in der Ostracodenfauna der Trias und des Jura noch große Kenntnislücken bestehen, ist eine Abtrennung der kretazischen-tertiären Formen des oben beschriebenen Typs von der paläozoischen *Monoceratina* s. str. beim gegenwärtigen Kenntnisstand nicht gerechtfertigt.
Die Gattung *Monoceratina* im bisher benutzten Sinne ist eine Sammelgattung zur Aufnahme der meisten Bythocytheridae (i. w. S. *Monoceratina*-ähnliche Formen). Die Berechtigung dieser Verfahrensweise ist gelegentlich angezweifelt worden (z. B. von Pokorný 1958), ohne daß Konsequenzen gezogen wurden. Viele paläozoische und die meisten nachpaläozoischen „*Monoceratina*"-Arten müssen anderen Gattungen zugewiesen werden. Mangelnde Kenntnis vieler Formen bedingt, daß viele Zuordnungen fraglich bleiben müssen.
Zugewiesene Arten:

Monoceratina aculeata van Veen 1936
? *Monoceratina ampla* Chivinceva 1969
Monoceratina admorensis Harlton 1927 (i. S. von Cooper 1946)
Monoceratina bosqueti van Veen 1936
Monoceratina casei Warthin 1934 (i. S. von Kesling & Weiss 1953)
? *Monoceratina compta* Chivinceva 1969
Monoceratina fastigata Kočekova 1968
Monoceratina glabra van Veen 1936
Monoceratina gracilis van Veen 1936
Monoceratina lewisi Harris & Lalicker 1932 (i. S. von Cooper 1946)

? *Monoceratina macoupeni* Scott & Borger 1941 (i. S. von Cooper 1946)
? *Monoceratina pseudoglabra* van Veen 1936
Monoceratina punctata van Veen 1936
Monoceratina sp. Triebel 1941
? *Monoceratina strangulata* van Veen 1936
? *Monoceratina sulcata* van Veen 1936
Cythere trigonoptera Bosquet 1854
Monoceratina ventrale Roth 1928
Monoceratina ventrale var. *magnum* Roth 1928.

Beziehungen: *Bythoceratina* (*Praebythoceratina*) n. subgen. besitzt einen wesentlich kräftigeren längeren Lateraldorn mit etwas schmalerer Basis, die flügelartige ventrale Verbreiterung fehlt oder ist wesentlich schwächer und vorn, seltener auch schon dorsal, sind bei dieser Untergattung von *Bythoceratina* oft bereits Randrippen entwickelt.

Bythocythere Sars 1866 weist einen verkürzten Dorsalrand (nach hinten gerückte anterodorsale Ecke) sowie ein hohes Hinterende mit nur unbedeutendem Kaudalfortsatz auf. Die ventrolaterale flügelartige Verbreiterung ist stark gerundet, und eine Medianfurche tritt nicht auf.

Patellacythere n. gen. unterscheidet sich durch den fehlenden Lateraldorn (tritt nur noch bei Jugendformen der triassischen *Patellacythere minuta* auf), die fast stets entwickelte Dorsalrippe und durch die meist stärkere Schalenabflachung am vorderen, anteroventralen, posteroventralen und hinteren Randbereich. Eine Ventralfläche ist bei *Patellacythere* nicht ausgebildet, da die Schalen ventrolateral zwar z. T. stark aufgebläht sind, diese Aufblähung zum Ventralrand hin jedoch in einer $\pm$ gleichmäßigen Rundung ausklingt. In keinem Falle weist die ventrolaterale Schalenaufblähung eine gerade, breite Unterfläche auf wie bei *Monoceratina*. Lediglich bei Jugendformen von *Patellacythere minuta* tritt noch eine schmale Ventralfläche auf.

Pseudomonoceratina n. gen. hat ein gerundetes Hinterende, eine sehr breite „echte" Ventralfläche (ohne flügelartige Ausbeulung ventrolateraler Gehäuseteile), ein lateraler Dorn fehlt oder ist sehr klein und nach hinten gerichtet.

Triebacythere n. gen. besitzt ein oben abgestumpftes, unten abgeschrägtes Hinterende, ist kräftig retikuliert und weist eine hinten deutlich, vorn schwach verbreiterte Dorsalfläche auf. Außerdem besitzt sie vorn eine deutliche Randrippe und antero- sowie posterodorsal knotenartige Auftreibungen.

Gattung *Patellacythere* n. gen.

Derivatio nominis: Nach der oft breiten, schüsselförmigen Medianfurche.

Typusart: *Monoceratina williamsi* Stephenson 1946

Diagnose: Umriß rectangular mit gerundetem Vorderende und in oder wenig unterhalb des Dorsalrandes spitz auslaufendem Hinterende. Ventralrand gerade, gelegentlich auch schwach konvex. Klappen längs des Vorder- und Hinterrandes stark abgeflacht; auch antero- und posteroventral ist ein schmaler abgeflachter Bereich vorhanden. Klappen ventral oder posteroventral am stärksten gewölbt; hier ist vielfach eine deutliche laterale Auftreibung zu beobachten, die aber stets mit gerundeter Unterseite zum Ventralrand abfällt, wodurch keine ebene Ventralfläche ausgebildet wird.

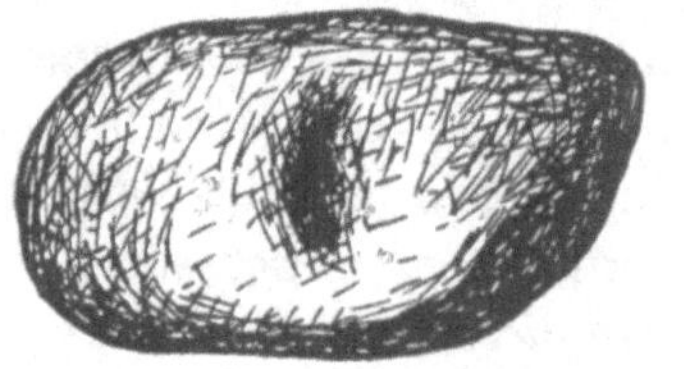

Abb. 4. *Patellacythere williamsi* (STEPHENSON 1946), Eozän, linke Klappe in Seitenansicht (n. STEPHENSON 1946, Taf. 43, Fig. 18)

Medianfurche meist deutlich, breit bis schüsselförmig, allseitig von unterschiedlich stark ausgeprägten Schalenauftreibungen umgeben. Dorsal ist die Schalenauftreibung (hier meist als schmale Dorsalrippe ausgebildet) am schwächsten, z. T. fehlt sie hier auch völlig. Die seitlichen Schalenauftreibungen sind oftmals nur gegen den abgeflachten randlichen Schalenbereich deutlich abgesetzt, während sie zur breiten Medianfurche hin nur flach einfallen, wodurch diese oft als schlüsselförmige Einsenkung erscheint. Seitliche Schalenoberfläche glatt bis grubig. Verkalkte Innenlamelle schmal bis mäßig breit; zumindest vorn ist ein schmales Vestibulum ausgebildet. Schloß (? immer) adont mit glatter Schloßleiste in der linken Klappe.
Vorkommen: Mitteltrias bis Neogen.

Zugewiesene Arten:

Bythocytheremorpha aksuensis ANDREEV 1966
Loxoconcha bolliaformis VAN VEEN 1936
Bythocytheremorpha centroscrobicula ANDREEV 1966
Monoceratina minuta KOZUR 1968
? *Monoceratina musei* STEPHENSON 1946
Bythocythere neerlandica vedenei CARBONNEL 1969
Monoceratina obtusifrons TRIEBEL & BARTENSTEIN 1938
Monoceratina opalina TRIEBEL & BARTENSTEIN 1938
Monoceratina sculpta DONZE 1964
Monoceratina sp. A OERTLI 1956
Monoceratina sp. 2 GRÜNDEL 1966
Monoceratina sp. 3 GRÜNDEL 1966
Monoceratina ungulina TRIEBEL & BARTENSTEIN 1938

Monoceratina vulsa (JONES & SHERBORN 1888) i. S. von TRIEBEL & BARTENSTEIN 1938
Monoceratina williamsi STEPHENSON 1946.

Beziehungen: *Bythoceratina* (*Praebythoceratina*) n. subgen. unterscheidet sich vor allem durch den langen Lateralstachel und die zumindest am Vorderrand oft vorhandene Randleiste.
Crassacythere n. gen. besitzt ein hohes, meist breit gerundetes Hinterende, und die Abflachung der Klappen am Vorder- und Hinterrand ist wesentlich geringer.
Saxellacythere n. gen. weist keinen Sulcus auf, und die Schloßleiste der LK ist krenuliert.
Triassocythere GRÜNDEL & KOZUR 1972 besitzt keinen Sulcus, und die randliche Schalenabflachung ist noch stärker ausgeprägt als bei *Patellacythere*. Außerdem ist die verkalkte Innenlamelle recht breit.
Triebacythere n. gen. unterscheidet sich durch eine deutliche, flügelartig nach außen verbreiterte ebene Ventralfläche, deutliche antero- und posterodorsale Knoten sowie durch eine Randrippe am Vorderrand. Außerdem sind die Klappen vorn und hinten wesentlich schwächer abgeflacht.
Beziehungen zu *Monoceratina* ROTH 1928 siehe unter dieser Gattung.

Tribus *Bythoceratinini* n. trib.

Diagnose: G rectangular bis triangular. Hinterende in Verlängerung des Dorsalrandes oder etwas darunter spitz auslaufend; nur bei der känozoischen *Miracythere* etwa in der Schalenmitte spitz gerundet. Schalenoberfläche selten glatt, meist kräftig skulpturiert (Knoten, Retikulation, Randleisten, Stacheln). Randlich (meist nur vorn und posteroventral) sind häufig Randstacheln anzutreffen. Sulcus und kräftiger langer Lateraldorn mit schmaler bis mäßig breiter Basis stets vorhanden. Schloß bei paläozoischen und triassischen Formen adont, bei jurassischen überwiegend taxodont, ab Kreide meist merodont.
Vorkommen: Devon – rezent.
Zugewiesene Gattungen:

Bythoceratina (*Bythoceratina*) HORNIBROOK 1952
Bythoceratina (*Praebythoceratina*) n. subgen.
Cuneoceratina n. gen.
Miracythere HORNIBROOK 1952
Nemoceratina (*Nemoceratina*) GRÜNDEL & KOZUR 1971
Nemoceratina (*Pariceratina*) n. subgen.
Paraberounella (*Paraberounella*) BLUMENSTENGEL 1965
Paraberounella (*Neoberounella*) GRÜNDEL & KOZUR 1972

Pseudoceratina VAN DEN BOLD 1965
Tuberoceratina GRÜNDEL & KOZUR 1972
Veeniceratina n. gen.

Beziehungen: Siehe unter Bythocytherini SARS 1926 und Berounellini SOHN & BERDAN 1960.

Gattung *Bythoceratina* HORNIBROOK 1952

Synonym: *Bythocytheremorpha* MANDELSTAM 1958
Typusart: *Bythoceratina mestayerae* HORNIBROOK 1952

Bemerkungen: *Bythocytheremorpha* MANDELSTAM 1958 ist ein Synonym von *Bythoceratina* HORNIBROOK 1952, da die Typusart von *Bythocytheremorpha* zu *Bythoceratina* gehört.

Diagnose: G langgestreckt bis relativ gedrungen. Der gerade Ventralrand (in der Mitte schwach konkav) läuft dem Dorsalrand parallel oder divergiert leicht nach hinten. Vorderende breit gerundet. Hinterende schräg abgestutzt bis abgeschrägt, mit kurzem Fortsatz in Verlängerung des Dorsalrandes oder etwas darunter; mitunter nur schwach zugespitzt. Klappen in der Mitte kräftig gewölbt, an den Enden abgeflacht, oft einen ± deutlichen U-förmigen Wulst bildend, der die in der Stärke variable Medianfurche umgibt. Vorderrandrippe oder -wulst meist ausgebildet, auch die übrigen Teile des freien Randes können von einer Randrippe begleitet werden. Durch eine ± deutliche Dorsalrippe wird eine schmale Dorsalfläche gebildet; bei stratigraphisch älteren Formen ist keine oder nur eine undeutliche Dorsalrippe ausgebildet. Für die Dorsalansicht ist die Dreiteilung in abgeflachte Enden (Vorderende oft durch Randrippe verbreitert) und gewölbten Mittelteil (vor der Medianfurche weniger stark gewölbt als im Bereich des Lateraldornes, Medianfurche oft als Einkerbung sichtbar) charakteristisch. Die Skulptur variiert sehr: Lateralflächen selten glatt; meist retikuliert und (oder) mit Warzen und kleinen Stacheln besetzt. Ein kräftiger Dorn sitzt posteroventral. Durch seinen Ansatz wird eine deutliche Ventralfläche gebildet, aus der der Klappenrand hervorsteht. Weitere Höcker und Rippen können an verschiedenen Stellen der Klappen entwickelt sein. Der Vorderrand, seltener der posteroventrale Rand und der Hinterrand sind oft mit Randzähnen besetzt.
Die verkalkte Innenlamelle ist mäßig breit bis schmal; Vestibula treten auf. Schließmuskelfeld cytherid, 5-narbig. Schloß merodont mit krenulierter Schloßleiste in der linken und zwei glatten terminalen Zähnen in der rechten Klappe; die Untergattung *Praebythoceratina* besitzt ein adontes oder taxodontes Schloß mit glatter bzw. krenulierter Leiste in der linken Klappe.
Vorkommen: Trias – rezent.

Zugewiesene Arten: Siehe unter den Untergattungen.

Beziehungen: *Crassacythere* n. gen. ist im Umriß gedrungener, das Hinterende ist fast ebenso hoch wie das Vorderende. Der Dorsalrand ist bei dieser Gattung etwas verkürzt (nach hinten gerückte anterodorsale Ecke). Außerdem tritt kein Lateraldorn auf (oder nur ein sehr kurzer, stumpfer Dorn). Gleichalte Formen von *Bythoceratina* und *Crassacythere* besitzen einen deutlich abweichenden Schloßbau (glatte Schloßelemente bei *Crassacythere*).

Die Gattung *Nemoceratina* GRÜNDEL & KOZUR 1971 weicht durch den Umriß (langgestreckteres, schmaleres Hinterende) und durch die konstante Höckerordnung längs des Ventralrandes ab. Lediglich *Bythoceratina bispinata* (WEBER 1934) zeigt in der Skulptur gewisse Ähnlichkeiten zur Gattung *Nemoceratina*, die allerdings fast stets drei ventrale Knoten aufweist. Im Umriß und im Schloßbau stimmt diese Art jedoch völlig mit *Bythoceratina* überein und weicht dadurch beträchtlich von *Nemoceratina* ab. Engere Beziehungen zu der adonten *Nemoceratina* sind nicht wahrscheinlich.

Cuneoceratina n. gen. besitzt ein länger ausgezogenes Hinterende, einen wesentlich schmaleren Ansatzbereich des Lateralstachels und ein andersartiges Schloß (terminale Verdickungen an den Enden der Schloßleiste).

Patellacythere n. gen. weicht vor allem durch den fehlenden Lateralstachel und die schwächere Skulptur ab. Außerdem ist das Schloß bei dieser Gattung adont.

Paraberounella BLUMENSTENGEL 1965 besitzt einen mit sehr schmaler Basis aufsitzenden Lateraldorn und weist in der Dorsalansicht ± gleichmäßig gewölbte Klappen auf.

Untergattung *Bythoceratina* HORNIBROOK 1952

Typusart = Typusart der Gattung.

Diagnose: Mit den Gattungsmerkmalen. Hinterende schräg abgestutzt mit kurzem Fortsatz in Verlängerung des Dorsalrandes oder etwas darunter. Dorsalrippe stets vorhanden. Schloß merodont.

Vorkommen: Höhere Unterkreide bis rezent.

Zugewiesene Arten: Es werden nur die Arten aufgeführt, deren Innenbau ausreichend bekannt ist, um die Zuordnung zur Untergattung zu rechtfertigen. Die tatsächliche Artenzahl ist sicher viel größer.

Cythere acanthoptera MARSSON 1880
Bythoceratina binodosa VAN DEN BOLD 1966
? *Monoceratina bispinata* WEBER 1934
Monoceratina bituberculata VAN VEEN 1936

Monoceratina compressa VAN VEEN 1936
Bythoceratina decepta HORNIBROOK 1952
Bythoceratina fragilis HORNIBROOK 1952
Cythere longispina BOSQUET 1854
Bythoceratina maoria HORNIBROOK 1952
Monoceratina marssoni VAN VEEN 1936
Bythoceratina mestayerae HORNIBROOK 1952
Bythoceratina cf. *nitida* (ALEXANDER 1934) (i. S. von HERRIG 1966)
Bythoceratina postumbonatoides HERRIG 1967
Bythoceratina powelli HORNIBROOK 1952
Monoceratina slavantensis VAN VEEN 1936
Monoceratina trituberculata HERRIG 1963
Bythoceratina tuberculata HORNIBROOK 1952
Cytherina umbonata WILLIAMSON 1848
Monoceratina umbonatoides umbonatoides KAYE 1964
Bythoceratina umbonatoides insolata HERRIG 1967
Cythere umbonella BOSQUET 1854
Bythoceratina utelazea HORNIBROOK 1952

Beziehungen: Siehe auch unter der Gattung.
Bythoceratina (*Praebythoceratina*) n. subgen. weicht vor allem durch das adonte bis taxodonte Schloß ab. Außerdem ist bei dieser Untergattung die Skulptur allgemein etwas schwächer entwickelt und das Hinterende meist etwas stärker verlängert und vor allem stärker abgeschrägt.

Untergattung *Praebythoceratina* n. subgen.

Derivatio nominis: Nach dem zeitlichen Auftreten vor der Untergattung *Bythoceratina*.
Typusart: *Bythoceratina prograciIis* KOZUR 1972 pro *Monoceratina gracilis* KOZUR 1968
Diagnose: Mit den Gattungsmerkmalen. Hinterende abgeschrägt mit kurzem Fortsatz in Verlängerung des Dorsalrandes oder etwas darunter. Dorsalrippe fehlt meist. Schloß adont oder taxodont mit glatter bzw. krenulierter Schloßfurche in der rechten Klappe.
Vorkommen: Trias – Jura.

Zugewiesene Arten:

Monoceratina frentzeni TRIEBEL & BARTENSTEIN 1938
Monoceratina gracilis KOZUR 1968 (= *B. progracilis* KOZUR 1972)
Monoceratina scrobiculata TRIEBEL & BARTENSTEIN 1938
? *Monoceratina seebergensis* TRIEBEL & BARTENSTEIN 1938
Cythereis stimulea SCHWAGER 1866.

Bemerkungen: Etwas unsicher ist die Stellung von „*Monoceratina*“ *seebergensis* TRIEBEL & BARTENSTEIN 1938 (wahrscheinliches Synonym: „*Monoceratina*“ *mesoliassica* TRIEBEL & BARTENSTEIN 1938). Im Umriß stimmt diese Art völlig mit *Bythoceratina* (*Praebythoceratina*) überein. Auch

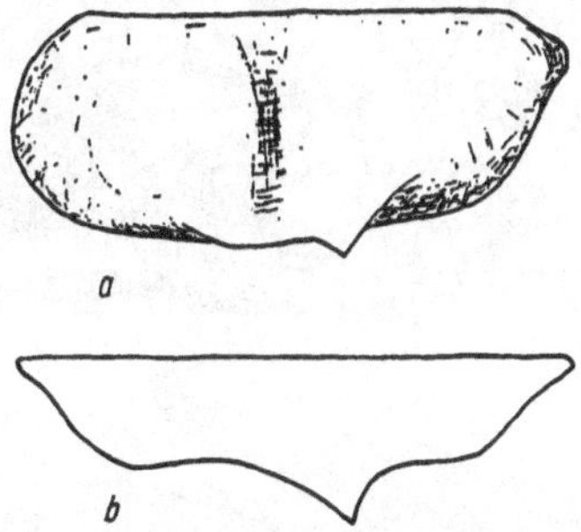

Abb. 5. *Bythoceratina* (*Praebythoceratina*) *progracilis* KOZUR 1972, Pelson (Mitteltrias). Seiten- und Dorsalansicht einer linken Klappe (n. KOZUR 1968, Taf. 2, Fig. 1a und 6)

die Ansatzstelle für den Lateralstachel ist wie bei *Bythoceratina* ausgebildet (z. T. allerdings ist der Lateralstachel zu einem großen Knoten reduziert). Abweichend ist jedoch die Knotenskulptur und die Unterbrechung der ventrolateralen Aufwulstung durch den Sulcus. Zur Aufstellung einer neuen Untergattung reichen jedoch diese Merkmale nicht aus, zumal nur eine Art bekannt ist.
Beziehungen: Siehe unter der Gattung und der Untergattung *Bythoceratina* HORNIBROOK 1952.

Gattung *Cuneoceratina* n. gen.

Derivatio nominis: Nach dem keilförmigen Seitenumriß.
Typusart: *Cythere pedata* MARSSON 1880

Diagnose: G relativ langgestreckt, schwach gewölbt, im Seitenumriß keilförmig. Ventralrand in der Mitte schwach konkav, deutlich gegen den Dorsalrand konvergierend. Hinterende schmal und langgezogen, in Verlängerung des Dorsalrandes oder etwas darunter in eine Spitze auslaufend. Lateraldorn lang, mit sehr schmaler Basis aufsitzend. Meist sind ± kräftige umlaufende Randrippen entwickelt, die Zähne oder sonstige Fortsätze tragen können. Sulcus schmal, z. T. nur schwach entwickelt. Lateralfläche retikuliert, seltener glatt und mit kleinen Stacheln besetzt. Eine sehr schmale Dorsalfläche tritt vielfach auf, eine Ventralfläche fehlt.
Die Innenlamelle ist randlich verkalkt, vorn und hinten mit Vestibula. Schloßleiste der linken Klappe an beiden Enden schwach zahnartig verdickt. Diese Verdickungen sind (? bei allen Arten) gekerbt. Terminal liegt je eine glatte Zahngrube.
Vorkommen: ? Jura, Oberkreide.

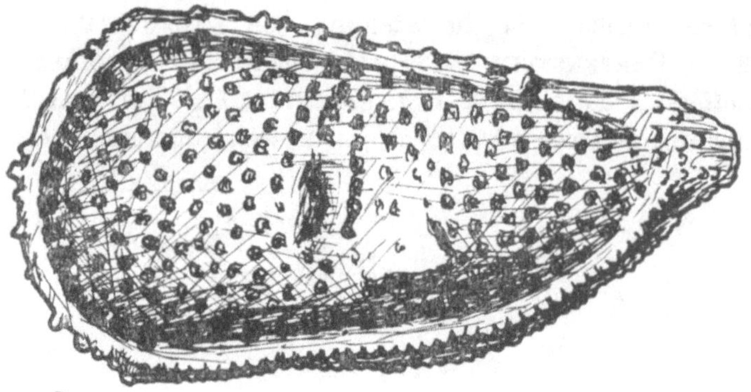

a

b

Abb. 6a). *Cuneoceratina pedata* (MARSSON 1880), Maastricht, linke Klappe in Seitenansicht (n. HERRIG 1966, Taf. 38, Fig. 6a)
Abb. 6b). *Cuneoceratina mielnicensis* (SZCZECHURA 1964) (= *C. pedata* n. HERRIG1966), Dorsalansicht einer rechten Klappe (n. SZCZECHURA 1964, Taf. 2, Fig. 2a)

Zugewiesene Arten:

Monoceratina compacta SZCZECHURA 1964
Monoceratina (sg. n. ? 1) *exornata* HERRIG 1966
Monoceratina fimbriata ŽARAPOVA 1939
Cythere laevis MARSSON 1880
Cythere pedata MARSSON 1880 (Synonyme siehe bei HERRIG 1966)
Monoceratina pedata laevioides BONNEMA 1941
Monoceratina pedata salebrosa (JONES & HINDE 1890)
Monoceratina (sg. n. ? 1) sp. n. aff. *pedata* (MARSSON) HERRIG 1966
Bythoceratina pedatella DEROO 1966
Monoceratina pedatoides BONNEMA 1941 (Synonyme siehe bei HERRIG 1966).

Beziehungen: Von *Bythoceratina* HORNIBROOK 1952 unterscheidet sich die neue Gattung durch den dreieckig-keilförmigen Seitenumriß, die stärkere Zuspitzung des Hinterendes, den schmaleren Ansatzbereich des Lateraldornes und Abweichungen im Schloßbau (*Bythoceratina* besitzt keine terminalen Verdickungen der Schloßleiste).
Nemoceratina GRÜNDEL & KOZUR 1971 weicht durch eine kennzeichnende Höckeranordnung und das adonte Schloß ab.

Die größte Ähnlichkeit besteht mit *Paraberounella* Blumenstengel 1965, die jedoch meist keine Randrippen besitzt und im allgemeinen schwächer skulpturiert ist. Retikulierte Formen von *Paraberounella* (*Neoberounella*), die z. T. auch Randrippen ausbilden, unterscheiden sich nur durch das adonte Schloß von *Cuneoceratina.*
Tuberoceratina Gründel & Kozur 1972 weicht durch den Umriß (Ventralrand im vorderen und mittleren Teil parallel zum Dorsalrand verlaufend) und durch die Beknotung der Lateralflächen ab. Außerdem fehlen die randlichen Verdickungen der Schloßleiste.
Veeniceratina n. gen. unterscheidet sich durch den Umriß (Ventralrand im vorderen und mittleren Teil parallel zum Dorsalrand verlaufend), die U-förmige Schalenaufblähung um die Medianfurche und die wesentlich schwächer ausgeprägten Randrippen.

Gattung *Nemoceratina* Gründel & Kozur 1971

Typusart: *Triceratina triassica* Kozur 1970

Untergattung *Nemoceratina* Gründel & Kozur 1971

Ergänzungen zur Diagnose: Das Hinterende kann bei einigen Arten röhrenförmig verlängert sein.

Bemerkungen: Zu dieser Untergattung müssen auch *Monoceratina nodulosa nodulosa* Gründel 1964 und *Monoceratina nodulosa reducta* Gründel 1964 gezählt werden. Dadurch ergibt sich für die Untergattung *Nemoceratina* eine bekannte Lebensdauer vom Unterkarbon bis zur höheren Unterkreide.

Beziehungen: Ergänzend soll hier vermerkt werden, daß die Gattung *Pseudoceratina* van den Bold 1965 im Umriß und in der Skulptur völlig übereinstimmt, aber durch das kompliziertere Schloß abweicht (adont bei *Nemoceratina*; je 2 Zähne in jeder Klappe bei *Pseudoceratina*).

Untergattung *Pariceratina* n. subgen.

Derivatio nominis: lat. par (gleichartig), nach den annähernd gleich starken ventralen Höckern.
Typusart: *Cytheropteron cuspidatum* var. *tricuspidata* Jones & Hinde 1890

Diagnose: Mit den Gattungsmerkmalen. Auf dem ventralen Teil der Lateralfläche sitzen in einer Reihe (2–)3 große Höcker (z. T. dornenartig), von denen keiner wesentlich kräftiger als die übrigen entwickelt ist. Am freien Rand ist meist eine Randrippe ausgebildet, die vorn am kräftigsten ist. Randdornen sind nicht nur vorn und hinten, sondern meist auch längs des Dorsalrandes vorhanden. Im Schloß der Typusart ist die Furche in der rechten Klappe schwach gekerbt.

Vorkommen: Höhere Unterkreide bis Eozän.

Zugewiesene Arten:

Monoceratina bicuspidata GRÜNDEL 1964
Monoceratina pecten VAN VEEN 1936
Cytheropteron cuspidatum var. *tricuspidata* JONES & HINDE 1890.

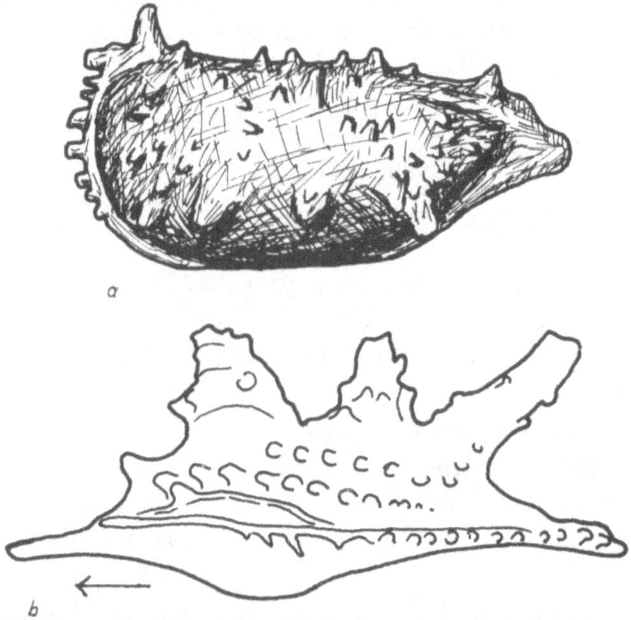

Abb. 7. *Nemoceratina (Pariceratina) tricuspidata* (JONES & HINDE 1890), Maastricht. Seiten- und Ventralansicht einer linken Klappe (n. HERRIG 1966, Taf. 36, Fig. 10a und Abb. 122c)

Beziehungen: Von der typischen Untergattung unterscheidet sich *N.* (*Pariceratina*) besonders durch die etwa gleich großen, in einer Reihe liegenden ventralen Höcker, die stets unterhalb des Dorsalrandes gelegene Spitze des Hinterendes, die meist deutliche Randrippe sowie durch das fein gekerbte Schloß (? bei allen Arten). Die Merkmale der Untergattung entwickeln sich nicht gleichzeitig. So hat die triassische *N.* (*N.*) *transita* bereits eine schwache vordere Randrippe und das Hinterende ist unterhalb des Dorsalrandes spitz ausgezogen. Die von KAYE (1964) zu „*Monoceratina*" tricuspidata gestellten Formen aus dem Apt (wohl nicht artlich identisch) besitzen dagegen noch einen stärker entwickelten, dornartigen hinteren Höcker, entsprechen in ihren sonstigen Merkmalen aber der neuen Untergattung.

Gattung *Veeniceratina* n. gen.

Derivatio nominis: Nach der Autorin der Typusart und der Endung -„*ceratina*".
Typusart: *Monoceratina hispida* VAN VEEN 1936

Diagnose: Ventralrand im mittleren und vorderen Teil ± parallel zum Dorsalrand. Hinterrand in Verlängerung des Dorsalrandes oder etwas darunter spitz ausgezogen. Seitliche Schalenoberfläche glatt bis schwach retikuliert. Lateralfläche ± stark konvex, in der Umrandung der Median-

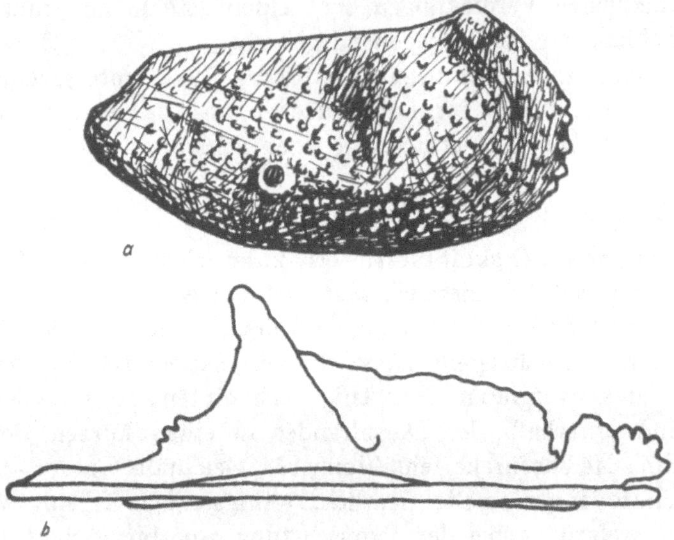

Abb. 8a). *Veeniceratina hispida* (VAN VEEN 1936), Maastricht. Rechte Klappe in Seitenansicht (n. HERRIG 1966, Taf. 38, Fig. 4)
Abb. 8b). *Veeniceratina howensis* (SZCZECHURA 1964), Oberkreide. Linke Klappe in Dorsalansicht (n. SZCZECHURA 1964, Taf. 3, Fig. 3a).

furche U-förmig aufgewulstet. Der Lateralstachel setzt mit sehr schmaler Basis an. Längs des Vorderrandes und im hinteren Teil des Dorsalrandes ist meist eine Randrippe entwickelt. Verkalkte Innenlamelle schmal bis mäßig breit; Vestibula vorhanden. Schloßleiste der linken Klappe terminal verdickt und hier z. T. gekerbt; die terminalen Schloßzähne der rechten Klappe sind klein.
Vorkommen: Oberkreide – Paläogen.

Zugewiesene Arten:

Bythocytheremorpha communis JASKEWIČ 1961
Monoceratina hispida VAN VEEN 1936
? *Monoceratina howensis* SZCZECHURA 1964
Monoceratina nitida ALEXANDER 1934
Bythocytheremorpha porrecta VRONSKAJA 1965
Monoceratina prothroensis BUTLER & JONES 1957
? *Monoceratina rossae* ALEXANDER 1934
Bythocytheremorpha similis VRONSKAJA 1965

Beziehungen: Siehe auch unter *Cuneoceratina* n. gen.
Bythoceratina HORNIBROOK 1952 weist ein schwächer verlängertes Hinterende auf und der Lateralstachel setzt mit breiterer Basis an. Außerdem bestehen deutliche Unterschiede im Schloßbau; bei *Bythoceratina* fehlen die randlichen Verdickungen der Schloßleiste in der linken Klappe und die Schloßleiste ist durchgehend gekerbt.
Tuberoceratina GRÜNDEL & KOZUR 1972 unterscheidet sich durch die Knotenskulptur der Lateralflächen und das einfache lophodonte Schloß ohne terminale Verdickungen der Schloßleiste.

Tribus Protojonesiini n. trib.

Diagnose: G skulpturarm bis skulpturlos, meist kräftig gewölbt. Schloßrand gerade mit ziemlich weit nach hinten verlagerter anterodorsaler Ecke. Es besteht die Tendenz, den Dorsal- und z. T. den Ventralrand durch laterale Gehäuseteile zu verdecken (Seitenansicht). Dorsal- und Ventralrand konvergieren nur wenig nach hinten, Hinterende kaum ausgezogen und unterhalb des Dorsalrandes in einen kurzen Fortsatz auslaufend. Eine Medianfurche fehlt (immer?), gleichfalls Lateral- u. a. Dornen. Verkalkte Innenlamelle deutlich, wenigstens z. T. mit Vestibula. Schließmuskelgruppe bei der Typusgattung 5-narbig. Schloß taxodont bis holomerodont.
Vorkommen: Oberer Jura bis Oberkreide.
Zugewiesene Gattungen:

Protojonesia DEROO 1966
Saxellacythere n. gen.
Taxodiella KUZNETSOVA in MANDELSTAM u. a. 1957.

Beziehungen: Von den übrigen Tribus der Bythocytherinae unterscheiden sich die Protojonesiini durch die Kombination folgender Merkmale: taxodontes bis holomerodontes Schloß, Skulpturarmut bei fehlendem Lateraldorn, kräftige Klappenwölbung und die deutliche Tendenz zur Überwölbung von Dorsal- und Ventralrand (Seitenansicht).

Gattung *Saxellacythere* n. gen.

Derivatio nominis: Willkürliche Wortbildung mit der Endung „*cythere*".
Typusart: *Monoceratina saxonica* SCHMIDT 1954

Diagnose: Dorsalrand lang, gerade. Vorderrand breit gerundet. Ventralrand gerade, wenig gegen den Dorsalrand konvergierend. Hinterrand zugespitzt, etwas unterhalb des Dorsalrandes nach hinten verlängert. Seit-

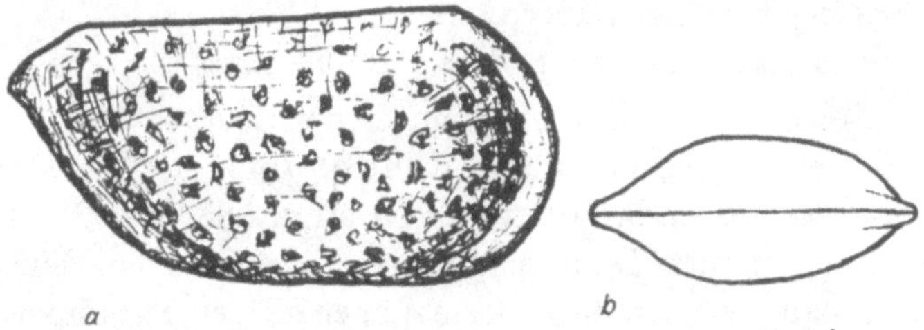

Abb. 9. *Saxellacythere saxonica* (SCHMIDT 1954), Malm. a) rechte Klappe, Seitenansicht, b) Gehäuse, Dorsalansicht (n. SCHMIDT 1954, Taf. 8, Fig. 36 und 39a)

liche Schalenoberfläche retikuliert, vorn und hinten mit Randrippen. „Augenknoten" vorhanden. Sulcus und Lateraldorn fehlen. Verkalkte Innenlamelle vorn und hinten mit Vestibulum. Schloß taxodont; linke Klappe mit krenulierter Leiste, deren Enden etwas erhöht und kräftiger gezähnelt sind.
Vorkommen: Jura (Malm).
Zugewiesene Arten:
Monoceratina saxonica SCHMIDT 1954.

Beziehungen: *Bythoceratina* (*Praebythoceratina*) n. subgen. besitzt einen Lateralstachel und eine Medianfurche.
Patellacythere weist ebenfalls eine Medianfurche auf und hat außerdem glatte Schloßelemente; es fehlt ein „Augenknoten".
Taxodiella KUZNETSOVA 1957 hat schwache Längsrippen; der Dorsalrand wird durch laterale Gehäuseteile überragt.
Triassocythere GRÜNDEL & KOZUR 1972 ist glattschalig, posteroventral stark abgeflacht und die Schloßelemente sind glatt.

Tribus Pseudocytherini ŠNEJDER 1960

Diagnose: Klappen skulpturlos, schwach verkalkt. Gehäuse schwach gewölbt, maximale Wölbung etwa in der Schalenmitte; randlich, vor allem posteroventral, stark abgeflacht. Schloß adont bis schwach lophodont. Verkalkte Innenlamelle zumindest vorn sehr breit; hier mit tiefem Vesti-

bulum. Ventral im allgemeinen kein Vestibulum ausgebildet, posteroventral ist es meist schmal.
Vorkommen: Oberperm – rezent.

Zugewiesene Gattungen:

Antarcticythere NEALE 1967
Baltraella POKORNÝ 1968
Jonesia BRADY 1866
Pseudocythere SARS 1866
Triassocythere GRÜNDEL & KOZUR 1972.

Beziehungen: Siehe auch unter den Bythocytherini.
Die Pseudocytherini wurden von ŠNEJDER (1960) als Unterfamilie zu den Paradoxostomatidae BRADY & NORMAN 1889 gestellt. Im Umriß (Gattung *Jonesia*), in der Dünnschaligkeit, der fehlenden Skulptur und auch im Innenbau bestehen enge Beziehungen zu den Paradoxostomatidae, die sich jedoch im Weichkörperbau unterscheiden (? Anpassung an besondere Lebensweise). Da aber auch im Weichkörperbau einige Gemeinsamkeiten auftreten (mehr als mit anderen Cytheracea, freundliche persönliche Mitteilung von Dr. K. McKENZIE, London), lassen sich die Paradoxostomatidae vermutlich von den Pseudocytherini ableiten. Die Pseudoceratinini stehen jedoch insgesamt den Bythocytheridae wesentlich näher als den Paradoxostomatidae. Die Beziehungen vor allem zu den Bythocytherini sind so eng, daß sich nur eine Abtrennung als Tribus empfiehlt.

Unterfamilie Editiinae KNÜPFER 1967

Diagnose: Seitenumriß annähernd rechteckig bis oval mit gerundeten Endrändern; Hinterende etwas niedriger als Vorderende. Skulptur meist kräftig (Beulen, Knoten, Pusteln, Retikulation, oft auch Randrippen); selten glattschalig. Augenknoten oft ausgebildet. Medianfurche fehlt oder sehr undeutlich. Ein typischer Lateraldorn tritt nicht auf, z. T. ist die ventrolaterale Aufwölbung in einen kurzen dornartigen Fortsatz verlängert. Dorsalfläche z. T. vorhanden. Ventralfläche stets deutlich, meist breit. Schloß bei *Editia* merodont, bei *Triebacythere* adont; sonst unbekannt. Verkalkte Innenlamelle, soweit bekannt, schmal.
Vorkommen: Mitteldevon – Mitteltrias (Anis).
Zugewiesene Gattungen:

Editia BRAYER 1952
Pseudomonoceratina n. gen.
Triceratina UPSON 1933
Triebacythere n. gen.
Vallumoceratina KNÜPFER 1967.

Beziehungen: Die Bythocytherinae SARS 1926 weichen vor allem im Seitenumriß ab. Gleichalte Bythocytherinae haben ein lang ausgezogenes oder zumindest zugespitztes Hinterende und erst in der Kreide treten Bythocytherinae mit gerundetem Hinterende auf. Auch die Skulptur ist bei den Editiinae (außer *Pseudomonoceratina*) wesentlich kräftiger als bei den meisten gleichalten Bythocytherinae. Ein typischer Lateralstachel fehlt bei den Editiinae. Die Ventralfläche wird oftmals durch hinten vielfach flügelartig abgesetzte ventrale Gehäuseteile (echte Ventralfläche) und nicht durch die Unterseite ventrolateraler Gehäuseaufblähungen gebildet.
Die Editiinae stellen einen z. T. hochspezialisierten (*Editia*) Seitenzweig der Bythocytheridae dar. Ihre weniger spezialisierten Formen (vor allem solche mit echter Ventralfläche) könnten durchaus die Vorläuferformen für die wichtigsten permisch/triassischen Cytheracea (z. B. Glorianellidae) sein.
Enge Berührungspunkte zwischen den Editiinae und Bythocytherinae ergeben sich bei den Gattungen *Monoceratina* und *Triceratina*. Einerseits weisen karbonische *Monoceratina*-Arten z. T. ein nur wenig verlängertes und z. T. auch abgerundetes Hinterende auf, anderseits ist das Hinterende bei der Typusart von *Triceratina* nur wenig gerundet und deutlich verlängert. Auch die Ventralfläche von *Triceratina wrefordensis* ist anscheinend ähnlich wie bei *Monoceratina* ausgebildet. Bei *Triceratina inconsueta* dagegen liegt eine breite „echte" Ventralfläche wie bei *Pseudomonoceratina* vor. Möglicherweise gehören die beiden *Triceratina*-Arten nicht in die gleiche Gattung, wobei die Typusart mehr zu *Monoceratina* (und damit zu den Bythocytherinae) tendiert, *Triceratina inconsueta* dagegen mehr zu *Pseudomonoceratina* (und damit zu den Editiinae).

Tribus Editiini KNÜPFER 1967

Diagnose: Seitenumriß annähernd rechteckig mit gerundeten Endrändern; Hinterende etwas niedriger als das Vorderende. Skulptur kräftig und komplex, charakteristisch ist eine deutliche Randrippe. Ein typischer Lateraldorn fehlt, z. T. tritt posteroventral ein kurzer, nach hinten gerichteter Fortsatz auf. Augenknoten vorhanden. Dorsal- und Ventralfläche deutlich, aber relativ schmal. Schloß merodont.
Vorkommen: Unterkarbon.

Zugewiesene Gattungen:
Editia BRAYER 1952.

Beziehungen: Siehe auch unter der Unterfamilie.
Die Triebacytherini n.trib. sind weniger komplex skulpturiert und besitzen, soweit bekannt, ein adontes Schloß.

Tribus Triebacytherini n.trib.

Diagnose: Seitenumriß annähernd rechteckig bis oval mit gerundeten Endrändern; Vorderende breit gerundet, Hinterende niedriger gerundet. Ventralrand gerade bis konvex. Seitliche Schalenoberfläche glatt oder retikuliert, meist mit Beulen oder Knoten, z. T. auch mit deutlicher Vorderrandrippe versehen. Augenknoten z. T. ausgebildet. Medianfurche fehlt oder undeutlich. Ein typischer Lateraldorn ist nicht entwickelt; die ventrolaterale Gehäuseverbreiterung läuft mitunter in einen kurzen stumpfen Dorn mit sehr breiter Basis aus. Dorsalfläche z. T. vorhanden. Ventralfläche stets breit, entweder durch die Unterseite einer ventrolateralen, stumpfdreieckigen Ausbauchung oder durch hinten abgesetzte ventrale Gehäuseteile („echte" Ventralfläche) flügelartig verbreitert, z. T. längsberippt. Verkalkte Innenlamelle schmal, Schloß adont.

Vorkommen: Mitteldevon – Mitteltrias (Anis).

Zugewiesene Gattungen:

Pseudomonoceratina n. gen.
Triceratina Upson 1933
Triebacythere n. gen.
Vallumoceratina Knüpfer 1967.

Beziehungen: Siehe unter der Unterfamilie und dem Tribus Editiini.

Gattung *Pseudomonoceratina* n. gen.

Derivatio nominis: „pseudo" – keine echte *Monoceratina* i. e. S.
Typusart: *Monoceratina celsalobata* Cooper 1941

Diagnose: Dorsalrand gerade. Ventralrand gerade bis schwach konvex, etwa parallel zum Dorsalrand verlaufend. Vorderende breit gerundet; Hinterende nur wenig niedriger als das Vorderende, gleichfalls gerundet. Gehäuse kräftig gewölbt. Die größte Breite liegt ventrolateral, die Klappenoberfläche biegt in ihrem Bereich $\pm$ unvermittelt um. Nach vorn flacht

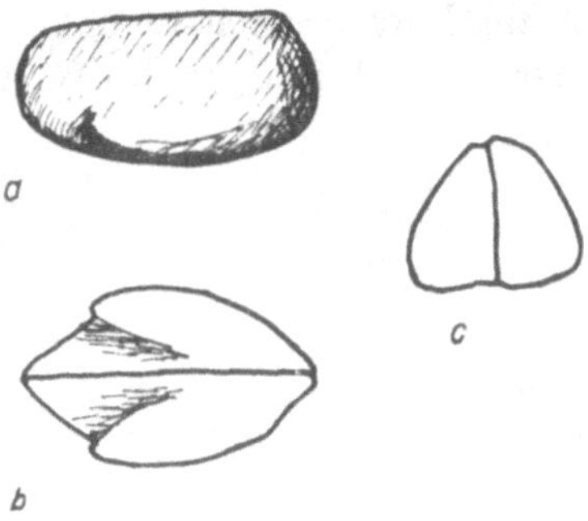

Abb. 10. *Pseudomonoceratina celsalobata* (Cooper 1941), Mississippian. Seiten-, Ventral- und Hinteransicht (n. Cooper 1941, Taf. 1, Fig. 23, 25, 26)

der Bereich größter Breite allmählich ab, hinten endet er ziemlich unvermittelt und läuft in eine nach hinten gerichtete höckerartige Anschwellung bzw. in einen sehr kurzen, stumpfen Dorn aus. Eine Dorsalfläche fehlt. Ventralfläche sehr breit, hinten flügelartig abgesetzt, meist längsberippt. Die Skulptur ist meist schwach entwickelt. Lateralflächen glatt, grubig oder retikuliert; nur selten mit Längsrippen versehen. Innenmerkmale unbekannt.
Vorkommen: Mitteldevon – Dinant, ? Siles.
Zugewiesene Arten:

Monoceratina aligera Ljašenko 1960
? *Monoceratina bradfieldi* Cooper 1946
Monoceratina celsalobata Cooper 1941
Monoceratina furcula Croneis & Gale 1939
Monoceratina opima Cooper 1941
Monoceratina sublimis Polenova 1952
Monoceratina sublimis var. *spinosa* Polenova 1952
Monoceratina youngiana (Jones & Kirkby 1886) i. S. v. Posner 1951
Beziehungen: Siehe auch unter *Monoceratina* Roth 1928.
Triceratina Upson 1933 weist z. T. eine ähnlich breite, geflügelte „echte" Ventralfläche auf, weicht aber durch die stets vorhandenen beulenartigen lateralen Höcker ab.

Gattung *Triebacythere* n. gen.

Derivatio nominis: Willkürliche Wortbildung
Typusart: *Monoceratina hartmanni* Kozur 1970.

Diagnose: Seitenumriß rectangular. Vorderrand breit gerundet. Hinterrand niedriger als Vorderrand, oben gerundet, unten abgeschrägt. Ventralrand gerade. Seitliche Schalenoberfläche retikuliert, vorn mit deutlicher wulstartiger Randleiste, die anterodorsal knotenartig verdickt ist. Posteroventral ist ein weiterer wulstartiger Knoten entwickelt, der durch eine schwache Rippe mit dem anterodorsalen Knoten und durch eine flache Aufwölbung mit der ventralen Aufwulstung verbunden ist. Zwischen der vorderen Randleiste und der hinteren Aufwulstung ist die Schale schwach eingesenkt. Dorsalfläche deutlich, vorn etwas, hinten kräftig verbreitert. Kurz hinter der Schalenmitte ist eine kräftige, flügelartige, in der Aufsicht stumpfdreieckige ventrolaterale Aufwulstung entwickelt, deren gerade Unterseite eine deutliche Ventralfläche bildet.
Verkalkte Innenlamelle schmal. Schloß adont mit glatter Leiste in der LK.
Vorkommen: Mitteltrias (Anis), ? Obertrias.

Zugewiesene Arten:

Monoceratina hartmanni KOZUR 1968

Beziehungen: *Bythoceratina* (*Praebythoceratina*) n. subgen. besitzt ein deutlich zugespitztes Hinterende und einen langen Lateralstachel mit mäßig breiter Basis.

Patellacythere n. gen. weicht ebenfalls durch die Ausbildung des Hinterendes ab. Außerdem besitzt diese Gattung keine stumpfdreieckige ventro-

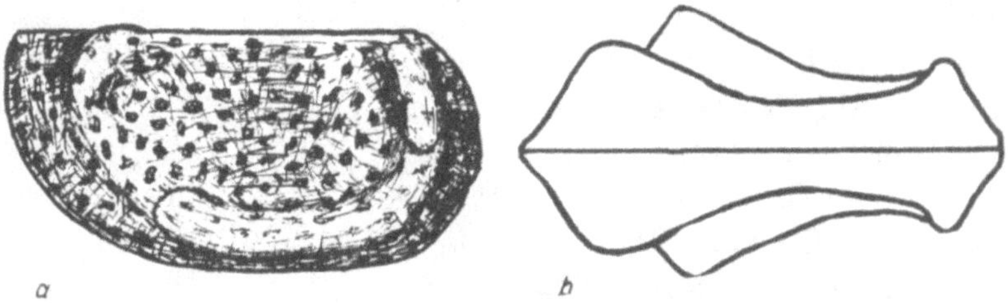

Abb. 11. *Triebacythere hartmanni* (KOZUR 1970), Illyr (Mitteltrias). Seiten- und Dorsalansicht (n. KOZUR 1968, Taf. 2, Fig. 10b und 11a)

laterale Aufwulstung und keinen antero- und posterodorsalen Knoten; am Vorder- und Hinterrand sind die Klappen stark abgeflacht. Ähnlichkeiten treten durch die schüsselförmige Einsenkung im zentralen Klappenbereich auf. Einige obertriassische Formen von *Patellacythere* besitzen eine vordere Randleiste und eine ähnliche ventrolaterale Ausbauchung wie *Triebacythere* und nähern sich dadurch *Triebacythere* stark. Die Zuordnung dieser Formen zu *Patellacythere* ist aber nicht völlig gesichert; zwischen den typischen Vertretern von *Patellacythere* und *Triebacythere* bestehen nur geringe Ähnlichkeiten.

Vallumoceratina KNÜPFER 1967 ist im Umriß und in der Skulptur ähnlich, besitzt auch eine Vorderrand- und Dorsalrippe sowie einen posterodorsalen Höcker, der durch eine schwache Aufwulstung mit der posteroventralen, in der Aufsicht stumpfdreieckigen, Aufwölbung verbunden ist. Im Unterschied zu *Triebacythere* ist die Schalenoberfläche glatt und weist im mittleren Schalenfeld mindestens zwei kräftige Knoten auf.

Zusammenfassung

Die Tricorninidae werden in zwei Unterfamilien aufgeteilt. Bei den Tricornininae wird die Gattung *Brevicornina*, bei den Nagyellinae n. subfam. die Gattung *Ranicella* neu beschrieben.

Die Bythocytheridae werden in die Unterfamilien Bythocytherinae und Editiinae unterteilt. Zu den Bythocytherinae werden folgende Tribus gestellt: Berounellini, Bythoceratinini n. trib. nit den neuen Gattungen und Untergattungen *Bythoceratina* (*Praebythoceratina*), *Cuneoceratina*, *Nemoceratina* (*Pariceratina*) sowie *Veeniceratina*;

Protojonesiini n. trib. mit der neuen Gattung *Saxellacythere*; Pseudocytherini. Die Editiinae werden in die Tribus Editiini und Triebacytherini unterteilt. Zu den Triebacytherini n. trib. werden die neuen Gattungen *Pseudomonoceratina* und *Triebacythere* gestellt.

Das Literaturverzeichnis findet sich bei

GRÜNDEL, J., & H. KOZUR, Zur Phylogenie der Tricorninidae und Bythocytheridae (Podocopida, Ostracoda). – Freiberger Forsch.-H. C 285 (im Druck).

Eingegangen: 16. November 1971

A. H. MÜLLER

Freiberg (Sa.)

Miscellanea aus dem limnisch-terrestrischen Unterperm (Rotliegenden) von Mitteleuropa; Teil 1

I. Einleitung

Der zunehmende Aufschwung der Palichnologie in den letzten Jahren beruht vor allem auf der ökologisch-fazieskundlichen Aussagefähigkeit der Ichnia bei der Rekonstruktion von Umwelt- und Sedimentationsverhältnissen der geologischen Vergangenheit. Dabei standen bislang die Ichnia der Meeresablagerungen im Vordergrund, während der limnisch-terrestrische Bereich stark vernachlässigt wurde. Die Ursache liegt wohl hauptsächlich in der relativen Seltenheit der Formen, weniger in der vorerst geringeren Bedeutung für stratigraphische und fazielle Zwecke. Im Rotliegenden zum Beispiel, wo es an biostratigraphisch geeigneten Körperfossilien mangelt, sind neben den Lebensspuren der Vertebraten auch solche der Invertebraten als Leitfossilien in Betracht zu ziehen (MÜLLER 1969). Leider ist vor allem unter letzteren der Formenreichtum bei weitem noch nicht erfaßt. Um die bestehende Lücke zu schließen, folgen im losen Zusammenhang einige Beiträge, in denen auch andere, noch problematische Funde aus dem Rotliegenden behandelt werden sollen. Die komplexe Interpretation und die abschließende Antwort auf die Frage nach der stratigraphischen sowie ökologisch-fazieskundlichen Bedeutung der betrachteten Miscellanea ist einem besonderen Kapitel vorbehalten.

Verfasser dankt den Herren Dr. H. HAUBOLD, Halle, B. JACOBI, Friedrichroda, und Dipl.-Ing. K. MÜTZE, Berlin-Adlershof, dafür, daß sie einige ihrer selbst gesammelten Fundstücke zur Verfügung gestellt haben; ferner den Herren Direktor K. BRAUNE von der Hochschulbildstelle der Bergakademie Freiberg und cand. geol. J. SCHNEIDER, Blankenhain, für die in bewährter Weise angefertigten Fotografien.

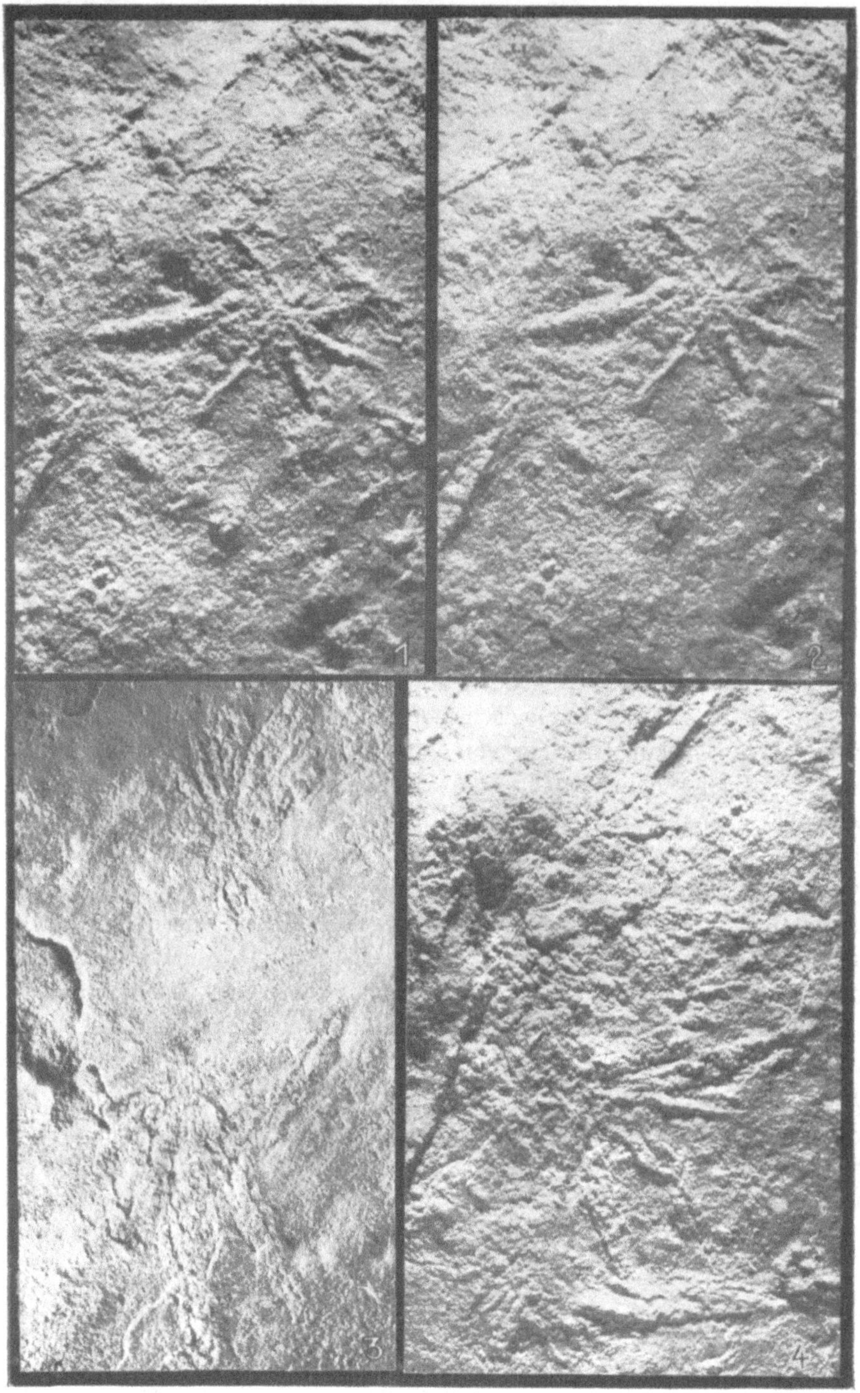

Tafel I

II. Sternförmige Ichnia aus den Hornburger Schichten bei Eisleben

Aus dem Blankenheimer Sandstein der Unteren Hornburger Schichten des Steinbruchs im Kuhfaßtal nordwestlich von Bornstedt bei Eisleben stammt der erste Nachweis sternförmiger Problematica des europäischen Perm (Abb. 1, Taf. I). Sie wurden ca. 15 m über der Bruchsohle im Wegeniveau von Herrn Dr. H. Haubold, Halle, auf einer ca. 12×12 cm großen und 0,6 cm dicken Platte aus feinkörnigem, bräunlichrotem Sandstein gefunden. Die Sternspuren bilden teils einzeln, teils dicht gedrängt konvexe Hyporeliefs an der Schichtunterseite. Die Zahl der Strahlen variiert zwischen 3

Abb. 1. Sternförmige Ichnia aus den Blankenheimer Schichten (Untere Hornburger Schichten), Steinbruch im Kuhfaßtal NW Bornstedt bei Eisleben (vgl. Taf. I)

Tafel I

Sternförmige Ichnia aus den Blankenheimer Schichten (Untere Hornburger Schichten), Steinbruch im Kuhfaßtal NW Bornstedt bei Eisleben; coll. H. Haubold, Halle; Fot. J. Schneider

Fig. 1–2. Typisches Beispiel mit körnig ausgebildetem Mittelbereich und spitz endenden Strahlen bei unterschiedlicher Beleuchtung; Breite des Abschnittes ca. 1,3 cm;

Fig. 3. Vielstrahlig, stark asymmetrisch, mit stumpf endenden Stahlen, Breite des Abschnittes ca. 1,2 cm;

Fig. 4. Mehrere Exemplare dicht nebeneinander mit körnig ausgebildetem Mittelbereich, Breite des Abschnittes ca. 4 cm und ca. 20; doch sind mehr als 15 selten. Der Durchmesser der Sterne schwankt zwischen 0,9 und 1,3 cm; die Länge der Strahlen zwischen 0,4 und 0,8 cm. Gewöhnlich ist einer der Strahlen größer als die übrigen (Taf. I, Fig. 1; Abb. 1). Sie haben meist länglich-zungenförmige Gestalt und laufen an der distalen Seite entweder rund (Taf. I, Fig. 3) oder spitz zu (Taf. I, Fig. 1). In einigen Fällen (z. B. Abb. 1b, d) scheint das äußere Ende in zwei kleine Zipfel geteilt zu sein. Bei Taf. I, Fig. 1, und bei Abb. 1a, b, d vereinigen sich die Strahlen in der Mitte. Gelegentlich, vor allem aber, wenn ihre Zahl groß ist, überschneiden sie sich randlich (Abb. 1a), was ungleiche Breite vortäuscht. Manche Strahlen verlaufen im leichten Bogen (Abb. 1b), andere unter knieartiger Krümmung (Taf. I, Fig. 1). Das Zentralfeld ist meist körnig ausgebildet (Taf. I, Fig. 1, 4).

Manche der Gebilde haben Ähnlichkeit mit Pflanzenresten wie *Asterophyllites*, *Sphenophyllum* oder *Annularia* (Abb. 1); doch scheidet ein pflanzlicher Ursprung ebenso aus wie die Möglichkeit, daß es sich um Eindrücke radial wachsender Kristalle (einschließlich Eiskristalle) handelt. Zur Deutung kommen Ruhespuren und/oder im Hinblick auf die sehr variable Zahl der radialen Strahlen Weidespuren eines Tieres in Frage, das die Sedimentoberfläche lokal auf verdauliche Substanz abgesucht hat. In Betracht zu ziehen sind vor allem Ruhespuren, wobei ein mit relativ starren Gliedmaßen ausgestatteter Erzeuger (Arthropode ?, Insekt ?, vgl. Taf. I, Fig. 1–2) seinen Platz auf der Sedimentoberfläche leicht zu ändern vermochte. Daß er vermutlich an Ort und Stelle den Untergrund flach auf Nahrung durcharbeitete, mag die eigenartige körnige Struktur im Zentralfeld beweisen (Taf. I, Fig. 1, Fig. 3). Anzeichen für eine eventuelle vertikale Repitition, die auf den gegenüberliegenden Schichtflächen zu erkennen wäre, sind nicht vorhanden.

Verschiedene der Sternspuren folgen in einer Reihe aufeinander, woraus auf ein Tier geschlossen werden kann, das sich „sprungweise" über den Untergrund bewegte. Dadurch, daß es sich auf den Zwischenstationen um seine vertikale Achse drehte, ließe sich die oft große Zahl an radialen Strahlen erklären. Eine solche Deutung wäre nicht weniger ungewöhnlich wie die von Brown & Vokes 1944 für reihenweise angeordnete Sternspuren aus der Oberkreide von Montana und Wyoming (USA). Hier handelt es sich jeweils um eine Zentralscheibe und acht radial davon ausgehende Gruben, die sich entsprechend den Befunden an *Loligo* der Gegenwart auf ein ähnliches Tier zurückführen lassen, das sich „sprungweise" und in nahezu vertikaler Position über den Meeresgrund fortbewegte und dort mit seinem Kranz von Fangarmen die eigenartigen, in Reihen angeordneten Spuren hinterließ.

Von den in der Gegenwart als Erzeuger von Sternspuren nachgewiesenen Tiergruppen („Würmer" im weiteren Sinne, insbesondere Polychaeten,

Crustacea, Lamellibranchiaten, Dibranchiaten, Holothurien und Fische) scheiden aus ökologischen Gründen und wegen der Größenordnung Lamellibranchiaten, Dibranchiaten, Holothurien und Fische aus. Auf jeden Fall bleibt die Identifizierung vorerst unsicher. Hinsichtlich der Benennung, auf die verzichtet werden soll, wird auf die Liste der benannten und nicht benannten sternförmigen Miscellanea bei HÄNTZSCHEL 1970 verwiesen. Da-

Abb. 2. Sternförmige rezente Lebensspur auf dem mit Kies und Sand durchsetzten schlammigen Grund eines kurz vorher abgelassenen Teiches östlich Jagdschloß Grillenburg bei Dresden; Breite des Abschnittes ca. 0,20 m; Fot. Verf.

Abb. 3. Sternförmiges Gebilde auf erodiertem Waldboden, der aus sandig verwittertem Sediment der *Plenus*-Zone besteht, ca. 200 m nördlich Hartha bei Tharandt (Sachsen); Breite des Abschnittes ca. 0,60 m; Fot. Verf.

nach sind aus dem Perm der Welt bisher nur einmal Sternspuren beschrieben worden. Es handelt sich um die von ABEL (1935, S. 391, Fig. 327) verzeichneten sehr kleinen Formen aus den Ecca slates von Calvinia (Südafrika), die VIALOV (1968, S. 335) *Stelloglyphus abeli* nennt.

Da sternförmige Ichnia im limnischen und terrestrischen Bereich offenbar selten sind, dürften zwei Gebilde von Interesse sein, die Verfasser in der Umgebung von Freiberg beobachtet hat. Der erste Fall (Abb. 2) wurde auf dem mit Sand und Kies durchsetzten schlammigen Untergrund eines soeben abgelassenen Teiches östlich vom Jagdschloß Grillenburg fotografiert. Der größte Durchmesser dieser Sternspur beträgt ca. 4 cm, die Breite der flachen Rinnen, aus denen sie besteht, ca. 3 mm. Leider konnte der Erzeuger nicht festgestellt werden. In Frage kommt aber wohl nur ein wurmförmiger Organismus.
Der zweite Fall (Abb. 3) stammt von einem oberflächlich erodierten Waldboden auf sandig verwitterten Ablagerungen der *Plenus*-Zone ca. 200 m nördlich von Hartha bei Tharandt. Das sternförmige Gebilde ist dunkler gefärbt als die hellgelbe, lehmige Umgebung und besteht aus stark mit Pflanzenmulm, Kiefern- und Fichtennadeln durchsetztem Sand. Es handelt sich um den verrotteten Wurzelstock einer Fichte, der bis auf das im Bilde sichtbare Niveau abgetragen und in seiner Substanz zum Teil durch umgelagerte Materialien ersetzt worden ist.

III. Undulierende Ichnia aus dem Unteren Rotliegenden von Thüringen

Aus den Oberhöfer Schichten des Unteren Rotliegenden an der Brücke im Kühlen Tal bei Friedrichroda (Thüringen) stammen die undulierenden Ichnia zu Taf. II und Abb. 4g. Sie wurden von Herrn Dipl-Ing. K. MÜTZE, Berlin, auf einer ca. 7 × 11 cm großen und 0,8 cm dicken Platte von rötlichbraunem, dünnlagigem und etwas feinsandigem Tonstein gefunden. Die Spuren bilden an der Schichtunterseite teils konvexe (Taf. II, Fig. 1), teils konkave Hyporeliefs (Taf. II, Fig. 2). Die auf Taf. II, Fig. 1 abgebildete Form ist überwiegend unregelmäßig gewellt, doch zeigt sie stellenweise (in der Mitte) eine ziemlich gleichförmige, sinusartige Verbiegung. Ähnliches gilt für die übrigen Spuren; doch sind diese zum Teil nahezu gerade. Sie halten sich vorwiegend in der Schichtebene, verschwinden aber auch oft unter mehr oder weniger steilem Winkel im Gestein, wo sie texturlos erscheinende, sedimentgefüllte Gänge bilden (Taf. II, Fig. 2). Den Gepflogenheiten entsprechend, sind die regelmäßigen, einer Sinuskurve folgenden Bereiche als *Cochlichnus* E. HITCHCOCK 1859, die unregelmäßig undulierenden

---

Tafel II

Undulierende Ichnia, Unteres Rotliegendes (Oberhöfer Schichten), Kühles Tal (an der Brücke) bei Friedrichroda (Thüringen); coll. K. MÜTZE (Nr. 2598), Fot. J. SCHNEIDER

Fig. 1. *Gordia* sp., stellenweise im Übergang zu *Cochlichnus* sp., als konvexes Hyporelief;

Fig. 2. Dgl., doch als konkaves Hyporelief

Tafel II

als *Gordia* EMMONS 1844 zu bezeichnen. Es handelt sich also in unserem Falle um Übergangsformen zwischen beiden Gruppen, wobei der *Gordia*-Charakter dominiert.

In die Synonymie von *Cochlichnus* gehören nach HÄNTZSCHEL 1965 die „Schlängelspuren" des europäischen Oberkarbon: *Sinusia* KRESTEW 1928, S. 574 (nomen invalidum, da vorvergeben: non *Sinusia* CARADJA 1916 (Lepidoptera) oder „*Sinusites*" DEMANET & VAN STRAELEN 1938, S. 107, Fig. 28, die MICHELAU 1955 zu *Belorhaphe* rechnete. Bekannt ist *Cochlichnus* aus dem jüngeren Proterozoikum von Australien (Abb. 4c, d), dem Karbon von Europa und Nordamerika, dem Perm der Antarktis (Abb. 4b, vgl. TASCH 1968a, b), der Trias von Nordamerika, dem Tertiär von Europa und Nordamerika (Abb. 4a).

Cochlichnus ist auf langgestreckte „wurmartige" Tiere zurückzuführen, bei denen symmetrisch gekrümmte Wellen von vorn nach hinten über den Körper laufen, wenn sie sich fortbewegen. Die gekrümmten Wellen werden durch koordinierte Kontraktion und Relaxion von Längsmuskeln an gegenüberliegenden Seiten des Körpers in einer dorsoventralen Ebene erzeugt. Die Fortbewegung erfolgt unter Ausnutzung der Reibung am Untergrund und dürfte teils durch die stoßende und treibende Kraft vom Vorderende des Tieres, teils durch den Schub des übrigen Körpers verursacht sein.

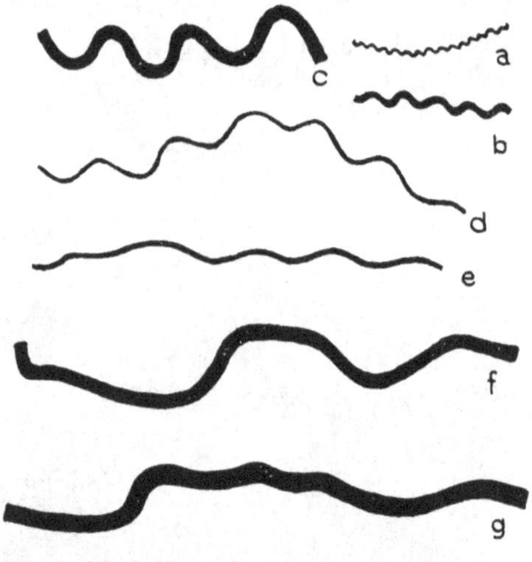

Abb. 4. Undulierende Ichnia (B – Breite des dargestellten Abschnittes): a) *Cochlichnus* sp., vermutlich von Nematoden verursacht, Eozän (Green River Formation), Uinta Becken von Utah (USA), B ~ 3 cm, nach M. T. MOUSSA 1970; b) *Cochlichnus antarcticus* TASCH 1968, *Glossopteris*-Formation (Perm) von Mercer Ridge, Ohio-Range (Antarktis), B ~ 4 cm, nach P. TASCH 1968; c) *Cochlichnus* sp., Arumbera Formation, Zentral-Australien, B ~ 5,7 cm, nach M. F. GLAESSNER 1969; d) *Cochlichnus serpens* WEBBY 1970, Ob. Proterozoikum (Torrowangee Gruppe, Lintiss Vale Beds), westl. Teil von Neusüdwales, B ~ 4,3 cm, nach B. D. WEBBY 1970; e) Dgl., B ~ 5,4 cm; f) *Gordia* ? sp., B ~ 20 cm, sonst wie d); g) *Gordia* sp., zum Teil im Übergang zu *Cochlichnus*, Oberhöfer Schichten (Unt. Perm, Unt. Rotliegendes) von Friedrichroda (Thüringen), B ~ 4,5 cm, Original

Sinusartige Bewegungen kennt man in der Gegenwart insbesondere von Schlangen, aalartigen Fischen, einigen Insektenlarven und von „Würmern" verschiedener Taxa. Nachgewiesen sind sie unter anderem bei den Larven von *Chironomus motilator*, einer Diptere (TARR 1935, S. 1499, Taf. 136, Fig. 2), zu vermuten bei solchen von Ceratopogoniden, da diese heftige 8-artige Bewegungen beim Schwimmen oder auf nassem Untergrund ausführen. In unserem Fall dürfte es sich um einen „wurmartigen" Organismus handeln, von dem sonst nichts erhalten ist.

Besonders gut untersucht ist die Lokomotion und Spurenbildung bei den Nematoden (z. B. WALLACE 1968, MOUSSA 1970). Hier entstehen regelmäßig undulierende Ichnia dann, wenn der Wasserfilm, in dem sich die Tiere über einem festen Substrat bewegen, dünner ist als der Durchmesser der Würmer (WALLACE 1959). Dies beruht darauf, daß die senkrecht zum Untergrund auf sie wirkende Kraft der von oben wirkenden Komponente der Oberflächenspannung des Wasserfilms und dem Gewicht des Organismus entspricht.

Viele der wellenförmigen Fossilien sind vollkommen symmetrisch (Abb. 4a bis e); sonst fehlt, wie in unserem Falle, häufig die perfekte Symmetrie. Vor allem dann finden sie sich mit unregelmäßig-linearen Spuren vergesellschaftet (Taf. I, Fig. 2). Offenbar sind die Besonderheiten dieser Fossilien nicht nur von der speziellen Morphologie des Erzeugers, sondern auch von den physikalischen und sonstigen Bedingungen des Milieus abhängig.

IV. „*Chloephycus*" aus dem Unteren Rotliegenden von Thüringen

Aus den Oberhöfer Schichten des Unteren Rotliegenden an der unteren Heubergstraße (gegenüber „Haus Macholdt") bei Friedrichroda (Thüringen) stammt das auf Taf. III, Fig. 1 abgebildete „*Chloephycus*". Es wurde von Herrn B. JACOBI, Friedrichroda, auf einer ca. 6×6 cm großen und 0,5 cm dicken Platte aus feinkörnigem, rötlichem und etwas tonigem Sandstein gefunden. Es handelt sich um ein konkaves, 0,2 cm breites und 0,1 cm tiefes Epirelief auf der Schichtoberfläche, das seitlich von einer Serie sich rhythmisch wiederholender schmaler Aufstoßmarken eines unbekannten Körpers begleitet wird.

MILLER & DYER 1878 stellten „*Chloephycus*" zu den „Fucoiden", während J. F. JAMES (1884, S. 7) fälschlich annahm, daß „. . . it is nothing more than a mark of series of marks produced . . . by the running of water down a sloping bank into a stream". Er betrachtet es also wie auch NATHORST 1881 als Rieselmarke. MILLER 1889 war vermutlich durch JAMES's Argumente beeinflußt, da er „*Chl.*" zwar unter den Algen führt, jedoch angibt, daß es wahrscheinlich anorganischen Ursprungs ist. Eine alternative Hypothese nimmt für Formen aus dem Ob. Ordovizium (Cincinnatian) von Nord-

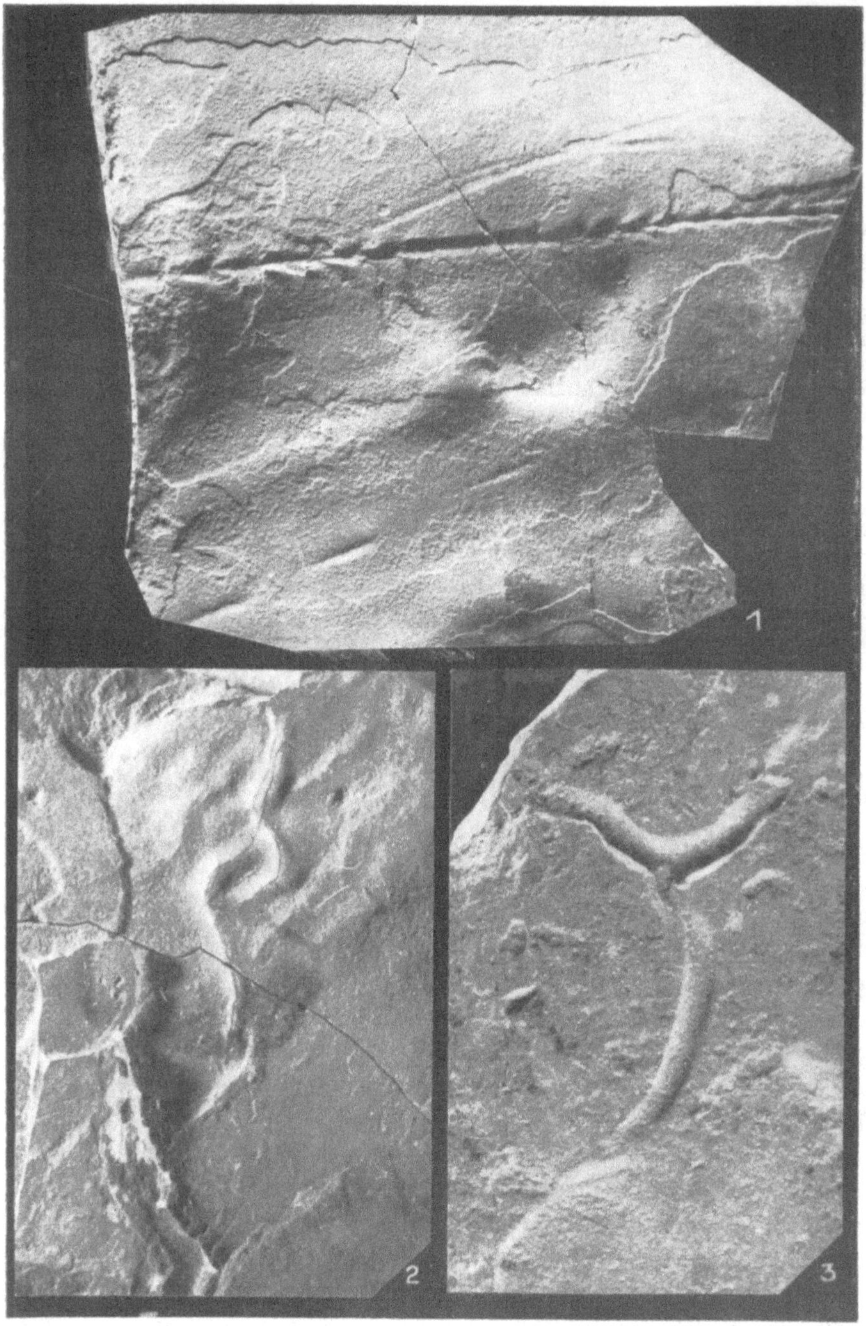

Tafel III

amerika an, daß die Struktur während der Verfestigung des Gesteins entstand, nachdem die Sedimentoberfläche von einer Calcisilit-Schicht überdeckt worden war. Ein solcher Vorgang ist vielleicht für den bei OSGOOD (1970, Taf. 80, Fig. 6) links neben dem Belegstück abgebildeten Bereich denkbar. Heute wird „*Chloephycus*" allgemein als modifizierte Schleifmarke (drag mark, groove cast) gedeutet, die entsteht, wenn zähes Sediment durch einen spitz darüber schleifenden Gegenstand etwas mitgezogen und an den Flanken in fiederförmige Runzeln gelegt wird. Dies geschieht stets gegen das geschlossene Ende der „V", so daß es sich um eindeutige Stromrichtungsanzeiger handelt. Erhaltung als konvexes Hyporelief spricht für Schichtunterseite.

Es überrascht, daß „*Chloephycus*" bisher nur aus dem Ob. Ordovizium (Cincinnatian) von Nordamerika (MILLER & DYER 1878, JAMES 1884, MILLER 1889, OSGOOD 1970) und aus dem Unt. Devon (Hunsrückschiefer) des Rheinlandes beschrieben wurde. Der erste Nachweis von der zuletzt genannten Lokalität stammt von RUD. RICHTER (1941), der das Gebilde als Schleifspur vom Telson eines Xiphosuriden gedeutet hat. Dies mag dann zutreffen, wenn die Marke von Lebensspuren der Tiere begleitet wird. Ein weiteres Belegstück aus dem Hunsrückschiefer wurde von SEILACHER (1960, Taf. 12, Fig. 2–3) auf Schleifrillen zurückgeführt, die vermutlich durch einen Seesternarm am Meeresboden erzeugt wurden. Ein 3. Belegstück ist bei SEILACHER & HEMLEBEN (1966, Taf. 2, Fig. 1) abgebildet.

Vergleichbare Gebilde könnte man sich als modifizierte Schleifmarken vorstellen, bei denen in die zunächst lineare, glattrandige Vertiefung von beiden Seiten her fast gleichzeitig Wasser bzw. wasserdurchtränkter Schlamm geflossen ist und die Fiedern erzeugt hat. In unserem Fall scheidet eine solche Deutung aus, da die Marke durch mehrere der papierdünnen Sedimentlagen abwärts greift und mit zunehmender Tiefe einfacher wird.

Tafel III

Fig. 1. Schleifmarke (gefiederte Schleifrille) auf der Schichtoberseite; daneben, sich rhythmisch wiederholende Aufstoßmarken eines unbekannten Körpers, Oberhöfer Schichten, Friedrichroda, untere Heubergstraße gegenüber „Haus Macholdt"; Breite des Abschnitts 6 cm (Freiberg Nr. 183/2, coll. B. JACOBI); Fot. K. BRAUNE, Hochschulbildstelle Bergakademie Freiberg;
Fig. 2. Problematikum (? Sedimentmarke); Oberhöfer Schichten, Friedrichroda, untere Heubergstraße; Breite des Abschnitts 2,4 cm (Freiberg Nr. 183/1, coll. B. JACOBI);
Fig. 3. Gegabelte, als Vertiefung erhaltene Lebensspur; Oberhöfer Schichten, Friedrichroda, Spießbach, untere Bobbahn; Breite des Abschnitts 2,4 cm (Freiberg Nr. 183/3, coll. B. JACOBI)

Literaturverzeichnis

ABEL, O., Vorzeitliche Lebensspuren. 644 S., 530 Abb., Jena (Fischer) 1935.

BROWN, B., & H. E. VOKES, Fossil imprints of unknown origin. II. Further information and a possible explanation. Amer. J. Sci. *242*, 656–672, 1 Abb., 4 Taf., New Haven (Conn.) 1944.

GRÄF, J. E., Die Fährten von *Littorina littorea* LINNÉ (Gastr.) in verschiedenen Sedimenten. Senckenbergiana leth. *37*, 305–317, 2 Abb., 2 Taf., Frankfurt a. Main 1956.

GRAY, J., The mechanics of locomotion in snakes. J. Exp. Biology *23*, 101–102 (1946).

GRAY, J., Undulatory propulsion in small organisms. Nature *168*, 929–930 (1951).

HÄNTZSCHEL, W., Trace Fossils and Problematica. In: R. C. MOORE, Treatise on Invertebrate Fossils, Part W, Miscellanea, 117–245, 149 Abb. (1962).

HÄNTZSCHEL, W., Vestigia invertebratorum et Problematica. In: Fossilium Catalogus. I. Animalia 108, 142 S., 's Gravenhage 1965.

HÄNTZSCHEL, W., Star-like trace fossils. In: CRIMES & HARPER (Ed.), Trace fossils, 201–214, 2 Taf., Liverpool 1970.

JAMES, J. F., The Fucoids of the Cincinnatian Group. J. Cincinn. Soc. Nat. Hist. *7*, 124–132, 151–166, 4 Taf., Cincinnati/Ohio 1884.

MILLER, S. A., North America Geology and Palaeontology for the use of amateurs, students and scientists. 664 S., Cincinnati/Ohio 1889.

MILLER, S. A., & C. B. DYER, Contributions to Paleontology, part 1. J. Cincinn. Soc. Nat. Hist. *1*, 24–39, Cincinnati/Ohio 1878.

MOUSSA, M. T., Nematode fossil trails from the Green River Formation (Eocene) in the Uinta Basin, Utah. J. Paleont. *44*, 304–307, 2 Abb., Tulsa/Okl. 1970.

MÜLLER, A. H., Über ein neues Ichnogenus (*Tambia* n. g.) und andere Problematica aus dem Rotliegenden (Unterperm) von Thüringen. Mber. Dt. Akad. Wiss. *11*, 922–931, 4 Abb., 1 Taf., Berlin 1969.

OSGOOD, R. G. jr., Trace fossils of the Cincinnati area. Palaeontogr. Americana *6*, Nr. 41, 281–444, 29 Abb., 25 Taf., Ithaca/New York 1970.

RICHTER, RUD., Marken und Spuren im Hunsrückschiefer. 3. Fährten als Zeugnisse des Lebens auf dem Meeres-Grunde. Senckenbergiana *23*, 218–260, 17 Abb., Frankfurt a. Main 1941.

SEILACHER, A., Strömungsanzeichen im Hunsrückschiefer. Notizbl. Hess. Landesamt Bodenforsch. *88*, 88–106, 13 Abb., 2 Taf., Wiesbaden 1960.

SEILACHER, A., & C. HEMLEBEN, Beiträge zur Sedimentation und Fossilführung des Hunsrückschiefers. Teil 14: Spurenfauna und Bildungstiefe des Hunsrückschiefers. Notizbl. Hess. Landesamt Bodenforsch. *94*, 40–53, 5 Abb., 3 Taf., Wiesbaden 1966.

TARR, W. A., Concretions in the Champlain Formation of the Connecticut River valley. Geol. Soc. Amer., Bull. *46*, 1493–1534, 11 Taf. (1935).

TASCH, P., A Permian trace fossil from the Antarctic Ohio Range. Transact. Kansas Acad. Sci. *71* (1), 33–37, 2 Abb., 1968 (1968a).

TASCH, P., Trace fossils from the Permian Polarstar Formation Sentinel Mountains, Antarctica. Transact. Kansas Acad. Sci. *71* (2), 184–194, 3 Abb., 1968 (1968b).

VIALOV, O. S., Über sternförmige Problematica. Ezheg. vses. paleont. Obshch. *18*, 326 (1968) (russ.).

WALLACE, H. R., The movements of eelworms in water films. Ann. Appl. Biology *47*, 366–370 (1959).

WALLACE, H. R., The dynamics of nematode movement. Ann. Rev. Phytopathology *6*, 91–114 (1968).

Eingegangen: 6. Dezember 1971

A. H. MÜLLER

Freiberg (Sa.)

Beispiele fruchtbarer Wechselbeziehungen zwischen Paläontologie und Neontologie; Teil 1

I. Einleitung

Die Beziehungen zwischen Paläontologie und Neontologie sind mannigfacher, im einzelnen jedoch sehr unterschiedlich entwickelter Natur. Sie betreffen hauptsächlich die Morphologie, die Taxonomie, die Ökologie und die Phylogenie. Während dabei die Paläontologie den Formenbestand der geologischen Vergangenheit analysiert und zugänglich macht, fördert die Neontologie insbesondere durch Homologieforschung und Vergleichende Morphologie den Kenntnisstand. Dies gilt vor allem dann, wenn durch die Ungunst der Erhaltung nur wenige und fragmentäre Fossilien vorliegen. Andererseits untersucht die Paläontologie nicht nur den Wechsel der Lebensräume und Lebensweisen während der langen geologischen Zeiträume, sondern auch den Entwicklungsmodus und die Evolutionsgeschwindigkeit der Organismen, wodurch die Biologie ihre Zeittiefe erhält. Die Neontologie wiederum trägt durch die Analyse funktioneller Einheiten rezenter Tiere und Pflanzen wesentlich zur abgewogenen Beurteilung taxonomisch wichtiger Merkmale und Merkmalskomplexe ihrer fossilen Verwandten bei. Zum weiteren Ausbau der zwischen Neontologie und Paläontologie bestehenden Beziehungen folgt eine Reihe von Beiträgen, die im losen Zusammenhang auf die mannigfaltige und vielschichtige Problematik unter kritischer Diskussion offener Fragen und unter Vorlage neuer bzw. bestätigender Befunde eingehen.

Verfasser dankt Herrn H. ZIMMERMANN, Freiberg, für die Fotografien und Herrn H. MEYER, Freiberg, für die Reinzeichnung.

II. *Neomicrorbis* (Polychaeta, Serpulidae) in Gegenwart und geologischer Vergangenheit

Zur Gattung *Neomicrorbis* gehörende Fossilien sind bereits seit Anfang des 19. Jahrhunderts bekannt (SOWERBY 1829, MÜNSTER apud GOLDFUSS 1831), wurden aber erst durch ROVERETO 1904 als selbständige Gattung erkannt und beschrieben. Seitdem haben sich vor allem REGENHARDT 1961, NESTLER 1963 und MÜLLER 1964a, b, 1966 mit ihr beschäftigt. Insgesamt liegen jetzt 10 (? 11) fossile Arten vor, davon 7 (? 8) aus der Oberkreide von Mitteleuropa, England, Dänemark und 3 aus dem Alttertiär von Kressenberg (Bayern). Von den kretazischen Vertretern sind verzeichnet:

N. crenatostriatus (v. MÜNSTER 1831) vom Unt. Santon bis Ob. Dan, *N. granorbis* REGENHARDT 1961 im Unt. und Mittl. Campan, *N. salebrosus* REGENHARDT 1961 im Mittl. und Ob. Campan, *N. verrucosus* REGENHARDT 1961 im Unt. und Mittl. Maastricht, *N. radialis* MÜLLER im oberen Unt. Maastricht und *N. voigti* REGENHARDT 1961 im Dan. Hiervon ist *N. crenatostriatus*, der Typus der Gattung, nahe mit *N. verrucosus* verwandt.
Durch die oben zitierten paläontologischen Arbeiten wurde Dr. A. ZIBROWIUS, Marseille, auf die bis dahin nur fossil belegte Gattung aufmerksam. Er konnte sie rezent unter den Materialien der „Prince de Monaco" entdecken, die das Schiff am 16. 7. 1895 auf der Station 584 bei den Azoren südostwärts Terceira (zwischen 38° 31 N, 26° 49′ 15″ W und 38° 30′ 30″ N, 26° 50′ 14″ W) aus einer Tiefe von 845 m ans Tageslicht gebracht hat. Eine der drei Röhren, die im Ozeanographischen Museum von Monaco aufbewahrt werden, enthält noch den Weichkörper des Tieres. Damit vermehrt sich die geringe Zahl der Fälle, wonach eine Gattung zunächst fossil gefunden wurde und erst dann lebend in der Gegenwart, um einen weiteren.
Nach Vergleich mit der Röhre sowie dem vollständig verkalkten Operculum fossiler *Neomicrorbis* konnte ZIBROWIUS 1971 *Neomicrorbis azoricus* als neue Art errichten (Abb. 1) und unter Berücksichtigung der Borsten, Uncini und sonstiger fossil unbekannter Strukturen die Gattungsdiagnose beträchtlich erweitern. Während diese bisher nach ROVERETO (1904, S. 50) lautete: „Testa parva, subregulariter spirali, in 2 an 3 anfractibus contorta, infere affixa; operculo calcareo, clavato-adunco", hat sie jetzt folgenden Inhalt (Abbildungsvermerke zusätzlich eingefügt):

„Tube enroulé spirale dextre ou sénestre (ordre de grandeur: 5 mm), comportant en général de nombreuses carènes longitudinales granulées ou dentelées. Opercule correspondant au deuxième filament branchial dorsal d'un côté; ni pseudo-opercule du côté opposé ni membranes palmaires. Opercule entièrement, calcifié, composé d'une plaque distale concave ou convexe plus ou moins massive et d'un large talon proximal plus ou moins caréné; opercule à symétrie bilatérale (Abb. 1 b–d). Nombreux segments thoraciques (plus de 4, apparemment 7). Premier segment thoracique à soies spéciales comportant un aileron proximal distinct du limbe terminal; soies en faucil („soies d'*Apomatus*") présentes dans les segments thoraciques postérieurs (Abb. 1 g–h). Soies abdominales géniculées (Abb. 1 i). Uncini allongés, avec plus de 10 dents; dent antérieur simple, non bifurquée; uncini thoraciques à denticulation scie (Abb. 1 j); uncini abdominaux à denticulation en râpe (Abb. 1 k)".

Das wichtigste fossil überlieferte Kennzeichen der Gattung ist das vollständig verkalkte Operculum. Es wurde bereits von ROVERETO (1904, S. 49–50, Taf. 4, Fig. 26a–h) isoliert in der Schreibkreide (Maastricht) von Rügen beobachtet und richtig zu *Neomicrorbis* gestellt, doch erst viel später erstmalig in situ, und zwar bei *Neomicrorbis verrucosus*, nachgewiesen (NESTLER 1963). Eine große Zahl isolierter Opercula auch anderer

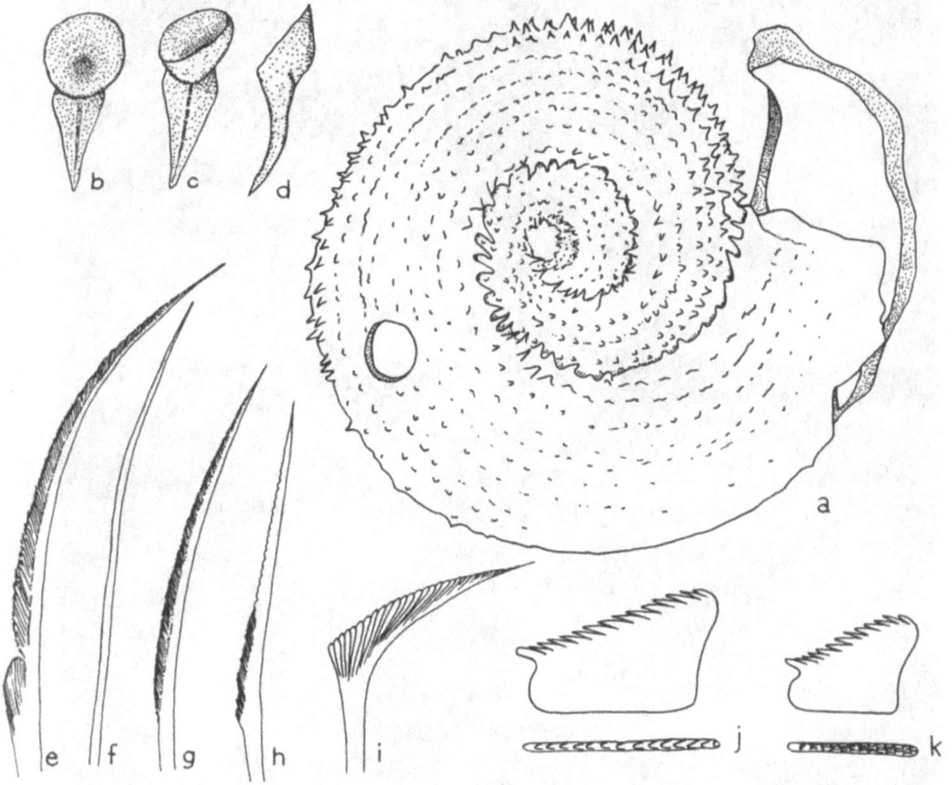

Abb. 1. *Neomicrorbis azoricus* ZIBROWIUS, a) leere Röhre eines großen rechtsgewundenen Individuums (größter Durchmesser 5 mm); b)–d) verschiedene Ansichten vom Operculum eines kleinwüchsigen linksgewundenen Exemplars; e)–f) Borsten des ersten Thorakalsegments; g)–h) Borsten der hinteren Thorakalsegmente; i) Borste des Abdomens; j) thorakaler Uncinus; k) abdominaler Uncinus; rezent aus 845 m Tiefe im SO von Terceira (Azoren); nach H. ZIBROWIUS 1971

Formen hat sodann MÜLLER 1964 beschrieben, wovon die sicher zu *Neomicrorbis* gehörenden (Abb. 2–3) durch folgende Merkmale ausgezeichnet sind (Terminologie bei MÜLLER 1964, S. 90–91):

Cucullus (= terminale Platte, Haube, Deckplatte): entweder flachmützenförmig mit stark gekrümmtem, exzentrischem Wirbel oder relativ stark gewölbt, haubenförmig mit kaum vorragendem, schwach exzentrischem Wirbel; Randsaum im ersteren Fall relativ stark nach hinten umgebogen. Calcar (= Deckelzapfen, Stiel, Sporn, Talon): mit rhombischem Umriß, mehr oder weniger spitz zulaufend; entweder langgestreckt und schlank oder sehr breit ausladend; Alae etwas oberhalb der Mitte am breitesten, flügelartig oder relativ schmal; Carina interna entweder kaum erhöht, nicht gegen die Alae abgesetzt und scharfkantig oder wie die Carina externa gerundet.

Das einzige, bisher vorliegende Operculum der rezenten Art (Abb. 1b–d) ähnelt dem von *Neomicrorbis verrucosus* (Abb. 2) durch die flache, ganz-

Tafel I

Neomicrorbis-Arten (a – Oberseite, b – Unterseite) aus dem höheren Untermaastricht (Schreibkreidefazies) vom Kieler Ufer auf Jasmund (Rügen)

Fig. 1. *Neomicrorbis crenatostriatus* (v. Münster), linksgewundenes Exemplar; größter Scheibendurchmesser 3,5 mm (Nr. 66/23, Freiberg);

Fig. 2. *Neomicrorbis verrucosus* Regenhardt, linksgewundenes Exemplar; größter Scheibendurchmesser 4,8 mm (Nr. 66/37, Freiberg);

Fig. 3. *Neomicrorbis crenatostriatus* (v. Münster), rechtsgewundenes Exemplar; im trichterförmigen Nabel auffallend lange Stacheln; größter Scheibendurchmesser 3,4 mm (Nr. 66/22, Freiberg) randige Form des Cucullus und den breiten, rhombischen Umriß des Calcar; doch fehlt bei letzterem die schwache Medianfurche. Gegen eine eventuelle Synonymie zu *N. verrucosus* (Taf. I, Fig. 2) spricht auch die Skulptur. Diese besteht bei *N. verrucosus* aus zahlreichen, meist kugelig gerundeten und dicht stehenden Körnern, die zwar ebenfalls in der Längsrichtung

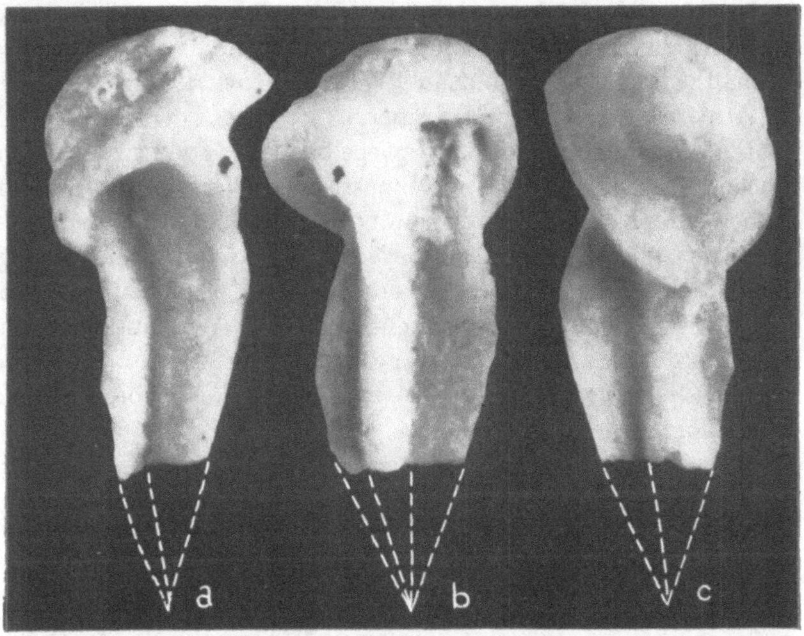

Abb. 2. Operculum von *Neomicrorbis verrucosus* REGENHARDT (a und b – schräg von außen, c – von innen); höheres Untermaastricht (Schreibkreidefazies) vom Kieler Ufer auf Jasmund (Rügen); Länge (ergänzt) ~ 1,8 mm (Nr. 59/9, Freiberg)

gereiht, nicht aber wie bei *N. azoricus* radial geordnet sind. Weiterhin fehlt bei *N. verrucosus* die Streckung der Körner in der Längsrichtung und eine radiale Sonderung durch tiefe Furchen. Abweichend ist auch die Schalenstruktur, die bei den fossilen *Neomicrorbis* durchweg dick, massiv und kreidig, bei *N. azoricus* aber glasig durchscheinend ausgebildet ist. Dies erinnert an *Placostegus* und gewisse Spirorbinae der Gegenwart.
Die Häufigkeit von *Neomicrorbis* in der Schreibkreide von Rügen läßt sich größenordnungsmäßig aus der Zahl der Röhren und Opercula in 68 Gesteinsproben (lufttrocken insgesamt etwa 54,5 kg) abschätzen, die in Abständen von ca. 2 m aus den Schreibkreideschollen (vgl. MÜLLER 1964a, Folge I bis III) am Kieler Ufer von Jasmund entnommen und quantitativ auf ihren Fossilinhalt untersucht wurden. Es handelt sich um 21 Röhren (vor allem

von *N. crenatostriatus* und *N. verrucosus*) sowie um 17, der für die Gattung typischen Deckel. Hinzu kommen 11 weitere, ebenfalls vollständig verkalkte Opercula, die in ihrer Gestalt etwas abweichen und taxonomisch erst dann sicher unterzubringen sind, wenn die entsprechenden Formen in situ beobachtet und in ihren Variationsbreiten an Hand größerer Serien von Exemplaren bestimmt werden konnten. Es ist denkbar, daß auch sie zu *Neomicrorbis* gehören; denn bei *Pomatoceros* und *Spirobranchus* der rezenten Fauna erreicht die Variabilität der Opercula ein ganz beträchtliches Ausmaß (ZIBROWIUS & BELLAN 1969, TEN HOVE 1970).

Bei den Arten der Spirorbinae herrscht Links- oder Rechtswindung der Röhre, während inverse, d. h. spiegelbildliche Formen selten sind. Man spricht in solchen Fällen von Monostrophie. *Neomicrorbis* der Oberkreide ist monostroph linksgewunden, wobei Rechtswindung etwa im Verhältnis 1 : 70 auftritt (z. B. das *Neomicrorbis crenatostriatus* auf Taf. I, Fig. 3). Die Monostrophie läßt sich auch an den isolierten Opercula erkennen, da der Wirbel des Cucullus stets exzentrisch zum Windungsmittelpunkt der Röhre gekrümmt und der Unterrand des Cucullus zur Carina interna geneigt ist. Alle 28 der von MÜLLER 1964 erfaßten Deckel gehören zu linksgewundenen Röhren.

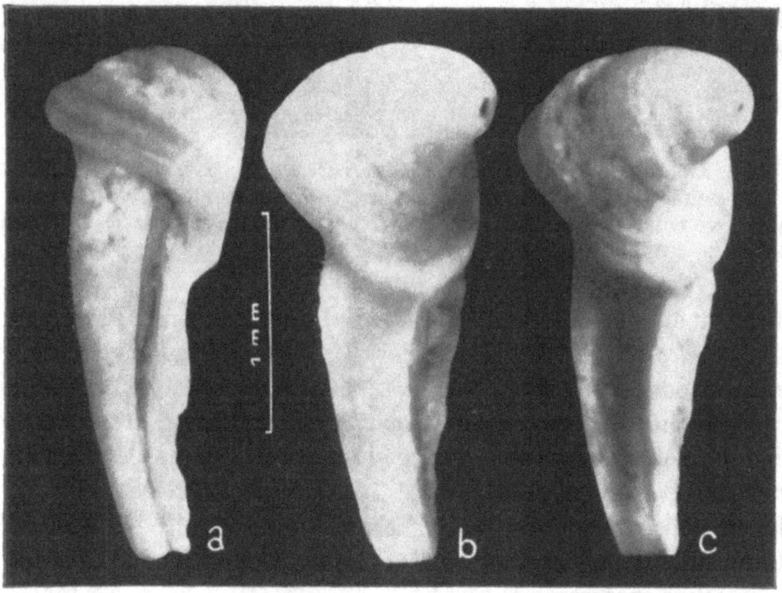

Abb. 3. Vermutlich zu *Neomicrorbis crenatostriatus* (v. MÜNSTER) gehörendes Operculum (a – dorsal, b und c – von innen); höheres Untermaastricht (Schreibkreidefazies) vom Kieler Ufer auf Jasmund (Rügen); Länge ~ 2,3 mm (Nr. 56/4, Freiberg)

Von *Neomicrorbis azoricus* wird ein Gehäusedurchmesser von maximal ca. 6 mm angegeben. Dieser für *Spirorbis*-artige Serpulidae sehr auffallende Wert läßt an phylogenetische Größenzunahme denken. Es wäre der erste Nachweis innerhalb der Serpulidae. Leider scheidet eine solche Möglichkeit aus, da bereits in der Oberkreide *Neomicrorbis* mit Gehäusedurchmessern bis zu 5,6 mm vorkommt. Bei dem *Neomicrorbis verrucosus* auf Taf. I, Fig. 2 aus der Schreibkreide (Untermaastricht) von Rügen sind es 4,8 mm. Vergleichbare Größen finden sich sonst nur bei einigen Spirorbinae der rezenten arktischen und antarktischen Meere.

Das große Exemplar von *Neomicrorbis azoricus* auf Abb. 1 a trägt das glattwandige, sich nach innen verengende Bohrloch einer Raubschnecke, bei der es sich wegen der Beschaffenheit der Perforation um einen Vertreter der Naticidae und wegen des geringen Durchmessers (ca. 0,4 mm) um ein sehr juveniles Stadium gehandelt haben dürfte. Es fällt auf, daß Serpuliden nur selten von Raubschnecken befallen werden. Als Ursache vermutet man unter anderem die relative Dicke der Röhre, die mitunter kräftige und störende Skulptur (wie bei *Neomicrorbis*) und den geringen Anreiz, den der in seinem Gehäuse frei bewegliche kleine Wurm bietet. Zweifel an der Stichhaltigkeit der Tiefenangabe und die Möglichkeit, daß die Röhren von *N. azoricus* durch Strömungen, „Turbidity currents", Pseudoplankton aus wesentlich flacheren Bereichen an Ort und Stelle verfrachtet wurden, scheiden aus, da sie auf *Lophelia prolifera* (Pallas), einer für das Bathyal typischen Art sitzen und Teil einer reichen Tiefseefauna sind (Zibrowius 1971). Vermutlich hat *Neomicrorbis* wie andere Tiergruppen (z.B. der Porifera, Crinoidea, Gastropoda) seit der Oberkreide den Lebensraum zunehmend in größere Tiefen verlagert; doch bleiben weitere Funde abzuwarten.

In der Gegenwart sind echte bathyale Formen schon in Tiefen zwischen 200 und 400 m nachgewiesen, wo sie mehr oder weniger eng vermischt mit Bewohnern flacherer Meeresbereiche vorkommen. Erst ab ca. 1000 m treten letztere derart in den Hintergrund, daß von einer echten Tiefseefauna gesprochen werden kann. In noch größere Tiefen dringt eine Anzahl eurybather Formen vor. Unter den Polychaeten finden sich zum Beispiel die folgenden Arten vom oberen Litoral bis zu der in Klammern angegebenen Tiefe (nach Ekman 1935): *Amphicteis gunneri* (bis 3000 m), *Pomatoceros triqueter* (bis 3000 m), *Glycera rouxii* (bis 3000 m), *Hydroides norvegica* (bis 3000 m), *Laetmonice filicornis* (bis 3000 m).

Literaturverzeichnis

Caullery, M., & F. Mesnil, Etudes sur la morphologie comparé et la phylogénie des espèces chez les spirorbes. Bull. Sci. France Belgique (4) *30*, 185–233, 4 Abb., 4 Taf., Paris 1897.

Elsler, E., Deckel und Brutpflege bei *Spirorbis*. Z. wiss. Zool. *87*, 603–643, 13 Abb., 1 Taf., Leipzig 1907.

Fauvel, P., Deuxième note préliminaire sur les Polychètes provenant des campagnes de l',,Hirondelle" et de la „Princesse Alice" ou déposées dans le Musée Océanographique de Monaco. Bull. Inst. océanogr. Monaco *142*, 1–76 (1909).

FAUVEL, P., Annélides non pélagiques provenant des campagnes de l',,Hirondelle" et de la ,,Princesse Alice" ou déposées dans le Musée Océanographique de Monaco. Rés. Camp. sci. Prince de Monaco *46*, 1–432, 31 Taf. (1914).

GOLDFUSS, A., Petrefacta Germaniae. I. 252 S., 71 Taf., Düsseldorf 1826–1833 (mit Beiträgen des Grafen GEORG ZU MÜNSTER).

MÜLLER, A. H., Deckel von Serpuliden (Annelida, Polychaeta) aus der Schreibkreide (Unteres Maastricht) von Jasmund (Rügen). Geologie *13*, 90–109, 1 Abb., 6 Taf., Berlin 1964 (1964a).

MÜLLER, A. H., Ein weiterer Beitrag zur Serpuliden-Fauna der Oberkreide. Geologie *13*, 617–627, 9 Abb., 1 Taf., Berlin 1964 (1964b).

MÜLLER, A. H., Zur Kenntnis mesozoischer Serpuliden (Annelida, Polychaeta). Geologie *15*, 1053–1075, 25 Abb., 3 Taf., Berlin 1966.

NESTLER, H., Das Operculum von *Neomicrorbis* (*Granorbis*) *verrucosus* REGENHARDT (Polychaeta sedentaria) aus dem Unter-Maastricht von Rügen. Geologie *12*, 355–358, 5 Abb., Berlin 1963.

PAGENSTECHER, H. A., Entwicklungsgeschichte und Brutpflege von *Spirorbis spirillum*. Z. wiss. Zool. *12*, Leipzig 1863.

REGENHARDT, H., Serpulidae (Polychaeta sedentaria) aus der Kreide Mitteleuropas, ihre ökologische, taxionomische und stratigraphische Bewertung. Mitt. Geol. Staatsinst. Hamburg *30*, 5–115, 5 Abb., 9 Taf., Hamburg 1961.

ROVERETO, G., Studi monografici sugli Anellidi fossili. I. Tertiario. Paleontogr. ital. *10*, 79 S., 4 Taf., Pisa 1904.

SOWERBY, J., The mineral conchology of Great Britain. *6*, 230 S., 4 Taf., London 1829.

TEN HOVE, H. A., Serpulinae (Polychaeta) from the Caribbean. I. The genus *Spirobranchus*. Stud. Fauna Curacao *32* (117), 1–57, 5 Taf., The Hague 1970.

WRIGLEY, A., Some Eocene Serpulidae. Proc. Geol. Assoc. *62*, 177–202 (1951).

ZIBROWIUS, H., Dimorphisme operculaire et variabilité chez *Spirorbis* (*Laeospira*) *militaris* (Claparède) 1870 (Polychaeta Serpulidae). Thalassia Salentina *2*, 138–146, 1 Abb., 1 Taf. (1967).

ZIBROWIUS, H., Une espèce actuelle du genre *Neomicrorbis* Rovereto (Polychaeta Serpulidae) découverte dans l'étage bathyal aux Acores. Tethys *3*, 1 Abb. (1971).

ZIBROWIUS, H., & G. BELLAN, Sur un nouveau cas de salissures biologiques favorisées par le Chlore. Tethys *1*, 375–381 (1969).

Eingegangen: 16. Dezember 1971

II. Berichte

Physik

W. ULLMANN und R. MAAZ

Zentralinstitut Physik der Erde, Institutsteil Jena, der Dt. Akad. Wiss.

Die projektive Darstellung der räumlichen Seismizität[1])

In [1] wird die projektive Seismizität des auf das Zeitintervall ϑ bezogenen seismischen Ereignisses $\mathfrak{E}$ im Punkt Z' der Erdoberfläche als Summe der projektiven Seismizitäten $s'[Z', \vartheta]$ der seismischen Elementarereignisse, d. h. der einzelnen Erdbeben $\mathfrak{e} \in \mathfrak{E}$, durch

$$S'[Z', \vartheta] = \sum_{\mathfrak{e} \in \mathfrak{E}} s'[Z', \vartheta]$$

definiert. Jedem Beben $\mathfrak{e}$ sind ein räumliches Gebiet ω und ein Zeitintervall σ gemäß der Vorschrift eindeutig zugeordnet, daß die nicht negative raum-zeitlich lokale Seismizität $s[Z, t]$ von $\mathfrak{e}$ genau dann verschwindet, wenn der Punkt Z des Erdinneren nicht in ω oder auch der Zeitpunkt t außerhalb σ liegt. Wegen $\mathfrak{e} \in \mathfrak{E}$ ist der Durchschnitt $\vartheta \cap \sigma$ nicht leer, und für $s'[Z', \vartheta]$ ergibt sich die Darstellung

$$s'[Z', \vartheta] = \frac{3}{R^3|\vartheta|} \int_{\omega\cap\zeta} \int_{\vartheta\cap\sigma} z^2 s[Z, t]\, dz\, dt,$$

wobei R den Erdradius, $|\vartheta|$ die Dauer von ϑ, ζ den Projektionsstrahl von der Erdmitte 0 durch $Z \in \omega$ sowie Z' und z den Abstand des Punktes $Z \in \zeta \cap \omega$ von 0 bezeichnet.

Die Seismizität $s[Z, t]$ wird durch das Produkt der seismischen Energie E von $\mathfrak{e}$ und den Verteilungsdichten $p(t)$, $q(Z)$ ausgedrückt:

$$s[Z, t] = E\, p(t)\, q(Z).$$

Diese Verteilungsdichten genügen den Bedingungen

$$p(t) = 0 \quad \text{für} \quad t \notin \sigma, \quad \int_\sigma p(t)\, dt = 1$$

und

$$q(Z) = 0 \quad \text{für} \quad Z \notin \omega, \quad \int_\omega q(Z)\, dv = 1$$

mit dem Zeitelement dt und dem Volumenelement dv. Im Zeitintervall $\vartheta \cap \sigma$ ergibt sich

$$\int_{\vartheta\cap\sigma} p(t)\, dt = P_\vartheta, \quad 0 < P_\vartheta \leqq 1,$$

so daß man die exakte Gleichung

$$s'[Z', \vartheta] = \frac{3\, E\, P_\vartheta}{R^3|\vartheta|} \int_{\omega\cap\zeta} z^2 q(Z)\, dz$$

erhält. Sie wird in Anbetracht des Sachverhalts, wonach die Herdtiefe von $\mathfrak{e}$ und der Durchmesser des Herdgebietes ω klein gegen R sind, durch die Formel

$$s'[Z', \vartheta] = \frac{3\, E\, P_\vartheta}{R|\vartheta|} \int_{\omega\cap\zeta} q(Z)\, dz$$

[1]) Mitteilung Nr. 206 aus dem Zentralinstitut Physik der Erde, Institutsteil Jena.

hinreichend gut approximiert. In dieser Darstellung der projektiven Seismizität der Strecke $\omega \cap \zeta$ erscheint die Herdtiefe von e nicht explizit, was bei der gegenwärtigen Unsicherheit der Hypozentrendaten als vorteilhaft bewertet werden muß.

Literaturverzeichnis

ULLMANN, W., und R. MAAZ, Prolegomena zur Seismizität, Teil I. Seismologische Arbeiten aus dem Institut für Geodynamik Reihe A: Wiss. Veröff. des Instituts für Geodynamik Jena *13*, 104–118 (1969).

Eingegangen: 15. November 1971

U. SCHLÄFER und H. J. BUNGE

Zentralinstitut für Festkörperphysik und Werkstofforschung, Dresden, der Dt. Akad. Wiss.

Zyklische Texturen in Aluminiumdrähten

Aus kaltgezogenen Aluminiumdrähten wurden in verschiedenem Abstand vom Zentrum zylinderförmige Proben entnommen. Diese wurden aufgebogen und zur neutronographischen Bestimmung der Polfiguren verwendet. Aus den Polfiguren wurden die dreidimensionalen Orientierungsverteilungsfunktionen berechnet. Diese haben direkt im Zentrum des Drahtes einen axialsymmetrischen Typ und gehen an der Oberfläche in eine Textur über, die dem Walztexturtyp ähnlich ist. Die Beziehungen zwischen der dreidimensionalen Orientierungsverteilungsfunktion und den gewöhnlichen Fasertexturpolfiguren wurden verwendet, um die Abhängigkeit der Textur von besonderen Prozeßvariablen, sowohl für kaltgezogene, als auch für rekristallisierte Drähte zu untersuchen.

Eine ausführliche Veröffentlichung erfolgt in Texture, *1*, 1972, H. 1.

Eingegangen: 1. Dezember 1971

W. ULLMANN und R. MAAZ

Zentralinstitut Physik der Erde, Institutsteil Jena, der Dt. Akad. Wiss.

Das Herdvolumen als charakteristischer Parameter der Seismizität[1])

Für die kartographische Darstellung der Seismizität eines raumzeitlichen Gebietes eignet sich die projektive Seismizität eines einzelnen Erdbebens

$$s'[Z', \vartheta] = \frac{3\,EP_\vartheta}{R\,|\vartheta|} \int_\zeta q(Z)\,dy$$

im Punkt Z' der (ebenen) Erdoberfläche bezüglich des Zeitintervalls ϑ [1]. Dabei bedeutet R den Erdradius, $|\vartheta|$ die Dauer von ϑ, E die seismische Energie des be-

[1]) Mitteilung Nr. 208 aus dem Zentralinstitut Physik der Erde, Institutsteil Jena, der Dt. Akad. Wiss.

treffenden Bebens e, P_ϑ die zeitliche Bewertung des Beitrags von e zu $s'[Z', \vartheta]$ mit $0 < P_\vartheta \leqq 1$, ω das Herdgebiet von e, ζ den Projektionsstrahl vom Erdmittelpunkt durch $Z \in \zeta$ und Z'. dy das Längenelement von ζ und $q(Z)$ die normierte Verteilungsdichte der seismischen Energie E an der Stelle $Z \in \omega$. Des weiteren bezeichnet Q bzw. Q' das Hypo- bzw. Epizentrum von e.
Als geometrisch einfachste Modelle für die Berandung von ω bieten sich eine Kugel um Q mit dem Radius r und ein vertikaler gerader Kreiszylinder mit dem Mittelpunkt Q, dem Grundkreisradius a und der Höhe l an. Letzteres Modell resultiert aus einer Diskussion mit Prof. GORŠKOV und Dr. ŠENKAREVA an der LOMONOSSOV-Universität. Die Funktion $q(Z)$ muß gewisse physikalisch begründete Eigenschaften aufweisen, die bei der Kugel bzw. dem Zylinder durch den Ansatz

$$q(Z) = \frac{15}{4\pi r^2}\left[1 - 3\left(\frac{x}{r}\right)^2 + 2\left(\frac{x}{r}\right)^3\right]$$

mit $x = QZ, \quad 0 \leqq x \leqq r$, bzw.

$$q(Z) = \frac{20}{3\pi a^2 l}\left[1 - 3\left(\frac{x'}{a}\right)^2 + 2\left(\frac{x'}{a}\right)^3\right]\left[1 - 3\left(\frac{2y}{l}\right)^2 + 2\left(\frac{2y}{l}\right)^3 \operatorname{sgn} y\right]$$

mit

$$x' = \overline{Q'Z'}, \quad 0 \leqq x' \leqq a$$

und

$$y = \sqrt{\overline{QZ}^2 - x'^2}, \quad -\frac{l}{2} \leqq y \leqq \frac{l}{2},$$

berücksichtigt werden [2]. Folglich ergibt sich im ersteren Fall

$$\int_\zeta q(Z)\,dy = \frac{15}{2\pi r^2}\int_{\frac{x'}{r}}^{1} \frac{u - 3u^3 + 2u^4}{\left|\sqrt{u^2 - \left(\frac{x'}{r}\right)^2}\right|}\,du$$

$$= \frac{15}{8\pi r^2}\left[-3\left(1 - \frac{x'^2}{r^2}\right)^{\frac{1}{2}} + 5\left(1 - \frac{x'^2}{r^2}\right)^{\frac{3}{2}} + \frac{3}{2}\frac{x'^4}{r^4}\ln\frac{1 + \left(1 - \frac{x'^2}{r^2}\right)^{\frac{1}{2}}}{1 - \left(1 - \frac{x'^2}{r^2}\right)^{\frac{1}{2}}}\right],$$

also

$$s'[Z', \vartheta] = \frac{45\,\mathrm{E}P_\vartheta}{8\pi\,\mathrm{R}r^2|\vartheta|}\left[-3\left(1 - \frac{x'^2}{r^2}\right)^{\frac{1}{2}} + 5\left(1 - \frac{x'^2}{r^2}\right)^{\frac{3}{2}} + \frac{3}{2}\frac{x'^4}{r^4}\ln\frac{1 + \left(1 - \frac{x'^2}{r^2}\right)^{\frac{1}{2}}}{1 - \left(1 - \frac{x'^2}{r^2}\right)^{\frac{1}{2}}}\right]$$

bzw. im letzteren Fall einfach

$$\int_{\zeta} q(Z)\, dy = 2 \int_{0}^{\frac{1}{2}} q(Z)\, dy = \frac{10}{3\pi a^2}\left[1 - 3\left(\frac{x'}{a}\right)^2 + \left(\frac{x'}{a}\right)^3\right],$$

also

$$s'[Z', \vartheta] = \frac{10\, EP_{\vartheta}}{\pi a^2 R |\vartheta|}\left[1 - 3\left(\frac{x'}{a}\right)^2 + 2\left(\frac{x'}{a}\right)^3\right].$$

Da beide Modelle die Seismizität $s[Z, \vartheta]$ desselben Erdbebens betreffen, müssen physikalisch motivierte Beziehungen zwischen ihnen hergestellt werden, die sich letztlich in den Bedingungen

$$a = r, \quad l = \frac{16}{9} r$$

ausdrücken [2].
Offensichtlich kommt in den expliziten Ausdrücken für $s'[Z', \vartheta]$ die in praxi noch immer meistens sehr ungenau bestimmbare Herdtiefe von e nicht explizite vor. An deren Stelle erscheint in den betreffenden Formeln für beide Modelle der Parameter r, der mit dem halben horizontalen Durchmesser des Herdgebietes ω des Bebens e übereinstimmt. Es empfiehlt sich, das Volumen $|\omega|$ als das Herdvolumen von e zu definieren und von allen sich anbietenden Beziehungen zwischen $|\omega|$ und der Magnitude M des Erdbebens e [2] die von Båth und Duda für $M \geqq 5{,}3$ ermittelte Relation

$$\lg |\omega| = -5{,}42 \pm 0{,}51 + (1{,}47 \pm 0{,}14)\, M$$

den Berechnungen von r anhand der Magnitude M zugrunde zu legen, obwohl die Volumina der Herdgebiete beider Modelle sich unterscheiden. Diese Diskrepanz wirkt sich jedoch in der von der Båth-Dudaschen Beziehung abgeleiteten Bestimmungsgleichung für r wegen der breiten Streuung nicht aus, so daß schließlich im Sinne eines heuristischen Ansatzes für beide betrachtete Fälle

$$\lg r = -2{,}04 \pm 0{,}27 + (0{,}49 \pm 0{,}05)\, M$$

gelten soll.

Literaturverzeichnis

[1] Båth, M., and S. J. Duda, Earthquake volume, fault plane area, seismic energy, strain, deformation, and related quantities. Ann. Geofis. Rome *17*, 353–368 (1964).

[2] Khattri, K. N., On the estimation of volume of strain in earthquakes. PAGEOPH *87*, 38–42 (1971/IV).

[3] Maaz, R., und W. Ullmann, Eine neue Darstellung der Seismizität unter Berücksichtigung des Herdvolumens. Studia Geophysica et Geodaetica, in Vorbereitung.

[4] Ullmann, W., und R. Maaz, Prolegomena zur Seismizität, Teil I. Veröff. des Instituts für Geodynamik Jena, Reihe A, Heft 13, 1969, S. 104–118.

Eingegangen: 13. Dezember 1971

Biologie

Z. BALCAROVÁ (1), E. JANOVSKÁ (1), V. KLEINWÄCHTER (1), J. KOUDELKA (1) und G. LÖBER (2)

Institut für Biophysik der tschechoslowakischen Akademie der Wissenschaften, Brno, (1) und
Zentralinstitut für Mikrobiologie und experimentelle Therapie, Jena, der Dt. Akad. Wiss. (2)

Ein Vergleich der biologischen Aktivität mit einigen physikochemischen Eigenschaften von Acridinorange-Derivaten

Seit der Entdeckung der Acridinfarbstoffe vor 100 Jahren sind vor allem deren biologische Eigenschaften intensiv untersucht worden. Es gibt verschiedene Hinweise dafür, daß der primäre Angriffsort dieser Farbstoffklasse an den Nucleinsäuren zu suchen ist. Die molekularen Mechanismen der biologischen Wirkung sind jedoch noch weitgehend unklar. In Experimenten mit T3-Phagen wurde daher versucht, für verschiedene Derivate des Acridinorange Beziehungen zwischen den physikochemischen Eigenschaften dieser Verbindungen und ihren biologischen Wirkungen nachzuweisen. Dazu wurden die In-vitro-Bindungskonstanten mit Desoxyribonucleinsäure (DNA) und die Dimerisationskonstanten der Farbstoffe mit der dunkelinaktivierenden bzw. photodynamischen Wirkung auf das Versuchsobjekt verglichen.
In Übereinstimmung mit Angaben in der Literatur konnte eine Korrelation zwischen den Bindungskonstanten und der photodynamischen Wirkung der Farbstoffe nachgewiesen werden. Die Phageninaktivierung im Dunkeln wächst andererseits mit der Dimerisationstendenz der Acridine. Das Ergebnis zeigt, daß der Grad der biologischen Wirkung nicht notwendig durch die Bindungskonstante der Interkalation bestimmt wird, sondern auch eine Bindung an der Oberfläche der DNA, bei welcher die Eigenassoziation der Farbstoffmoleküle eine Rolle spielt, mit in Betracht gezogen werden muß.

Die ausführliche Mitteilung erschien in studia biophysica *27*, 205, Berlin 1971.

Eingegangen: 3. November 1971

Herausgegeben im Auftrage der Deutschen Akademie der Wissenschaften zu Berlin und verantwortlich für den Inhalt: Prof. Dr. Günther Rienäcker. Redaktion: Dr. Georg Otterbein, 108 Berlin, Otto-Nuschke-Straße 22/23. Fernruf: 20 04 81. Verlag: Akademie-Verlag GmbH, 108 Berlin, Leipziger Straße 3–4. Fernruf: 22 04 41, Telex Nr. 011 2020. Postscheckkonto: Berlin 350 21. Bestellnummer dieses Heftes: 1061/13/10–12. Die Zeitschrift erscheint monatlich. Bezugspreis dieses Heftes 30,– M. Veröffentlicht unter der Lizenz-Nr. 1302 des Presseamtes beim Vorsitzenden des Ministerrates der Deutschen Demokratischen Republik. Herstellung: IV/2/14 VEB Druckerei „Gottfried Wilhelm Leibniz", 445 Gräfenhainichen/DDR · 1061.

INFORMATION

Lesern und Autoren teilen wir mit, daß aufgrund eines Beschlusses des Präsidiums der Akademie der Wissenschaften die

> Monatsberichte der Deutschen Akademie der Wissenschaften zu Berlin
> Mitteilungen aus Mathematik, Naturwissenschaften, Medizin und Technik

mit dem Band 13 (1971) Heft 10-12 ihr Erscheinen einstellen.

AKADEMIE-VERLAG

Biologie

Geologie und Mineralogie

II. Berichte

Physik

Biologie

Kolibri 360 GmbH
Ferdinand-Jühlke-Straße 7
99095 Erfurt, Deutschland
produktsicherheit@kolibri360.de